Cuadernos de lógica, epistemología y lenguaje

Volumen 4

Ciencias de la Vida:
Estudios Filosóficos e Históricos

Volumen 1
Gottlob Frege. Una introducción
Markus Stepanians. Traducción de Juan Redmond

Volumen 2
Razonamiento abductivo en lógica clásica
Fernando Soler Toscano

Volumen 3
Física: Estudios Filosóficos e Históricos
Roberto A. Martins, Guillermo Boido y Víctor Rodríguez, editores

Volumen 4
Ciencias de la Vida: Estudios Filosóficos e Históricos
Pablo Lorenzano, Lilian A.-C. Pereira Martíns, Anna Carolina K. P. Regner, eds.

Cuadernos de Lógica, epistemología y lenguaje
Series Editors
Shahid Rahman and Juan Redmond

Ciencias de la Vida:
Estudios Filosóficos e Históricos

Editores

Pablo Lorenzano

Lilian A.-C. Pereira Martíns

y

Anna Carolina K. P. Regner

© Individual author and College Publications 2013. All rights reserved.

ISBN 978-1-84890-112-4

College Publications
Scientific Director: Dov Gabbay
Managing Director: Jane Spurr
Department of Informatics,
King's College London, Strand, London WC2R 2LS, UK

http://www.collegepublications.co.uk

Cover produced by Laraine Welch
Printed by Lightning Source, Milton Keynes, UK

All rights reserved. No part of this publication may be reproduced, stored in a retrieval system or transmitted in any form, or by any means, electronic, mechanical, photocopying, recording or otherwise without prior permission, in writing, from the publisher.

ÍNDICE

Presentación XI
    Pablo Lorenzano
Introducción XIII
    Pablo Lorenzano, Lilian Al-Chueyr Pereira Martins y Anna Carolina K. P. Regner

O conceito darwiniano de causalidade 1
    Anna Carolina K. P. Regner
    1. A autonomia e natureza das causas – o enfoque ontológico 2
       1.1 Causas como "meios de modificação" 4
       1.2 Causas como "poder produzir" 5
       1.3 Causas como "agentes de modificação" 7
       1.4 Uma visão de Natureza 9
    2. A condição explicativa – a dimensão epistemológica 12
       2.1 A busca da *vera causa* 15
       2.2 Universalidade da relação causal e do concurso de causas 15
       2.3 A estrutura causal 17
       2.4 Causas como "condições" necessárias e / ou suficientes 18
       2.5 A relação "processo-e-resultado" como condição 21
    3. Modos de causação – confluência do epistemológico e do ontológico 22
       3.1 Causalidade teleológica 25
       3.2 Novamente, uma visão de Natureza 32
    Referências bibliográficas 33

Estará em curso o desenvolvimento de um novo paradigma teórico para a evolução biológica? 35
    Aldo Mellender de Araújo
    1. Do darwinismo à síntese evolutiva 35
    2. A crise inicial dos anos 60 e 70 40
    3. A reação dos excluídos 44
    4. A contribuição das chamadas 'ciências da complexidade' 49
    5. É a síntese evolutiva uma teoria científica? 51
    Referências bibliográficas 55

El darwinismo a mediados del siglo XX y las relaciones entre la filosofía y la biología 59
    Eduardo A. Musacchio
    1. Objetivos del trabajo 59
    2. ¿Está en discusión la teoría de la evolución en biología? 60

    2.1 Los aspectos vigentes 60
    2.2 El núcleo de la Teoría de la Evolución e hipótesis vinculadas 65
    2.3 Comparando teorías sobre el cambio geológico y el registro fósil:...66
3. Las dificultades del darwinismo (conflictos advertidos y soluciones propuestas a mediados del siglo XX) 73
    3.1 Procesos continuos *vs.* discontinuos 73
    3.2 La noción de especie en el marco del registro fósil 75
    3.3 El sentido del cambio y el "angostamiento progresivo" de la evolución 77
    3.4 La noción de complejidad creciente...80
4. El "anclaje" filosófico de lo que permanece vigente en la teoría de la evolución biológica y de las dificultades......................81
    4.1 Los aspectos permanentes 82
    4.2 "Anclaje" filosófico de algunas dificultades del darwinismo. 84
5. Conclusiones 90
Agradecimientos..91
Referencias bibliográficas..91

Cuando los biólogos nos acercamos a la filosofía para mejorar nuestro trabajo. Propuesta epistemológica en parasitología y reflexiones sobre su uso 95
    Guillermo M. Denegri
1. Un poco de historia…...95
2. De qué trata la parasitología y cómo trabaja un parasitólogo 96
3. Punto de partida de la problemática epistemológica 97
4. La metodología de los programas de investigación aplicada a la parasitología...99
5. En qué mejora esta propuesta a la parasitología.......................... 102
6. Consideraciones finales 105
Agradecimientos... 106
Referencias bibliográficas.. 106

Estación Montparnasse: una defensa del *reduccionismo jacobino* en biología funcional...111
    Gustavo Caponi
1. Presentación 111
2. Algunas aclaraciones terminológicas 113
3. Reduccionismo jacobino 118

4. ¿Dirección Montparnasse? 124
Referencias bibliográficas 125
Sobre los riesgos de una nueva eugenesia **131**
   Héctor Palma y Eduardo Wolovelsky
   1. Acerca de la llamada 'eugenesia liberal actual' 131
   2. El movimiento eugenésico 134
      2.1 Las prácticas eugenésicas 138
      2.2 Medicalización: la eugenesia como práctica tecnocrática 142
      2.3 'Racialismo': la eugenesia como práctica autoritaria 146
   3. ¿Es esperable una nueva eugenesia? 148
   Referencias bibliográficas 150
La emergencia de un programa de investigación en genética **155**
   Pablo Lorenzano
   1. Introducción 155
   2. Delimitación del problema central 157
   3. La teoría de Bateson: el "mendelismo" 158
   4. Bateson y la creencia en la "promesa" del mendelismo 161
   5. El mendelismo: un programa de investigación en genética 165
   6. Conclusión 171
   Agradecimientos 171
   Referencias bibliográficas 171
Razonamiento plausible en bioquímica: Crick, Watson y el caso del ADN **181**
   Sergio H. Menna
   1. Introducción 181
   2. Plausibilistas y plausibilidades 184
      2.1 Una breve introducción a la metodología de la plausibilidad 184
      2.2 Una precisión plausibilista: la distinción hipótesis general/hipótesis particular 190
      2.3 Caracterización analítica de la metodología de la plausibilidad 192
   3. Crick, Watson y el caso del ADN 196
   4. Comentarios finales 202
   Agradecimientos 205
   Referencias bibliográficas 205
El origen de "eso que ustedes llaman *especies*" **209**
   Santiago Ginnobili
   1. Introducción 209

2. La T-teoricidad... 211
3. Replanteamiento de la cuestión... 211
4. "Eso que ustedes llaman *especies*"... 212
5. "Especie" como término SN-no-teórico................................... 217
6. Conclusiones 218
Agradecimientos.. 218
Referencias bibliográficas.. 218

Alternativas en el estatus de la teoría darwinista con relación al enfoque epistemológico..221
Gladys Martínez y Susana La Rocca
1. Introducción.. 221
2. Desarrollo 222
3. Conclusión... 230
Referencias bibliográficas.. 232

La necesidad de un marco multiteórico para la biología evolutiva...235
Vicente Dressino y Susana Gisela Lamas
1. Introducción.. 235
2. Las dificultades presentadas por la teoría sintética..................... 236
3. Evolución y desarrollo.. 237
4. Ecología y desarrollo y mutaciones dirigidas 240
5. Herencia epigenética 242
6. ¿Resintetizar la teoría evolutiva o generar nuevos marcos teóricos? 245
Referencias bibliográficas.. 247

Interpretaciones históricas divergentes: el caso de la enfermedad de Chagas...251
César Lorenzano
1. Introducción.. 251
2. Las tesis centrales de Delaporte.. 252
3. La estructura de la enfermedad 253
4. Los aportes de Carlos Chagas... 254
5. Romaña y la refundación de la enfermedad.................... 256
6. La enfermedad crónica 258
7. El mal de Chagas, una enfermedad cardíaca................... 260
8. La pregunta equivocada... 262
9. Romaña y Mazza... 264
10. El artículo de Carlos Chagas... 264
11. Mazza, el impostor.. 266
12. Los artículos de Romaña y Mazza 268

13. La aparición del signo de Romaña como tal 273
14. La justificación del signo de Romaña 275
15. El distanciamiento 279
16. El problema científico 280
17. Los roles en la historia 285
Referências bibliográficas 287

Uma breve leitura da iatroquímica em Rychard Bostocke: súmula filosófica da essência homem/universo 293
Ivoni Reis
Referências bibliográficas 312

***Materials for the Study of Variation*, de William Bateson: um ataque ao darwinismo? 317**
Lilian Al-Chueyr Pereira Martins
1. Introdução 317
2. Opiniões sobre o posicionamento de Bateson 317
3. O que é darwinismo? 319
4. A proposta original de Darwin 320
5. O programa de pesquisa de Darwin 322
6. O início dos estudos evolutivos de Bateson 323
7. A atitude de Bateson no *Materials for the Study of Variation* 325
8. A crítica de bateson aos métodos anteriores 327
9. As variações descontínuas 329
10. Conclusão 334
Agradecimentos 336
Referências bibliográficas 336

A natureza das gêmulas na hipótese da pangênese de Darwin e o conceito de vida 339
Luzia Aurelia Castañeda
1. A hipótese da pangênese 340
2. As gêmulas 344
3. Gêmulas, desenvolvimento e herança 347
4. Gêmulas, variação e herança 351
5. Francis Galton e os experimentos com a pangênese 354
6. Conclusão 358
Referências bibliográficas 359

Newton Freire-Maia e a genética humana no Brasil 363
Nadir Ferrari
1. Introdução 363
2. A pesquisa sobre deriva genética 364
3. Breve cronologia 366

4. Cientista *en herbe* 366
   5. Ritual de iniciação 368
   6. Instalação na UFPR 370
   7. Conversão 371
   8. Vertente política 373
   9. Genética humana brasileira anterior a Freire-Maia 375
   10. Geração I da genética humana brasileira 376
   11. Considerações finais 379
   Referências bibliográficas 380

O *archeus* na medicina química helmontiana **383**
Paulo Alves Porto
   1. Introdução 383
   2. O conceito de *archeus* em Paracelso e outros filósofos químicos 384
   3. Sendivogius, Valentinus e Crollius 389
   4. O *archeus* helmontiano: críticas a Paracelso 394
   5. A água elementar 396
   6. Fermentos, sementes, *archei* 397
   7. O fogo e o *gás* 399
   8. *Gases* mórbidos e a natureza das doenças 405
   9. Considerações finais 409
   Referências bibliográficas 409

A emergência da medicina tropical no Brasil e na Argentina **413**
Sandra Caponi
   Referências bibliográficas 424
      Fontes primárias 426

Presentación

La *Asociación de Filosofía e Historia de la Ciencia del Cono Sur* (AFHIC) es una asociación sin fines de lucro, fundada el 5 de mayo de 2000, en Quilmes, Argentina, durante el acto de clausura del *II Encuentro de Filosofía e Historia de la Ciencia del Cono Sur*.

La creación de esta Asociación resultó del interés en profundizar el intercambio entre los investigadores en filosofía e historia de la ciencia de los países del Cono Sur, a partir de los dos primeros encuentros celebrados en Porto Alegre (Brasil, 1998) y Quilmes (Argentina, 2000), realizándose desde entonces tales encuentros de forma bienal y bajo su responsabilidad.

El objetivo principal de AFHIC es contribuir a un mejor conocimiento de la ciencia desde una perspectiva tanto filosófica como histórica en los países de habla española y portuguesa, especialmente los del Cono Sur americano, promoviendo un espacio para la reflexión, el intercambio, la discusión, la comunicación y la difusión de dicho conocimiento.

El presente libro se trata de la segunda edición de *Ciencias de la Vida: Estudios Filosóficos e Históricos*. Está compuesto por las contribuciones evaluadas y, en algunos casos, oportunamente modificadas de miembros de la *Asociación de Filosofía e Historia de la Ciencia del Cono Sur*, algunos de los cuales, lamentablemente, ya no se encuentran entre nosotros.

Su publicación ha sido posible gracias a la excelente predisposición mostrada para aceptar colaborar de este modo con la Colección de libros de AFHIC, y coadyuvar así a la consecución del objetivo principal de nuestra Asociación, por los Editores de la Colección "Cuadernos de lógica, epistemología y lenguaje", Shahid Rahman y Juan Redmond, a quienes quisiera expresarles mi más profundo agradecimiento.

Pablo Lorenzano
Director de la colección de libros de AFHIC

Introducción

El presente libro –*Ciencias de la Vida: Estudios Filosóficos e Históricos*– constituye el segundo volumen de la colección *Filosofía e Historia de la Ciencia en el Cono Sur* y presenta una muestra significativa de lo que vienen investigando en el campo de la Filosofía y la Historia de las Ciencias de la Vida los miembros de la Asociación de Filosofía e Historia de la Ciencia del Cono Sur (AFHIC) que se dedican a esas áreas de estudio. Las contribuciones aparecen en los idiomas originales de los autores (castellano y portugués).

Iniciando con las contribuciones referentes a la Filosofía de la Ciencia, tenemos el artículo de Anna Carolina K.P. Regner en donde trata sobre el gran motor de la tarea explicativa darwiniana: el concepto de causalidad. A continuación, está el artículo de Aldo Mellender Araújo. Teniendo en cuenta el período comprendido entre la contribución darwiniana y la síntesis evolutiva y sus despliegues, discute si estamos presenciando el desarrollo de un nuevo paradigma teórico para la evolución biológica. Luego, el recordado Eduardo A. Musacchio (Mendoza, 09/11/1940 – Prahuaniyeu, 18/05/2011) analiza las dificultades presentadas por la teoría de la evolución durante la primera guerra mundial y sus consecuencias, concentrándose en el darwinismo y el neo-darwinismo. Guillermo M. Denegri reflexiona acerca de cómo, muchas veces, la filosofía puede contribuir a explicitar presupuestos que pasan inadvertidos en la rutina del trabajo científico, utilizando como ejemplo su trabajo en parasitología experimental. Gustavo Caponi trata la polémica relación entre física y biología, defendiendo el reduccionismo dentro de la perspectiva molecular para la biología funcional, en el marco adoptado por François Jacob. Héctor Palma y Eduardo Wolovelsky analizan las premisas que están presentes en los debates que marcan el resurgimiento de los programas de eugenesia (eugenesia liberal), apuntando a las diferencias en relación con aquéllas encontradas en los programas de fines del siglo XIX e inicios del siglo XX. Pablo Lorenzano discute el surgimiento del primer programa de investigación en genética, el "mendelismo" de Bateson y colaboradores. Sergio H. Menna presenta una reconstrucción racional alternativa para el descubrimiento de la estructura molecular del DNA por parte de Francis Crick y James Watson. Santiago Ginnobili analiza la relación existente entre el término teórico "especie" y la teoría de la selección natural de Darwin, a partir de la perspectiva de la concepción estructuralista de las teorías. La extrañada Gladys Martínez (San Juan, 25/10/1937 – Mar del Plata, 26/01/2004) y Susana La Rocca tratan sobre las diversas alternativas acerca del *status* de la teoría darwinista desde el punto de vista epistemológico. Vicente Dressino y Susana Gisela Lamas comentan el impacto causado por las contribuciones de nuevos núcleos disciplinares sobre la teoría sintética de la evolución, indagando si bastaría expandirla o si sería necesario introducir un nuevo marco teórico para explicar los procesos evolutivos.

Pasando a los trabajos de Historia de la Biología y la Medicina, César Lorenzano hace un análisis crítico de la versión de Delaporte sobre el mal de Chagas, reviendo la contribución de Salvador Mazza. Ivoni Reis comenta los aportes de Rychard Bostocke a la química médica y su contexto. Lilian Al-Chueyr Pereira Martins revé y discute el significado del término "darwinismo", debatiendo si es procedente la posición de algunos autores que consideran el libro *Materials for the Study of Variation* de William Bateson como un ataque al "darwinismo". Luzia Aurelia Castañeda analiza la concepción de la vida en Darwin, a partir de sus teorías de la evolución y la herencia. Nadir Ferrari examina las contribuciones de Newton Freire-Maia para la genética humana en Brasil. Paulo Alves Porto trata la interrelación entre la teoría de la materia y las concepciones médicas en Van Helmont, a partir del concepto de *archeus*. Sandra Caponi analiza la manera por la cual los investigadores argentinos y brasileros de fines del siglo XIX y comienzos del siglo XX construyeron sus programas de investigación referidos a las enfermedades tropicales.

La Filosofía y la Historia de las Ciencias de la Vida son estudios metacientíficos interdependientes que muchas veces se complementan y ocupan actualmente un espacio importante en el panorama internacional. Estos estudios ofrecen una amplia gama de enfoques posibles. Esta diversidad se refleja en las contribuciones de los investigadores de AFHIC que integran este volumen.

Por último, quisiéramos agradecer a todos aquellos que, de un modo u otro, colaboraron con esta publicación, incluyendo a los que actuaron como evaluadores anónimos de los trabajos que la integran.

Los editores

O conceito darwiniano de causalidade

Anna Carolina K. P. Regner*

A investigação das causas é o grande motor da tarefa explicativa darwiniana, não só pela busca da *vera causa* para a origem ou produção de novas espécies na Natureza, como pelo legado mais amplo da *Origem das espécies*:

> [...] grande e quase impenetrado campo que será aberto sobre as causas e leis da variação, correlação, efeitos do uso e desuso, da ação direta das condições externas, etc. (Darwin, 1875, p. 426)**

A condição, nunca posta em dúvida, de que há uma legalidade causal a presidir as relações orgânicas, perpassa a *Origem*. Darwin não foi um epistemólogo de ofício e não se preocupou com previamente definir "causa" ou "efeito". Assim, o conceito em pauta será analisado a partir das ocorrências de "causa", "efeito" e cognatos no texto, e das significações associadas ou associáveis a essas expressões. Assim procedendo, veremos que a *questão causal*, na explicação darwiniana, exibe uma dupla e mutuamente relacionada dimensão, ontológica e epistemológica. O enfoque ontológico confere à relação causal uma realidade "objetiva", no sentido de um poder, de uma agência ou pauta de ação existente na Natureza, servindo de fundamento à dimensão epistemológica, explicativa. O enfoque epistemológico permite operacionalizar a concepção ontológica. Refere-se ao modo como a "relação causal" é concebida no exercício de seu poder explicativo, demandando

---

* Programa de Pós Graduação em Filosofia, Centro de Ciências Humanas, Universidade do Vale do Rio dos Sinos (UNISINOS), Brasil.
** As traduções no presente texto são da autora.

o esclarecimento de condições que devam ser satisfeitas para que algo seja identificado como "causa" (ou como "efeito") e estabelecida uma "explicação causal". Por fim, ambos aspectos convergem numa análise dos "modos de causação" encontrados na *Origem*, abrindo espaço para se pensar a presença de uma "causalidade teleológica".

1. A autonomia e natureza das causas – o enfoque ontológico

A existência "objetiva", radicada na própria Natureza, que Darwin confere a "causa" pode ser apreendida a partir tanto da independência que atribui a sua existência e operação frente ao nosso conhecimento, como da legalidade intrínseca à sua visão de Natureza, enquanto sistema dotado de um princípio regulador interno. Admite que essas causas possam ser desconhecidas, não perceptíveis, ou obscuras, assumindo, contudo, a existência e a determinação que impõem ao curso fenomênico:

> As causas que controlam a tendência natural de cada espécie a aumentar são das mais obscuras. (Darwin, 1875, p. 53)

> Somos profundamente ignorantes da causa de cada leve variação. (Darwin, 1875, p. 158)

> [...] vemos muita variabilidade causada ou pelo menos desencadeada por condições de vida mudadas; mas, freqüentemente, de modo tão obscuro que somos tentados a considerar as variações como espontâneas. (Darwin, 1875, p. 410)

Em várias passagens Darwin refere-se à ação de "causas desconhecidas" (Darwin, 1875, pp. 130, 207, 208, 257), a "condições favoráveis desconhecidas" (Darwin, 1875, p. 126), a "causas que mal podemos ver" (Darwin, 1875, p. 171), a causas "não percebidas" (Darwin, 1875, p. 7) e "não manifestas" (Darwin, 1875, p. 123), ou a "influências desconhecidas similares" (Darwin, 1875, p. 125). Parte, pelo menos, da dificuldade em "ver" as causas deve-se a limitações dos nossos hábitos mentais:

> [...] a principal causa de nossa natural indisposição a admitir que uma espécie tenha dado origem a outra e distinta espécie é que somos sempre lentos em admitir grandes mudanças das quais não vemos as etapas. A dificuldade é a mesma sentida por muitos geólogos. A mente não pode possivelmente apreender o pleno sentido mesmo do termo um milhão de anos; não pode somar e perceber os plenos efeitos de muitas leves variações, acumuladas durante um número quase infinito de gerações. (Darwin, 1875, p. 422)

Contudo, a dificuldade pode residir na própria complexidade da causa:

> [...] a forma (de cada ser orgânico) depende de uma infinidade de complexas relações, a saber, das variações que surgiram serem devidas a causas muito intrincadas para serem seguidas. (Darwin, 1875, pp. 100-101)

Darwin explicitamente refere-se à nossa "ignorância das causas" acerca de questões centrais na Origem, como as da variação (Darwin, 1875, pp. 159, 174), dos casos de correlação (Darwin, 1875, p. 228), das taxas de mudanças das espécies (Darwin, 1875, p. 409), e de (aparentes) dificuldades, como a de decidir se glândulas como a mamárias tornam-se especializadas "por" compensação de crescimento, uso / desuso ou seleção natural (Darwin, 1875, p. 190), ou a de saber qual a causa desencadeante de modificações que parecem retrocessos (Darwin, 1875, p. 175), ou, ainda, de compreender por que algumas áreas e épocas foram mais favoráveis do que outras ao desenvolvimento de um quadrúpede como a girafa (Darwin, 1875, p. 179). Essa ignorância das causas não chega, porém, a inviabilizar nosso conhecimento. Antes, revela-se um excelente recurso a que Darwin apela, junto a um exame detalhado de cada questão, a fim de preservar o núcleo de sua teoria de críticas que pudessem ser decisivas. As limitações com que nos deparamos muitas vezes decorrem da ausência de "qualquer causa óbvia" (Darwin, 1875, p. 249), de não se poder pesar a relativa probabilidade de cada uma de várias causas que possam ser assinaladas para um dado evento, as quais permanecem conjeturais (Darwin, 1875, p. 181), ou de ser raramente possível decidir o quanto deve ser concedido às causas de uma dada mudança (Darwin, 1875, p. 160). Tais limitações não comprometem os pontos centrais da teoria darwiniana, a saber, a admissão da comunidade de descendência com modificação e a conclusão de que a estrutura de cada criatura viva seja ou tenha sido fruto de sua utilidade a seu possuidor, nem o tratamento concedido às dificuldades aparentemente mais importantes enfrentadas pela teoria:

> [...] somos, de longe, muito ignorantes para especular sobre a importância relativa das diversas causas conhecidas e desconhecidas da variação, e fiz essas considerações apenas para mostrar que, se somos incapazes de dar conta das diferenças características de nossas diversas raças de pombo doméstico, que, apesar disso, geralmente admite-se terem surgido por geração ordinária de uma ou de poucas fontes parentais, não devemos colocar muita ênfase na nossa ignorância da causa precisa das diferenças levemente análogas entre espécies verdadeiras. (Darwin, 1875, p. 159)

> Raramente é possível decidir o quanto devemos conceder a causas de mudança, tais como a ação definida das condições externas, a assim chamada variação espontânea e às complexas leis de crescimento; mas, com essas importantes exceções, podemos concluir que a estrutura de toda a criatura viva agora, ou anteriormente, foi de algum uso direto ou indireto a seu possuidor. (Darwin, 1875, p.160)

> Finalmente, então, embora sejamos tão ignorantes acerca da causa precisa da esterilidade de primeiros cruzamentos e de híbridos, como o somos acerca do porque de animais e plantas, removidos de suas condições naturais, se tornarem estéreis, ainda assim os fatos dados nesse capítulo não me parecem se opor à crença de que espécies originariamente existiram como variedades. (Darwin, 1875, p. 263)

Enquanto entidades "objetivas" – independentes, em sua existência e operação, do fato de que possamos ou não conhecê-las – as "causas" gozam, no contexto da Origem, de três estatutos referenciais: como "meios" de modificação / transformação, como "poder" que opera e como "sujeito" que detém esse poder. Passagens fundamentais da Origem exemplificam tais condições:

> [...] estou convencido de que a Seleção Natural tem sido o mais importante, mas não exclusivo, *meio de modificação*. (Darwin, 1875, p. 4; grifo nosso)

> Sobre todas essas *causas* de Mudança, *a ação* cumulativa da Seleção, se aplicada metódica e rapidamente, ou inconsciente e lentamente, mas mais eficientemente, parece ter sido o *Poder* predominante. (Darwin, 1875, p. 32; grifo nosso)

> Como o homem pode produzir e certamente produziu um grande resultado pelos seus meios metódico e inconsciente de seleção, o que não pode ser efetuado pela seleção natural? O homem pode agir apenas sobre caracteres externos e visíveis: [...] *Ela pode agir sobre* cada órgão interno, cada sombra de diferença constitucional, sobre a inteira maquinaria da vida. (Darwin, 1875, p. 65; grifo nosso)

1.1 Causas como "meios de modificação"

Em sua *Notícia histórica*, Darwin explicitamente exclui Buffon da galeria de "evolucionistas", por ele não ter entrado nas "causas ou meios de transformação das espécies" (Darwin, 1875, p. XIII). Já em sua *Introdução*, Darwin afirma que uma conclusão pela visão evolucionista seria insatisfatória, se não pudesse ser mostrado *como* espécies foram modificadas e co-adaptações adquiridas, e, logo adiante, considera da mais alta importância alcançar um claro *insight* dos "meios de modificação e co-adaptação" (Darwin, 1875, pp. 2-3). Ao final de sua Introdução, conforme já citado, afirma estar convencido de que a "seleção natural" tem sido o mais importante, embora não exclusivo, "meio de modificação" (Darwin, 1875, p. 4), a qual, ao final do primeiro capítulo, será apontada como o "poder" predominante, consideradas todas as "causas" de mudança (Darwin, 1875, p. 32).

Enquanto "meios" pelos quais mudanças são operadas, "causas" comportam a conotação de "mecanismos", descrevendo ou permitindo ver *como* tais mudanças são operadas. Desse modo, viabilizam o acesso inteligível às operações da Natureza, que se tornam "objetivas", no sentido de "dadas" à nossa determinação como objetos de conhecimento. Tal ação causal dá-se preferentemente na forma de "processo" e, sob tal conotação, leva ao encontro da significação de "causa" em termos de "poder". Sobretudo na situação exemplar de sua referência à "seleção natural", a operação da "causa" como "meio" através do qual são obtidos certos resultados coloca-se, igualmente, na perspectiva de um "poder" intrínseco ao próprio curso da operação, atuando através de uma cadeia interna de (leves) modificações. Ou seja, como um "processo". Várias são as passagens em que Darwin literalmente refere-se ao "processo de modificação" ou ao "curso" da seleção natural

> [...] (na) sólida acumulação de variações benéficas que deram origem a todas as modificações mais importantes da estrutura em relação aos hábitos de cada espécie. (Darwin, 1875, p. 132)

qualquer que possa ter sido a causa de cada leve diferença. Pois,

> Qualquer mudança em estrutura e função que possa ser efetuada por pequenos estágios está dentro do poder da seleção natural; [...]. (Darwin, 1875, p. 401)

É sob a perspectiva de um "processo" que Darwin estabelece a ponte entre a ação da seleção pelo homem e a da seleção natural, quando compara os efeitos dessa com o "processo" levado a cabo pela "seleção inconsciente" (Darwin, 1875, p. 270) e quando compara o lento "processo" de seleção", "ao longo do curso do tempo", na Natureza, com o realizado pelo homem e conclui pela ilimitada quantidade de variação que pode ser operada "através do poder de seleção da Natureza" (Darwin, 1875, p. 65).

1.2 Causas como "poder produzir"

O "poder produzir", presente na conotação de "causa" como entidade dotada de existência própria gira, no texto da *Origem*, em torno a quatro pontos fundamentais: é aquilo que cria, "dá origem", faz existir (e faz cessar de existir); que "leva a" determinado resultado; que se relaciona a "formar / desenvolver"; que "preserva e acumula". Em todas essas operações, prevalece a idéia de processo de produção (ou de extinção), atuando no âmbito do que seja "regular" ou "natural". A "seleção natural", bem como o estado-de-coisas que a fundamenta, a "luta pela existência", exemplificam bem a conotação de "causa" como "poder produzir". A seleção natural "causa" muita extinção e "leva a" divergência de caracteres (Darwin, 1875, pp. 3, 103), tanto pela preservação das variações úteis, como pela eliminação das variações injuriosas. Darwin diz que tais resultados "seguem da" "luta pela existência", "devido à qual" tem lugar o processo de preservação e de extinção pelo qual se define o Princípio de Seleção Natural (Darwin, 1875, p. 49). A "luta pela existência", por sua vez, "inevitavelmente segue da alta taxa em que os seres orgânicos tendem a crescer" (Darwin, 1875, p. 50).[1]

Predominam nas questões centrais do texto as situações em que a causa "leva ao" efeito necessária ou inevitavelmente, ou que a necessidade da relação serve de parâmetro, conduzindo o curso da investigação: o aperfeiçoamento de cada criatura, em relação às suas condições, "inevitavelmente leva a" um gradual avanço de organização (Darwin, 1875, p. 97), e o alto avanço de certas classes inteiras ou de certos membros de cada classe, "não leva necessariamente" à extinção daqueles com os quais não entram em competição (Darwin, 1875, p. 99). Um tal vínculo de necessidade parece reservado aos ingredientes que constituem o "núcleo duro" da visão darwiniana de Natureza e de Princípio de Seleção Natural. Fora desse núcleo, a ação direta das condições de vida leva a resultados definidos "ou" indefinidos (Darwin, 1875, p. 106), e o fato de que seres orgânicos inferiores sejam mais variáveis que os situados superiormente na escala segue "provavelmente" da sua não especialização (Darwin, 1875, p. 131). A eliminação da esterilidade das espécies parentais "segue da" mesma causa que permite aos animais domésticos cruzarem livremente, o que "aparentemente" segue de terem esses animais sido gradualmente acostumados a mudanças freqüentes nas suas condições de vida (Darwin, 1875, p. 405). E a causa em questão pertence àquele elenco já referido das "causas desconhecidas" ou "obscuras".

---

[1] A peculiar relação causal que se estabelece entre "Luta pela existência" e "Princípio de seleção natural", com clara dimensão teleológica, é examinada em Regner, 2001, mas as presentes limitações de espaço não permitem expô-la. Em qualquer caso, tal limitação não prejudica a análise do conceito de causalidade a que se dirige o presente artigo.

De modo numericamente significativo e de acordo com a visão da relação causal como um "processo", preponderam aquelas situações em que Darwin toma o "poder produzir" no sentido de "formar / desenvolver", em referência tanto à "formação" de estratos geológicos e de camadas fósseis, como à formação e desenvolvimento de entidades biológicas em diferentes níveis, de embriões e órgãos rudimentares a variedades, espécies, grupos inteiros, gêneros, subfamílias, famílias, classes. Tal processo de formação, operando através de sucessivos estágios, logo remete à conotação que marca o "poder produzir" como poder de "preservar e acumular" modificações, levando à produção de novas formas. Com relação à seleção pelo homem, a chave é o poder de seleção cumulativa (Darwin, 1875, pp. 3, 22, 64-65, 85). No que se refere ao poder de seleção da / na Natureza, várias são as passagens em que Darwin se refere, desde o início da obra (Darwin, 1875, p. 32), à ação acumulativa da seleção como o poder predominante de mudança, na qual se reúnem as várias conotações de causa: é "meio de modificação", pelo qual se exerce o poder de "dar origem" a novas formas, "levando a" esse resultado por força da própria condição que é inerente ao processo de sua produção, em termos de "poder de preservação e acúmulo" das variações úteis, operando um processo de modificação das formas anteriores que é, ao mesmo tempo, de produção de novas formas. Mas, para se caracterizar um processo de produção de novas formas na Natureza por preservação e acumulação, a qual se opera "numa dada direção", há que se pensar numa causalidade em termos de *agência* do processo.

1.3 Causas como "agentes de modificação"

Assim como a condição de "meios de modificação" levou a perguntar pelo "poder" intrínseco a esse "mecanismo" para efetuar modificações, para produzir algo, a consideração desse poder leva à pergunta pela sua "agência" – o quê / quem "age", "produz". A *ação* uniforme de uma mesma causa produz os mesmos efeitos:

> [...] se a mesma causa agisse uniformemente, durante uma longa série de gerações, sobre muitos indivíduos, todos provavelmente seriam modificados da mesma maneira. (Darwin, 1875, p. 6)

Mas essa causa não é pensada como um "sujeito" ou "poder agente" *externo* ao curso fenomênico:

> [...] as espécies são produzidas e extintas por causas ainda existentes e agindo lentamente, e não por atos miraculosos de criação [...]. (Darwin, 1875, p. 427)

"Agências" que vemos ainda em serviço são usadas para explicar as mudanças geológicas passadas (Darwin, 1875, pp. 75, 266) – ainda que desconhecidas, não percebidas, ou imperceptíveis (Darwin, 1875, pp. 295, 297, 346). Mais do que sua "visibilidade" pelos sentidos, a explicação do passado através de agências que "vemos" ainda em serviço resulta da admissão do "uniformitarismo" e "gradualismo" necessários para garantir as explicações através de agentes "naturais", como condições inerentes à própria Natureza enquanto tal. Desse modo, o que age, produz, "causa", revela-se um poder "autônomo" de ação no âmbito de uma causalidade "natural", atuando naquilo que *nos* é dado a conhecer.

Nas várias referências que Darwin faz a *ações* que produzem efeitos, encontram-se como "sujeitos" desse poder, não só indivíduos, insetos (Darwin, 1875, pp. 77, 116), pássaros (Darwin, 1875, pp. 346, 326, 345), fêmeas que selecionam machos segundo seus padrões de beleza (Darwin, 1875, p. 70), mas também estados-de-coisas e "condições de vida" (Darwin, 1875, pp. 5, 22, 158, 106, 171, 262), hábitos (Darwin, 1875, p. 22), modificações ligadas ao mimetismo (Darwin, 1875, p. 377), uso / desuso (Darwin, 1875, pp. 400-401), ou "leis".[2] E, entre tais "sujeitos", está o agente humano:

> [...] é o desejo do homem que acumula as variações em certas direções; e é essa última agência que responde à sobrevivência do mais apto na natureza. (Darwin, 1875, p. 108)

A ação seletiva pelo homem, intencional ou não, produz novas raças (Darwin, 1875, pp. 107-108, 269, 295, 292, 349). Mas é sobretudo nas passagens referentes à "seleção natural" que mais freqüentemente a questão causal coloca-se em termos do exercício de um poder de algo que age como um "sujeito". O caráter "acumulativo" da mudança produzida reforça o tom de uma ação que detém em si uma "direção" a seu agir – um "sujeito" com maior poder de ação que o próprio homem (Darwin, 1875, p. 65). É também com o *status* de um "poder agente", dotado em si mesmo do princípio de sua ação, que a "seleção natural" constitui-se no único poder explicativo possível face à doutrina concorrente do "criacionismo" e à nova ciência da Geologia, em que a teoria darwiniana encontra respaldo:

> Se espécies foram independentemente criadas, nenhuma explicação teria sido possível desse tipo de classificação; mas é explicado através

---

[2] No concurso das várias agências produzindo as inúmeras e complexas co-adaptações de estrutura, Darwin inclina-se a colocar menos peso na ação direta das condições-ambiente do que na tendência a variar devido a causas que ignoramos (Darwin, 1875, p. 107).

da ação complexa da seleção natural, acarretando extinção e divergência de caracteres, como vimos ilustrado no diagrama. (Darwin, 1875, p. 104)

A seleção natural age apenas pela preservação e acúmulo de pequenas variações herdadas, cada uma útil ao ser preservado; e como a moderna geologia quase baniu visões tais como a escavação de um grande vale por uma única onda diluviana, assim a seleção natural banirá a crença na criação contínua de novos seres orgânicos, ou em qualquer grande e súbita modificação em suas estruturas. (Darwin, 1875, pp. 75-76)

1.4 Uma visão de Natureza

A complexidade da ação da seleção natural como poder "natural", dirigindo-nos à consideração de uma integração de condições, remete à questão do estatuto próprio dessa integração, que, por sua vez, remete à concepção de Natureza que se concretiza em termos dessa integração. Darwin fornece-nos duas concepções de Natureza, aparentemente conflitantes, uma como "objeto" de nossa determinação e outra como "sujeito" operante:

> [...] é difícil evitar personificar a palavra Natureza; mas, por Natureza, entendo apenas a ação conjunta e o produto de muitas leis naturais, e por leis, a seqüência de eventos tal como asseverado por nós. (Darwin, 1875, p. 63)

> Natureza, se me for permitido personificar a natural preservação ou sobrevivência do mais apto, não se importa nada com as aparências, a menos que úteis a qualquer ser. Ela pode agir sobre cada órgão interno, sobre cada sombra de diferença constitucional, sobre a inteira maquinaria da vida. O homem seleciona apenas para seu próprio bem; a Natureza apenas para o bem do ser de que cuida. (Darwin, 1875, p. 65)

Embora aqui não haja espaço para discutir esse aparente conflito,[3] não é difícil depreender-se de ambas as concepções uma visão de Natureza dotada de uma legalidade interna que *determina* o curso fenomênico, a qual dá suporte às múltiplas conotações da causalidade darwiniana.

Que "legalidade" é essa? Recorrendo-se ao texto, encontramos que tal "ordem", enquanto "causal", exerce-se em diferentes níveis: como "princípio", "lei", "regras", "tendências". Embora possam ser indicativas de dife-

---

[3] Em Regner (2001) essa questão é detidamente trabalhada.

rentes estatutos epistemológicos, Darwin muitas vezes intercambia essas expressões em seu uso. Em qualquer caso, porém, refere-se à produção / introdução de novas espécies como um fenômeno "regular" e "natural", em oposição a "casual" e a "miraculoso" (Darwin, 1875, pp. xx-xxi). E todas essas instâncias de "ordem" exibem uma dimensão ontológica na *Origem*.

"Princípios" estabelecem normas, *pautas a serem seguidas*. Não raro, porém, aparecem no texto como *agentes causais*, *produzindo efeitos*, ou como *meios* pelos quais efeitos são *produzidos*.[4] Noutras vezes, é a ação combinada de princípios que os leva a *agir*, como no caso do princípio de benefício, que tende a agir combinado com os de seleção natural e de extinção (Darwin, 1875, p. 90).

"Leis naturais" são "causas secundárias" (Darwin, 1875, p. xvii). Como era comum a sua época, Darwin refere-se a "causas secundárias" e "causas primárias", referindo-se às primeiras como "causas imediatas" (Darwin, 1875, p. 212) ou "agência próxima" (Darwin, 1875, p. 174). Refere-se a "causa primária" como a causa que atua mais intimamente sobre os fenômenos e que se apresenta como a "causa última", no sentido de ser aquela além da qual não cabe indagar mais, seja por alcançarmos a última instância legitimamente explicativa (Darwin, 1875, p. 393), seja por encontrar-se para além do nosso conhecimento através de "regras" ou de "leis secundárias" (Darwin, 1875, pp. 252 e 263).[5] "Leis" submetem, regulam diferentes tipos de fenômenos.[6] Em certas circunstâncias, a "causa" não é a "lei", mas inferida a partir da lei (Darwin, 1875, p. 248). Em outras passagens, contudo, Darwin diz que certas ocorrências são "devidas a" ou "atribuídas a" determinadas leis (Darwin, 1875, pp. 175, 177),[7] referindo-se explicitamente a "leis" como sendo "causas" (Darwin, 1875, p. 299). Darwin ressalta, de um

---

[4] Diversificados exemplos podem ser encontrados em passagens como em Darwin (1875, pp. 22, 23, 81, 87, 170).

[5] Contrariamente a um uso bastante corrente à sua época, Darwin não se vale de "causa primária" ou "causa última" no sentido de "Causa Final Última", que completaria a cadeia de condições causais.

[6] Por exemplo: adaptações (Darwin, 1875, p. 167), produção de variedades e de espécies distintas (Darwin, 1875, pp. 415, 417), ou graus de esterilidade (Darwin, 1875, p. 248).

[7] Darwin refere-se aos "efeitos" ou "resultados" das leis da variação (Darwin, 1875, pp. 165-166), das leis do crescimento (Darwin, 1875, p. 173), a modificações terem seguido das leis de crescimento (Darwin, 1875, p. 173), e ao fato de nenhuma lei fixa de desenvolvimento "causar" a mudança abrupta, simultânea ou em grau igual, de todos os habitantes de uma dada área (Darwin, 1875, p. 291).

lado, a uniformidade e universalidade da ação causal das leis (como em Darwin, 1875, pp. 89, 131, 362); de outro, admite que "leis singulares" determinem, por exemplo, a reprodução em cativeiro (Darwin, 1875, p. 7). Adverte-se, assim, a existência de tipos e níveis de "leis", mesmo quando consideradas sob o enfoque de sua ação causal.

O "regular" e o "natural" marcam igualmente aquelas pautas a que Darwin se refere como "tendências", muitas das quais são dotadas de força causal, revelando-se em si mesmas "agentes causais", ou objetos de ação causal, ou expressando um determinado comportamento causal preferencial. A expressão de pautas do comportamento dos seres orgânicos em termos de "tender a" reflete uma dupla e mutuamente relacionada condição. Uma diz respeito ao complexo de forças interatuantes na indicação de qual seja o curso "natural" ou "normal" a ser seguido e o resultado a ser obtido, caso prevaleça, em meio a esse complexo de forças e fatores, a "ação causal" que pauta o curso em questão. A outra consiste em se discriminar, em meio a uma gama de possíveis estados resultantes dessa interação, um "estado preferencial", face à natureza dos organismos e dos fatores interferentes. Como norma geral, coloca-se a tendência à preservação do "mais apto", compreendendo-se, sob essa expressão, uma complexa rede de significações. Antes que expressar uma ausência de universalidade e necessidade na sua determinação, a "tendência" expressa um modo de "ser" dos fenômenos da Natureza e de suas mútuas relações intrinsecamente dinâmico, multifatorial e relacional, que encontra sua determinação maior sob Princípio de Seleção Natural, levando à "sobrevivência do mais apto". A explícita referência a uma "tendência a produzir", ou seja, a dar início, origem, ou a "eliminar", gerando uma "cadeia de tendências", pertence aos pontos centrais à teoria darwiniana:

> As espécies dominantes, pertencentes aos grupos maiores em cada classe, tendem a dar à luz formas novas e dominantes, de modo que cada grupo tende a se tornar ainda maior e, ao mesmo tempo, mais divergente em caracteres. [...] Essa tendência nos grandes grupos a seguir aumentando em tamanho e divergindo em caracteres, junto com a inevitável contingência de muita extinção, explica o arranjo de todas as formas de vida em grupos subordinados a grupos, todos em poucas grandes classes, que têm prevalecido durante todo o tempo. (Darwin, 1875, p. 413)

Da contínua tendência à divergência de caracteres pode-se entender a existência de outra tendência, a de formas antigas e extintas preencherem os vazios entre as formas existentes (Darwin, 1875, p. 414). As espécies que, em qualquer gênero, já diferem bastante entre si, "geralmente tenderão a produzir" o maior número de descendentes modificados (Darwin, 1875, p. 93). Durante um longo curso de modificação, as pequenas diferenças tenderão a ser aumentadas em diferenças maiores (Darwin, 1875, p. 413). Várias também são as passagens em que Darwin se refere à tendência das novas variedades a "exterminar" as que lhe sejam mais próximas (Darwin, 1875, p. 86), cada nova forma tendendo a tomar o lugar e finalmente exterminar sua própria forma parental, menos aperfeiçoada (Darwin, 1875, p. 134). Relacionadas a essa condição de "produção" e de "extermínio", encontram-se as tendências de cada espécie a "aumentarem desordenadamente em número" (Darwin, 1875, pp. 297, 413), das espécies dominantes a "se espalharem e suplantarem muitas outras" (Darwin, 1875, p. 102), com as espécies dos grupos menos vigorosos tendendo a "serem extintas juntas" e a "não deixarem descendentes modificados" (Darwin, 1875, p. 314).

Na Natureza darwiniana há, pois, uma "necessidade" que se impõem ao curso a ser seguido e dá uma fisionomia própria à "causalidade" que o explica. Mas essa "necessidade" não se impõe como uma corrente que linearmente arrasta os fatos. Antes, trata-se de uma ordem que se realimenta do seu próprio dinamismo, que estabelece o fio unificador a uma multiplicidade de fatores, sem retirar a cada componente e feixe de relações a riqueza de suas determinações e possibilidades próprias, sem reduzi-la a um padrão simplificado, dando espaço à interação de diversos fatores e forças, que podem se somar ou se opor.[8]

2. A condição explicativa – a dimensão epistemológica

O acesso à ordem da Natureza ou a condição para sua inteligibilidade é viabilizado pela dimensão epistemológica da "relação causal". Não "ver" as causas leva a invocar cataclismos ou "inventar" leis e a atribuir resultados ao acaso. O escopo da ação causal, consideradas as referências literais que Darwin faz ao que é "modificado", "mudado", "sofre mudança", é "alterado", "produzido", "originado / criado", "formado", estende-se às mais diversas áreas e objetos de investigação, desde a formação de escarpas rochosas (Darwin, 1875, p. 267) e de depósitos sedimentares (Darwin, 1875, p. 277), até a produção de "crença" e à consideração dos efeitos da teoria

---

[8] Esse jogo reflete-se no papel que o "provável" assume nos resultados a esperar sem, contudo, comprometer a necessidade e a tendência maior que rege o processo: a seleção ou preservação natural do mais apto. Conforme trabalho apresentado nas *IX Jornadas de Epistemología e Historia de la Ciencia*, Córdoba, 2003: "Probabilidade: questão ontológica ou epistemológica? Um estudo de caso".

da seleção natural no estudo da História Natural (Darwin, 1875, p. 404); vai da criação / produção de seres em geral (Darwin, 1875, p. 423) à especificidade da produção de castas de formigas e de celas nas colméias de abelhas (Darwin, 1875, pp. 220, 233).

O foco nas referências ao que é "modificado" ou "produzido" são as "espécies", atingindo, porém, literalmente, outros níveis de unidades orgânicas, em seus diversos aspectos: gêneros, grupos, classes, famílias, variedades, raças, indivíduos. Em referências mais genéricas, Darwin fala de "formas de vida", formas adultas / larvais ou "formas divergentes" (Darwin, 1875, p. 100); "formas novas e aperfeiçoadas"; de "descendentes modificados", de "progenitor" (Darwin, 1875, pp. 320, 396) e de "colonizadores / imigrantes" (Darwin, 1875, pp. 354, 355) que são modificados; ou de "produções da Natureza" (Darwin, 1875, pp. 161, 426), "do mundo" (Darwin, 1875, p. 314), compreendendo diferentes níveis de especificações (Darwin, 1875, pp. 340, 354, 400, 406, 415). Unidades biológicas menos abrangentes, como "embrião" (Darwin, 1875, pp. 249, 390-391), "híbridos", "estruturas orgânicas", "órgãos", "padrão original" da estrutura (Darwin, 1875, p. 383), "sistema reprodutivo" (Darwin, 1875, pp. 7, 259, 260), "ovos férteis / sementes" (Darwin, 1875, pp. 387, 258), "rudimentos" (Darwin, 1875, p. 400), "caracteres" (Darwin, 1875, pp. 372, 379) – todas podem sofrer modificação ou serem o alvo a que Darwin refere o "poder produtivo".

O elenco de condições a exercerem o papel de "causas" é diversificado. Compreende: certas *propriedades fundamentais*, como a variabilidade; certos *princípios*, como o da hereditariedade e da variação análoga; certas *"leis"*, como de variação, correlação ou leis gerais que governam o reino animal; a *história* de uma determinada forma orgânica; *fenômenos* tão variados quanto a multiplicação celular por divisão, a subsidência "necessária" ao acúmulo de depósitos fossilíferos, os diferenciados graus de modificação a que se deve o total de diferença nos vários grupos; as migrações, etc.; *fatores comportamentais*, como hábito ou costume, que produzem modificações de estrutura e de características mentais (Darwin, 1875, pp. 206, 211, 212, 416) e têm alguma influência sobre a aclimatização (Darwin, 1875, p. 113); *estados-de-coisas* diversos com diferentes níveis de complexidade, desde a genérica referência a "condições físicas" (Darwin, 1875, p. 415), "condições de vida" (Darwin, 1875, pp. 5, 31, 106, 107), "variabilidade" (Darwin, 1875, pp. 62, 260, 410), até situações específicas, como a da ocupação do lugar de uma espécie por uma nova espécie, causando o extermínio da primeira (Darwin, 1875, pp. 138, 296). *Sucessões de estados-de-coisas* geram "cadeias causais", constituindo uma linha de argumento central à *Origem*. E reunindo todos os fatores a que Darwin se reporta ao dizer que um determinado resultado (fenômeno, estado-de-coisas, propriedades, etc.) é "devido a", está a condição de *processo*, exemplarmente contida na própria "seleção natural".

Ao âmbito do que pode ser modificado ou produzido, dos "efeitos", também pertencem *propriedades, estados-de-coisas* diversos, *estados ou qualidades mentais e comportamentais*, bem como a *aquisição* de propriedades físicas ou mentais: desde a produção de novas formas orgânicas, até a "esterilidade" (Darwin, 1875, pp. 235-236, 250, 256), o "poder de revolver das plantas" (Darwin, 1875, p. 197) ou a "roupagem" exibida pelos animais imitadores no mimetismo (Darwin, 1875, pp. 376, 377), bem como as "metamorfoses dos insetos" (Darwin, 1875, pp. 386, 395), "hábitos" (Darwin, 1875, pp. 165, 209), características e estados mentais (Darwin, 1875, pp. 170, 209, 210, 211, 220), "instintos", "funções" (Darwin, 1875, pp. 165, 168), "disposições" (ou mesmo a indisposição natural a admitir certas crenças e a menor ou maior flexibilidade a novos modos de ver – Darwin, 1875, pp. 107, 123, 126, 134, 423, 426); "gradações" (Darwin, 1875, p. 168), bem como "variações" ou "modificações no sentido requerido" (Darwin, 1875, p. 279), ampla "distribuição geográfica", conhecimento (Darwin, 1875, pp. 162, 285, 345, 428), linguagem (Darwin, 1875, p. 370).

"Causas", como aquilo "a que cabe atribuir" certos fatos e situações, admite diferentes graus epistêmicos de atribuição: "podemos seguramente atribuir" (Darwin, 1875, p. 208), "atribuir principalmente a" (Darwin, 1875, p. 344), "atribuir falsamente a", ou atribuir em termos do que seja "em verdade simplesmente devido a" (Darwin, 1875, pp. 116-117). A atribuição adequada ao que se julga ser a causa passa por dois pontos-chave: *o quê*, desde o ponto de vista do tipo de coisa em questão, pode encerrar "condições" para uma dada ocorrência ou estado-de-coisas, e *a que título* pode fazê-lo, ou qual seja a natureza do vínculo entre "condição-condicionado" que pode ser estabelecida. Seguindo o uso que Darwin faz de "causa" no texto, vê-se que causas "influenciam", "determinam" (Darwin, 1875, pp. 115, 157, 169), mas que tal influência, determinação, não é exercida por todas as "causas" do mesmo modo. O grau de determinação imposta pela "causa" e de dependência sofrida pelo "efeito", depende, por sua vez, do peso e natureza das relações da "causa" em questão com outros fatores atuantes, que podem retardar ou favorecer a sua ação, como ocorre na produção de novas formas pela "seleção natural" (Darwin, 1875, pp. 82-83), ou na condição glacial do clima (Darwin, 1875, p. 336). Mudanças físicas condicionam as *relações entre os seres orgânicos*:

> [...] novos espaços na política da natureza não ocorrem antes de longos intervalos, devido à ocorrência de mudanças físicas de algum tipo ou através da imigração de novas formas. (Darwin, 1875, p. 270)

mas não são as condições mais importantes. Darwin diz ser bem fútil olhar mudanças de correntes, clima ou outras condições físicas como a causa das grandes mutações nas formas da vida através do mundo, sob os mais diferentes climas (Darwin, 1875, p. 299).

Darwin considera o acesso às "causas" provido pela sua teoria como "plenamente declarado" pela evidência geológica e paleontológica e levando a um avanço da investigação na História Natural. Coloca-se, então, a questão das condições que devem ser satisfeitas para que algo seja reconhecido como "causa" e relações como "causais", bem como a de seu alcance explicativo.

2.1 A busca da *vera causa*

A busca de uma *vera causa* como meta explicativa, claramente posta por Darwin, exemplifica a articulação das dimensões ontológica e epistemológica em seu pensamento. Darwin considera estranha a conclusão a que chegaram eminentes naturalistas, quando admitiram que, das várias espécies, até então assim reputadas em cada gênero, algumas não seriam espécies "reais", mas que outras o seriam, significando com isso que as últimas teriam sido independentemente criadas. A "seleção natural", compreendendo o que Darwin chama de "geração ordinária" e "comunidade de descendência", provê, em contrapartida, uma *vera causa* para a produção de novas espécies.

A *vera causa* é uma causa "natural", a ser encontrada no âmbito dos diversificados processos ou agências que têm lugar na Natureza, no seu curso ordinário, capaz de explicar fenômenos aparentemente tão diversos quanto os de distribuição das formas orgânicas e os de suas similaridades, em oposição à intervenção miraculosa. Quem rejeita a explicação pela geração ordinária com subseqüente modificação, diz Darwin que invoca a agência de um milagre (Darwin, 1875, p. 320). A comunidade de descendência é a *vera causa* capaz de explicar similaridades entre as formas orgânicas (Darwin, 1875, p. 125). Admitir o criacionismo seria "rejeitar uma causa real por uma irreal ou, ao menos, desconhecida" (Darwin, 1875, p. 130). A *vera causa*, portanto, é uma causa "real", encontrada no curso ordinário, regular dos fenômenos da Natureza e que, como tal, pode ser conhecida pela investigação, esclarecendo os laços mais profundos na ordem fenomênica das relações entre os organismos.

2.2 Universalidade da relação causal e do concurso de causas

Na Natureza darwiniana, uma causa eficiente, produtora dos fenômenos a investigar, é sempre necessária, ainda que possa ser imperceptível ou desconhecida. Mais de uma vez, Darwin diz que *deve* existir uma causa para cada leve variação – seja qual for (Darwin, 1875, pp. 6, 132, 171):

> Deve haver alguma causa eficiente para cada leve diferença individual, bem como para cada variação mais fortemente marcada que ocasionalmente surja. (Darwin, 1875, p. 171)

A mesma exigência, ao conceber o curso fenomênico como sujeito a uma ordem, aplica-se aos fenômenos de extinção. E, seguindo o fio de uma causalidade pertencente à ordem intrínseca da Natureza, a "relação causal" exibe uma universalidade que se reflete em alguns requisitos epistemológicos assinalados por Darwin.

O reconhecimento de uma relação causal implica a admissão da uniformidade de causas para a uniformidade de efeitos:

> [...] se a mesma causa agisse uniformemente durante uma longa séria de gerações em muitos indivíduos, todos seriam provavelmente modificados do mesmo modo. (Darwin, 1875, p. 6)

Se organizações similares sofrem uma "ação de modo similar", freqüentemente recorrem certas variações fortemente marcadas; se as "condições existentes" permanecem as mesmas, o "mutante" transmitirá uma tendência aos descendentes a variarem da mesma maneira; e se a "tendência a variar da mesma maneira" for freqüentemente bastante forte, todos os indivíduos da mesma espécie serão similarmente modificados, sem a ajuda de qualquer seleção (Darwin, 1875, p. 72). Exemplos como esses multiplicam-se ao longo da *Origem* (Darwin, 1875, pp. 114-115, 125, 131, 132). Mesmo quando desconhecidas as causas, a similaridade de efeitos leva a considerar uma similaridade de causas (o "uniformitarismo" garantindo a inferência de causas similares a partir de efeitos similares – como em Darwin, 1875, p. 125).

Podemos, contudo, ser ignorantes das causas ou condições que, nas situações particulares, determinaram essa ou aquela ocorrência. Ou podemos não ser capazes de atribuir-lhes seu devido peso. Mas isso não impede a formulação de um padrão explicativo, em termos de condições gerais para a ocorrência de um determinado tipo de fenômeno, delineando o que se poderia chamar a "estrutura causal" pertinente, embora sem poder apontar, em uma ou outra situação, os componentes responsáveis pela eficácia causal. Por exemplo, o desconhecimento das causas que determinaram a presença de poucos grandes quadrúpedes, na América do Sul apesar da existência de condições físicas favoráveis, e de sua abundância na África do Sul, não impede que vejamos terem sido certos distritos e épocas muito mais favoráveis que outros para o desenvolvimento de um quadrúpede tão grande como a girafa – "quaisquer que possam ter sido as causas" (Darwin, 1875, p. 179).

2.3 A estrutura causal

Várias passagens deixam claramente ver que, ao tratar das "causas" e buscar reconhecê-las, o que está em jogo é uma rede de fatores, um *conjunto de condições*:

> [...] se todas as flores e folhas na mesma planta fossem sujeitas às mesmas condições externas e internas, dado que as flores e folhas estão em certas posições, todas seriam modificadas da mesma maneira. (Darwin, 1875, p. 174)

Essa rede constituiria uma "estrutura causal", na qual se rastrearia o "fator causalmente eficaz", a usar expressões de Sober (1984), não só em relação a fenômenos orgânicos e, notoriamente, onde a "seleção natural" está em cena, mas quanto a fenômenos como "condição glacial do clima" (Darwin, 1875, p. 336) e "acumulação dos grandes depósitos fósseis" (Darwin, 1875, p. 427). No que concerne aos fenômenos orgânicos, encontram-se dois fatores fundamentais, demarcando a estrutura em que a "seleção natural" apresenta-se como o agente causal predominante:

> [...] a natureza do organismo, que é o mais importante dos dois, e a natureza das condições. (Darwin, 1875, p. 106)

Em seu detalhamento, a estrutura da qual depende a forma de cada ser orgânico compreende uma infinidade de complexas relações: do surgimento de variações devido a causas muito intrincadas para serem seguidas, da natureza das variações preservadas ou selecionadas, e essa, por sua vez, depende de condições físicas e orgânicas, e, finalmente, da hereditariedade (Darwin, 1875, pp. 100-101). E também é de *um conjunto de condições* que depende a explicação mesma da ausência de certas evidências para a teoria da seleção natural:

> Essas causas, tomadas conjuntamente, em grande medida explicarão porque – embora encontremos muitos elos – não encontramos intermináveis variedades conectando todas as formas existentes e extintas pelos estágios graduados mais refinados. (Darwin, 1875, p. 313).

Tal conjunto determinante constitui-se de um elenco variado que poderá englobar "circunstâncias amplamente diferentes" (Darwin, 1875, p. 263), "peculiares" (Darwin, 1875, p. 113), "favoráveis" ou "desfavoráveis" à produção de um determinado resultado. Assim, na confluência de condições favoráveis / desfavoráveis,

> Um grão na balança pode determinar que indivíduos deverão viver e quais deverão morrer. (Darwin, 1875, p. 411)

2.4 Causas como "condições" necessárias e / ou suficientes

Em meio a tantos fatores que se enlaçam, a tarefa de reconhecer o que é "causa" numa dada relação diz respeito à identificação "daquilo a que se atribui" ou "ao qual é devido" uma dada ocorrência ou estado-de-coisas das mais diversas naturezas. Freqüentemente, Darwin usa "causa", "efeito" ou expressões que designam as acepções de "causa" já examinadas, em passagens que já se apresentam em termos de enunciados "condicionais" (do tipo "se..., então...", "como..., então...", "dado que..., então..."), ou de um silogismo, cujas premissas encerram o fundamento para o que é afirmado ("... logo...", "... portanto...", "... segue de..."). Caso não o faça, pode-se reescrevê-las na forma desses enunciados, ou reconstruí-las sob a forma de um argumento em que a condição em pauta forneça fundamento para a afirmação conseqüente. Em um sentido amplo, tal condição apresenta-se como aquilo que "causa", "produz", "dá origem", "modifica", "justifica" o que lhe segue.[9]

Trazendo as expressões de Darwin a um enfoque mais padronizado das relações causais, o desempenho das "causas", em seu variado elenco, pode ser visto como o de condições "necessárias" ou "suficientes". Embora o próprio Darwin use essas expressões, elas muitas vezes ganham um significado peculiar no uso darwiniano. Como ponto-de-partida, uma causa é sempre necessária. Em algumas situações pode-se claramente assim identificá-las. Assim, a variação apresenta-se como uma condição claramente "necessária", embora não "suficiente", para a ação da "seleção natural" (Darwin, 1875, p. 356). Para tanto, deve ser "útil" ou "nociva". A exposição a novas condições de vida por várias gerações é *necessária* para produzir qualquer grande quantidade de variação, mas não *suficiente*, porque ainda depende, em sua ação direta, da natureza do organismo e, na indireta, de que o sistema reprodutivo seja afetado (Darwin, 1875, pp. 5-6). A identificação de "condições necessárias" também pode ser feita inferindo-se, de uma situação presente, uma condição passada, "necessária" para a presente ocorrência – como a inferência de uma baixa simultânea da temperatura no mundo, durante o período glacial, a partir de suas conseqüências (Darwin,

---

[9] Em Darwin, "causas" e "razões" intercambiam-se, como pode ser depreendido de sua identificação do que sejam "causas" e "razões".

1875, p. 336), ou a inferência da expansão de determinadas espécies de uma ilha a outras, a partir de sua presente distribuição (Darwin, 1875, p. 356).

A avaliação em termos de "condições necessárias" e / ou "suficientes", em seus termos usuais, revela-se, contudo, irrelevante, em casos como o dos possíveis efeitos das condições físicas sobre as variações, uma vez que, sob condições dissimilares, ocorrem variações similares e, sob condições similares, ocorrem variações dissimilares. Ou seja: de "causas" diferentes seriam obtidos os mesmos efeitos e, das mesmas causas, efeitos diferentes. Darwin refere-se à natureza de certas condições como sendo de "subordinada" importância:

> [...] vemos claramente que a natureza das condições é de importância subordinada, em comparação com a natureza do organismo na determinação de cada forma particular de variação – talvez de importância não maior do que aquela que a natureza da faísca, pela qual uma massa de matéria combustível é inflamada, tem na natureza das chamas. (Darwin, 1875, p. 8)

Em que consiste essa "subordinada" importância? Certamente trata-se de uma interação hierárquica de fatores, delineando uma "estrutura causal", mas escapando a uma determinação em termos de "conjunto de condições separadamente necessárias e conjuntamente suficientes" para a produção do efeito.

A indicação do que poderia ser considerado "condição suficiente" no texto de Darwin se encontra, em diferentes níveis, relacionada tanto à visão norteadora de uma "luta pela existência" (Darwin, 1875, p. 411), quanto aos particulares fatores envolvidos na produção de novas formas, como o da variação correlata por força da qual a modificação de uma dada parte é necessariamente seguida pela de outras partes (Darwin, 1875, p. 415). Darwin diz que a "seleção natural" *acarreta* extinção e divergência de caracteres (Darwin, 1875, p. 103), ou seja, os tem, necessariamente, como resultado.

Apesar de tais exemplos, que pareceriam bem ajustados a modelos explicativos por referência a "leis" e a condições pelo menos "suficientes", em maior número estão aqueles casos em que condições "suficientes" afiguram-se também como "necessárias", face à integridade contextual que se impõe na leitura da *Origem*. À luz desse contexto na sua integridade, "condições" estão necessariamente vinculadas por uma rede (não atomista ou analisável em termos de seus constituintes tomados isoladamente) de significações, cujos fios, em sua trama, as tornam suficientes e necessárias. A necessidade de uma tal rede impõe-se na conceituação mesma do princípio central do "longo argumento" darwiniano:

> Chamei esse princípio, pelo qual cada variação, se útil, é preservada, pelo nome de Seleção Natural, para marcar sua relação com o poder humano de seleção. (Darwin, 1875, p. 49)

> Essa preservação das variações e diferenças individuais favoráveis e destruição daquelas que forem injuriosas, chamei de Seleção Natural ou de Sobrevivência do mais Apto. (Darwin, 1875, p. 63)

> Natureza, se me for permitido personificar a natural preservação ou sobrevivência do mais apto, não se importa nada com as aparências, a menos que úteis a qualquer ser. Ela pode agir sobre cada órgão interno, sobre cada sombra de diferença constitucional, sobre a inteira maquinaria da vida. O homem seleciona apenas para seu próprio bem; a Natureza apenas para o bem do ser de que cuida. (Darwin, 1875, p. 65)

O significado de variação "favorável" ou "desfavorável" requer a consideração de todo um contexto de fatores, representado na "luta pela existência", que inclui, entre outros fatores, a condição de lugares a serem ocupados na economia e política da Natureza e a hereditariedade. Sem essa consideração, não há a "suficiência" requerida para que a seleção natural seja a *vera causa* pretendida (e que, em sendo *vera* causa, encerra "necessidade"). Em algumas situações, Darwin oferece o que claramente pareceria uma *condição necessária e suficiente*, como ao dizer que a divergência de caracteres "depende somente" dos descendentes de uma espécie serem capazes de tomar muitos e diferentes lugares na economia da Natureza (Darwin, 1875, pp. 303-304). Em outras vezes, essa dupla condição decorre de se inferir uma condição "necessária" a partir do efeito que se quer explicar, e que, uma vez alcançada, revela-se "suficiente" para a obtenção desse resultado.

Tais relações, por sua vez, requerem uma dimensão semântica que dá significação aos fatos e à sua estrutura relacional, a partir da teoria da seleção natural como um *todo* explicativo. Em diferentes passagens, pede Darwin que sua teoria seja avaliada a partir de seu poder explicativo como um todo. No parágrafo conclusivo da *Origem*, o enlace de sucessivas condições e resultados ganha o caráter de "necessidade" e "suficiência", enquanto princípios que se articulam em torno a uma imagem-chave da teoria, a "luta pela existência", e descerram sua força explicativa:

> [...] uma Razão de Crescimento tão alta que leva à Luta pela Vida e, como uma conseqüência, à Seleção Natural, entalhando Divergência de Caracteres e Extinção de formas menos aperfeiçoadas. Então, da guerra da natureza, da fome e da morte, o mais exaltado objeto que

somos capazes de conceber, a produção de animais superiores, diretamente segue. (Darwin, 1875, p. 429)

Por certo, encontramos no "longo argumento" darwiniano situações em que parece pertinente falar de relação causal nos "tradicionais" termos humeanos, como relação entre "fenômenos" distintos. Assim, mudanças geográficas e climáticas estabelecem condição para (ou são seguidas por) mudanças na distribuição geográfica das espécies (Darwin, 1875, p. 321). Ou, para dar exemplo de uma outra ordem fenomênica, mudanças nos hábitos "produzem" efeito herdável (Darwin, 1875, p. 8), e novas condições de vida "levam a" mudança de hábitos (Darwin, 1875, p. 165). Mas, mesmo então, a visão darwiniana leva-nos a problematizar a condição tradicional humeana de que "causa" e "efeito" sejam fenômenos independentemente descritíveis. A produção de "novas" formas, o fenômeno a ser explicado por excelência, ocorre como modificação aperfeiçoada das formas ancestrais. A relação causal estabelecida traduz-se num vínculo intrínseco, num "laço oculto", e a descrição de ambos os termos requer um vínculo semântico, tal que, se qualquer descendente de um certo grupo torna-se tão modificado a ponto de perder todos os traços de seu parentesco, perde seu lugar no sistema natural (Darwin, 1875, p. 370). O vínculo semântico entre antecedente e conseqüente permanece como condição necessária à relação.

2.5 A relação "processo-e-resultado" como condição

Tal vínculo, por sua vez, na integralidade contextual do "um longo argumento" da *Origem*, encontra expressão privilegiada como uma relação de "processo-e-resultado". A "seleção natural", em si mesma um processo, é a causa principal, a condição, por excelência, para a produção de novas formas orgânicas na Natureza. Qualquer que seja o concurso de outras causas ou condições, essas deverão, na visão da *Origem*, de algum modo conjugarem-se e / ou submeterem-se à "seleção natural". Qualquer que seja a causa de cada leve variação, é a sólida acumulação de diferenças benéficas que dá lugar às mais importantes modificações de estruturas em relação aos hábitos de cada espécie (Darwin, 1875, p. 132). E qualquer quantidade de modificação, diz Darwin, pode ser gerada pelo acúmulo de leves, espontâneas e úteis variações (Darwin, 1875, p. 233), convertendo e aperfeiçoando variedades em espécies distintas, em cujo processo a seleção natural tende igualmente a exterminar as formas parentais e os elos intermediários, ou as formas que sejam mais lentamente modificadas e aperfeiçoadas (Darwin, 1875, pp. 134, 136, 138).

A relação estabelecida entre a "seleção natural" como *processo* e a "sobrevivência do mais apto" como *resultado*, coloca a indissociabilidade de ambos, enquanto, a ter lugar o *processo*, esse necessariamente leva àquele *resultado*, o qual, restrito ao âmbito da ação das causas "naturais", só pode ser produzido pela "seleção natural". Esse vínculo não decorre de uma mera correlação entre um conjunto de condições que se denominasse "seleção natural" e um dado resultado, a "sobrevivência da forma mais apta". O processo de seleção natural *é* o processo de produção de formas mais aptas. O próprio conceito de "aptidão" é um conceito relacional, dependente das mesmas condições e circunstâncias (delineadas na visão de Natureza como "luta pela existência") que fundamentam o processo e nele ganham articulação própria. Há, pois, um vínculo que integra a realidade fenomênica numa rede de significações e por força da qual fenômenos ganham sua identidade. Não há como, a ter lugar o "processo de seleção natural", que ele seja pensado e determinado como um dado curso fenomênico, sem que a "sobrevivência do mais apto", como *resultado*, seja seu fio condutor. Não se trata de um processo ao qual seja indiferente o resultado a alcançar.

Tal vínculo também não implica uma ausência de significância empírica do princípio, nem o princípio consiste numa viciosa circularidade. Em sua própria formulação, pela sua condição intrinsecamente relacional, a "seleção natural", estatuída como princípio, "regula" as condições particulares da experiência, que lhe conferem – e não apenas dela recebem – significação.[10] Esse papel "regulador", organizador da experiência, faz com que as situações particulares a que o princípio da "seleção natural" se aplica confiram-lhe validade explicativa, objetiva. Tal vínculo entre *processo* e *resultado* não demanda que haja um plano prévio ou o alcance do *resultado* como um "fim" que estaria estabelecido anterior e independentemente do *processo*. Assim como não se pode pensar o processo sem nele estar embutido o resultado a alcançar, não se pode pensar o resultado sem o processo. Ambos, *processo-e-resultado* são estabelecidos e mutuamente condicionados pela mesma rede de significações e de "constituição" do real, que não procede de modo meramente linear e cuja compreensão demandará a consideração dos modos de causação a serem encontrados na *Origem*.

3. Modos de causação – confluência do epistemológico e do ontológico

O contexto filosófico com que Darwin se depara fala tanto em causalidade "mecânica", como de "transformação", "histórica" e "final", com suas

---

[10] Para uma detalhada avaliação das críticas feitas ao princípio darwiniano em termos de "tautologia" e questões relacionadas, ver Elliot Sober (1984).

"cadeias causais".¹¹ A primeira diz respeito a uma relação em que "causas" (C) e "efeitos" (E) são tipos de fenômenos e tais que, sempre que C ocorre, E "automaticamente" segue. A mera presença de C no curso dos fenômenos determina a de E, sem suposição de nenhum vínculo "interno", restrita a conexões meramente "externas", relacionando propriedades "observáveis" e de "posição" no curso fenomênico. Como já indicado, diversas são as passagens da *Origem* que ilustram o padrão de uma "causalidade mecânica".¹² Referem-se, em geral, à ação de condições físicas, como o clima ou outros fatores de controle, determinando o número médio de indivíduos de uma espécie (Darwin, 1875, pp. 54, 58); a movimentos geológicos determinando a natureza da formação de camadas geológicas e o sucesso ou não dos processos de fossilização, ou a condições climáticas, movimentos geológicos e deslocamento de *icebergs* determinando as condições de migração, de isolamento e comunicação entre os seres orgânicos. Condições produzidas de modo meramente "mecânico" fornecem base para a subseqüente ação da seleção natural, como no caso do mimetismo, em que a semelhança acidental de um indivíduo com membro de outro e protegido grupo fornece base para a aquisição da mais perfeita semelhança através da "seleção natural" (Darwin, 1875, p. 378).

Todavia, para o móvel central da *Origem*, a produção de novas formas orgânicas, causas meramente "mecânicas" são insuficientes:

> [...] é impossível atribuir a essa causa [variabilidade espontânea] as inúmeras estruturas que são tão bem adaptadas aos hábitos de vida de cada espécie. (Darwin, 1875, p. 171)

Pois embora toda a parte varie levemente, não segue "mecanicamente" que as partes necessárias variem na "direção e grau certos" (Darwin, 1875, p. 179). Assim, a causalidade "mecânica" aparece sobredeterminada por uma "não-mecânica", seja porque o "trabalho da seleção natural opera" sobre as bases mecanicamente fornecidas, seja porque a complexa interação dos vários fatores envolvidos, na sua rede de relações, se dá em "círculos sempre crescentes" (Darwin, 1875, p. 57), e os resultados produzidos exibem mútua dependência.

Que causalidade "não-mecânica" é essa? O candidato mais forte, seja pela clássica oposição "mecânico-teleológico", seja pelas indicações encontradas no texto darwiniano, é uma "causalidade teleológica"¹³. Além disso, a

---

[11] Contexto referenciado por John Herschel, William Whewell e Stuart Mill.
[12] Por exemplo, em pp. 58, 67, 68, 73, 82, 100-101, 111, 194, 198, 283, 291, 295-296, 299, 300, 319, 340, 350, 377, 383, 386, 394, 410, 414, 415, 420.
[13] A causalidade "teleológica" opera à base de um conceito de "fim".

"causalidade teleológica" é pertinente à visão de uma *totalidade* de sorte que propriedades, processos, estados-de-coisas ocorram e sejam determinados pela sua "contribuição" (muitas vezes referida como "função") para a determinação e realização do *todo*, ou pelo propósito ou estado / condição preferencial a que esse *todo* se dirige (muitas vezes referido como "direção a meta"), tanto em termos de "fins particulares", como de um "fim último" que a essa *totalidade sistêmica* se imponha como seu princípio regulador[14].

Nossa ignorância acerca de tal complexidade é profunda (Darwin, 1875, pp. 100, 157). Nosso acesso "tradicional", simplificante da causalidade aí envolvida não é suficiente para se penetrar na questão da "origem das espécies" e compreender a "economia de qualquer ser orgânico em seu todo". Na *Origem*, ambos modos de causação – "mecânica" e "teleológica" – são encontrados e, muitas vezes, combinados, com uma moldura "teleológica" comportando determinações internas segundo uma "causalidade mecânica"[15]. Por exemplo, causas operando mecânica e teleologicamente, num encadeamento, podem ser vistas na passagem em que Darwin argumenta que a taxa geométrica de progressão do aumento de todos os seres orgânicos leva a que cada área já se encontre plenamente ocupada, o que aumenta o número das formas favorecidas, e isso faz com que as menos favorecidas tornem-se raras; somando-se esse fato às flutuações na natureza das estações ou ao aumento do número de inimigos, tem-se boa chance de extinção das formas menos favorecidas (Darwin, 1875, p. 85). A referência a formas "favorecidas" e "desfavorecidas", bem como a questão da ocupação de lugares e implícita "competição", coloca, como pano-de-fundo, a visão de "luta pela existência", com seu complexo de relações, constituindo uma totalidade irredutível a uma sucessão linear de fenômenos. É preciso que surjam variações – por causas em boa parte obscuras ou desconhecidas – do tipo e no grau certos (Darwin, 1875, pp. 230, 279), a bem de que a "seleção natural" possa atuar, e gradações de estrutura em cada estágio benéficas a uma espécie ocorrerão apenas sob certas circunstâncias peculiares (Darwin, 1875, p. 180):

> [...] variações ou diferenças individuais da natureza certa, pelas quais alguns dos habitantes poderiam ser melhor adaptados a seus novos

---

[14] Os demais referenciais para os "modos de causação" à época de Darwin ficam de certa maneira compreendidos sob os dois ora destacados.

[15] Em ambos os casos, no de uma causalidade "mecânica" ou "teleológica", coloca-se, à base, uma determinada concepção acerca do modo como *são* as "entidades" envolvidas na relação de "causa-efeito".

lugares sob condições alteradas, nem sempre ocorrerão repentinamente.. (Darwin, 1875, p. 270)

[...] todas as variações espontâneas na direção certa serão então preservadas, como aqueles indivíduos que herdam, no mais alto grau, os efeitos do uso aumentado e benéfico de qualquer parte. (Darwin, 1875, p. 188)

3.1 Causalidade teleológica

Como visualizar uma causalidade teleológica em Darwin, sem conflitar com suas próprias palavras? Respondendo a uma objeção que lhe fora lançada, a respeito de uma atribuição de "intencionalidade" à Natureza (Darwin, 1875, p. 63), Darwin ressalva assim estar falando "metaforicamente", "por brevidade" (Darwin, 1875, p. 63). Mais de uma vez, refere-se a um processo de modificação "não intencional" ou de seleção "inconsciente" pelo homem (Darwin, 1875, pp. 9, 80), que fornece a ponte entre a seleção pelo homem e a "seleção natural"(Darwin, 1875, pp. 9, 25). Todavia, ao falar da "seleção causal", não se desvencilha daquele modo de falar "metafórico" ao longo de toda a obra e a elaboração do poder "explicativo" da "seleção natural" como uma *vera causa* depende de tal modo de falar. Trata-se de uma posição difícil, a demandar, entre outras coisas, uma nova visão do que seja "intencionalidade", rompendo com a visão filosófica tradicional.

Darwin parece ter presente tal dificuldade, ao se referir à construção das colméias pela abelha *Melípona*. Examinando a formação do instinto arquitetônico das abelhas por "seleção natural", atribui às abelhas a capacidade de julgarem precisamente as distâncias, e de perceberem quando roeram a cera até a finura própria e então pararem seu trabalho (Darwin, 1875, pp. 222-223). Mas na mesma passagem, explica a "automatização" desse julgar e perceber. A "seleção natural" teria,

> [...] por lentas etapas, mais e mais perfeitamente levado as abelhas a cavarem a cera de modo adequado, certamente não sabendo mais que cavaram esferas a uma particular distância uma da outra, do que sabem quais são os vários ângulos dos prismas hexagonais e [...]. (Darwin, 1875, p. 227)

Nos bastidores, borram-se as fronteiras entre o "intencional" e o "não intencional", e uma nova visão discretamente insinua-se em passagens, como a que segue:

> Uma ação, quando desempenhada por muitos indivíduos do mesmo modo, sem saberem para que propósito, inicialmente diz-se que é

instintiva. Uma pequena dose de juízo ou razão, como Pierre Huber o expressa, freqüentemente entra em jogo, mesmo com animais inferiores na escala da natureza. (Darwin, 1875, p. 205)

Uma pequena dose de juízo ou razão faz-se presente mesmo quando não se sabe o propósito da ação. Se as tradicionais distinções entre instintos, hábitos (plano não intencional) e razão (plano intencional) são flexibilizadas, pedindo uma nova abordagem, por que, pode-se perguntar, "não dar mais um passo" e questionar o então usual comprometimento de uma visão teleológica com a de fins previamente presentes numa consciência, "mente" ou entendimento? Por que não seriam disposições intrínsecas ao *hardware*? Assim, aquele modo de falar acerca da "seleção natural" não seria um mero recurso de estilo, nem violaria limites. Apenas indicaria a necessidade de se repensar concepções e distinções[16].

Considerando-se o teor da defesa de Darwin frente às objeções a seu modo de falar da "seleção natural" e o uso que efetivamente faz da "seleção natural" em seu "longo argumento", vê-se que, no fundo, trata-se de uma defesa contra a pecha de uma *certa* causalidade final ou princípio de finalidade (Darwin, 1875, p. 63). De fato, já em sua *Notícia histórica*, Darwin coloca-se contra o *princípio de finalidade* de M. Naudin, pois esse princípio não explicaria a operação da Natureza, conduzindo a pseudo-explicações, requerendo a interferência de fatores "sobrenaturais". Segundo Naudin, tal princípio seria um poder misterioso e indeterminado – "fatalidade", para alguns, "vontade providencial", para outros – que determinaria, em todas as épocas, a forma, o tamanho e a duração de cada ser vivo, em razão de seu destino dentro da ordem das coisas da qual ele faz parte, harmonizando cada um com o todo, pela sua função a realizar dentro do organismo geral da Natureza, função que é sua razão de ser (Darwin, 1875, p. xix). Tendo-se em vista o teor do princípio de finalidade de Naudin, a crítica de Darwin pode ser entendida como crítica a um princípio concebido em termos de "fatalidade" ou de "vontade divina", que bloqueia a investigação racional e reduz a questão da produção de novas formas orgânicas à de um "plano predeterminado" das particulares formas que povoaram, povoam e povoarão o mundo.

De fato, na concepção então predominante de teleologia, a causalidade final aparece comprometida com uma consciência, na qual o efeito ou fim estaria previamente representado, suportando a idéia de um "plano de cria-

---

[16] Em Regner (1997), é feito um estudo do papel cognitivo da metáfora em Darwin (esclarecimento conceitual e corroboração da teoria), à luz do qual "metafórico" e "real/literal" são momentos que se intercambiam em um mesmo processo.

ção". Tal concepção, do ponto de vista filosófico, foi tributária do dualismo cartesiano, com uma noção de "fim" restrita à "intencionalidade" da *res cogitans*, e do dualismo kantiano (da *Crítica da Razão Pura*) de "matéria / forma" das representações, excluindo das categorias do "entendimento" (e do conhecimento objetivo da Natureza) o conceito de "fim" e o restringindo aos conceitos puros da "razão" ocupada consigo mesma. Todavia, tais "compromissos" historicamente assumidos não esgotam as possibilidades das concepções "teleológicas"[17]. Cabe lembrar que uma visão "mecanicista" da Natureza é apenas *um* modo de "concebê-la". Uma visão "teleológica" é um *outro* modo de "concebê-la". Em ambos os casos, nosso acesso à Natureza é mediado por "concepções" cujo valor cognitivo dependerá de sua capacidade heurística para satisfazer os padrões explicativos pertinentes em um e outro caso e fazer avançar a pesquisa. Não se trata de privilegiar *a priori* a uma ou a outra como mais "objetiva". É possível conceber a Natureza enquanto sistema atribuindo-lhe uma tendência "interna" à sua realização, à preservação de sua identidade como tal sistema. Assim concebida, o princípio de finalidade seria intrínseco ao próprio *hardware*. A admitir-se uma visão teleológica da Natureza através do Princípio de Seleção Natural, esse "princípio", pelo qual o sistema Natureza se preserva e, assim, tende a seu "fim", revela-se interno ao próprio sistema – não o subjuga, como por uma "fatalidade", nem lhe é "externamente" dado como por uma "vontade divina". E, por força da própria natureza "relacional" do princípio, num sistema que abriga o contingente e a complexidade "em círculos sempre crescentes" de relações entre seus vários elementos, descarta-se a idéia prévia de um plano sucessivo de "fins particulares" a alcançar. Em especial, permite avançar a investigação racional, em seu "naturalismo" próprio, sem refúgio num "poder misterioso", mas tomando o desafio de *mostrar o como* espécies são originadas, apontando a uma *vera causa*.

Afora a natureza teleológica que pode ser encontrada na enunciação mesma do Princípio de Seleção Natural, quatro pontos norteiam o exame da questão mais geral de uma causalidade teleológica na *Origem*: (a) a produção/modificação/aquisição de estruturas físicas e de qualidades mentais, por "acúmulo das variações numa dada direção", presente nas explicitações imediatas das definições de Princípio de Seleção Natural e em freqüentes citações feitas por Darwin ao longo da obra, que leva a considerar, de um lado, (b) uma "orientação impressa ao processo" e, de outro, (c) as "mudanças como adaptações", (d) tendo presente a perspectiva de "totalidade"

---

[17] "Teleologia" não requer necessariamente a suposição de uma consciência em que esse "fim" se encontre previamente representado para que o "efeito" seja produzido como a sua concretização, conforme será adiante explicitado.

e de relação *todo-parte* na estruturação da própria Natureza e do "um longo argumento" que a investiga.

Na elucidação da natureza e força causal da "seleção natural", Darwin freqüentemente enfatiza a preservação *e acúmulo* das variações *favoráveis*. A "seleção natural" age e acumula como o homem o faz (Darwin, 1875, p. 34), mas o critério de utilidade, no caso, refere-se ao próprio portador das variações em relação às suas condições de vida (Darwin, 1875, pp. 65-66), ao que lhe seja útil no amplo quadro da "luta pela existência". Em tal processo acumulativo, os órgãos e instintos mais complexos foram "aperfeiçoados" (Darwin, 1875, p. 404) e novas e "aperfeiçoadas" formas produzidas (Darwin, 1875, p. 84). Essa acumulação de leves variações úteis afeta, por correlação, outras partes, leva a um amplo trabalho de modificação (Darwin, 1875, p. 114), pela contínua seleção de indivíduos variando da maneira e no grau requeridos (Darwin, 1875, pp. 121-122).

O processo causal de "acúmulo numa dada direção" não resulta de uma mera soma de fatores tais como tendência dos organismos a crescerem geometricamente, com conseqüente "luta pela sobrevivência", ocorrência de variações, preservação, por hereditariedade, de variações úteis, tendência da variabilidade, uma vez iniciada, a continuar e ocorrência de lugares a serem ocupados (ou melhor ocupados) na política da Natureza. A visão darwiniana de "luta pela existência" (Darwin, 1875, p. 50), como um retrato do intricado estado de coisas que é a Natureza, não é meramente um item que se agrega a outros, nem meramente decorre daquela tendência à progressão geométrica. Nesse quadro, ingredientes tais como a tendência da variabilidade a continuar e ser "dominada pela seleção natural", e a ocupação de lugares na política da Natureza como um fator determinante, pressupõem a visão "sistêmica" de uma *totalidade* com um princípio constitutivo interno, em relação ao qual cabe pensar o processo de "acúmulo numa dada direção". Esse processo revela-se teleológico em uma dupla dimensão. Há um "fim" a reger o processo, contido na "direção" que lhe é impressa. E essa direção é, em um nível, a da "utilidade" das variações para seu possuidor, dadas as condições de "luta". Em outro nível, considerado o contexto como um *todo*, a "sobrevivência do mais apto" regula a preservação do próprio sistema Natureza.

A acumulação numa dada direção é ainda teleológica num terceiro sentido: de "aperfeiçoamento", de levar a uma maior perfeição, a um "progresso", avanço na organização (Darwin, 1875, p. 97), embora o caráter intrinsecamente "relacional" desse aperfeiçoamento garanta a possibilidade de haver, "em alguns poucos casos, um retrocesso em organização" (Darwin, 1875, p. 201). Não é acidental, nem se trata de mera constatação *ex post facto*, que, à luz da "teoria da seleção natural", a preservação e acúmulo de variações úteis levem a formas mais aperfeiçoadas e que as "novas" espécies sejam formas "aperfeiçoadas". O próprio critério de "utilidade" que se encontra na condição para a produção de formas aperfeiçoadas é o critério de algo que confere "vantagem" a seus possuidores, "serve para" torná-los "melhor equipados" à luta ou "melhor adaptados" às condições de vida (Darwin, 1875, pp. 164, 295-296, 299). É questão central à *Origem* o *como* foram as adaptações e co-adaptações "aperfeiçoadas" (Darwin, 1875, p. 48), colocando o "aperfeiçoamento" na própria condição explicativa da teoria, em seus fundamentos. Darwin literalmente usa "aperfeiçoado" na caracterização do processo de produção de novas formas: não há nenhum território em que todos os habitantes nativos estejam tão perfeitamente adaptados uns aos outros e às condições físicas sob as quais vivem, que nenhum deles possa ainda ser melhor adaptado ou aperfeiçoado (Darwin, 1875, pp. 64-65); variedades locais não se expandirão antes de consideravelmente modificadas e aperfeiçoadas (Darwin, 1875, pp. 274, 409); se algumas das formas se tornam modificadas e aperfeiçoadas, outras terão que ser aperfeiçoadas num grau correspondente, ou serão exterminadas (Darwin, 1875, pp. 83, 296); novas e aperfeiçoadas formas inevitavelmente suplantarão e exterminarão as variedades mais antigas, menos aperfeiçoadas e intermediárias (Darwin, 1875, pp. 266, 413); a menos que as outras formas também se tornem correspondentemente modificadas e aperfeiçoadas em estrutura diminuirão em número ou se tornarão exterminadas (Darwin, 1875, p. 139), algumas poucas podendo ser freqüentemente preservadas por serem adaptadas a alguma peculiar linha de vida ou habitarem alguma região distante e isolada (Darwin, 1875, p. 296). Darwin também usa "aperfeiçoado" para a explicação de casos particulares diversos (Darwin, 1875, pp. 141, 144, 147, 157, 164, 170, 192, 200, 279, 283, 309, 398), como o do sucessivo "aperfeiçoamento" das pinças de certos crustáceos (Darwin, 1875, p. 193), da gradação de perfeição dos instintos de algumas espécies de *Molothorus* (Darwin, 1875, p. 214), ou do instinto arquitetônico das abelhas, como uma longa e graduada série, com estágios "todos tendendo ao plano perfeito de construção" (Darwin, 1875, p. 226).

O caráter teleológico do processo de produção de novas formas orgânicas claramente mostra-se na visão das mudanças produzidas como "adaptações". Darwin introduz a pergunta-chave da *Origem* — como são originadas as espécies na Natureza — em termos de *como* são possíveis as maravilhosas "adaptações" e "co-adaptações" vistas na Natureza. A resposta de Darwin vem inicialmente referida às mudanças operadas pelo homem como adaptações ao uso ou fantasia humana (Darwin, 1875, p. 22). Na Natureza, "adaptações" referem-se a modificações na estrutura, instintos e hábitos de indivíduos jovens e adultos, ou de seus estados larvais (Darwin, 1875, pp. 154, 156, 169, 177, 180, 213, 292, 389, 390-396); a sementes e ovos quanto aos meios para seu transporte (Darwin, 1875, p. 359); a espécies, em geral, em relação às condições de vida, como clima ou relações com outras formas orgânicas e com seu *habitat* (Darwin, 1875, pp. 285, 330, 329, 356); a grupos ou espécies particulares, como na adaptação de um grupo de água doce, viajando pelo mar, a outras regiões de água doce, dos peixes achatados a seus hábitos de vida, dos pássaros das Ilhas Galápagos, adaptados a voarem de uma ilha a outra ou a viverem na sua própria ilha (Darwin, 1875, pp. 186, 344, 356, 357); ou a particulares co-adaptações, como a dos pássaros das Ilhas Madeira e das Bermudas (Darwin, 1875, pp. 348-349).

O exame de adaptações leva à questão de "fins" ou "propósitos" particulares como exemplos da regra geral de um mesmo fim poder ser alcançado por diferentes meios (Darwin, 1875, pp. 153-156, 165, 375, 414), gerando, por exemplo, afinidades meramente analógicas (Darwin, 1875, p. 374). Mas um mesmo meio também pode servir a diferentes fins, como no caso de membros dianteiros que uma vez serviram como pernas a um remoto progenitor e se tornaram, através de um longo curso de modificação, adaptados, num descendente, para servirem como mãos, noutro, como remos e, noutro, como asas (Darwin, 1875, p. 393). Em muitas explicações, em diferentes níveis e sob diversificados enfoques, Darwin refere-se literalmente a "propósito". As mais surpreendentes modificações podem ser excelentemente "adaptadas para o mesmo propósito", ou podem servir a "algum propósito especial" (Darwin, 1875, p. 170). Um fato altamente importante, segundo Darwin, é que um órgão originalmente construído "para um propósito" pode ser convertido noutro, "para um propósito" completamente diferente (Darwin, 1875, p. 148). Por exemplo, a adaptação ao propósito de cortar ervas pode explicar o formato do bico do ganso comum (Darwin, 1875, pp. 185, 394). Diferenças nos estados larval e adulto do mesmo indivíduo podem também ser explicadas pelo "servir a diferentes propósitos" em diferentes etapas de vida (Darwin, 1875, pp. 387, 391). A ocorrência de órgãos rudimentares pode ser explicada de modo similar (Darwin, 1875, pp. 398-400). O grande referencial para a pertinência ou não das explicações causais de modificações havidas em termos de adaptações a propósitos é, como de resto, a adaptação às condições de vida – esse é o "fim" (Darwin, 1875, p. 308) em relação ao qual os demais tendem, seja em um nível mais abrangente, da "sobrevivência do mais apto" como o "fim último" (ou "estado-meta") do sistema, seja em nível das particularizações desse fim, nos particulares contextos de atuação da "seleção natural".

A "adaptação", contudo, não é uma mera "resposta" dos organismos a seu ambiente. Darwin refere-se à melhor adequação do solo a uma espécie, bem como de espécies adequadas a seus próprios lugares (Darwin, 1875, p. 356); a um clima ser perfeitamente adequado para determinadas espécies (Darwin, 1875, p. 339); e às zonas do Sul, após a glaciação, terem se tornado adaptadas aos habitantes do Norte (Darwin, 1875, p. 330). Essas considerações remetem a uma visão das relações adaptativas na Natureza como sendo relações de uma *totalidade*. A "adaptação" resulta de uma relação entre a natureza do organismo e das condições de vida. O "propósito ou fim a servir" coloca uma dada *parte* em relação ao *todo*. Há que considerar o contexto em sua integridade. As relações entre flores e insetos determinam a morfologia das flores (Darwin, 1875, p. 175). A variação correlata determina a modificação de outras partes, quando uma é modificada (Darwin, 1875, p. 415). As complexas relações de mútua dependência na construção elaborada das formas, produzidas por leis agindo a nossa volta (Darwin, 1875, p. 429), a relação de organismo a organismo na luta pela existência sendo a mais importante de todas as relações (Darwin, 1875, p. 319). Esses e outros fenômenos levam a uma relação causal que escapa a estritos padrões mecanicistas e remete a uma relação *todo-parte* submetida a "conjuntos de condições", "concurso de causas", operando como "redes causais".

"Redes causais" prevalecem mesmo em situações restritas à consideração de fenômenos mecânicos, como quando Darwin busca mostrar que a condição glacial do clima é o resultado de várias causas físicas, trazidas à operação por um aumento na excentricidade da órbita terrestre, parecendo ser essa influência indireta da excentricidade da órbita sobre as correntes marinhas a causa mais poderosa (Darwin, 1875, p. 336). As "redes" podem comportar, em seus segmentos, uma causalidade "mecânica", dentro de uma moldura sistêmica teleológica, como pode ser detectado em diversos exemplos (Darwin, 1875, pp. 51-56). Tal complexidade muitas vezes escapa a uma mera "ação-reação" de natureza linear, ou mesmo a uma análise em termos de retro-alimentação "mecânica" dos elos da cadeia causal. Impõe-se a perspectiva do *todo* e os novos estágios alcançados no processo dependem de parâmetros providos pela *totalidade* enquanto tal, retomados em cada nova etapa, de sorte que não se trata de mera "reciprocidade" causal. Não se trata também de mera "correção" ou "reforço" via retro-alimentação. Em qualquer caso, uma visão em termos de "retro-alimentação" demandaria a visão de um "programa" pertencente ao *todo*.

Quão infinitamente complexas e estreitamente ajustadas são as mútuas relações entre todos os seres orgânicos entre si e a suas condições físicas de vida, diz Darwin, e, consequentemente, diversidades de estrutura infinitamente variadas podem ser de uso para cada ser sob cambiantes condições de vida (Darwin, 1875, pp. 60-62). E como qualquer mudança nas proporções numéricas dos habitantes afeta seriamente os demais (Darwin, 1875, p. 64), a causa do decréscimo de indivíduos de uma espécie dependendo tanto de sua injúria, quanto do favorecimento de indivíduos de outra espécie (Darwin, 1875, p. 54). Em sua explicação dos fatos da classificação, Darwin reafirma a ocorrência de "círculos quase sem fim" — expressão que aparece em diferentes momentos do "um longo argumento" darwiniano — nas relações dos seres orgânicos entre si e com suas "condições de vida" (Darwin, 1875, p. 104), em diferentes níveis explicativos, desde a complexidade e peculiaridade das explicações de fenômenos orgânicos frente às dos fenômenos físicos, até a explicação do desenvolvimento de delicadas coralinas (Darwin, 1875, pp. 55, 57, 58, 73, 100-102, 135, 157, 304, 314, 387, 402). Na sua referência às "co-adaptações" (Darwin, 1875, p. 48), presente ao longo da obra, Darwin ressalta que quase toda parte de qualquer ser orgânico é tão "belamente" relacionada a suas complexas condições de vida, que parece improvável ter sido repentina e perfeitamente produzida, tanto quanto pareceria sê-lo uma complexa máquina que houvesse sido inventada pelo homem já em um estado perfeito (Darwin, 1875, pp. 33-34). O "aperfeiçoamento" é um processo.

3.2 Novamente, uma visão de Natureza

A visão de um modo-de-ser da Natureza como base para se pensar a causalidade darwiniana aflora da própria exigência de colocarmo-nos na perspectiva de uma integridade contextual, da consideração de uma "totalidade complexa" para dar conta das relações dos seres orgânicos em / com suas "condições de vida". Somos levados a uma dimensão ontológica quando buscamos o fundamento da dimensão epistemológica na determinação da causalidade darwiniana. A complexidade desse *todo*, da "luta pela existência" em seu sentido amplo e metafórico (Darwin, 1875, pp. 49-50) não é devida apenas a seus inúmeros fatores constitutivos e interferentes, mas à natureza das suas relações em "círculos de envolvente complexidade", fugindo aos padrões usuais de análise.

À luz desse quadro, seu fio condutor, a "seleção natural" ou a "sobrevivência do mais apto", desempenha o papel de uma causalidade integradora, interagindo com outros fatores, como a hereditariedade e a ocupação de novos lugares na política da Natureza (Darwin, 1875, pp. 49, 270). Seu papel integrador traz o cunho teleológico de estabelecer a ordem ou moldura geral a reger o processo em termos de um "fim" que pertence ao sistema em sua integridade relacional[18] e garante sua preservação, através das reacomodações e modificações que dão o colorido próprio aos diferentes momentos da configuração empírica do sistema, sem predeterminar a produção de uma ou outra forma na sua particularidade. A circunstancialidade inerente às determinações empíricas do processo faz parte do sistema, cuja moldura geral teleológica permite abrigar e reconhecer, na interioridade do sistema, relações segmentares não-teleológicas. Nem tudo a ser produzido o será teleologicamente, ainda que o Princípio de Seleção Natural "sobredetermine" tais relações. Uma visão teleológica impõe-se como uma moldura ao quadro geral, cuja detalhada determinação, envolvendo causalidade "mecânica" e "teleológica", permite mostrar o *mecanismo* que, no entanto, não é o de uma "cega" necessidade. Há uma "direção" ao processo, que lhe é intrínseca.

A Natureza que Darwin de início nos apresenta significa apenas a "ação agregada e o produto de muitas leis naturais" e leva-nos a tematizá-la em termos de "sistema" de leis, porém sem autonomia, como um "objeto" a ser determinado por *nós*, dado que por leis naturais deve-se entender "a seqüência de eventos tais como verificados por nós" (Darwin, 1875, p. 63). Logo em seguida (Darwin, 1875, p. 65), a apresenta como um "poder" que, identificado com a "natural preservação ou sobrevivência dos mais apto" age sobre "toda a maquinaria da vida", seleciona, exercita os caracteres selecionados, etc. Ou seja, como um "sujeito", dotado de "autonomia". Embora Darwin não tenha especulado em tal nível, as "definições" de Natureza que nos apresenta, as tentativas que façamos para conciliá-las (Regner, 2001), o nível em que Darwin coloca a(s) questão(ões) que move(m) a *Origem das Espécies* (Darwin, 1875, pp. 48-49), bem como a complexidade das relações aí envolvidas, permitem-nos entender o sentido da causalidade contida no Princípio de Seleção Natural em termos de princípio interno ao sistema Natureza, enquanto sistema "autônomo" (conforme à 2ª definição), mas passível de determinação empírica (conforme à 1ª definição). A partir de tal visão de Natureza, a *Origem* consegue conciliar duas tarefas que levam a pensar numa "nova" teleologia, frente à sua época e mesmo frente à nossa contemporaneidade.

Referências bibliográficas

Darwin, C. (1987), *Charles Darwin's Notebooks, 1836-1844*, editado por Barret, P.H. *et al.*, Ithaca: Cornell University Press.

---

[18] Cabe lembrar que "seleção natural" ou "sobrevivência do mais apto" designam tanto o processo como seu resultado.

Darwin, C. (1896), *Life and Letters of Charles Darwin*, 2 vols., editado por Darwin, F., New York/London: D. Appleton and Co.

Darwin, C. (1875), *On the Origin of Species by Means Natural of Selection or the Preservation of Favored Races in the Struggle goes Life*, 6ª ed., New York: Appleton.

Herschel, J. (1966), *A Preliminary Discourse on the Study Natural of Philosophy*, New York/London: Johnson Reprint Corporation.

Himmelfarb, G. (1968), *Darwin and the Darwinian Revolution*, New York/London: Norton & Co.

Mill, J.S. (1979), *Sistema de lógica dedutiva e indutiva*, Col. Os Pensadores, 2ª ed., São Paulo: Abril Cultural.

Regner, A.C. (2001), "O conceito de natureza em *A origem das espécies*", *História, Ciências, Saúde–Manguinhos* 8 (3) (23): 689-712.

Regner, A.C. (1997), "O Papel da metáfora no longo argumento da 'Origem das Espécies'", em *VI Seminário Nacional de História da Ciência e Tecnologia–Anais*, Rio de Janeiro: Sociedade Brasileira de História da Ciência, pp. 35-40.

Regner, A.C. (2001), "Padrões explicativos darwinianos", em Suliane, A. (ed.), *Etnias e Carisma*, Porto Alegre: EDIPUCRS, 2001, pp. 74-90.

Sober, E. (1984), *The Nature of Selection*, Cambridge: The MIT Press.

Whewell, W. (1967), *The Philosophy of the Inductive Sciences Founded upon Their History*, 2 vols., New York: Johnson Reprint.

Estará em curso o desenvolvimento de um novo paradigma teórico para a evolução biológica?

Aldo Mellender de Araújo*

1. Do darwinismo à síntese evolutiva

De acordo com Depew & Weber (1997), a tradição de pesquisa darwiniana, utilizou, desde o princípio, modelos explanatórios da física para articular a sua idéia central de seleção natural. Darwin, confessadamente na sua autobiografia, afirma que Malthus lhe proporcionara o estímulo para a idéia de seleção natural. Como se sabe, Thomas Malthus bem como Adam Smith, faziam parte da geração de economistas ingleses que utilizaram modelos dinâmicos para a economia, inspirados em Newton. Para Darwin, a idéia básica era a de uma força externa, a seleção natural, atuando sobre uma outra força, inerente aos organismos, de reprodução ilimitada; a resultante deste processo seria uma trajetória de equilíbrio entre estas duas forças, modificando gradativamente as características dos indivíduos e das populações. Por outro lado, atualmente, quando a teoria sintética da evolução tem sido objeto de freqüentes questionamentos, a tradição de pesquisa darwiniana, está em um processo de aprofundamento e mesmo renovação, ao re-elaborar o conceito de seleção natural em termos da dinâmica não linear dos chamados sistemas complexos. Mas, pode-se acrescentar, esta re-elaboração não parece ser suficiente para transformar a teoria sintética em um único corpo explicativo para a evolução biológica. Esta questão será tratada a partir da unidade seguinte.

---

* Departamento de Genética, Instituto de Biociências e Grupo Interdisciplinar em Filosofia e História das Ciências, Instituto Latinoamericano de Estudos Avançados (ILEA), Universidade Federal do Rio Grande do Sul (UFRGS), Brasil.

No que consistiu, basicamente, a proposta de Charles Darwin consubstanciada em *A origem das espécies*? De um lado, na sustentação de que todos os seres vivos da Terra compartilhavam de um ancestral comum, no passado remoto. É o componente genealógico da diversidade, o qual não foi totalmente original de Darwin, pois a idéia de transformação das espécies, implicando em alguma forma de genealogia, já fora sugerida por vários pensadores, antes dele (a título de exemplo, cabe citar os nomes de Buffon e de Lamarck). A outra contribuição de Darwin foi a de propor um mecanismo para tais transformações, ao qual ele chamou de seleção natural:

> [...] poderíamos duvidar (sem esquecer que nascem muito mais indivíduos do que o número dos que teriam condições de sobreviver) de que os indivíduos dotados de alguma vantagem, mínima que seja, teriam maior probabilidade de sobreviver e reproduzir seu tipo? Por outro lado, podemos estar certos de que qualquer variação que se mostre nociva, por menor que seja, acarretaria inflexivelmente a destruição do indivíduo. É a essa preservação das variações favoráveis e eliminação das variações nocivas que dou o nome de *Seleção Natural*. (Darwin, 1994, pp. 89-90 da edição brasileira).[1]

Quais os aspectos frágeis da teoria darwiniana que foram salientados por seus contemporâneos e que estimularam, nos últimos anos do século XIX, bem como nos primeiros do século XX, o aparecimento de teorias alternativas? Uma das mais contundentes críticas feitas a Darwin partiu do físico e engenheiro Fleeming Jenkin, cerca de oito anos após a primeira edição da *Origem*. A existência de variação hereditária, tão fundamental para a teoria darwiniana, estaria seriamente comprometida pela adoção da hipótese da "mistura de sangues" na prole de um cruzamento. Em poucas gerações toda a variação esgotar-se-ia (pode-se mostrar que, se os filhos herdam a média das características parentais, então, a cada geração, metade da variação é perdida – Wallace, 1968). Para características contínuas, por outro lado, a lei da regressão de Galton, aceita na época, impedia que a prole de indivíduos diferentes da média populacional tivesse, por sua vez, prole ainda mais diferente. A solução para este problema teria de aguardar, primeiro, o nascimento do Mendelismo (Genética), no início do século XX e, segun-

---

[1] Ainda que a maioria dos biólogos e historiadores da biologia concorde com a interpretação de que *A origem das espécies* possa ser vista como contendo duas teorias, uma respeitável opinião contrária é a de Ernst Mayr. Para ele, cinco teorias estão presentes na *Origem*: a da evolução como tal (o mundo não é constante, nem cíclico), a da descendência comum (genealogia), a do gradualismo, a da multiplicação das espécies e a da seleção natural (Mayr, 1985).

do, o estabelecimento da constância das freqüências gênicas e genotípicas, ao longo das gerações no modelo evolutivo de "zero-forças" conhecido como *equilíbrio de Hardy-Weinberg*.[2]

A teoria da *descendência com modificações*, tal como proposta por Darwin, satisfaz aos critérios de uma revolução científica no sentido proposto por Kuhn? Levando-se em conta que a teoria continha dois elementos principais, o genealógico e o do *processo* pelo qual as modificações se originaram, pode-se afirmar que em relação ao primeiro elemento, a teoria darwiniana não se constitui em uma revolução científica. Afinal, cerca de cem anos antes dele, Buffon já propusera o exame da possibilidade de modificação das espécies e cogitara sobre o grau de proximidade entre diferentes espécies, entre elas, das espécies humana e dos grandes macacos. Desta forma, o componente histórico (genealógico) das modificações já fora sugerido antes de Darwin. Esta sugestão, aliás, foi muito bem desenvolvida por Lamarck, anos mais tarde.

Em relação ao mecanismo proposto por Darwin para explicar a descendência com modificações, a seleção natural, este, em princípio pareceria ser uma novidade, uma alteração não cumulativa, qualitativa, em relação à processos propostos anteriormente (mesmo assim, Buffon já pensara em algo bastante próximo ao conceito de seleção natural, inclusive utilizando-se da comparação entre plantas cultivadas e plantas silvestres). Mas, como afirma Greene (1981) em seu excelente ensaio sobre esta questão, os eventos que envolveram a proposição da teoria darwiniana, não surgiram a partir de anomalias relatadas no interior da comunidade de naturalistas do século XIX. O que parece ter existido, foi, antes, o surgimento de uma nova visão de mundo, dinâmica, em oposição à visão estática da fixidez das espécies.[3] Por outro lado, as atividades de grande parte dos naturalistas continuaram na tradição linneana de "observar, descrever, ordenar", o que caracteriza a manutenção da antiga tradição, ao lado da nova. É oportuno lembrar, tomando como base o texto de Greene, já referido, que uma situação análoga ocorrera com o surgimento da *Naturphilosophie* na Alemanha do século XVIII. Assim, tudo leva a crer que a teoria darwiniana não se constituiu em uma revolução científica, na substituição de um paradigma por outro.

---

[2] A expressão "estado de zero-forças" (*zero-force states*) é de Elliott Sober (1984).
[3] Diz John Greene (1981) que não foi por acaso que todos aqueles que chegaram a uma noção de seleção natural em meados do século XIX, eram ingleses (William Wells, Patrick Matthew, Charles Lyell, Edward Blyth, Charles Darwin, Alfred Russel Wallace e Herbert Spencer), influenciados pelo pensamento de Adam Smith e Thomas Malthus.

O período que seguiu à publicação, em 1859, da *Origem*, até as duas primeiras décadas do século XX, foi extremamente complexo – e ainda não suficientemente estudado – se pensarmos na quantidade de teorias alternativas propostas (algumas destas teorias receberam nomes como *ortogênese, aristogênese, hologênese, nomogênese*).[4] Se, de um lado, mantinha-se a idéia de que as espécies se modificam e existe entre elas uma relação de ancestral-descendente, levando-se em conta organismos fósseis e atuais, por outro lado, as explicações para estes fenômenos, bem como o da adaptação, foram múltiplas no período de tempo mencionado acima. Como afirma Bowler (1989), nos anos setenta e oitenta do século XIX – período no qual a teoria esteve no auge do seu prestígio – a expressão darwinismo era sinônimo de evolução; todavia, a idéia de seleção natural começa a sofrer um grande desgaste na comunidade científica, de tal modo que ao redor de 1900 se considerava que ela não mais recuperaria o seu prestígio. Este período de descrédito na noção de seleção natural foi muito bem resumido na expressão de Julian Huxley (1943) como o *eclipse do darwinismo* (ver também Bowler, 1983). Associada a esta pluralidade de teorias, o interesse em estudos evolutivos parece ter decrescido no início do século XX em função da ascensão do experimentalismo na biologia e no conseqüente desprestígio da atividade de naturalista, à qual teorias da evolução estavam ligadas (Araújo, 2001a).

O detalhamento das origens, do desenvolvimento, das controvérsias que estiveram associadas à Síntese Evolutiva, foram muito bem examinados por Mayr & Provine (1980, 1998) e Smocovitis (1992, 1996). O quanto esta síntese fora antecipada por cientistas da então União Soviética e também por alemães, foi tratada por Adams (1970) e por Reif *et. al.* (2000). Ainda que muito possa ser dito sobre estes desdobramentos, incluindo-se uma profunda análise daqueles "excluídos" da síntese, não é este o local e o momento de fazê-lo; ao contrário, vou tomar como ponto de partida, a

---

[4] Ernst Mayr, no Prefácio da edição de 1998 da obra *The Evolutionary Synthesis* (Mayr & Provine, 1998), divide a história das teorias evolutivas de Darwin até o estabelecimento da síntese em quatro períodos curtos: 1859-1899, no qual ele inclui os aspectos da teoria darwiniana que foram imediatamente aceitos e alguns onde houve alguma resistência; 1900-1915, o qual se caracterizaria pela introdução da genética nos estudos evolutivos, passando pelo debate entre Mendelistas e Biometristas; 1916-1935, cuja principal característica teria sido o desenvolvimento da genética de populações e que incluiria a separação entre os geneticistas de populações e os taxonomistas (naturalistas) quanto ao foco de seus respectivos interesses (evolução dentro de populações locais e conceitos de espécie e especiação); 1936-1947, o qual, para ele, corresponderia à síntese destes dois campos separados, constituindo-se, assim, a chamada Teoria Sintética da Evolução, ou Síntese Evolutiva.

síntese tal como já estabelecida e tentarei examinar a sua consistência com os achados empíricos e suas deficiências.

A chamada Síntese Evolutiva (Teoria Sintética da Evolução) sustenta que as transformações pelas quais passaram e passam os seres vivos, no tempo geológico e ecológico, respectivamente, podem ser explicadas geralmente pelos seguintes princípios (Avers, 1989; Araújo, 2001b):

1. Uma grande quantidade de variação genética origina-se e está presente nas populações naturais por intermédio dos processos aleatórios da mutação (gênica, cromossômica) e da recombinação e não como uma resposta direcionada pelas necessidades dos organismos.
2. A evolução nas populações está influenciada em particular pela seleção natural, bem como pelo fluxo gênico e pela deriva genética aleatória e se caracteriza por mudanças nas freqüências gênicas.
3. A variação genética adaptativa produz pequenas e graduais mudanças no(s) fenótipo(s), as quais se acumulam nas linhagens evolutivas em longos períodos de tempo.
4. A divergência de populações isoladas geograficamente é um evento que leva gradualmente à especiação de grupos isolados reprodutivamente.
5. A acumulação continuada de diferenças genéticas, principalmente devidas à atuação da seleção natural, resulta em novos táxons acima do nível de espécie pelos mesmos processos que atuam neste nível.

Estes princípios explicitam claramente uma rejeição ao lamarckismo (nos seus aspectos relativos à indução adaptativa de mutações – princípio 1), bem como à aceitação do gradualismo filético (princípio 3). Um outro ponto muito importante está mencionado no princípio 5, isto é, a chamada *macroevolução* tratar-se-ia simplesmente da *microevolução* desenrolada em longos períodos de tempo. Outros princípios poderiam ser acrescentados aos anteriores, os quais representariam elaborações pós-síntese, tais como (Brooks & Wiley, 1988):

6. Um corpo de conhecimentos, conhecido como *genética de populações*, pode ser usado para explicar *como* genótipos e/ou fenótipos particulares se comportam nas populações, ao longo das gerações. A teoria da genética de populações fornece um elo de ligação entre as mudanças que ocorrem nos indivíduos e o destino destas mudanças nas populações e nas espécies.
7. Um corpo de conhecimentos, conhecido como *ecologia de populações*, pode ser usado para explicar a *dinâmica* das populações (nascimentos, mortes, dispersão, etc.) à condições naturais particulares. A teoria da

ecologia de populações fornece um elo de ligação entre a genética de populações e o ambiente.
8. A separação física, ou quase, de um conjunto gênico de uma espécie ancestral parece ser o mais comum na especiação, mas outros modos de originar espécies são também possíveis.

O desenvolvimento teórico dos anos 1930-1940 constituiu de fato uma síntese? A resposta é afirmativa, quando se consideram duas tradições de pesquisa, a dos naturalistas e a dos experimentalistas; não houve uma "teoria" que unisse uma à outra, houve antes um consenso de que a observação metódica do comportamento de populações naturais, do passado e do presente, associada à experimentação rigorosa, seria necessária e suficiente para que se alcançasse uma síntese. Como disse Mayr:

> A importância crucial da síntese, então, foi a fusão dos quadros conceituais amplamente divergentes de experimentalistas e naturalistas em um só. Existem todas as justificativas para designar esse processo como uma síntese. (Mayr, 1980, p. 40)

Para atingir este objetivo, o de gerar uma síntese, foram necessários indivíduos que fizessem a "ponte" entre as duas tradições de pesquisa. Estes foram os *arquitetos* da síntese (epíteto sugerido pelo próprio Mayr, na referência citada).

2. A crise inicial dos anos 60 e 70

Em 1968, o geneticista teórico japonês Motoo Kimura publica na revista *Nature* um pequeno trabalho (3 páginas!) com o título de: "Evolutionary Rate at the Molecular Level". Kimura já era um pesquisador conhecido e respeitado internacionalmente através de alguns trabalhos muito importantes na teoria da genética de populações (ainda que a maior parte dos geneticistas não conseguisse acompanhar os malabarismos matemáticos dos seus trabalhos). Todavia este pequeno artigo iria dar-lhe muito mais fama, embora à custa de muitas críticas. O que ele propunha era que a taxa de substituição de aminoácidos em proteínas e também nos nucleotídeos do DNA, era muito mais alta do que estimativas anteriores para substituição de alelos (por exemplo, Haldane estimara que haveria uma substituição alélica a cada 300 gerações, enquanto que os cálculos de Kimura sugeriam que em média haveria a substituição de um par de nucleotídeos a cada 2 anos). A conseqüência imediata desta discrepância é que, de acordo com Kimura, com esta taxa elevada de substituições, a chamada *carga genética* (conjunto de variantes genéticas prejudiciais, presentes em qualquer organismo) seria intolerável para qualquer espécie de mamífero (a referência aos mamíferos deve-se ao fato de que a principal molécula para a qual Kimura fizera suas estimativas, era a hemoglobina dos mamíferos), levando-as à extinção.

> Assim, a taxa muito elevada de substituição de nucleotídeos que eu calculei só pode ser reconciliada com o limite estabelecido pela carga substitucional assumindo que a maioria das mutações produzidas por substituição de nucleotídeos são *quase neutras na seleção natural*. (Kimura, 1968, p. 565; itálico meu)

Na seqüência Kimura deriva algumas equações para estimar a carga genética gerada e conclui:

> A fórmula (1) mostra que para uma mutação quase neutra a carga substitucional pode ser muito baixa e não haverá um limite para a taxa de substituição de genes na evolução. Além disso, para tal gene mutante, a probabilidade de fixação (isto é, a probabilidade pela qual ele será estabelecido na população) é aproximadamente igual à sua freqüência inicial, como mostrado pela equação (2). Isso significa que novos alelos podem ser produzidos à mesma taxa por indivíduo com a qual eles são substituídos na população, na evolução. (Kimura, 1968, p. 566)

Estas duas pequenas citações do trabalho resumem dois pontos fundamentais da teoria de Kimura: em primeiro lugar, que uma grande parte da variação molecular seria neutra, isto é, não sofreria a ação da seleção natural. Em segundo lugar, que a entrada de novos alelos neutros na população seria contrabalançada pela extinção de outros, através de processos estocásticos (deriva genética aleatória). É por esta razão que muitas vezes ele enfatizou que sua teoria seria melhor denominada como *teoria da mutação neutra – deriva genética*. Como disse James Crow, referindo-se às repercussões deste trabalho:

> Esta proposta foi uma blasfêmia para os evolucionistas acostumados a pensar na seleção natural como sendo a única força diretiva na evolução. Inicialmente se zombou e rejeitou a teoria, mas com o passar dos anos o menosprezo se transformou em interesse e respeito. (Crow, 1994, p. xiv)

Um outro artigo com o mesmo tema foi publicado em 1969, por Jack Lester King e Thomas H. Jukes, com o título provocativo de "Non-Darwinian Evolution" (King & Jukes, 1969). Os autores, que amargaram a recusa do manuscrito em um primeiro momento na própria revista *Science*, ampliam a base de dados citada por Kimura anteriormente. Mais ainda, eles tratam as estimativas daquele autor como sendo conservadoras! Segundo o argumento de King & Jukes, aquele autor baseara-se nos dados sobre as cadeias beta da hemoglobina de humanos e de cavalos, as quais apresentariam taxas de substituição médias, bem como na molécula do citocromo C, de baixa taxa de evolução. Além disto, Kimura utilizara, ainda, dados não seqüenciados para uma enzima, a triosefosfato-desidrogenase, o que subestimaria consideravelmente os seus valores. Desta forma, King e Jukes propuseram que para as 9 proteínas listadas em seu trabalho, para as quais havia dados de seqüenciamento de aminoácidos, a taxa de evolução seria da ordem de 5 vezes o valor calculado por Kimura. Com base na teoria da genética de populações, bem como sobre alguns achados experimentais, eles estimaram que de 5% a 10% das mutações espontâneas nos organismos seriam neutras.

Os trabalhos de Kimura e de King & Jukes, juntamente com outros que começaram a ser publicados em meados da década de 1960, sobre polimorfismos moleculares em populações, a partir do uso da técnica de eletroforese, desencadearam uma verdadeira crise na teoria da genética de populações. O conteúdo empírico dos trabalhos sobre polimorfismos moleculares, por exemplo, indicava que uma alta proporção de variantes genéticas estava presente nas populações naturais (esta constatação era geral, para animais, humanos e plantas). Ora, o modelo matemático mais utilizado para explicar a manutenção de variabilidade genética nas populações era o que admitia que os heterozigotos (que portavam, portanto, dois alelos diferentes em suas células somáticas, como *Aa*, ao invés de *AA* ou *aa*, designados como homozigotos) eram superiores adaptativamente. Com isto, mesmo que os alelos *A* e *a* fossem de ação letal quando em homozigose, a seleção natural os manteria nas populações, gerando assim um *polimorfismo*. No entanto, se a quantidade de variabilidade genética nas populações fosse mantida por um tal sistema dinâmico, onde cada loco fosse independente do outro, a teoria previa que as populações extinguir-se-iam, tal a carga genética gerada! A esta situação denominou-se *o paradoxo da variação* (Lewontin, 1974). Paradoxo porque para evoluir, no tempo, uma população precisava da variação genética; todavia, dependendo da quantidade de variação genética e se ela fosse mantida por seleção natural, uma população não resistiria à carga gerada pela mesma quantidade de variação. Uma das saídas para resolver o paradoxo era admitir que uma parte da variabilidade genética fosse neutra, isto é, não discriminada pela seleção natural. Mas o problema era mais grave, pois a teoria precisava dar conta também, da situação quando a seleção natural era admitida. A partir dos anos 60, portanto, a crise gerada na genética de populações, considerada um dos pilares da síntese evolutiva, obrigou teóricos a buscar soluções para os problemas e os experimentalistas a testarem novos modelos. Richard Lewontin, ele próprio um excelente teórico da genética, foi um dos mais contundentes críticos desta situação, tendo publicado uma obra de grande repercussão, intitulada *The Genetic Basis of Evolutionary Change* (1974).

O abalo na estrutura da síntese evolutiva ocasionada pelos trabalhos referidos acima atingia principalmente o campo conhecido como *microevolução*, aquele que trata dos diferentes processos evolutivos atuando nas populações locais de qualquer espécie de organismo. Este abalo seria acompanhado por outro, gerado no início dos anos 70 e que se relacionava à *macroevolução* (processos evolutivos atuando sobre as categorias taxonômicas acima do nível das espécies, incluindo-se ali a origem das novidades evolutivas e dos grandes grupos de animais e vegetais). Como os geneticistas e outros evolucionistas que adotavam a mesma abordagem daqueles consideravam que a macroevolução era simplesmente a microevolução em uma dimensão maior de tempo, acreditava-se que a crise gerada pela publicação do trabalho de Eldredge e Gould em 1972 ("Punctuated Equilibria: An Alternative to Phyletic Gradualism") seria da mesma natureza da anterior. Esta não era, no entanto, a opinião destes dois paleontólogos.

O artigo de Eldredge e Gould, publicado na forma de um capítulo de livro dedicado a um simpósio organizado pela *Paleontological Society* e pela *Geological Society of America*, em Washington, novembro de 1971, teve ampla repercussão. A proposta básica era a de que a especiação não seria um fenômeno gradual, com mudanças cumulativas; tratar-se-ia de um episódio rápido (instantâneo no tempo geológico), com modificações significativas. A este contraponto com o gradualismo filético estava associado um outro, e que os autores denominaram *estase*, isto é, seguindo-se à especiação, o novo táxon permaneceria em um longo período sem modificações morfológicas (e outras) significativas. O cenário para tais acontecimentos os autores buscaram na própria teoria neodarwiniana: novas espécies formar-se-iam em isolados à margem da distribuição geográfica principal da *espécie mãe* (o modelo de especiação alopátrica por isolado periférico, ou pelo *efeito do fundador*, de Ernst Mayr, 1942). Desta forma, sustentavam Eldredge e Gould, não haveria a formação de formas intermediárias, o que justificava a ausência de fósseis testemunhando o processo gradual. A evolução das espécies, no tempo, poderia ser melhor descrita como sendo um longo período de estase, interrompido por rápidos períodos de *cladogênese* (formação de novas espécies por ramificação); um aspecto que eles enfatizaram no texto é que a estase constitui uma base importante de dados, o que teria sido reprimido até então nas publicações dos paleontólogos (ou até mesmo retido como dados inúteis). Afinal, disseram eles, se evolução é mudança, como publicar dados onde a ausência de mudança é a principal novidade?

A partir da publicação de 1972, Eldredge e Gould, em conjunto ou separadamente, publicaram vários trabalhos sustentando e ampliando suas posições iniciais. Já em 1980, por exemplo, Gould publicava um artigo cujo título indagava: está emergindo uma nova e geral teoria da evolução? A reação foi imediata, representada pela publicação de Stebbins & Ayala (1981), cujo título, a exemplo do artigo anterior, era uma pergunta: é necessária uma nova síntese evolutiva? Os anos 80 e a década seguinte, como se viu em parte neste capítulo, testemunharam um intenso debate sobre a adequação da teoria sintética da evolução para explicar as evidências empíricas. Os próximos três itens tratarão de maneira resumida do desenvolvimento destes debates e das suas conseqüências.

3. A reação dos excluídos

Viktor Hamburger, na sua contribuição ao volume sobre a síntese evolutiva (Mayr & Provine, 1980, 1998) afirma que "a síntese moderna não recebeu apoio dos embriologistas contemporâneos" (Hamburger, 1980, p. 98). Por que teria isto ocorrido? Na opinião daquele autor, esta omissão não se deveu à falta de interesse dos embriologistas nas questões evolutivas (na realidade, entre as décadas de 1860 e 1870 a embriologia comparada floresceu enormemente – o próprio Darwin dava-lhe uma importância extraordinária). Não só algumas idéias lamarckistas ainda estavam presentes nos anos de estabelecimento da síntese, como também era frequente, entre os embriologistas, a crença de que a seleção natural não seria a única explicação para as mudanças adaptativas. Hamburger aponta ainda uma outra razão para uma alienação quanto às questões evolutivas: o florescimento da embriologia experimental, onde prevaleciam as perguntas relativas ao papel dos mecanismos epigenéticos, tais como o mecanismo da indução, os campos de gradientes e os movimentos morfogenéticos. Em outras palavras, o interesse deslocara-se das causas últimas para as causas próximas. É interessante assinalar-se que algo semelhante ocorria com a genética experimental do início do século XX, onde os mecanismos de transmissão eram intensamente estudados e pouca ênfase era dada nos temas evolutivos.

Embora Thomas Hunt Morgan tenha publicado, em 1934, um livro intitulado *Embryology and Genetics,* onde ele propunha que ambas as áreas poderiam ter suas histórias escritas como uma só, o cisma entre embriologistas e geneticistas não era recente. À medida que a genética se desenvolvia, a posição *nucleocêntrica*, isto é, a defesa da participação fundamental do núcleo no desenvolvimento ontogenético, tornava-se hegemônica entre os geneticistas. Ao contrário os embriologistas defendiam que este papel fundamental pertencia ao citoplasma.[5]

Um outro motivo de divergência entre geneticistas e embriologistas e que os distanciava quanto à objetivos, repousava na ênfase dada ao *indivíduo*, por parte dos embriologistas em contraposição à ênfase dada na *população*, por parte dos geneticistas de orientação evolutiva. Se adicionarmos a todas estas razões o êxito da genética experimental e, nos anos 30, da genética de populações naturais, com Dobzhansky, bem como da estrutura teórica da genética de populações, não chega a ser uma surpresa que a embriologia tenha ficado como coadjuvante na teoria sintética da evolução. O êxito dos modelos matemáticos da genética de populações contribuiu, sem dúvida, para o aumento do *status* científico da síntese. Tão forte foi esta influência da genética de populações, que Michael Ruse, em um dos primeiros livros-texto sobre a filosofia da biologia, inclui uma figura sobre a estrutura da teoria evolutiva tendo a genética de populações em posição central, ligada ao que ele denominou de *disciplinas subsidiárias* (itálico meu), tais como a sistemática, a paleontologia, a embriologia, dentre outras (Ruse, 1973, p. 49).

Como um reforço à crise gerada na síntese evolutiva dos anos 60 e 70, vista no item anterior, em 1974 o embriologista Søren Løvtrup publica um volumoso livro com o título *Epigenetics – A Treatise on Theoretical Biology*. O objetivo de Løvtrup era o de elaborar uma biologia teórica, utilizando as ferramentas conceituais da embriologia e da ciência em geral. As citações a Woodger, um dos grandes defensores de uma biologia teórica da primeira metade do século XX, admirador do positivismo lógico e integrante do *Movimento pela Unidade da Ciência*, são múltiplas na Introdução da obra. A realização daquele objetivo, leva-o necessariamente a discutir a(s) teoria(s) evolutivas (basicamente, darwinismo, neo-darwinismo e o que ele chamou de *teoria completa*), o que é feito no último capítulo do livro, onde ele afirma:

> Antes de embarcarmos nesse projeto, deve-se enfatizar que ninguém questiona a importância da teoria neo-darwiniana para a evolução intraespecífica e interespecífica; sobre esse ponto, foi obtida uma corroboração em um grau que é raro na biologia, e que certamente faz do neo-darwinismo uma das teorias biológicas mais bem sucedida. No entanto, quando se afirma dogmaticamente que esse princípio pode ser extrapolado para explicar todo o desenvolvimento da evo-

---

[5] Fazia parte deste cenário a disputa entre os defensores da preponderância da herança citoplasmática (*plasmagenes*) e os defensores da posição nucleocêntrica. Este episódio da história da genética está muito bem analisado por Jan Sapp (1987).

lução, a teoria cai em um certo número de dificuldades que em grande parte estão no nível morfológico, uma circunstância que serve para explicar por que os morfologistas foram seus principais críticos. (Løvtrup, 1974, p. 486)

A teoria completa, segundo ele, teria a epigenética[6] como elo de ligação entre dois espaços topologicamente diferentes, ocupados respectivamente, pelos genótipos e pelos organismos. Dobzhansky, na última edição do seu clássico *Genetics and the Origin of Species* (1951) sustentava que qualquer teoria da evolução que ignorasse os princípios genéticos estabelecidos seria uma teoria falha nas suas origens. Løvtrup, parafraseando aquele pesquisador, contra-argumenta dizendo que o mesmo ocorreria com qualquer teoria da evolução que ignorasse os princípios epigenéticos estabelecidos. A posição de Løvtrup tornar-se-ia mais radical ao publicar, em 1987, o livro *Darwinism: The Refutation of a Myth*. É curiosa, no mínimo, esta mudança, pois ele parece contradizer a si próprio; assim, no Prefácio desta última obra, ele afirma que:

> Nos meus livros anteriores, *Epigenetics* e *The Phylogeny of Vertebrates*, tentei mostrar que a teoria de evolução atualmente aceita – chamada de 'neo-darwinismo' ou 'síntese moderna' – é falsa. Adquirindo interesse na história do pensamento evolutivo no desenvolvimento de um trabalho posterior, fiz uma descoberta inesperada e muito notável: ninguém, nem mesmo Darwin e seus amigos mais próximos, jamais acreditou na teoria de Darwin da seleção natural: *o darwinismo foi refutado no momento em que foi concebido.* (Løvtrup, 1987, p. ix; itálico no original)

Não parece ser verdade que ele tenha mostrado que o neo-darwinismo fosse falso em *Epigenetics*; ao contrário, a citação reproduzida anteriormente mostra claramente que ele o considerava uma contribuição importante,

---

[6] Uma caracterização de epigenética é dada na obra: "À medida que o desenvolvimento progride, ocorrem vários tipos de interação entre os processos embriogênicos e entre esses últimos e o substrato. Obviamente todas essas mudanças não são preformadas. Se fossem predeterminadas, seria impossível mudar seu curso, e a existência bem estabelecida dessa possibilidade exclui a aplicação deste epíteto. Sob essas circunstâncias, parece inevitável que *tudos, sem exceção*, que acontece no embrião depois da fertilização, deve ser classificado como *eventos epigenéticos*." (Løvtrup, 1974, p. 13; itálicos no original).

mesmo diante de limitações[7]. Tanto é assim que ele propõe a teoria completa, a qual corresponderia a uma expansão do neo-darwinismo.

Duas outras obras, publicadas no mesmo ano, são justificadas por seus respectivos autores de forma muito parecida: a incompletude da síntese evolutiva e a negligência com os fatos da biologia do desenvolvimento (o termo *embriologia* já começara a desaparecer dos textos com enfoque evolutivo).

> A teoria da seleção natural de Darwin como um agente causal para a mudança evolutiva foi apenas o início de nossos problemas, não o fim. [...] Até o presente, a atenção dos evolucionistas se concentrou principalmente em dois aspectos do problema: a base genética da variação fenotípica e as propriedades dinâmicas de populações contendo os variantes individuais. O presente livro se preocupa com os mecanismos que afetam a expressão da variação entre fenótipos individuais. Esse foi um assunto surpreendentemente negligenciado. A *Nova teoria sintética* da evolução e suas modificações posteriores foi desenvolvida principalmente como se os mecanismos intrínsecos pelos quais ocorre a variação entre os fenótipos dos organismos individuais são menos importantes para o processo de evolução do que os mecanismos externos de separação. (Thomson, 1988, p. 3)

A citação acima é precedida, no Prefácio, por uma breve notícia histórica sobre as origens do livro, onde o autor revela que formara, com um grupo pequeno de outros graduados em biologia, um *heretical studies group* para estudar modelos alternativos de evolução ao modelo dominante da genética de populações. Tanto esta obra, como a de Wallace Arthur (1988), trabalham com a noção de sistemas hierárquicos, onde o desenvolvimento constituiria um nível nesta organização hierárquica e que seria o responsável pela origem das novidades taxonômicas. A motivação de Arthur para escrever o livro era convergente com a de Thomson:

> Como aluno de graduação eu aprendi com alguma fascinação sobre os grandes grupos de organismos que são produto da evolução – moluscos, insetos, vertebrados e assim por diante – e sobre sua organização hierárquica na árvore genealógica da vida. Como um estudante de pesquisa, estudei com igual fascinação os mecanismos de seleção natural, como revelados tanto por experimentos de seleção no laboratório quanto pela correlação entre variação genética e fato-

---

[7] Infelizmente não tive acesso à obra *The Phylogeny of Vertebrates*, para verificar se houve alguma mudança da primeira publicação para esta.

res ecológicos na natureza. Então, alguns anos mais tarde, em um momento ocioso de reflexão, ocorreu-me que a conexão entre essas duas 'fascinações' era muito tênue. Para colocar de um modo mais específico: a seleção natural, conforme revelada pelos estudos de microevolução, não parecia ser uma explicação *suficiente* do padrão de diversidade orgânica na extensão em que podemos caracterizá-la, com seus principais ramos, tais como os *phyla* animais, separados por grandes abismos no espaço morfológico, e, por outro lado, suas variações infindáveis em pequenos temas, tais como as aproximadamente 2.000 espécies de *Drosophila*. (Arthur, 1988, p. vii)

Em obra mais recente este mesmo autor esclarece que sua posição continua sendo a de um neo-darwinista, para quem as mudanças evolutivas *chaves* repousam no contexto das mutações e da seleção em populações localizadas e que nenhum mecanismo emergente ou de ordem superior é necessário para tais mudanças. Mas, sustenta ele, o neo-darwinismo deve levar mais em conta os conceitos de restrição ao desenvolvimento, seleção interna e de co-evolução de genes que interagem no desenvolvimento (Arthur, 1997).

Muitos outros trabalhos ainda poderiam ser mencionados aqui no que diz respeito à união da genética com a biologia do desenvolvimento em uma perspectiva evolutiva[8]. É revelador desta tendência, por exemplo, o surgimento em 1999 de um novo periódico, denominado *Evolution and Development*; o Editorial do primeiro número, assinado por Rudolf Raff, Wallace Arthur, Sean Carroll, Michael Coates e Gregory Wray, salienta que

> A evolução é um processo histórico que não se repete, não programado, enquanto que o desenvolvimento é um processo preditível que se repete em cada ciclo da vida. [...] Segue-se que a divergência evolutiva da morfologia adulta entre linhagens que compartilham um ancestral multicelular (por exemplo, um artrópode e um vertebrado) só podem surgir pelas modificações acumuladas, primariamente divergentes, da ontogenia da última espécie ancestral comum (ela própria não sendo nem um artrópode nem um cordato). A evolução e o

---

[8] Um nome ilustre neste sentido foi o de Conrad Waddington, membro do *Theoretical Biology Club*, idealizado por Woodger e que teve também outro nome ilustre, o de Joseph Needham. Waddington refutava a concepção de que os genes atuavam diretamente sobre o desenvolvimento e de que seriam o alvo direto da seleção natural. Uma concepção *waddingtoniana* foi adotada recentemente por Schlichting & Pigliucci (1998) ao proporem o conceito de *norma de reação do desenvolvimento* ("developmental reaction norm").

desenvolvimento, embora sejam processos muito diferentes, estão relacionados intimamente. [...] Os genes não resultam simplesmente em fenótipos. Existe aquela intrigante caixa preta, o desenvolvimento, que é crítica para o aparecimento de novas características a partir das quais são construídos novos organismos, e que vincula cada geração ao longo fluxo da evolução. Ao longo do século XX alguns poucos visionários reconheceram esse fato, mas faltava o meio para uma síntese conceitual e experimental. Isso mudou. E, ultimamente, essa estranha disciplina tem estado crescendo. (Raff *et al.*, 1999, pp. 1-2)

A nova disciplina tem sido denominada, simplesmente, *evo-devo*; a batalha de muitos pesquisadores do passado remoto e recente está finalmente sendo vencida.

4. A contribuição das chamadas 'ciências da complexidade'

Ontogenia e filogenia constituem dois exemplos de fenômenos dinâmicos e de alta complexidade. São sistemas dinâmicos porque admitem mudanças no tempo e/ou no espaço e apresentam alta complexidade porque um grande conjunto de componentes atua simultaneamente e em seqüência. Estas duas propriedades, um grande número de componentes e interações simultâneas constituem os requisitos básicos para a caracterização de um *sistema complexo*. A estas duas propriedades podem-se acrescentar outras duas, a de auto-organização e a do surgimento de estruturas emergentes. Enquanto que no passado recente a dinâmica das populações foi tratada através de equações diferenciais (tanto na genética de populações como na ecologia de populações), esta nova realidade só pode ser abordada por esta metodologia através de aproximações. Tratar os sistemas complexos por si mesmos, sem o recurso a aproximações é um dos objetivos das chamadas *ciências da complexidade*. Existiriam leis universais da complexidade? Esta é a pergunta que muitos pesquisadores contemporâneos vêm tentando responder, ao tratar com problemas como evolução biológica, funcionamento do sistema imunológico, funcionamento do sistema nervoso, dentre outros.

Em um texto curto, porém muito interessante, Nussenzweig (1999) nomeia doze propriedades que em maior ou menor grau estão presentes nos sistemas complexos. Dentre estas, algumas são especialmente importantes para a questão que vem aqui sendo tratada: a propriedade que se refere ao *aprendizado*, segundo a qual o sistema é *adaptativo*, ou seja, modifica a sua resposta em função da experiência adquirida pela interação com o ambiente. Segundo o autor citado acima, esta é a propriedade que "que torna mais difícil o tratamento matemático: a própria arquitetura básica do sistema vai mudando, à medida que ele evolui e interage com o ambiente" (Nussen-zweig, 1999, p. 11). Uma outra propriedade importante é a da *aleatoriedade*, segundo a qual algumas características do sistema são distribuídas ao acaso e que posteriormente podem ser modificadas, *corrigidas*, pela interação com o ambiente (esta seria uma das razões pelas quais os proponentes da auto-organização não descartam a atuação da seleção natural).[9] A propósito, uma outra propriedade dos sistemas complexos, é justamente a da *auto-organização*, isto é, o sistema cria ordem espontaneamente, a partir de um estado desordenado (propriedade também chamada de *ordem emergente*). O sistema caracteriza-se também por ser *hierárquico*, onde um estímulo pode ser processado em diferentes níveis do sistema. Os sistemas complexos apresentam ainda, *atratores múltiplos*, isto é, situações para as quais muitos dos seus estados iniciais possíveis tendem após um determinado transcurso de tempo. Como se pode notar, apenas a citação de tais propriedades parecem nos indicar que não só os seres vivos na sua individualidade, como também suas populações e comunidades constituem sistemas complexos.

Um dos problemas da evolução biológica que foi durante muito tempo considerado como um tema colateral, foi o das extinções em massa. As extinções, em geral, foram tratadas como um conjunto não relacionado de fenômenos. Em contraponto à teoria da especiação, não havia uma teoria da extinção (Araújo, 1994). Com o avanço dos estudos sobre sistemas complexos, esta situação parece estar mudando; assim, as extinções em massa podem ser vistas como avalanches, onde a ruptura de uma parte do sistema pode gerar instabilidades com intensidade variável. Extinções em massa ajustam-se ao modelo de lei de potência (inversa), com um expoente próximo de 2, como mostrou Bak (1997), ao utilizar uma representação gráfica de Raup (1991) sobre a longevidade de gêneros fósseis. A importância desta lei de potência reside no fato de que ela expressa fenômenos independentes de escala, isto é, todas as intensidades são possíveis (p. ex., gêneros fósseis com vida longa, média, ou curta, com freqüências diferentes). Um conjunto de espécies biológicas em um dado ambiente corresponderia a um sistema em estado crítico, auto-organizado, onde haveria um equilíbrio entre o surgimento de novas espécies e a extinção de outras (o modelo físico é o da pilha de areia, ou arroz, a qual, à medida que novos grãos são adicionados, geram pequenas avalanches que diminuem a altura da pilha,

---

[9] Uma exceção parece ser representada pelo geneticista A. Lima de Faria, para quem a expressão seleção natural deveria ser banida do vocabulário biológico. Este autor defende uma forma de auto-organização que ele denominou auto-evolução (Faria, 1988).

até que se estabelece um equilíbrio; esta última situação é conhecida como *criticalidade auto-organizada*):

> No estado crítico, a distribuição estatística do tamanho das avalanches, que dá a freqüência relativa de ocorrências em função do tamanho, segue uma lei de potência inversa, associada a um expoente crítico fractal: avalanches são tanto mais raras quanto maiores, mas todos os tamanhos podem ocorrer. A configuração local da areia muda constantemente, mas o estado crítico, que é uma propriedade global (emergente) da pilha, é robusto: a distribuição estatística se mantém constante. (Nussenzveig, 1999, p. 15)

Esta é uma evidência com grande potencial explanatório para a biologia evolutiva: é possível agrupar fenômenos aparentemente diversos (diferentes taxas de extinção) através de uma lei geral. Independentemente das causas imediatas, o conjunto de extinções seria a expressão da auto-organização dos sistemas biológicos, no nível de comunidades de organismos. Para Stuart Kauffman, um dos mais notáveis proponentes da auto-organização (ver Kauffman, 1993), a evolução das espécies estaria em uma fronteira entre caos e ordem; por estar na fronteira, um tal sistema partilharia com os sistemas ordenados a capacidade de *adaptar-se gradualmente* à alterações ambientais. Mas, igualmente, por estar na fronteira, poderia *responder rapidamente* a mudanças bruscas e maiores. Qualquer semelhança entre o modelo gradualista de evolução de Darwin e o modelo do equilíbrio pontuado, de Eldredge & Gould (1972), *não é* mera coincidência.

5. É a síntese evolutiva uma teoria científica?

Não só o darwinismo tradicional, mas também a teoria sintética da evolução, têm recebido a atenção de filósofos quanto à sua estrutura, grau de cientificidade e significado dos termos nela contidas. Não farei aqui uma revisão detalhada destas análises; ao contrário, farei apenas um esboço dos ataques e das defesas que se alternaram. A chamada *received view* pode ser ilustrada não só de forma caricatural, como na citação de Smocovitis (1996)[10], como também de um modo formal, através da crítica bem conhecida de Smart (1963, 1968), para quem na biologia não haveria leis no sentido restrito, de caráter universal no tempo e no espaço. Além disto, a teoria evolutiva não representaria uma teoria *tipicamente científica*, sendo antes uma

---

[10] O fisiologista W. J. Crozier enfatizava a falta de um método experimental rigoroso na biologia evolutiva dizendo a seus alunos: "Evolução é um bom tópico para os suplementos de domingo dos jornais, mas não é ciência: você não pode fazer experimentos com dois milhões de anos!" (Smocovitis, 1996 p. 118).

narrativa histórica. A crítica de Smart recebeu o peso do apoio de Karl Popper (1975) em sua crítica à estrutura lógica da teoria da evolução (entendendo-se aqui a síntese evolutiva). Este último, em célebre passagem de sua autobiografia intelectual afirmou que:

> [...] a questão do *status* científico do darwinismo – no sentido mais amplo, a teoria da tentativa e eliminação de erro – torna-se interessante. Cheguei à conclusão de que o darwinismo não é uma teoria científica passível de prova, mas um *programa de pesquisa metafísica* – um possível sistema de referência para teorias científicas comprováveis. E mais ainda: encaro o darwinismo como uma aplicação do que denomino 'lógica situacional'. (Popper, 1986, p. 177)

No primeiro livro-texto abrangente sobre filosofia da biologia, Michael Ruse (1973) faz uma defesa do caráter científico das teorias biológicas, em particular da teoria evolutiva. No cerne de sua argumentação figuram quatro pontos aplicáveis às teorias da física e que, segundo ele, também seriam aplicáveis à biologia. O primeiro ponto sustenta que nas ciências físicas trabalha-se com entidades teóricas, hipotéticas, não-observáveis, bem como com entidades observáveis, não-teóricas. Em segundo lugar, diz Ruse, as ciências físicas trabalham com proposições *a priori* e com proposições empíricas; igualmente, naquelas predomina o método hipotético-dedutivo ou axiomático. Para finalizar, o modelo básico de explanação nas ciências físicas é o da chamada lei de cobertura; ora, diz ele, "deixe-me declarar também que penso que essas alegações se aplicam em grande medida às ciências biológicas" (Ruse, 1973, p. 11). Esta declaração está ligada ao que se comentou na seção 3 acima, onde ele posicionava a genética de populações como fundamental para todo o conhecimento do processo evolutivo. O exame da teoria da genética de populações mostrará que os quatro pontos citados por ele podem ser lá encontrados e, portanto, a base da teoria evolutiva teria um *status* análogo ao das ciências físicas. Se adicionarmos a isto a proposta de Mary Williams (1970) de uma axiomatização da teoria evolutiva, veremos que sob este enfoque tradicional, herdado do positivismo lógico, a síntese evolutiva é uma teoria legitimamente científica (uma discussão bastante boa neste sentido é a apresentada por Riddiford & Penny, 1984).

A questão da cientificidade da teoria evolutiva não é mais um problema, não só sob o enfoque tradicional, mas também sob novas abordagens, como a concepção estruturalista e semântica de teorias, como muito bem ilustrado por Lloyd (1988) e por Lorenzano (1998, 2001). Ao que tudo indica, a principal fonte de divergências nas análises filosóficas da teoria evolutiva, inclusive tendo em vista os aportes recentes de diferentes áreas da biologia (alguns discutidos neste capítulo) é se a estrutura atual da teoria deve ou pode ser vista como uma multiteoria, isto é, se estamos diante de um caso muito complexo onde disciplinas mais ou menos independentes constituiriam um marco multiteórico (Moya, 1989; Dressino & Lamas, neste volume). Para alguns cientistas contemporâneos os aportes de diferentes áreas do conhecimento, tomados em conjunto, são indicativos de uma nova síntese; esta é, por exemplo, a proposta de Carroll (2000). Já o paleontólogo Stephen Jay Gould, em sua monumental obra *The Structure of Evolutionary Theory* (2002) sustenta uma reformulação da teoria sintética no sentido de expandi-la, particularmente ao propor o exame das questões evolutivas em uma perspectiva hierárquica. Sob este prisma, algumas das questões mais debatidas no âmbito da teoria sintética, como a da unidade da seleção, desaparecem; afinal, considerar o mundo biológico como hierarquicamente organizado implica a atuação da seleção em cada nível. Desta forma, a seleção natural constituiria um processo operando no nível molecular, individual, de grupo, de espécie, e assim por diante (a sustentação da seleção natural no nível de comunidades, por exemplo, for recentemente feita por Johnson & Boerlijst, 2002 e uma evidência experimental sobre seleção artificial no nível de ecossistemas, por Swenson, Wilson e Elias, 2000). Voltando à opinião de Gould, acima referido, afirma ele ainda que a teoria do equilíbrio pontuado pode ter grandes repercussões para uma análise da macroevolução. Esta se tornaria um processo alimentado pelo "nascimento" e "morte" das espécies, tal como ocorre com os indivíduos no nível da microevolução e não, "como Darwin e seus sucessores sustentaram por muito tempo, uma fenomenologia construída em última análise por, e estendendo causalmente de, conseqüências acumuladoras de adaptação contínua dos organismos nas populações em transformação" (Gould, 2002, p. 886). A importância do equilíbrio pontuado fica reforçada, no cenário da macroevolução, ao se verificar que este padrão evolutivo pode ser previsto pela teoria da auto-organização (Gould, 2002, pp. 924-928; é interessante notar ainda, que Gould discute a importância deste modelo em outras áreas do conhecimento, para finalizar com a analogia entre o modelo do equilíbrio pontuado e a concepção de Kuhn das revoluções científicas, particularmente nas páginas 967-970). Gould procura ainda integrar os conhecimentos da ontogenia e da filogenia (ampliando, desta forma, a teoria sintética), através dos conceitos de *constraints* históricos e de adaptação e do conceito de exaptação. Lamentavelmente o espaço disponível para o presente texto não permite que se examine com mais detalhes o livro de Gould, que se constituiu na sua última contribuição para o debate sobre a teoria sintética da evolução.

Sob a ótica de alguns outros cientistas envolvidos com estudos evolutivos, a evolução verificada nos estudos de populações naturais é imensamente complexa, imprevisível, conforme testemunham dois representantes notáveis dos estudos de longa duração, o casal Rosemary e Peter Grant. Estes dois autores fizeram recentemente uma análise retrospectiva dos estudos que eles próprios dirigiram nos últimos trinta anos em Galápagos. O parágrafo final do artigo por eles publicado mostra também que eles defendem a posição de que a chamada macroevolução é uma extensão temporal da microevolução:

> Sem levar em conta a cadeia precisa da causalidade, estudos de campo como o nosso, em conjunto com estudos multigeracionais de microorganismos no laboratório e estudos experimentais sobre seleção no campo, proporcionam uma base melhorada para extrapolar da microevolução para os padrões de macroevolução; no caso presente, da dinâmica evolutiva de populações na escala de décadas de especiação e radiação adaptativa posterior na escala de centenas de milhares de anos. (Grant & Grant, 2002)

É bem provável que tenhamos atualmente uma idéia melhor sobre a evolução biológica do que há cerca de 60 anos, quando a síntese evolutiva acabara de se estabelecer. Mas é certo, por outro lado, que ainda estamos muito longe de entendê-la completamente; até mesmo a antiga metáfora da *árvore da vida*, como um aumento crescente de diversidade e complexidade, foi questionada por Gould (1990); para ele, uma representação mais adequada seria a de um *cone invertido* para a diversidade e a disparidade (este último termo referindo-se à diferentes planos estruturais de organização corporal, como o representado nos diferentes filos de animais por exemplo). Um simpósio realizado em maio de 2002 parece, no entanto, sustentar a imagem de uma árvore da vida (Baldauf, 2002).

Para finalizar, como o título do presente trabalho constitui uma pergunta, nada mais apropriado do que, agora, esboçar uma resposta: penso que, embora um exame da história das idéias científicas mostre uma busca de unidade teórica em diferentes áreas, no caso da biologia evolutiva parece-me muito difícil a manutenção de uma teoria sintética. A perspectiva contemporânea é, em minha opinião, mais compatível com um sistema de múltiplas teorias do que com uma única teoria. Apenas para ilustrar com um exemplo: a teoria da auto-organização é independente da teoria da seleção natural, do ponto de vista epistemológico. Elas estão, no entanto, muito relacionadas seqüencialmente, na medida em que a seleção natural passa a explicar fenômenos surgidos a partir da auto-organização.

Referências bibliográficas

Adams, M. (1970), "Towards a Synthesis: Population Concepts in Russian Evolutionary Thought, 1925-1935", *Journal of the History of Biology* 3 (1): 107-130.

Araújo, A.M. (1994), "Extinções: um enfoque genético-ecológico", *Acta Geologica Leopoldensia* 17: 803-811.

Araújo, A.M. (2001a), "O salto qualitativo em Theodosius Dobzhansky: unindo as tradições naturalista e experimentalista", *História, Ciências, Saúde – Manguinhos* 8 (3): 713-726.

Araújo, A.M. (2001b), "Genética e evolucionismo", em Arias, G. & M.I.B.M. Fernandes (eds.), *Ciência e ética*, Brasília: Embrapa, pp. 35-55.

Arthur, W. (1988), *A Theory of the Evolution of Development*, Chichester: John Wiley & Sons.

Arthur, W. (1997), *The Origin of Animal Body Plans – A Study in Evolutionary Developmental Biology*, Cambridge: Cambridge University Press.

Avers, C.J. (1989), *Process and Pattern in Evolution*, Oxford: Oxford University Press.

Bak, P. (1997), *How Nature Works*, Oxford: Oxford University Press.

Baldauf, S.L. (2002), "The Tree of Life is a Tree (More or Less)", *Trends in Ecology and Evolution* 17 (10): 450-451.

Bowler, P.J. (1983), *The Eclipse of Darwinism – Anti-Darwinian Theories in the Decades Around 1900*, Baltimore: The Johns Hopkins University Press.

Bowler, P.J. (1989), *Evolution – The History of An Idea*, Berkeley: University of California Press.

Brooks, D.R. & E.O. Wiley (1988), *Evolution as Entropy – Toward a Unified Theory of Biology*, Chicago: The University of Chicago Press, 2ª ed.

Carroll, R.L. (2000), "Towards a New Evolutionary Synthesis", *Trends in Ecology and Evolution* 15 (1): 27-32.

Crow, J.F. (1994), "Foreword", em Takahata, M. (ed.), *Population Genetics, Molecular Evolution, and the Neutral Theory – Selected Papers* (Motoo Kimura), Chicago: The University of Chicago Press, pp. xiii-xv.

Depew, D.J. & B.H. Weber (1997), *Darwinism Evolving – Systems Dynamics and the Genealogy of Natural Selection*, Cambridge, MA: The MIT Press.

Dobzhansky, Th. (1951), *Genetics and the Origin of Species*, New York: Columbia University Press.

Eldredge, N. & S.J. Gould (1972), "Punctuated Equilibria: An Alternative to Phyletic Gradualism", em Schopf, T.J.M. (ed.), *Models in Paleobiology*, San Francisco: Freeman, Cooper & Co., pp. 82-115.

Faria, A.L. (1988), *Evolution Without Selection. Form and Function by Autoevolution*, Amsterdam: Elsevier.

Gould, S.J. (1980), "Is a New and General Theory of Evolution Emerging?", *Paleobiology* 6: 119-130.

Gould, S.J. (1983), "The Hardening of the Modern Synthesis", em Grene, M. (ed.), *Dimensions of Darwinism*, Cambridge: Cambridge University Press, pp. 71-93.

Gould, S.J. (1990), *Vida maravilhosa – o acaso na evolução e a natureza da história*, São Paulo: Companhia das Letras.

Gould, S.J. (2002), *The Structure of Evolutionary Theory*, Cambridge, MA: The Belknap Press/Harvard University Press.

Grant, P.R. & B.R. Grant (2002), "Unpredictable Evolution in a 30-year Study of Darwin's Finches", *Science* 296: 707-711.

Greene, J.C. (1981), *Science, Ideology, and World View*, Berkeley: University of California Press.

Hamburger, V. (1980), "Embryology and the Modern Synthesis in Evolutionary Theory", em Mayr, E. & W.B. Provine (eds.), *The Evolutionary Synthesis – Perspectives on the Unification of Biology*, Cambridge, MA: Harvard University Press, pp. 97-112.

Huxley, J. (1943), *Evolution – The Modern Synthesis*, New York: Harper & Brothers Publishers.

Johnson, C.R. & M.C. Boerlijst (2002), "Selection at the Level of the Community: The Importance of Spatial Structure", *Trends in Ecology and Evolution* 17 (2): 83-90.

Kauffman, S.A. (1993), *The Origins of Order. Self-Organization and Selection in Evolution*, Oxford: Oxford University Press.

Kimura, M. (1968), "Evolutionary Rate at the Molecular Level", *Nature* 217: 624-626.

King, J.L. & T.H. Jukes (1969), "Non-Darwinian Evolution", *Science* 164: 788-798.

Lewontin, R.C. (1974), *The Genetic Basis of Evolutionary Change*, New York: Columbia Univeristy Press.

Lloyd, E.A. (1988), *The Structure and Confirmation of Evolutionary Theory*, New York: Greenwood Press.

Lorenzano, P. (1998), "Hacia una reconstrucción estructural de la genética clásica y de sus relaciones con el mendelismo", *Episteme* 3 (5): 89-117.

Lorenzano, P. (2001), "On Biological Laws and the Laws of Biological Sciences", *Revista Patagónica de Filosofía* 2 (2): 27-41.

Løvtrup, S. (1974), *Epigenetics – A Treatise on Theoretical Biology*, London: John Wiley & Sons.

Løvtrup, S. (1987), *Darwinism: The Refutation of a Myth*, London: Croom Helm.

Mayr, E. (1980), "Some Thoughts on the History of the Evolutionary Synthesis", em Mayr, E. & W.B. Provine (eds.), *The Evolutionary Synthesis – Perspectives on the Unification of Biology*, Cambridge, MA: Harvard University Press, pp. 1-48.

Mayr, E. (1985), "Darwin's Five Theories of Evolution", em Kohn, D. (ed.), *The Darwinian Heritage*, Princeton: Princeton University Press, pp. 755-772.

Mayr, E. & W.B. Provine (eds.) (1980), *The Evolutionary Synthesis – Perspectives on the Unification of Biology*, Cambridge, MA: Harvard University, 2ª ed. 1998.

Moya, A. (1989), *Sobre la estructura de la teoría de la evolución*, Barcelona: Editorial Anthropos.

Nussenzweig, H.M. (1999), "Introdução à complexidade", em Nussenzweig, H.M. (ed.), *Complexidade e caos*, Rio de Janeiro: Editora UFRJ, pp. 9-26.

Popper, K.R. (1975), *Conhecimento objetivo*, São Paulo: Editora da USP.

Popper, K.R. (1986), *Autobiografia intelectual*, São Paulo: Cultrix, 1986.

Provine, W.B. (1988), "Progress in Evolution and Meaning of Life", em Nitecki, M.H. (ed.), *Evolutionary Progress*, Chicago: The University of Chicago Press, pp. 49-74.

Raff, R., Arthur, W., Carroll, S., Coates, M. & G. Wray (1999), "Editorial", *Evolution and Development* 1 (1): 1-2.

Raup, D.M. (1991), *Extinction – Bad Genes or Bad Luck?*, New York: W.W. Norton.

Riddiford, A. & D. Penny (1984), "The Scientific Status of Modern Evolutionary Theory", em Pollard, J.W. (ed.), *Evolutionary Theory: Paths into the Future*, New York: John Wiley & Sons, pp. 1-38.

Reif, W. Junker, T. & U. Hoßfeld (2000), "The Synthetic Theory of Evolution: General Problems and the German Contribution to the 'Synthesis'", *Theory in Biosciences* 119: 41-91.

Ruse, M. (1973), *The Philosophy of Biology*, London: Hutchinson University Library.

Sapp, J. (1987), *Beyond the Gene – Cytoplasmic Inheritance and the Struggle for Authority in Genetics*, Oxford: Oxford University Press.

Smart, J.J.C. (1963), *Philosophy and Scientific Realism*, London: Routledge and Kegan.

Smart, J.J.C. (1968), *Entre ciencia y filosofía*, Madrid: Tecnos.

Smocovitis, V.B. (1992), "Unifying Biology: The Evolutionary Synthesis and Evolutionary Biology", *Journal of the History of Biology* 25 (1): 1-65.

Smocovitis, V.B. (1996), *Unifying Biology – The Evolutionary Synthesis and Evolutionary Biology*, Princeton: Princeton University Press.

Sober, E. (1984), *The Nature of Selection – Evolutionary Theory in Philosophical Focus*, Chicago: The University of Chicago Press.

Stebbins, G.L. & F.J. Ayala (1981), "Is a New Evolutionary Synthesis Necessary?", *Science* 213: 967-971.

Swenson, W., Wilson, D.S. & R. Elias (2000), "Artificial Ecosystem Selection", *Proceedings of the National Academy of Sciences USA* 97 (16): 9110-9114.

Thomson, K.S. (1988), *Morphogenesis and Evolution*, Oxford: Oxford University Press.

Wallace, B. (1968), *Topics in Population Genetics*, New York: W.W. Norton.

Williams, M.B. (1970), "Deducing the Consequences of Evolution: A Mathematical Model", *Journal of Theoretical Biology* 29: 343-385.

El darwinismo a mediados del siglo XX y las relaciones entre la filosofía y la biología

Eduardo A. Musacchio*

1. Objetivos del trabajo

En la Teoría de la Evolución, tal como la misma es normalmente presentada en los textos de biología y paleobiología recientes, es posible reconocer una serie de cambios teóricos que resultan de aportes sucesivos. La mirada retrospectiva ayuda en el reconocimiento y la elección de los componentes estables de la teoría, permitiendo además comprender la naturaleza de las modificaciones. Para esclarecer estos cambios, ha parecido pertinente comparar la serie de transformaciones en Evolución Biológica con aquellas que muestra la Teoría de la Evolución Cortical, ambas próximas entre sí por su raigambre histórica. En cada serie de transformación se distinguen tres períodos: fundacional, integrador e instrumental (ver 2.3, Cuadro 1). Algunas analogías entre ambas redes teóricas permitirán advertir mejor las mudanzas del pensamiento científico en el tiempo, las que se reflejan en los respectivos campos disciplinarios. Estas mudanzas están relacionadas con las diferentes maneras según las cuales los científicos indagan, generalizan, corroboran/rechazan y explican.

Este trabajo enfoca las dificultades que presenta la Teoría de la Evolución durante el período que comprende la Segunda Gran Guerra del siglo XX y los años siguientes. En ese momento, el darwinismo es considerado la teoría más destacada, o aceptada, en el campo de la evolución biológica. Autores procedentes de distintas disciplinas comparten aspectos relevantes

---

* Universidad Nacional de la Patagonia San Juan Bosco (UNPSJB), Argentina.

de la teoría, caracterizando una visión del cambio biológico conocida como "neo-darwinismo" (obras representativas: Mayr, 1963, 1982, 1988; Simpson, 1944, 1953, 1961a; Dobzhansky, 1966; Ayala & Dobzhansky, 1974).

Es justamente durante el período de apogeo recién anotado cuando afloran y presionan, dentro del darwinismo, algunas dificultades que necesitan ser resueltas. El paleontólogo norteamericano G. G. Simpson advirtió claramente en aquel momento diferentes problemas, entre los cuales se listan los cuatro siguientes a continuación:

- Las dificultades que trae consigo optar por si el fenómeno de cambio es continuo o bien discontinuo (en *Tempo and Mode of Evolution*, 1944, ver también prefacio a la edición de 1984).
- La conflictiva noción de especie en el marco del registro fósil (El problema de la especie en Paleontología; en *Principles of Animal Taxonomy*, 1961b).
- La direccionalidad del fenómeno de cambio (en *El sentido de la evolución*, 1954 y en *Tempo and Mode of Evolution*, 1944, ver cap. V: "Inertia Trend and Momentum").
- Finalmente, y relacionadas en parte con el punto 3, las propuestas de Rosa, 1900, y de Fechner (ver Hennig, 1968, pp. 298-302), sobre el "angostamiento progresivo de la evolución" en el marco del registro fósil.

El autor ha creído advertir en los biólogos fundadores la presencia de nociones filosóficas que proceden de su formación cultural, las que se reflejan en conceptos y/o puntos de partida, que son aceptados como términos primarios. Entre éstas, la noción de especie y de sistema jerárquico. Estas últimas entroncan con la visión ontológica de Aristóteles y, en particular, con sus Categorías. En algunos casos, los biólogos advierten la presencia de esta tradición filosófica y luchan por apartarse de sus presuntas consecuencias; tal es el caso de la noción de teleología. Este anclaje en la filosofía "antigua" parece ser la fuente de algunas dificultades del "Darwinismo Fundacional" y el "Neodarwinismo" (ver abajo) que se analizan en el trabajo. Por su parte, los elementos del núcleo estable parecen vinculados con el pensamiento filosófico renovado del siglo XVIII; entre éstos se mencionan: el análisis poblacional, la selección natural y el significado del registro fósil.

2. ¿Está en discusión la teoría de la evolución en biología?

2.1 Los aspectos vigentes

Al hacer un examen, el que resulta siempre incompleto, de la amplísima literatura biológica en textos para el tercer nivel de enseñanza y en trabajos de divulgación publicados en las últimas décadas, parece posible afirmar que la comunidad científica de biólogos y paleobiólogos acepta hoy, sin reservas, la noción según la cual los seres vivientes proceden de organismos preexistentes, cuyos atributos originales están en permanente transformación. En particular, el autor no conoce a biólogos o paleobiólogos activos que pongan en duda la noción de evolución en biología.

Entre los diferentes diseños evolutivos que se reconocen en el registro fósil están los de transformación y los de cladogénesis. El de la transformación representa sucesiones de poblaciones ancestrales-descendientes (o linajes), tal como el ilustrado por Bettenstaedt (1962, figs. 4-5).

En este caso una secuencia estratigráfico-temporal de "poblaciones" fósiles de foraminíferos (Protista) cretácicos exhibe una tendencia evolutiva en la inclinación de los septos de las cámaras respecto del alargamiento de la cónchula. Los cambios quedan adecuadamente registrados en la evolución de un carácter con la ayuda del estudio estadístico en diferentes poblaciones alocrónicas.

Un segundo tipo de diseño evolutivo es ahora el de la *cladogénesis* (o bifurcación). El ejemplo demostrativo de la fig. 2, basado en foraminíferos, ha sido también tomado de Bettenstaedt (1962, fig. 13 y 1968, fig. 8). En esta figura, un nuevo linaje evolutivo con cónchulas elipsoidales se aparta de un eje relativamente estable de individuos ancestrales con forma, en cambio, esferoidal.

En este caso una secuencia estratigráfico-temporal de "poblaciones" fósiles de foraminíferos (Protista) cretácicos exhibe una tendencia evolutiva en la inclinación de los septos de las cámaras respecto del alargamiento de la cónchula. Los cambios quedan adecuadamente registrados en la evolución de un carácter con la ayuda del estudio estadístico en diferentes poblaciones alocrónicas.

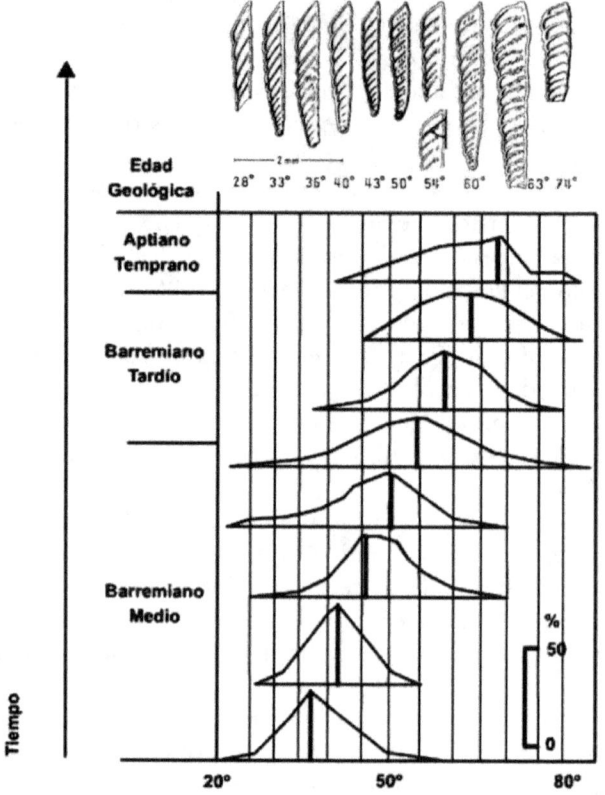

Figura 1. *Transformación* en un linaje de foraminíferos cretácicos (protistos fósiles) procedentes de la cuenca de Niedersaxen, Alemania. Durante el proceso evolutivo, el número de taxones es siempre uno. En *Vaginulina procera* una sucesión de "poblaciones" fósiles ancestrales-descendientes fue estudiada estadísticamente por Bettenstaedt (1962, figs. 4-5) para el carácter: ángulo entre los septos / eje de la cónchula. En el ejemplo se advierte una tendencia evolutiva continua hacia el aumento promedio del valor angular.

Un segundo tipo de diseño evolutivo es ahora el de la *cladogénesis* (o bifurcación). El ejemplo demostrativo de la fig. 2, basado en foraminíferos, ha sido también tomado de Bettenstaedt (1962, fig. 13 y 1968, fig. 8). En esta figura, un nuevo linaje evolutivo con cónchulas elipsoidales se aparta de un eje relativamente estable de individuos ancestrales con forma, en cambio, esferoidal.

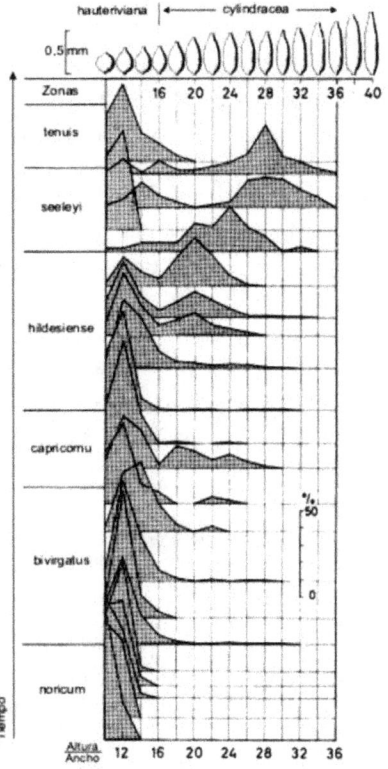

Figura 2. *Cladogénesis* en linajes de *Lagena hauteriviana*, foraminífero del Cretácico procedente de Niedersaxen, Alemania. El resultado final del proceso evolutivo es la multiplicación en el número de taxones. En este caso, Bettenstaedt (1975) midió la relación altura / ancho de la cónchula (L/A). La tendencia evolutiva muestra la aparición de un linaje lateral de poblaciones con cónchulas de forma progresivamente cilíndricas. Este último linaje se separa, como una rama lateral, de un haz central, más estable, formado por poblaciones de especímenes esferoidales.

Los dos diferentes patrones evolutivos, representados respectivamente por las figuras 1 y 2, están ejemplificados por linajes que evolucionan gradualmente. Estos cambios lentos y continuos en el tiempo geológico están en correspondencias con la baja tasa evolutiva que normalmente muestran los foraminíferos bentónicos de los ejemplos. Para mantener la continuidad es también necesario el mantenimiento de la continuidad del registro litoestratigráfico que los alberga. Se conocen, sin embargo, diseños evolutivos con un plan similar (trasformación y cladogénesis), en los cuales los linajes respectivos están interrumpidos o puntuados. Estas discontinuidades se pueden explicar por diversas razones. En algunos casos, factores externos (hiatos estratigráficos entre otros) han hecho desaparecer tramos dentro de un linaje el cual que se desarrolló, no obstante, con una tasa de cambio regular. En otros casos, factores internos de los organismos (por ej. cambios cromosómicos o modificaciones en genes reguladores, entre otros) producen los saltos morfológicos repentinos en los descendientes que rompen la continuidad de los linajes. Tal es el caso representado por la sucesión de diversos taxa de los microfósiles de *Cytherelloidea* (Ostracoda – Crustáceos), asociados a los foraminíferos arriba detallados, en la misma cuenca de Niedersaxen (ver Bettensetaedt, 1958, p. 117, fig.1). A diferencia de los foraminíferos, estos ostrácodos muestran una distribución discreta o puntuada de los caparazones, con cambios relativamente veloces, esto último indicado por la diversidad taxonómica de sus integrantes.

Para muchos naturalistas el fenómeno de la evolución biológica, además de sustentar una teoría coherente, es también un hecho testeable. En defensa de la afirmación precedente, estos naturalistas podrían invocar a Darwin, 1859 (cap. 1: *La variación en el estado doméstico*), quien supo advertir con claridad las implicancias teóricas del mejoramiento introducido por los criadores de animales domésticos en la descendencia, mediante el cruzamiento selectivo de progenitores. También podría esgrimirse como argumento para el mismo fin la praxis de biotecnólogos para "mejorar" genéticamente variedades vegetales y aumentar con ello la producción de recursos alimentarios. Los dos argumentos anotados forman parte de una serie de estrategias que permiten a un observador documentar el fenómeno evolutivo durante el curso de un proyecto viable de actividad experimental.

Tal como lo advirtieron Darwin y Wallace, la *selección natural* es considerada hoy un factor evolutivo principal y su reputación como tal permanece alta, o sin merma de crédito. En el primer ejemplo sobre los animales domésticos arriba mencionado, los criadores / productores agropecuarios son los agentes de la selección, desempeñando el rol de las exigencias ambientales. Asimismo, hay consenso entre los paleobiólogos para asignar al diseño biogeográfico un rol importante en la diferenciación definitiva de muchas poblaciones que quedaron aisladas en sus hábitats. Se menciona frecuentemente la noción de eficacia (*fitness*), en términos principalmente de viabilidad reproductiva y de cantidad de descendientes (ver Sober, 1993, p.

57) para valorar los resultados de diferentes factores evolutivos en la descendencia. Sin embargo, debe admitirse que el fenómeno de cambio es más complejo de lo pensado por Darwin y que corresponde tratarlo en el marco de una ecuación polinómica en la que intervienen diferentes factores evolutivos, según los casos. Entre éstos factores evolutivos están los "externos", tales como la selección natural (ya mencionada) o las crisis globales (periódicas?) del ecosistema. Otros factores, en cambio, pueden considerarse "internos" (en los organismos), tales como las mutaciones génicas, las mutaciones cromosómicas, y el rol activo de los genes en sentido amplio, o bien, el tamaño de la población fundadora en asociación con la deriva genética, o bien las posibilidades de la maduración sexual temprana (paedomorfosis) sobre los "anticipos" evolutivos que aparecen en individuos juveniles.

2.2 El núcleo de la Teoría de la Evolución e hipótesis vinculadas

En el tratamiento del fenómeno evolutivo, es posible diferenciar, dentro de la teoría mayor, dos rangos de entidades. Junto a la noción central de la evolución de los seres vivientes (núcleo principal: ver abajo los términos 1-5) se formulan paralelamente hipótesis, modelos, o teorías, subordinadas en su alcance a la principal. Entre éstas últimas, por ejemplo, teorías sobre las posibles unidades evolutivas en la naturaleza, incluyendo las especies y la aparición de los linajes independientes, o bien teorías sobre el diseño evolutivo o la tasa de cambio, entre otras. Estas teorías subordinadas, o hipótesis, han sido debatidas y constituyen la principal fuente de información para construir la historia de la teoría.

La noción central de evolución biológica (núcleo) invoca la existencia de: 1: Progenitores, 2: Descendientes, 3: Relaciones de ancestros-descendientes, 4: Generación ramificada de conjuntos de individuos jerárquicamente subordinadas a otros ancestrales, 5: Factores evolutivos que resultan eficaces para transmitir nuevos estados y caracteres en la descendencia y asegurar el mantenimiento de los descendientes. En particular, el término 4 implica que la generación debe ser ramificada; esto es, abierta en el sentido del tiempo y no reticulada como en el árbol de Porfirio (Sober, 1993, figs. 6.1 y 6.2; ver también Eco, 1983, cap. 2).

Dentro del segundo conjunto (hipótesis y teorías subordinadas) interesa para este trabajo, aquella sobre la categoría especie, incluyendo diferentes propuestas sobre su naturaleza, origen, transformación y diseño evolutivo. Estas diferencias han generado imprecisiones y conflictos que empañan la coherencia entre premisas teóricas y datos empíricos mostrados por la teoría evolutiva básica. La falta de acuerdo entre los diferentes modelos sobre el concepto de especie tiene un sustrato epistemológico que será abordado abajo (apartado 4: El anclaje filosófico). Ahora interesa destacar que la noción de evolución biológica puede ser tratada en forma independiente de la noción de especie. Darwin creyó en la existencia de especies en la naturaleza. Si así no fuese, ¿cómo podrían las mismas tener un origen? Pero, ¿cómo pueden originarse las nuevas especies si la selección natural, que controla la diversidad, no es suficiente para incrementarla?

En particular, este trabajo trata desde el punto de vista de la filosofía de las ciencias las dificultades que presentan modelos explicativos que se autodefinen como partícipes de la visión darwinista del cambio, expuestos principalmente a mediados del siglo pasado. Entre éstos, el denominado neodarwinismo defiende la tesis según la cual la fuente de la variabilidad entre los organismos es proporcionada por las mutaciones génicas que ocurren al azar y la recombinación genética; siendo el fenómeno del cambio controlado por la selección natural.

La permanencia del núcleo teórico, anticipado entre otros por Lamarck y magníficamente fundamentado en el siglo XIX por Darwin, no queda desestimado por las dificultades que presentan algunas partes que caracterizan los diferentes modelos, incluyendo el de Darwin / Wallace sobre las especies, o los factores evolutivos. Esto puede argumentarse mejor si se compara el presente caso con el de movilidad cortical en las ciencias de la Tierra. Aquí también puede advertirse la permanencia de un núcleo central (la acción de movimientos corticales con componentes tangenciales determinantes de los cambios paleogeográficos) y de partes sucesivamente falsadas con el avance de los conocimientos, las que deben ser removidas del andamiaje teórico que es siempre transitorio.

Cabe ahora formular la pregunta si los cambios experimentados por la Teoría de la Evolución constituyen un desenvolvimiento o extensión de las ideas fundacionales expuestas por Darwin. Esto es, si los principios allí expuestos de selección natural controlando la aparición de nuevas especies dan cuenta del fenómeno evolutivo que muestra el registro fósil. En caso contrario; esto es, si el conjunto de términos primarios debe ser revisado, estaríamos ante una instancia diferente a la de extensión o desenvolvimiento de la Teoría, la cual debería, entonces, ser reformulada. Para decidir entre las dos en la presente contribución ha parecido útil "hacer un rodeo". Se intentará entonces en el apartado que sigue ver lo que muestra la red teórica sobre la Movilidad Cortical en geología, y sacar provecho de las comparaciones entre ambas (Evolución y Movilidad Cortical).

2.3 Comparando teorías sobre el cambio geológico y el registro fósil

En ciencias de la Tierra, las ideas sobre los cambios paleogeográficos ocurridos en el tiempo geológico y los movimientos tectónicos implicados permiten documentar los cambios que traen consigo la sucesión de "conjeturas y refutaciones". La renovación y consolidación de la teoría de la Movilidad Cortical a partir de la segunda mitad del siglo XX es sustentada por el estudio de los fondos oceánicos y los avances en disciplinas geofísicas, alcanzando en la actualidad un marco de referencia principal en la geología estructural. El esquema mostrado en el cuadro siguiente permite comparar los estados de transformación en las dos teorías: de la Movilidad Cortical y de la Evolución Biológica respectivamente. Los tres estados de desenvolvimiento histórico (a°, a', a") son solo aproximadamente coetáneos (Cuadro 1: tomado de Musacchio, 2003, levemente modificado):

	Movilidad Cortical	Evolución Biológica
Siglo XIX (fines) a siglo XX (inicio)	MC a° Deriva de los continentes	EB a° Darwinismo
Siglo XX (mediados)	MC a' Teoría geosinclinal	EB a' Neodarwinismo
Siglo XX (fines)	MC a" Tectónica Global	EB a" Tardío darwinismo

Cuadro 1: Estados de desenvolvimiento teórico

El autor ha explorado previamente las interacciones entre ambas teorías (Musacchio, 2004), admitiendo que los procesos geológicos, los que son recurrentes y explicables en términos de la físico-química, difieren de los procesos de cambio que se registran en los organismos. Ha admitido también que el registro fósil está caracterizado por formas de vida desaparecidas y posee una naturaleza histórica única que no puede ser deducida o explicada de la misma manera que la formación de rocas, la que siempre se repite. Es que los "principios" y regularidades que se postulan en geología son diferentes de aquellos de la paleobiología. Esto no es obstáculo para el reconocimiento de interdependencias necesarias entre ambos campos fácticos, allí donde los cambios mostrados por diferentes secuencias de asociaciones fósiles responden (al menos parcialmente) a los cambios del sustrato físico. Además, el registro bio-estratigráfico es compartido en ambas disciplinas. Debido a este nexo interdisciplinario es posible comprender por qué la "medición" del tiempo geológico se sustenta en los cambios irreversibles que documenta el registro fósil (Musacchio, 2004).

Para este trabajo interesan ahora no las interdependencias fácticas, arriba mencionadas, sino las analogías entre las dos teorías para períodos históricos correlativos dentro de las respectivas redes. Estos isomorfismos tienen su explicación en los cambios de la noción de teoría científica que prevalece en cada campo disciplinario para los intervalos históricos correspondientes. Las mudanzas del pensamiento científico, más que los nuevos hallazgos, son los determinantes que conforman una serie de transformaciones conceptuales para cada campo disciplinario.

Parece conveniente presentar, a continuación, los períodos o estados de desenvolvimiento histórico: $a°$, a' y a'', pertenecientes al ensamble teórico que atiende los cambios paleogeográficos (teoría de la Movilidad Cortical). A continuación, se harán las comparaciones y se buscarán los posibles isomorfismos con la teoría de la Evolución Biológica.

$a°$: "*Deriva continental*". A principios del siglo XX, Taylor (EE.UU., en 1908) y Wegener (Alemania, 1910) reconocieron la ocurrencia de cambios geográficos en el pasado geológico, resultantes de la desmembración de un supercontinente denominado Pangea (ver Holmes, 1952). Un importante antecedente sobre las observaciones paleobiogeográficas anotadas había sido previamente esbozado por Sinder (Francia en 1858; ver Holmes, 1952 y Holmes & Holmes, 1980). Los autores mencionados quedaron reconocieron por el encastre que podía lograrse si se unían algunos márgenes costeros, como los de África y América del Sur, a partir de los bordes atlánticos figurados en los mapas. Para Taylor, el efecto de la atracción lunar al separarse de la madre Tierra y ubicarse como su satélite –hecho que según ese autor habría ocurrido durante el Cretácico– era la causa del desplazamiento de los continentes. Para Wegener, la causa de la "fuga de los polos" del supercontinente era, en cambio, la atracción gravitacional ejercida por el abultamiento ecuatorial de la Tierra. Este último respondía, a su vez, a las fuerzas centrípetas generadas por la rotación de la Tierra sobre su eje. El esquema de la teoría sobre la "deriva de los continentes" y la consideración que mereció en su época por gran parte de la comunidad científica, puede argumentarse como sigue:

p (deriva) q (atracción gravitacional) (Taylor, 1908; Wegener, 1910)

Hipótesis auxiliares:

Encastre de algunos márgenes continentales.

Continuidad de las formaciones geológicas entre África y América del Sur.
Apertura relativamente reciente del Atlántico
Libre intercambio de faunas entre África y América en el pasado geológico.

Contrastaciones no experimentales (Lambert, 1921; Epstein, 1921):

p (deriva) ¬ q (atracción suficiente)
─────────────────────────── ("*Modus tollens*")
No siendo el caso de q no es el caso de p

Las hipótesis de Taylor/Wegener resultan de este modo falsadas algún tiempo después de su presentación (Epstein, 1921, *Über die Polflucht der Kontinente*; Lambert, 1921, *Some Mechanical Curiosities Connected with the Earth's Field of Force*, en Howell, 1962, pp. 280, 413 y 417).

La hipótesis de Taylor puede ser falsada de un modo semejante. Durante las tres décadas siguientes, los geólogos del hemisferio Norte desestimaron, mayoritariamente, los aportes de Du Toit y de otros paleontólogos y geólogos que trabajaban en el hemisferio Sur comparando analogías surgidas de la geología regional y la bioestratigrafía intercontinental. En Europa y Norteamérica hasta la segunda mitad avanzada del siglo XX, era fuerte la creencia sobre la permanencia estructural del diseño geográfico, más allá de periódicos vaivenes en el trazado de las líneas costeras. Es que los datos de la paleontología no podían chocar con los de la geofísica, una disciplina esta última sostenida por ciencias "más exactas".

a': *Corrientes de convección en el manto y geosinclinales*. A fines de la década del 30, Holmes es un autor representativo de ideas que cristalizarán durante el período de auge de la Teoría Geosinclinal hacia la década del 50. Holmes (1952) y otros autores (ver Holmes & Holmes, 1980), invocarán ahora la acción de fuerzas internas operando en el manto superior de la Tierra como factores causales de la "deriva de los continentes". La etapa está caracterizada por la búsqueda, en Ciencias de la Tierra, de una aproximación (*approach*) a explicaciones comprensivas de los fenómenos reales, sus causas e interrelaciones. Así formulada, la noción de *progreso* en el conocimiento (de *progrĕdi* = caminar adelante) puede ajustarse sin reparos al caso presente. Esta visión puede ser, tentativamente, formalizada en el marco de las nociones de verdad y de aproximación sucesiva. Los geólogos de la década del 60 parecen aceptar que sus explicaciones, argumentos, y generalizaciones están en correspondencia con los hechos ocurridos en el pasado geológico. Esta noción, de clara raigambre realista, parece coherente con la crítica a las nociones de relativismo y de instrumentalismo en filosofía de la ciencia de

Popper (1963; en *Conjeturas y refutaciones*: "Tres puntos de vista sobre el conocimiento humano"). El mismo autor asevera, también que las Teorías científicas no son instrumentos utilitarios para encontrar explicaciones o aplicaciones. En particular, el criterio verdad es también analizado por Popper en la década del 60 a la luz de los aportes del autor polaco Tarski. Al rechazar el relativismo, Popper debe admitir la noción de progreso o de aproximación a conocimientos científicos cada vez menos erróneos basada en una estrategia de las conjeturas y refutaciones. Este último enfoque encuadra apropiadamente con el desarrollo histórico de la Teoría Geosinclinal, el que se ajusta, cómodamente, a la expresión simbólica general anotada por Popper (1963, 12, pp. 285-286):

$$VA\,(a) = Ctv\,(a) - Ctf\,(a)$$

La verosimilitud, o grado de semejanza de la teoría a con la verdad [VA (a)], está en relación con su contenido de verdad Ctv (a) menos su contenido de falsedad Ctf (a). Popper incorpora estas ideas con posterioridad al cuerpo central, más rígido, expuesto en su *Lógica de la investigación científica* (1934).

a": *Tectónica Global.* Al analizar los avances de la investigación geológica durante la segunda mitad del siglo XX se pueden reconocer dos atributos metodológicos propios. El primero es el uso frecuente de modelos. El segundo es el desarrollo de programas de investigación, o de proyectos multidisciplinarios con objetivos compartidos, para abordar tópicos conflictivos o áreas de "sombra". En este marco, el *Deep See Drilling Project* tiene lugar a fines del Siglo pasado como un vasto programa de cooperación internacional para el estudio de los fondos oceánicos. Como resultado de los programas similares desarrollados a fines de la década 50, las evidencias sobre una antigua unión entre los continentes que formaban Pangea resultarán, finalmente, incuestionables. La comunidad científica internacional nucleada en países del hemisferio norte, respetuosa de las corroboraciones que vienen de las ciencias físicas, admitirá ahora que los continentes se han fragmentado y separado entre sí. Se consolida entonces la Teoría de la Tectónica global (TG) o de la Tectónica de Placas; un "paradigma" interdisciplinario abarcador y coherente. A partir de los principios generales en Ciencias de la Tierra del Uniformitarianismo y la Ciclicidad, el núcleo teórico de la TG puede ser esquematizado en su conformación según las siguientes propuestas:

1. Diferenciación en sentido vertical de la Tierra en capas de distinta densidad y fragilidad (o ductilidad) relativas.

2. Diferenciación espacial de la parte superior (litosfera = corteza + manto superior) en placas (o bloques) relativamente rígidas.
3. Las placas son expuestas a fuerzas que provienen del interior y que determinan su movilidad.
4. La movilidad se resuelve en tres tipos de acción tectónica: divergente, convergente y transcurrente o en cupla.

En el marco de la TG, se han propuesto numerosos modelos geotectónicos; entre otros, de cuencas sedimentarias, de cambios paleobiogeográficos y de evolución petrológica. Estos modelos se construyen sobre casos particulares; pero son puestos a prueba para interpretar los datos recogidos experimentalmente, siempre incompletos, con los que el geólogo intenta reconstruir los hechos que tuvieron lugar en el pasado. La estructura de la TG presentada por Suppe (1998) ilustra este interés por la "concepción semántica" de las teorías (ver Díez & Lorenzano, 2002). Las cuatro afirmaciones primarias de la TG detalladas arriba son listadas por este autor con los símbolos [H1-4], aunque en orden y contenidos algo diferentes. Parece posible señalar que la afirmación [H5] anotada por Suppe, posee entidad diferente a las cuatro anteriores simbolizadas según [H1-4].

Los Isomorfismos. Los isomorfismos, como las analogías en biología, son estructuras formales comparables e intercambiables que pueden carecer de relaciones de parentesco o dependencia al nivel ontológico (por ejemplo la estructura de las sociedades de insectos con las humanas o, en nuestro caso, la estructura formal compartida en partes o aspectos de teorías). Así, las analogías o isomorfismos que el autor creído advertir entre los intervalos históricos de las redes teóricas (MC y EB) no responden a la presencia de contenidos fácticos compartidos entre ellos mismos. Parecen, en cambio, estar en correspondencia con el lenguaje formal que las respectivas comunidades científicas adoptan en cada período para indagar, generalizar, corroborar/falsar y explicar. Las mismas reflejan solamente el pensamiento científico de época. Veamos los casos de interés para el presente:

a° *Fundacional.* Los naturalistas que representan este intervalo creen en la existencia real e independiente de los "hechos" que describen. Las teorías pueden ser ingenuamente falsadas y de hecho así ocurrió en la época. En las dos redes teóricas ahora comparadas se dispone de dos ejemplos relevantes para el trabajo: "*La selección natural es insuficiente para explicar las novedades evolutivas*" y "*La fuerza centrípeta y la fuerza de atracción de la luna son insuficientes para explicar la deriva de los continentes*". La estructura aristotélica del "*modus tollens*" representa el isomorfismo al que ahora se alude. La refutación de la teoría puede ser también presentada en un marco de proposiciones como en el esquema de abajo. En este período, las afirmaciones no contradicen la noción realista-aristotélica de teoría y se corresponden con la estructura *"modus ponens"*. A continuación sigue lo que podría constituir una falsación ingenua de la Teoría Darwinista Fundacional, cuya estructura parece análoga a la que desestima la "deriva" de los Continentes:

p (nuevas especies) implica q (selección natural)

    Hipótesis auxiliares:

Sucesión de poblaciones ancestrales descendientes del registro fósil. Cambios producidos por los criadores de poblaciones domésticas

    La genética enseña que:

p (selección natural) ¬ q (nuevas especies)
———————————————— (*"Modus tollens"*)
No siendo el caso de q no es el caso de p

"No siendo la selección natural generador de novedades evolutivas, no es el caso de la aparición de nuevas especies".

a' *Integrador*. Prosigue una etapa de aproximación (*approach*) al conocimiento abarcador que intenta explicar el *quid* de los diferentes problemas surgidos. Las aproximaciones sucesivas se producen por conjeturas y refutaciones. Las teorías siguen siendo realistas. En diversos campos del conocimiento en ciencias fácticas, se advierten las limitaciones de la lógica tradicional. Por un lado, la naturaleza estadística de las regularidades contribuye a la necesidad de una estructura de razonamiento diferente al de lógica proposicional bivalente. Además, la admisión del carácter polinómico de los procesos marcan la necesidad de una lógica que permita asimismo desviaciones al principio del tercer excluido; esto es, que admita diferentes "grados de verdad". Todo esto va a justificar un renovado interés por el Bayesianismo y el surgimiento y adopción de sistemas lógicos multivalentes. Un dato adicional de interés para este período, es el reconocimiento de la presencia del pensamiento platónico ("tipológico") en los biólogos pre-evolucionistas (Mayr, 1963).

a" *Instrumental*. Las teorías permiten interpretar coherentemente los datos de campo. Las estrategias basadas en el análisis de conjuntos, la noción del superveniencia, y la búsqueda de las interdependencias necesarias (homologías), ofrecerán ahora instrumentos conceptuales para el estudio comparado de teorías y sus interrelaciones y la superación de las limitaciones de la opción: reduccionismo / emergencia. En diferentes disciplinas es frecuente en este período la elaboración de modelos como instrumento de referencia. Así, el estratígrafo que estudia una cuenca sedimentaria local dispone de modelos conceptuales basados en casos elegidos para explicar y predecir. Por su parte, el bioestratígrafo que analiza una sucesión de poblaciones ancestrales descendientes dispone de diferentes modelos de "especiación" para interpretar el diseño evolutivo del registro fósil en la columna bajo estudio. En ciertos casos, es posible intercambiar modelos entre las dos disciplinas. Por ejemplo, el dendrograma que atiende a la fragmentación de un supercontinente puede ser compartido con el que diseña los cambios evolutivos de la biota que habita los fragmentos sucesivos (ver Grande, 1989); las dos variantes del mismo diseño permiten invocar conectabilidad y una cierta predecibilidad en los diferentes procesos pues se trata de un caso de interdependencia necesaria. No obstante, la condición de interdependencia fáctica, como la mostrada por el ejemplo anterior, no es necesaria para detectar un isomorfismo.

3. Las dificultades del darwinismo (conflictos advertidos y soluciones propuestas a mediados del siglo XX)

En *Tempo and Mode in Evolution*, Simpson (1944) expone tempranamente diversos conflictos que plantea el registro fósil a la visión darwinista del cambio. Esta obra, hoy relevante dentro del campo de la paleobiología, fue concebida para dar explicaciones *"ad hoc"* de las dificultades, lúcidamente advertidas por el paleontólogo estadounidense. Sin embargo, su lectura logra transmitir al lector las inquietudes del mencionado autor frente a los obstáculos que intenta despejar. Así, los aportes de Simpson, antes que explicaciones "a*d hoc*", parecen conducir a una zona inquietante para una parte de la propuesta "gradualista" de Darwinismo amenazada. Este apartado trata algunos de los temas presentados en *Tiempo y modo* aunque con el siguiente orden:

- Procesos continuos vs. discontinuos
- La noción de especie en el marco del registro fósil
- El sentido del cambio y el "angostamiento progresivo" de la evolución.
- La noción de complejidad creciente.

3.1 Procesos continuos *vs.* discontinuos

La oposición entre *procesos continuos* vs. *discretos* admite una amplia gama de visiones históricas que disputan entre sí. Algunas de éstas se expresan en forma más o menos intolerante respecto de las que representan una posición supuestamente opuesta. Ha parecido adecuado tratar conjuntamente los aspectos relacionados con la tasa evolutiva (elemento principal en las discrepancias), tanto para la evolución geológica de la corteza terrestre como para la evolución biológica (ver algunas consideraciones sobre este tema en Musacchio, 2001, apartado 3.1).

La teoría del *Catastrofismo* según Cuvier (1817) ha merecido en las últimas dos décadas un renovado interés. Despojada ahora de fundamentos creacionistas, la versión renovada admite que los procesos "catastróficos", causantes de la evolución por saltos dentro de la corteza terrestre, no son sobrenaturales (ver Ager, 1993). Por su parte, el *Uniformitarianismo* [Lyell (1830-3) ~ *Actualismo* Hutton], intenta justamente, explicar los fenómenos geo-históricos sin tomar en cuenta factores causales sobrenaturales. Parece importante destacar que Lyell no ignoraba la importancia del impacto producido por fenómenos discretos como el vulcanisno (Lyell, 1830-183, pp. 85 y ss.). No obstante lo anterior, hoy parece frágil sostener una tasa uniforme para el cambio geológico. Esta última es una crítica bien fundada a la hipótesis de Lyell.

En la actualidad vemos la acción de procesos catastróficos, o saltacionales, junto a otros, en cambio, lentos o graduales. Entre los primeros están los deslizamientos que originan las turbiditas, los impactos de meteoritos, las explosiones volcánicas, los terremotos (ver Hsü, 1993). En cuanto a los cambios biológicos "repentinos" se mencionan, entre otros, las mutaciones cromosómicas, tales como la poliploidía y las mutaciones en los genes reguladores que intervienen en la embriogénesis. Del mismo modo, es posible admitir la existencia de cambios muy lentos tanto en la corteza terrestre como en las poblaciones de organismos. Estos son los que operan sobre un paisaje de zonas geológicamente estables, o bien los cambios "microevolutivos" en poblaciones con alto número de individuos y sin fuertes presiones de selección. No faltará para estos últimos ejemplos la objeción del riguroso saltacionista que nos indique, con toda razón, que con el uso de una escala de análisis lo suficientemente pequeña, las cambios "siempre son discretos". O, por el contrario, la objeción del "neodarwinista" que nos advierta que los aparentes "saltos" (por ejemplo los del registro fósil) tienen que ver con la escala temporal que representa el registro geológico y las limitaciones de la aproximación bioestratigráfica corriente para el reconocimiento de las "lagunas" del registro fósil. Entonces, una visión remozada del *Uniformitarismo* es la que postula en el pasado geológico la acción de procesos naturales, admitiendo la naturaleza heterogénea o dispar en el tiempo y en el modo de accionar de sus agentes activos.

Simpson demuestra las limitaciones (o el agotamiento) de la controversia: fenómenos evolutivos continuos *vs.* fenómenos evolutivos discretos. En el desarrollo del capítulo III: *Micro-evolution, Macro-evolution and Mega-evolution*, Simpson (1944) adelanta y soluciona la fútil discusión que tendrá lugar, sin embargo, hacia las décadas del 80-90 entre las denominadas "evolución discreta" y "evolución gradual". El mismo autor destaca la coexistencia en el registro fósil de casos de evolución cuántica (taquitélica), normal (horotélica) o bien lenta (braditélica). Parece interesante transcribir a Simpson (ver prefacio de la versión 1984 de *Tempo and Mode*, p. xxvi) cuando, al discutir las diferencias entre la noción neodarwinista y la del "punctualismo discreto" de Gould, anota:

> We thus have here an "either/or" proposition a Hegelian o Marxian dialectic. It is apt to point that apparent contradiction between thesis and antithesis leads logically not one to the other but to synthesis. That is what the synthetic theory does.

Sin embargo, en la misma obra, Simpson adopta un punto de vista "conservador" al sostener que los mecanismos evolutivos responsables de los casos de evolución "lenta" o "rápida" son siempre los mismos. De este modo, su reflexión, antes que aportar una explicación superadora, parece mantener la propuesta darwiniana dentro de la misma zona cuestionable.

3.2 La noción de especie en el marco del registro fósil

A pesar del esfuerzo realizado por numerosas generaciones de biólogos y paleontólogos de distintas escuelas, la noción de especie como entidad real de la naturaleza persiste como un conflicto sin solución para la biología teórica. El estado de confusión actual ha sido "sistematizado" por Wilkins (1997) quien resume en su Tabla 1, tres niveles de distinción, con 8 "nodos" y otras tantas definiciones "polares". El primer nivel de distinción es, justamente, el que discrimina la noción instrumental de especie de aquella otra, en cambio, conceptual.

La definición del término *especie* formulada por Darwin (1959) es muy simple (ver abajo, 4.1). No obstante, cada especie es considerada por Darwin, y por muchos darwinistas, una entidad real dentro de la naturaleza. Si así no fuese no tendría un origen; tampoco podría transformarse. En el apartado 4, se intentará rastrear con algún detalle las razones de esta diferencia entre una definición instrumental arriba anotada y otra concepción, en cambio, realista.

Con relación al problema de la *especie en paleontología* Simpson (1961) propone una solución "salomónica" a fin de conservar la noción tradicional de especie como entidad real de la naturaleza; ahora, a través del tiempo. Buenos ejemplos de linajes evolutivos tales como los que Simpson trata, han sido mostrados por Bettenstaedt (1962, 1968). Este último autor trabajó con poblaciones alocrónicas (o sucesivas) en foraminíferos bentónicos que tienen baja tasa evolutiva (evolución lenta o microevolución). Las poblaciones analizadas eran lo suficientemente numerosas como para exhibir diseños estadísticamente representativos. Las muestran procedían de sedimentos marinos cretácicos que se suceden en le tiempo dentro de la cuenca de Niedersaxen.

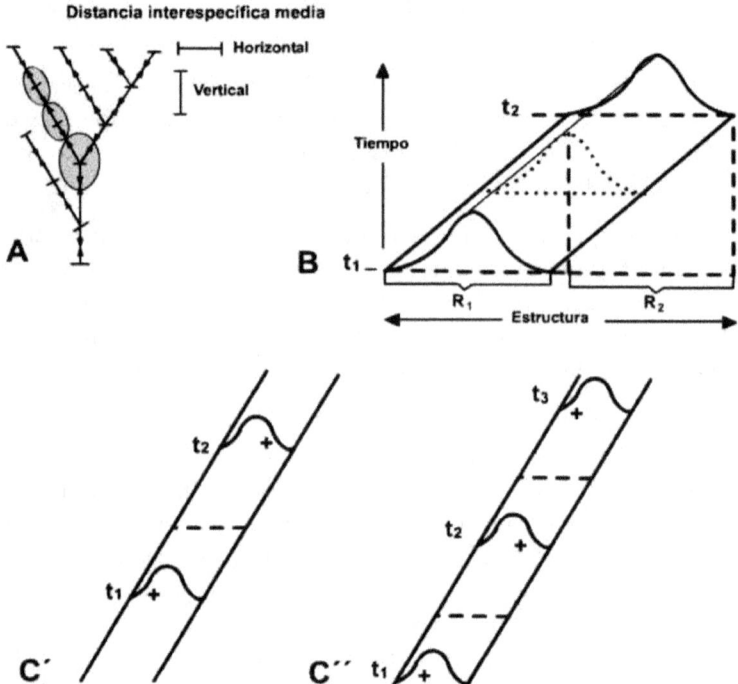

Figura 3. El "Problema de la especie en Paleontología" según Simpson (1961). Este autor lo soluciona "salomónicamente" sesgando los continuos evolutivos en forma convencional.

Entre los numerosos casos estudiados por el mismo autor, aparecen ejemplos de transformación de linajes que no se dividen ("*Populationsumwandlung*" + "*Artumwandlung*"); por ejemplo en *Vaginulina procera* (en Bettenstaedt, 1962, figs. 4-5; 1968, fig. 4). Del mismo modo, están los ejemplos de cladogénesis ("*Abspaltung*") en los que sí hay aparición de nuevas especies; por ejemplo *Lagena hauteriviana s.l.* (en Bettenstaedt, 1962, fig. 13; 1968, fig. 8). Ilustraciones representativas para dos casos estudiados por Bettenstaedt son mostrados en la figuras 1 y 2 de este trabajo.

Estos y otros linajes sucesionales semejantes muestran la dificultad que Simpson intenta resolver con la ayuda de cortes opcionales dentro de los linajes respectivos (ver fig. 3). Este procedimiento arbitrario permitiría la segregación de especies morfológicas diferentes, dentro del continuo evolutivo, para los casos de microevolución. La definición de especie es, en consecuencia, modificada por el mismo autor:

> An evolutionary species is a lineage (an ancestral-descendent sequence of populations) evolving separately from other and with its own unitary evolutionary role and tendencies. (Simpson, 1961, p. 153)

El mismo autor mantendrá, mediante un artificio *ad hoc* (Simpson, 1961, figs. 13 B y C'-C" y 14), la vigencia de la categoría taxonómica (ver fig. 3). Esta es quizás la demostración más contundente de que la especie como entidad real en la naturaleza carece de identidad en el curso de la evolución.

3.3 El sentido del cambio y el "angostamiento progresivo" de la evolución

Darwin admitió la posibilidad de establecer pautas o *reglas que atiendan el crecimiento y la filogenia*. Este autor consideró, en *Desarrollo y embriología* (Darwin, 1989, cap. XIV) propuestas anteriores de von Baer (1792-1876), Haeckel (1834-1919) según las cuales la ontogenia exhibe algunas etapas que se corresponden con los ancestros de los grupos vivientes respectivos. En su opinión, las variaciones en los numerosos descendientes de un remoto progenitor han aparecido en un período no muy temprano de su vida y se heredan en un período correspondiente. No obstante, el mismo autor, no parece dispuesto a confrontar, o al menos sopesar el valor de aquellas evidencias, de las que toma nota, frente al rol principal de la selección natural; esto es, sin compartir aquellas con el rol asignado a los aspectos evolutivos ambientales externos como determinantes de la evolución de los organismos. Es de interés mencionar que la acepción irrestricta de la regla de la recapitulación según la cual "*la ontogenia recapitula la filogenia*" había sido descalificada como ley de cumplimiento general por el mismo Haeckel, quien hizo un listado de los distintos tipos de excepciones que se incluyen dentro de la heterocronía.

Una modalidad en la direccionalidad del cambio de los organismos la constituye casos de hipertelia en donde se verifica un aumento desproporcionado en una estructura dentro del organismo. Casos del registro paleontológico, muestran un aumento acumulativo de este crecimiento alométrico a través del tiempo dentro de un linaje particular. Diferentes autores han sugerido que estos diseños evolutivos pueden ser mejor comprendidos aceptando una interdependencia necesaria entre el proceso biológico y sus agentes bio-moleculares determinantes.

Esta relación no tiene un lugar apropiado dentro de la visión darwinista del cambio. En tal sentido Simpson (1953, p. 245) admite que: "Since the evolution is to some evidently large degree nonrandom and oriented; phylogenetic sequences or many of them have some element of sustained direction; they show a prevailing tendency or in other words they have trends" y más adelante: "Almost all fossil sequences long enough to be called 'sustained' show prevailing tendencies in some characters and over part, at least, of the sequence".

¿Acepta entonces Simpson la presencia de factores endógenos que participan activamente en la modalidad direccional de cambio? La respuesta debe ser negativa. La explicación *ad hoc* que propone este autor para interpretar los factores causales que explican diferentes tendencias evolutivas del registro fósil, no tienen que ver con la presencia de tendencias direccionales endógenas que imprimen los atributos que se destacan en los clados sucesivos. Veamos por ejemplo la interpretación que el mismo autor proporciona al caso de la evolución iterativa de los ollenélidos, un grupo de trilobites del Cámbrico estudiados por Kaufmann (ver Simpson, 1953, p. 248, fig. 31). Basado en el registro fósil de Suecia, Kaufmann reconoció la aparición de cuatro linajes sucesivos del género *Ollenelus*, cada uno de éstos constituidos por formas que evolucionan según tendencias parecidas en los distintos linajes. El *diseño iterativo* entonces representa las ramas que surgen, sucesivamente, de un progenitor desconocido para la región, y que debería detentar un carácter conservativo en cuanto a la permanencia de los caracteres de la parte posterior de la conchilla (pigidio) de éstos artrópodos. Para Simpson la reiteración de los linajes reflejaría la recurrencia en las condiciones ambientales que ejercen presiones de selección sobre progenitores conservativos que se suceden, arribados al biótopo en cuestión. En su opinión, estos linajes sucesivos:

> [...] apparently represent times of local environments unfavorable to these animals with resulting local extinctions of older lines followed by re-invasion when the environment again became favorable. (Simpson, 1953, p. 249)

Este ejemplo forma parte de un conjunto de casos tomados de diferentes grupos fósiles; por ej., la torsión del umbo en el sentido del plano de comisura en diversos clados del bivalvo extinguido *Exogyra* o en el plano de arrollamiento en casos de *Gryphaea* (sic.) o en la conchilla apenas opistógira de *Ostrea,* entre otros (Simpson, 1953, p. 248). El ejemplo mencionado es solo un caso de un conjunto amplio y diverso de tendencias evolutivas (*trends*). Un examen detallado de las diferentes tendencias evolutivas que refleja el registro fósil y los problemas que cada una de estas entraña, excede los objetivos de la presente contribución.[1]

Parece oportuno completar el apartado 3.3 incluyendo ideas de Rosa (1900) y Fechner, 1873 (ver Hennig, 1968, pp. 298-299) sobre el denominado "angostamiento progresivo de la variabilidad". Beurlen (1937, en *Der stammesgeschichtliche Zyklus* I, p. 80) aclara esta idea en los siguientes términos:

> [...] die Evolutionsbreite der aufeinanderfolgenden Gruppen eine deutliche Einengung, da die grundlegenden Organisations divergenzen immer geringer werden: der Typus der Säugertiere ist einheitlicher und geschlossener als der Reptilien, der sinerseits wieder als unbedingt einheitlich erscheint gegenüber dem Typus der Amphibien-Stegocephalen [...] Die gleiche Erscheinung wiederholt sich in jeder systematischen Einheit höherer Order niedriger Ordnung. (ver Hennig, 1968, traducción, p. 300).

Es bien conocido en el registro fósil el ejemplo de la irrupción de la vida marina durante el intervalo que abarca el Vendiano-Cámbrico, a fines del Proterozoico–inicios del Fanerozoico, aproximadamente hacia los 600 Ma (ver Valentine, 1986). Durante este intervalo del tiempo geológico, relativamente corto, aparecen casi todos los filums animales que se conocen en el registro fósil. Con posterioridad al Cámbrico, no surgirán nuevos tipos estructurales de rango similar. El caso anterior es el más citado para ejemplificar el fenómeno de la megaevolución (o macroevolución). Ejemplos análogos, aunque implicando a taxones de rango menor, se conocen para los órdenes de mamíferos hacia el inicio del Cenozoico, los *Archosauria* (reptiles diápsidos) en el inicio del Jurásico, los pisciformes hacia el Devónico o, finalmente, las divisiones del Reino Vegetal que se registran, casi en su totalidad, durante el intervalo Silúrico Superior-Devónico. Luego de la irradiación ocurrida en cada uno de los diferentes grupos mayores anotados, la aparición posterior de taxones del mismo rango quedará limitada. Es decir, tipos estructurales nuevos dentro de un nivel de organización equivalente no son posibles. Además, cada grupo original "transitará", en adelante, por su propio "andarivel". Dentro de los corales, por ejemplo, no hay tendencias que traslapan el espacio de los anélidos, o helechos que evolucionen hacia los licófitos, y así en otros casos similares.

---

[1] Información adicional sobre las tendencias evolutivas puede verse en Osborn (1934) (quien introduce el término aristogénesis para la rectigradación), Beurlen (1937), principalmente 4, pp. 66-73; Rensch (1959), Hallam (1977) o Valentine (1985), entre otros autores.

Valentine (en Dobzhansky *et al.*, 1989, cap. VIII) reconoce dos diseños evolutivos dentro del registro fósil. El primero implica los *grados* de organización (= anagénesis según Valentine), y está marcado por novedades anatómico-funcionales que resultarán relevantes dentro del registro. El segundo, o de evolución por *clados* (*cladogenesis* del gr. = los ramas), representa la extensión de unidades sistemáticas, jerárquicamente subordinadas a otras ancestrales, de los cuales ramifican como los laterales a partir de un haz principal. Este último diseño de Valentine está en aproximada correspondencia con la idea de la reducción de la variabilidad pensada por Rosa y Fechner. Esta restricción es la que prosigue a los eventos de la irradiación, pero no da cuenta del surgimiento de novedades anatómico-funcionales más complejas, que aseguran la libertad del proceso evolutivo.

Cabe la pregunta de si es posible explicar, tanto el sentido (direccionalidad) como la restricción progresiva de la diversidad, manteniendo un comportamiento neutral de los factores evolutivos endógenos. O bien, ¿Los genes se comportan por completo en forma pasiva frente a los agentes de la selección natural. En la actualidad hay crecientes evidencias del rol de los sistemas inmunológicos como sensores del cambio ambiental y de las respuestas del organismo, incluyendo la manipulación que ejercen enzimas del mensaje genético en respuesta a las señales del ambiente. Asimismo, hay un mejor conocimiento sobre el rol los genes reguladores en la morfogénesis. Finalmente, se insiste cada vez más en el significado de la paedomorfosis en la aparición de novedades evolutivas que se anticipan durante la ontogenia. Estas posibilidades, que enriquecen la teoría evolutiva, quedan fuera del tema en la presente discusión, que es esencialmente histórica.

3.4 La noción de complejidad creciente

El *incremento en la complejidad* que muestra el registro fósil, da cuenta de la aparición sucesiva de grupos con estructura morfológico-funcional cada vez más elaborada o especializada. El esquema de cinco reinos de los organismos vivientes según Withaker (ver en Dobzhansky *et al.*, 1980) está ordenado según tres escalones mayores: primero por los procariontes, luego los protistos, ubicándose en el último los animales, las plantas y los hongos. Este orden ascendente, según el cual los organismos simples infrayacen a los complejos, se corresponde con el orden de aparición de los mismos en el tiempo geológico. Una observación adicional es que los nuevos grupos se suceden sin disminuir su diversidad y sin anular o desplazar a los anteriores más simples. Casos de evolución por grado como éste son numerosos en el registro fósil, aunque la categoría de los grupos a los que se alude es siempre menor a los del ejemplo mencionado, que trata los diferentes reinos. Entre las plantas, por ejemplo, aquellas con semillas suceden a las que se reproducen por esporas y las que tienen flores (las estructuras más complejas en la reproducción) aparecen tardíamente. Entre los cordados, aquellos grupos con sistema nervioso o circulatorio más elaborado suceden a los más simples. Esta evolución por grado ha sido denominada "anagénesis" por Rensch (1959, pp. 289 y ss.); ver más recientemente Szathmáry & Maynard Smith (1995).

El estado de la noción de complejidad creciente, dentro del darwinismo, no parece claro:

> El embrión en el transcurso de su desarrollo, generalmente se eleva en organización; empleo esa expresión aunque confieso que es casi imposible definir claramente lo que se quiere decir cuando se habla de que una organización es superior o inferior. (Darwin, 1869, 19, p. 555)

Para terminar, ha parecido apropiado evitar la incorporación de una posible quinta dificultad, ligada a las limitaciones de la perspectiva maltusiana. Según el propio Darwin, la lectura de Malthus, le permitió precisar sus ideas sobre el modo en que opera la selección natural, permitiendo la supervivencia de los más aptos en condiciones de lucha competitiva. Esta perspectiva tuvo recepción favorable en el marco de la Sociedad donde la teoría nació y se fortaleció. En tal sentido, debe tenerse presente que los defensores modernos del rol de la cooperación (sea en términos de simbiosis, de comensalismo, o de partición del trabajo, entre otras modalidades), argumentan que la selección natural en sentido darwiniano ortodoxo opera favoreciendo ya sea a grupos o a individuos, en ambos casos dispuestos a cooperar (ver Haldane, 1932; Clutter-Broch & Harvey, 1978; Wilson, 1975 y 1999).

4. El "anclaje" filosófico de lo que permanece vigente en la teoría de la evolución biológica y de las dificultades

En las Secciones 2 y 3 anteriores se procuró una aproximación a los principales aspectos dentro de la visión darvinista del cambio, tanto los vigentes como los conflictivos, que se reconocen desde las ciencias naturales para dar cuenta del registro fósil. Esta Sección estará dedicada, en cambio, al "anclaje filosófico" de algunas nociones que los naturalistas adoptan como básicas y que responden a su formación cultural. Esta última parece moldear, quizás inadvertidamente, algunos términos primarios que son aceptadas como premisas en el campo de las "nuevas" ciencias naturales. Así, esta contribución defiende el punto de vista según el cual logros permanentes del darwinismo están en correspondencia con el pensamiento filosófico renovado del siglo XVIII; entre éstos se mencionan: el análisis poblacional, la selección natural y el significado del registro fósil. En cambio, algunos conflictos muestran un anclaje en la filosofía "antigua", presente en la formación cultural de los naturalistas darwinistas: el pensamiento dialéctico trasladado a los hechos observables, las presiones que ejerce la noción de teleología y sobre todo la noción de especie que la teoría acepta como un término primario. Se intentará a continuación detectar la presencia de algunas nociones, procedentes del campo de la filosofía, que revisten interés en la teoría evolutiva.

4.1 Los aspectos permanentes

El fenómeno de cambio entre los seres vivientes forma parte de la transformación permanente que exhibe el mundo sensible, transformación ésta que ha sido advertida en diferentes culturas. Fue sin embargo un mérito de los biólogos del siglo XIX la elaboración de una teoría evolutiva. Los principios en que la misma se basa permiten asimilar la experiencia del análisis poblacional, el que es revelador de la naturaleza discreta (o discontinua) de la diversidad en el espacio, como así también en el tiempo, esta última mostrada por el registro bio-estratigráfico. La definición del estado de un carácter en un taxón cualquiera resulta de promediar los diferentes valores en los individuos que representen a las poblaciones correspondientes. No tendrá ya sentido indagar la semejanza o lejanía a un arquetipo ideal, presente tan solo en la mente del taxónomo.

El estudio de la variabilidad y de los procesos probabilísticos y su cálculo tiene antecedentes importantes en avances realizados en el siglo XVIII. Entre éstos se destaca la obra de Bayes (1702-1761), con peso creciente en la teoría de las decisiones y proyección en la filosofía de la ciencia. Es cierto que Darwin no ha hecho uso del *Teorema sobre la probabilidad de un condicional converso* de aquel autor. Su mención es necesaria para destacar el alcance que había adquirido ya en aquella época la visión reflexiva del hombre sobre el fenómeno de la diversidad y del cambio. El filósofo y el matemático prestarán ahora una atención diferente al mundo cambiante de los fenómenos sensibles. Estos no serán ahora un "caleidoscopio" engañoso, o una vía que debe dejarse de lado al tomar el camino hacia el conocimiento como lo consideraban Parménides y Platón.

El nuevo marco conceptual o la nueva visión filosófica será la que "despierta del sueño metafísico", bajo el influjo de diversos autores, entre otros Hume (1711-1776).

> But this obscurity in the profound and abstract philosophy is objected to, not only as painful and fatiguing, but as the inevitable source of uncertainty and error. (Hume, 1739-1740, I, p. 4)

Hume (1739-1740) defiende el punto de vista según el cual la relación de causa y efecto no constituye un "principio". Esta relación surge de la experiencia cotidiana, la que tampoco permite aseverar generalizaciones:

> There are no ideas, which occur in metaphysics, more obscure and uncertain, than those of power, force, energy or necessary connection, of which it is every moment necessary for us to treat in all our disquisitions. We shall, therefore, endeavor, in this section, to fix, if possible, the precise meaning of these terms, and thereby remove some part of that obscurity, which is so much complained of in this species of philosophy. (Hume, 1739-1740, VII, p. 28)

Una consecuencia de lo anterior es la crítica al valor de la inducción como criterio de verdad:

> I shall content myself, in this section, with an easy task, and shall pretend only to give a negative answer to the question here proposed. I say then, that, even after we have experience of the operations of cause and effect, our conclusions from that experience are not founded on reasoning, or any process of the understanding. This answer we must endeavor both to explain and to defend. (Hume, 1739-1740, II, p. 14)

La especie en Darwin. La presentación que hace este autor sobre el tema de la especie en biología permite una interpretación dual. Junto a una definición instrumental del término, se puede reconocer además una noción realista para la categoría especie. En lo que sigue se intentará analizar esta dualidad. La definición del término *especie* formulada por Darwin (1959) es simple:

> I look at the term species as one arbitrarily given for the sake of convenience to a set of individuals closely resembling each other [...] it does not essentially differ from the term variety which is given to less distinct and more fluctuating forms.

Esta definición está despojada, claramente, de implicancias esencialistas y/o tipológicas. La misma es claramente instrumental. Además, podría considerarse en correspondencia con la visión "escéptica" de Hume (1776), anotada a continuación:

> The academics always talk of doubt and suspense of judgment, of danger in hasty determinations, of confining to very narrow bounds the enquiries of the understanding, and of renouncing all specula-

tions which lie not within the limits of common life and practice. (Hume, 1776, V, I, p. 18).

4.2 "Anclaje" filosófico de algunas dificultades del darwinismo

La especie. A pesar de la definición arriba anotada, la especie es considerada por Darwin y muchos darwinistas (en particular neo-darwinistas) una entidad real dentro de la naturaleza. Si así no fuese no tendría un origen; tampoco podría transformarse. A que se debe, entonces, la diferencia entre una definición instrumental[2] y una concepción realista?

En este trabajo se presenta la siguiente interpretación. En el darwinismo, la noción de especie y de sistema jerárquico, marcan la presencia de tradiciones procedentes del campo de la Filosofía Antigua las que han sido incorporadas por los naturalistas, presumiblemente, en su formación básica. La especie y las categorías taxonómicas que le siguen en orden creciente superior, se corresponden con las nociones de *substancia primera* y *substancia segunda* propuestas por Aristóteles en el *Organon*.

A continuación, se intentará una aproximación a las *Categorías*, donde Aristóteles realiza un tratamiento sistemático sobre *"lo que se dice de"* o *"se predica de"*. En primer lugar, la *substancia (ousía)*. Aquí surge, para algunos autores, una dificultad inicial: a pesar de ocupar el lugar de primera categoría (dentro de los predicables) la *substancia* parecería, en cambio, corresponder al ente o la *entidad* (así lo traduce al castellano Miguel Candel Sanmartín, 1982, p. 35). No obstante, la *substancia* es aquello *"de lo que se dice de"* (Sanmartín, 1982, pp. 7-8) y le caben diferentes rangos jerárquicos:

> Substancia primera: es aquello que no se afirma de un sujeto y lo que tampoco se encuentra en un sujeto (Categorías).

> Substancia segunda: lo que se dice o puede decir de las especies en las cuales las substancias primeras son contenidas (Categorías).

La substancia primera es entonces un predicado pues es lo que se predica de entes individuales. El término *Substancia* (del latín: *substantia*; ver Ferrater Mora, 1979) parece aludir a lo que subyace, lo que sustenta, lo que da permanencia a pesar de los cambios y accidentes que ocurren en el suje-

---

[2] La especie, como entidad instrumental, será nuevamente defendida durante la segunda mitad del siglo XX por la disciplina denominada Taxonomía Numérica, la que utiliza "técnicas operativas". Las especies, y también las restantes categorías sistemáticas, serán aquí "Unidades Taxonómicas Operativas" (UTO = *TOU*). Las especies así propuestas se ajustan, ahora sin dificultad, a la definición de Darwin (1856). Queda fuera del propósito de esta contribución el tratamiento de las dificultades epistemológicas del "operativismo".

to individual. ¿Aceptaría Aristóteles considerar el crecimiento como un accidente que subyace a la substancia del ente? Aquí vale una acotación; la noción de *semaforonte* en Hennig (ver Hennig, 1968, p. 8 –"*el individuo tal como se presenta durante un lapso muy restringido de su existencia*"–) parece estar en correspondencia con la propuesta aristotélica de *substancia ínfima* (= individuo).

Para Aristóteles, la especie (*eidos*) es "más substancia" que el género (*genos*). Además, el término género es amplio e incluye categorías de diverso orden (en sistemática biológica serían todas las categorías de rango superior a especie: género, familias, orden, clases, filums). El mismo autor admite un tipo de relaciones del tipo (1):

hombre individual < hombre (especie) < animal (género).

El sistema jerárquico "encapsulante", del tipo "caja china", es propuesto por Aristóteles del siguiente modo:

En el caso de los géneros subordinados los unos a los otros los más elevados son predicados de los menos elevados de suerte que todas las diferencias del predicado son también diferencias del sujeto. (Categorías: 3)

Esto es:

	Substancia primera	Substancia segunda
Sócrates	< hombre	< animal
(especie infima)	< especie	< género
	(*eidos*)	(*genos*)

A continuación se mencionan algunas evidencias adicionales que refuerzan la aseveración sobre la presencia del pensamiento de Aristóteles y de algunos de los filósofos de la tradición post-socrática y medieval que admitieron su autoridad, en el campo de la Sistemática biológica. Si se recurre a Porfirio (ver Eco, 1983, figs. 2.5 y 2.7) y se despliega su árbol (*Arbor Porhhyriana*), se advierte inmediatamente que éste es el "modelo" del sistema jerárquico adoptado con posterioridad por los biólogos, tanto pre- como darwinianos. Cada categoría queda incluida en categorías más generales (salvo los "*géneros más generales*"). Las mismas, a su vez, incluyen "*especies especialísimas*" hasta llegar a la "*especie ínfima*". Una preocupación siempre presente en Aristóteles, y en la tradición post-socrática y medieval que continúa un prolijo análisis de las *Categorías* (ver Spade, 1996), ha sido el problema de la definición (lo que se trata de definir o *definiendum* y la expresión que así lo hace *definiens*). ¿Cuándo se define por diferencia y cuándo por propiedad? Eco argumenta que el árbol de Porfirio está construido solamente por diferencias –"*Genera and species is composed only of differentia*" (Eco,

1990, 2.2: *Critique of the Porphyryan Tree*). Este último es justamente el criterio seguido en la sistemática biológica para establecer la diagnosis y la diagnosis diferencial de los taxa en la taxonomía (ver Mayr & Aslock, 1991, pp. 413-414):

> Differential diagnosis: A formal statement of the characters that distinguish a given taxon from other specifically mentioned equivalent taxa.
>
> Diagnosis: In taxonomy, a formal statement of the characters (or most important characters) that distinguish a taxon from other similar or closely related coordinate taxa.

También la noción aristotélica de límite o intervalo (ver Ferrater Mora, 1979, p. 731) reaparece en la sistemática biológica (Mayr & Aslock, 1991):

> Description: In taxonomy a more o less complete formal statement of the characters of a taxon without special emphasis on those which set limits to the taxon or distinguish it from cordinate taxa
>
> Delimitation: In taxonomy, a formal statement of characters of a taxon which sets its limit

En biología es frecuente admitir que las categorías sistemáticas por encima del rango especie no tienen correspondencia con entidades reales de la naturaleza. Solamente para la denominada sistemática filogenética (ver Hennig, 1968) o cladismo, cada rama que se origina por desprendimiento lateral en el proceso evolutivo ocupa un lugar en el sistema jerárquico cuya entidad se corresponde con el proceso de la cladogénesis (el sistema jerárquico es apto para reflejar la filogenia). Excede los objetivos de este trabajo el análisis de la propuesta del cladismo, la que puede ser calificada en este aspecto como "realista primordial". La especie, es considerada por muchos biólogos darwinistas como una entidad de existencia, sin embargo, más "real" que el género dentro de la naturaleza. Finalmente, pueden relacionarse con la herencia aristotélica, algunos procedimientos de la sistemática tradicional (no la cladista).

La definición "esencialista" de especie en la biología pre-evolucionista. La dificultad que presenta la noción de "especie tipológica" debida a la influencia de la visión platónica ha sido, en cambio, adecuadamente resuelta por el Darwnismo (debe advertirse primero una cuestión de términos: en muchas citas, el *genon* de Platón es equivalente al *eidos* de Aristóteles). Un adecuado tratamiento de este tema ha sido expuesto por Mayr (ver "*The Typological Species Concept*", en Mayr 1964, pp. 16-17). Es cierto que el darwinismo, al incorporar en su metodología de trabajo el análisis poblacional, pudo desembarazarse de la noción de "arquetipos". Del mismo modo, el darwinismo no fue afectado por el desprecio que el fenómeno de cambio despertaba en las filoso-fías de Parménides y de Platón. Aquellas dos nociones, (las de esencia/idea y cambio/corrupción), ligadas al extremismo "anti-Heráclito", parecen en cambio determinantes en la formación cultural de los biólogos pre-evolucionistas.

No obstante, y como se señaló arriba, el darwinismo arrastró consigo la aceptación de la noción de especie como entidad real existente en la naturaleza, cuyo origen se proponía, además, explicar. Escapa a los fines del presente trabajo el análisis sobre las causas de esta propuesta dual del darwinismo (definición instrumental / noción realista). La adopción de la noción de especie y del sistema jerárquico debería ser quizás rastreada por la investigación sociológica antes que por la epistemológica. Lo que sin embargo llama la atención en los debates históricos de la teoría darvinista es el silencio sobre las soluciones arribadas en el marco la filosofía medieval, en particular durante el siglo XIII, sobre la problemática: particulares-universales y realismo-nominalismo. Estos antecedentes históricos (ver Gilson, 1965) y las soluciones propuestas en el Siglo XIII por los antecesores intelectuales de Francis Bacon, permiten considerar repetitivo e irrelevante gran parte del debate actual sobre la especie en biología. En tal sentido, parece esclarecedor el punto de vista de Abelardo según el cual los "universales" (*res universalis*), si bien no son solamente nombres carentes de significación (*flatus vocis*), tampoco se refieren a objetos o entidades perceptibles. Estos universales, piensa Abelardo, son solamente imágenes confusas, sin existencia en la naturaleza, las que resultan del predicamento de muchos individuos (o particulares), los que sí constituyen en cambio entidades ontológicas reales.

Los opuestos: proceso continuos/procesos discretos. Los debates clásicos en Ciencias de la Tierra son valiosos para lograr una aproximación al pensamiento científico de la época en que los mismos tuvieron lugar. El debate que tuvo lugar a principios del siglo XX, dentro de la historia de la teoría evolutiva sobre los agentes del cambio tiene atributos dialécticos. El conflicto selección natural (factores externos) *vs.* mutaciones (factores endógenos) mostrará un final del tipo "síntesis de los contrarios". Un final semejante, sin embargo, no se advierte en el caso de la disputa: procesos continuos vs. procesos discretos (ver arriba 3.1). Esta discusión parece ligada a una visión humana especulativa más amplia, la que se proyecta en otras disciplinas fácticas desde la reflexión filosófica. Como fuera señalado arriba, el registro bioestratigráfico muestra la presencia conjunta de asociaciones de diferentes grupos fósiles, en cada caso con tasa y modalidad evolutiva propia. Esto puede explicarse si se acepta el carácter multifactorial del proceso evolutivo. En el mismo actúan diferentes factores, no necesariamente relacionados entre sí, cuyo peso o efectividad debe analizarse en los casos particulares. Es decir, su cuantificación responde a una ecuación polinómica y el rumbo no está reglado solamente por las presiones ambientales. De este modo, el conflicto entre los procesos opuestos: gradualismo vs. punctualismo parece un dilema planteado en términos teóricos, antes que un problema científico dentro del registro bioestratigráfico para el que debería procurarse alguna explicación.

Las tendencias evolutivas. Las diferencias en la interpretación de algunas tendencias evolutivas direccionales del registro fósil pueden entenderse mejor a la luz de los diferentes significados atribuidos a los términos teleología y teleonomía. Las explicaciones teleológicas del tipo: *¿Porque los seres humanos tienen pulmones?* conlleva la respuesta que alude al carácter indispensable del oxígeno para la combustión de las substancias alimenticias en el cuerpo. Esto último, indica la existencia de un propósito, o intencionalidad. Este propósito es el que, en una mueblería por ejemplo, guía la fabricación de sillas para sentarse. El finalismo en paleobiología se relaciona entonces con la noción aristotélica de causas finales que implica, desde el comienzo, una determinación en procura de un objetivo anticipado.

A mediados del siglo pasado, biólogos neodarwinistas que admiten la "inercia evolutiva" (ver Simpson, 1944) procurarán explicaciones sustentadas en el control ambiental externo. Así, el aumento progresivo de la talla, documentado en diferentes grupos fósiles, es un beneficio que reciben los mejor dotados para el aprovechamiento del medio. De este modo, se guarda cuidadosa distancia de las supuestas implicancias metafísicas implícitas en algunas nociones vagamente análogas a las de causalidad y teleología. En particular, esto se manifiesta por la reticencia para admitir posibles "tendencias evolutivas letales" en el registro fósil, regladas por factores endógenos. La presentación que hace Simpson en el cap. II, titulado: *El problema fundamental,* con relación a las fuerzas que actuaron durante la historia de la vida (Simpson, 1951), resulta en tal sentido esclarecedor. El capítulo citado comienza con un enfoque dialéctico:

> ¿Son las mismas fuerzas que obran sobre el resto del universo material...? (materialistas, mecanicistas, o causalistas). ¿O son fuerzas características de la vida e inherentes a ella...? (vitalistas).

Luego, Simpson reconoce una tercera posibilidad:

> ¿O bien comprenden principios que trascienden la materia y la vida misma...? (finalistas).

No obstante y a continuación, esta posibilidad no es aceptada por el mismo autor como una verdadera alternativa, en los términos siguientes:

Y esta última ha sido considerada como una de las innumerables variantes del vitalismo.

Finalmente, Simpson propone su interpretación según la cual corresponde calificar el diseño de la direccionalidad del registro fósil en el marco de la noción aristotélica de teleología:

> La creencia distintiva de los finalistas es la de la orientación hacia una meta o un fin. Según ellos este fin no es alcanzado, debido a lo que lo precede, pero lo que lo precede es solo un medio para lograr el fin. La meta, pese a ser posterior en el tiempo es la causa, y el transcurso de la historia que la precede el efecto.

A diferencia de la interpretación finalista, algunos paleobiólogos creen ver en la direccionalidad del registro fósil el resultado de procesos teleonómicos; presentes en la ontogenia, estos procesos parece proyectarse en linajes evolutivos sucesivos. El "comportamiento" de la tendencia puede ser mejor interpretado con la disponibilidad de un programa (o un código de información), pero no conlleva un principio de causal final. En otras palabras, el proceso no está guiado por un propósito del tipo: "las aves han adquirido sus alas para volar". De este modo, las tendencias evolutivas del registro fósil no muestran un rumbo establecido, enteramente, por las presiones ambientales.

Dos teorías explicativas, procedentes de la biología, permiten advertir las diferencias en el significado de los términos teleonomía y teleología. En primer lugar se menciona el modelo teleonómico para el desarrollo embriológico (embriogénesis). Este proceso, responde a una estructura informativa pre-establecida (el código genético) que es propio para cada clase de los organismos caracterizados por compartir un acervo común de genes. En segundo término se menciona la estrategia empleada por la bacteria *Escherichia coli* (que habita, entre otras partes, en el intestino humano) para ajustar su producción de enzimas. Este procedimiento, le ha permitido a Jacob y Monod la construcción del modelo del Operon (Monod, 1961). Este último abre posibilidades para fundamentar explicaciones del fenómeno de la adaptación biológica de organismos en base a las interdependencias necesarias con la estructura biomolecular que los controla. La estructura informativa pre-establecida (o si se prefiere el programa de codificación genética respectivo) no ha sido construida *ad hoc* pues no existe una causa final planeada previamente. Los trabajos recientes de Alvarez *et al.* (2003) tienen interés para el mismo tema.

La teleonomía es solo análoga a la idea de teleología, pero muestra una profunda desconexión con este segundo concepto, en cambio, fuertemente ligado a la noción de finalidad. El término "teleología natural determinada" (Dobzhansky, en Ayala & Dobzhansky, 1974, pp. 497-498) parece semejante al de teleonomía, aunque el significado de la primera palabra puede llevar a confusión. Es que justamente el término teleología lleva consigo la noción de intencionalidad y con ello su conexión con explicaciones "sobrenaturales". En particular, la necesidad de responsables del *sentido* o de las tendencias evolutivas en el registro fósil, de la *complejidad creciente* en los niveles de organización anatómico-funcional a través del tiempo y de la *irreversibilidad* del cambio evolutivo. De este modo, el peso de la tradición filosófica del pensamiento antiguo que los biólogos rechazan (la noción de causas finales por ejemplo) ha operado en sentido inverso al mantenimiento de la categoría aristotélica de especie dentro del *Systema Naturae* (Linneo, 1735-1758).

5. Conclusiones

Diferentes aportes del Darwinismo, los que parecen relevantes y permanentes dentro de la teoría de la evolución, están en correspondencia con la visión renovadora para las ciencias que trae consigo la Filosofía Moderna. Estos aportes están sustentados por el conocimiento del registro fósil, el análisis poblacional y la teoría de la selección natural como factor evolutivo.

Por otra parte, algunos conceptos admitidos o adoptados como premisas en la visión darwinista del cambio, parecen relacionados con la Filosofía Antigua. Probablemente, esta herencia fue adquirida en la educación básica recibida por los naturalistas. Tal es el caso de la conflictiva categoría especie, que viene de la filosofía aristotélica. Sin embargo, otros problemas sin resolver o evitados, tales como la teleonomía y la complejidad creciente, parecen relacionados con el rechazo en adoptar supuestas nociones metafísicas.

La pugna entre cambios discretos y cambios graduales parece darse en los debates antes que en los fenómenos que se observan en la naturaleza. El registro fósil muestra una amplia gama de variantes en cuanto a la tasa evolutiva, con valores propios para cada grupo fósil, y en cuanto al diseño construido sobre la base de la información bioestratigráfica.

Diferentes factores evolutivos inciden en el proceso evolutivo, en forma independiente. El cambio se debe entonces medir en términos de una ecuación polinómica.

Las dificultades reconocidas en la teoría histórica del Darwinismo, no disminuyen el papel de su contribución como la tentativa más relevante de explicar un cuadro comprensivo del cambio permanente en seres vivos.

Agradecimientos

El autor agradece a la Dra. Margarita Simeoni (UNPSJB, Argentina) la lectura del original y al Dr. Romeo César (UNPSJB, Argentina) la discusión de algunos tópicos de la presente contribución.

Referencias bibliográficas

Ager, D. (1993), *The New Catastrophism. The Importance of the Rare Events in Geological History*, London: Cambridge University Press.

Aristóteles (1946), *Organon. I. Catégories*, Paris: Vrin.

Aristóteles (1982), *Tratado de Lógica (Organon) I: Categorías-Tópicos-Sobre las refutaciones sofísticas*, Madrid: Biblioteca Clásica Gredos.

Aristóteles (1966), *Aristotle's Metaphysics*, Bloomington: Indiana University Press. Stanford Encyclopaedia of Philosophy, 2001. Disponible en: <http://stanford.edu/aristotle>.

Ayala, F.J. & T. Dobzhansky (eds.) (1974), *Estudios sobre la filosofía de la biología*, Barcelona: Ariel.

Bettensetaedt, F. (1958), "Phylogenetische Beobachtungen und der Mikropaläontologie", *Paläontologische Zeitschrift* 32 (3/4): 115-140.

Bettenstaedt, F. (1962), "Evolutionsforgänge bei fossilien Foraminiferen", *Mitteilungen – Geologisches Staatsinstitut in Hamburg* (Sonderdruck) 31: 385-460.

Bettenstaedt, F. (1968), "Wechselbeziengungen zwischen angewandter Mikropaläontologie und Evolutionforschung", *Beihefte zu den Berichten der Naturhistorischen Gesellschaft zu Hannover* 5: 337-391.

Beurlen, K. (1937), *Die stammesgeschichtlichen Grundlagen der Abstammungslehre*, Jena: Gustav Fischer.

Clutter-Broch & P.H. Harvey (eds.) (1978), *Readings in Sociobiology*, San Francisco: Freeman & Co.

Cuvier, G. (1817), *Discourse on the Revolutionary Upheavals on the Surface of the Globe and on the Changes which they have produced*, Paris: Dufour et D'Ocagne. Disponible en: <http://w.w.w.ucmp.berkeley.edu>.

Darwin, C. (1859), *On the Origin of Species by Means of Natural Selection or The Preservation of Favoured Races in the Struggle for Life*, London: John Murray.

Díez, J.A. & P. Lorenzano (eds.) (2002), *Desarrollos actuales de la metateoría estructuralista: problemas y discusiones*, Bernal: Universidad Nacional de Quilmes/Universidad Autónoma de Zacatecas/Universidad Rovira i Virgili.

Dobzhansky, T. (1966), *La evolución la genética y el hombre*, Buenos Aires: Eudeba.

Dobzhansky, T., Ayala, F.J., Stebbings, G.L. & J.W. Valentine (1980), *Evolución*, Barcelona: Omega.

Eco, U. (1983), *Semiotics and the Philosophy of Language*, Bloomington: Indiana University Press.

Ferrater Mora, J. (1979), *Diccionario de Filosofía*, vols. I-IV, Barcelona: Atlántida.

Gilson, E. (1952), *La filosofía en la Edad Media*, Madrid: Gredos, 1965.

Grande, L. (1989), "Vicariance Biogeography", en Briggs, D.E.G. & P.R. Crowther, *Palaeobiology (A Synthesis)*, London: Blackwell.

Haldane, J.B.S. (1932), *The Causes of Evolution*, London: Longnams Green.

Hallam, A. (1977), *Patterns of Evolution as Illustrated by the Fossil Record*, London: Elsevier.

Hennig, W. (1968), *Elementos de una sistemática filogenética*, Buenos Aires: Eudeba.

Holmes, A. (1952), *Geología física*, Madrid: Omega.

Holmes, A. & D.L. Holmes (1980), *Geología física*, Madrid: Omega.

Howell, B.J. (1962), *Introducción a la Geofísica*, Madrid: Omega.

Hull, D.L. (1984), "Cladistic Theory: Hypothesis that Blur and Grow", en Duncan, T. & T.F. Stuessy (eds.), *Cladistics: Perspectives of Evolutionary History*, New York: Columbia University Press, pp. 5-23.

Hume, D. (1776), *An Enquiry Concerning Human Understanding*, Harvard Classics, Vol. 37, New York: Collier and Sons, 1910.

Hsü, K. J. (1983), "Actualistic Catastrophism", *Sedimentology* 30: 3-9.

Lyell, C. (1830-1833), *Principles of Geology*, Chicago: The University of Chicago Press, 1990.

Mayr, E. (1963), *Animal Species and Evolution*, Cambridge, MA: Belknap Press of the Harvard University Press.

Mayr, E. (1982), *The Growth of Biological Thought. Diversity, Evolution, and Inheritance*, Cambridge, MA: Harvard University Press.

Mayr, E. (1988), *Toward a New Philosophy of Biology*, Cambridge, MA: Harvard University Press.

Mayr, E. & P.D. Ashlock, (1991), *Principles of Systematic Zoology*, New York: McGraw-Hill.

Musacchio, E.A. (2001), "Procesos evolutivos comparados en disciplinas fácticas: isomorfismos o interdependencias necesarias?", *Episteme* 12: 47-59.

Musacchio, E.A. (2003), "Cambios geo-históricos y registro fósil: teorías comparadas", en *III Simposio Internacional Principia, Resumos*, Florianópolis: UFSC, pp. 55-57.

Musacchio, E.A., (2004), "Procesos recurrentes y procesos irreversibles en geología histórica", en Martins, R.A., Martins, L.A.-C.P., Silva, C.C. & J.M.H. Ferreira (eds.), *Filosofia e história da ciência no Cone Sul: 3º Encontro*, Campinas: AFHIC, pp. 144-152.

Osborn, H.F. (1934), "Aristogenesis, the Creative Principle in the Origin of Species", *American Naturalist* 68: 193-235.

Owen, H.G. (1976), "Continents Displacements and Expansion of the Earth During the Mesozoic and Cenozoic", *Philosophical Transactions of the Royal Society of London* 281: 223-291.

Popper, K. (1934), *La lógica de la investigación científica*, Madrid: Tecnos.

Popper, K. (1963), "La verdad, la racionalidad y el desarrollo del conocimiento científico", en Popper, K., *Conjeturas y refutaciones*, Barcelona: Paidós, 1986, pp. 264-305.

Rensch, B. (1959), *Evolution Above the Species Level*, London: Methven and Co.

Rosa, D. (1900), "La réduction progressive de la variaibilité et ses rapports avec l'extintion et avec l'origine des spèces", *Archives Italiennes de Biologie* 33 : 314-318.

Rosa, D. (1931), *L'Ologénèse. Nouvelle Théorie de l'évolution et la distribution géographique des êtres vivants*, Paris: Félix Alcan.

Rosenberg, A., (2000), "Reductionism in a Historical Science", *Philosophy of Science* 68: 135-146.

Simpson, G.G. (1940), "Mammal and Land Bridges", *Journal of the Washington Academy of Science* 30: 137-163.

Simpson, G.G. (1944), *Tempo and Mode in Evolution*, New York: Columbia University Press.

Simpson, G.G. (1949), *The Meaning of Evolution*, New Haven: Yale. (Versión castellana: *El sentido de la evolución*, Buenos Aires: EUDEBA, 1961b.)

Simpson, G.G. (1953), *The Major Features of Evolution*, New York: Columbia University Press.

Simpson, G.G. (1961a), *Principles of Animal Taxonomy*, New York: Columbia University Press.

Sober, E. (1993), *Philosophy of Biology*, Boulder: Westview Press.

Spade, P.V. (1966), *Boethius Against Universals. The Arguments in the Second Commentary on Porphyr*, disponible en: <http://pvspade.com/Logic/docs/boethius.pdf>.

Suppe, F. (1998), "The Structure of a Scientific Paper", *Philosophy of Science* 65: 381-405.

Szathmáry, E. & J. Maynard-Smith (1995), "The Major Evolutionary Transitions", *Nature* 374: 227-232.

Valentine, J. (ed.) (1985), *Phanerozoic Diversity Patterns. Profiles in Macroevolution*, Princeton: Princeton University Press.

Wilkins, J.S. (1997), "A Taxonomy of Species Definitions (Or, Pophyry's Metatree)", disponible en: <http://www.users.bigpond.com/thewilkins/papers/metataxo.htm> *Works in progress* – versión del 13/05/1997.

Wilson, E.O. (1975), *Sociobiology. The New Synthesis*, Cambridge, MA: Harvard University Press.

Wilson, E.O. (1999), *A Unidade do Conhecimento (Consiliência)*, Rio de Janeiro: Campus.

Cuando los biólogos nos acercamos a la filosofía para mejorar nuestro trabajo. Propuesta epistemológica en parasitología y reflexiones sobre su uso

Guillermo M. Denegri[*]

1. Un poco de historia...

Próximo a terminar la tesis doctoral en ciencias naturales tropecé con un problema que podía resolver solo apelando a lo experimental. Sin embargo opté por el camino más complicado que me acercó a la filosofía y a descubrir una serie de inconsistencia quizás sutiles (o intrascendentes) para los parasitólogos profesionales, pero no para mí. ¿Era posible que parasitólogos prestigiosos usaran alegremente hipótesis *ad-hoc* para resolver problemas de ciclos biológicos de parásitos, solo para salvar sus experimentos? Y más aún: ¿por qué proponían esas hipótesis *ad-hoc* sabiendo (... o ignorando?) que violaban presupuestos básicos de la parasitología? Algunas de estos, entre otros interrogantes me llevaron a un departamento de filosofía a estudiar y pedir ayuda para resolver problemas en mi rutina de parasitólogo experimental.

Al paso de los años me pregunto si fue acertada aquella decisión de licenciarme en filosofía o por el contrario complicó mi vida profesional y perdí el tren de publicar más *papers* en revistas especializadas que hoy me hubieran redituado una mejor posición académica. No tengo dudas, no caí

---

[*] Seminario Permanente de Biofilosofía, Facultad de Ciencias Exactas y Naturales, Universidad Nacional de Mar del Plata (UNMdP)/Consejo Nacional de Investigaciones Científicas y Técnicas (CONICET), Argentina.

en la tentación de abandonar la ciencia, por el contrario, afiance mi vocación biológica sabiendo que es una disciplina paradigmática con interesantísimos problemas teóricos que necesitan de una buena dosis y formación filosófica. Al decir de Bunge (2003):

> [...] la biología y la filosofía, lejos de ser disyuntas, se solapan parcialmente [...] y la filosofía "constituye un puente entre las ciencias y las humanidades, y ayuda al desarrollo de ambas".

El objetivo de este trabajo es mostrar como la incursión en la filosofía contribuyó a poner en evidencia presupuestos (muchas veces no explicitados en la rutina del científico) en mi trabajo como parasitólogo experimental. Para ello mostraré como me ayudó una propuesta epistemológica, y sugeriré desde la visión de un científico de las ciencias naturales como hacer más útil esa propuesta, que en definitiva, creo, mejoran y enriquecen el trabajo del biólogo y del epistemólogo (Denegri, 2000; 2003a; Martínez, Denegri & La Rocca, 2003). Entre estas elucidaciones demostraré como el mal uso de una hipótesis *ad-hoc* retrasó por tres décadas el esclarecimiento del ciclo biológico de un parásito de importancia en medicina veterinaria.

2. De qué trata la parasitología y cómo trabaja un parasitólogo

La parasitología es una disciplina biológica que se ocupa del estudio de los organismos parásitos. La asociación biológica que se denomina parasitismo se puede definir como "una relación íntima entre dos organismos heteroespecíficos, durante la cual el parásito, normalmente el más pequeño de las dos especies, depende metabólicamente del hospedador" (Cheng, 1978). La relación puede ser permanente (como es el caso de las tenias) o muy efímera (sanguijuelas, mosquitos y garrapatas, entre otros). Los parásitos dependen metabólicamente de sus hospedadores, determinando que esta relación sea obligatoria. Se pueden distinguir varios tipos de parasitismo: i) *facultativo*: un organismo cuya vida no depende totalmente del parasitismo, pero que es capaz de adaptarse a él; ii) *obligado*: cuando el organismo depende totalmente del hospedador durante parte o todo su ciclo vital, y iii) *accidental*: cuando un organismo entra accidentalmente en relación con un hospedador que no es el específico y sobrevive.

De acuerdo a su ubicación se puede hablar de endoparásitos y ectoparásitos. Los endoparásitos viven en el interior del cuerpo del hospedador, en lugares como el tracto digestivo, sangre, tejidos, etc. Los ectoparásitos se asientan en superficies externas de su hospedador, o están ubicados en zonas superficiales de su cuerpo.

El hospedador es normalmente el de mayor tamaño de las dos especies que forman la relación. Los hospedadores pueden clasificarse en: i) *hospedador definitivo o final*: que es donde el parásito alcanza su madurez sexual; ii) *hospedador intermediario*: donde se desarrolla la forma larval y iii) *hospedador de transporte o paraténico*: siendo aquel que el parásito utiliza como refugio temporal y es un vehículo para acceder al hospedador obligatorio, que en general es el definitivo.

En cuanto a su organización se habla de organismos unicelulares (protozoos) y pluricelulares (trematodes, cestodes, nematodes, acantocéfalos y artrópodos).

La parasitología es un ciencia que tiene su mayor desarrollo a partir de la mitad del siglo XIX y en la actualidad es una disciplina institucionalizada en todas las carreras universitarias de formación biológica (farmacia, bioquímica, medicina, veterinaria, agronomía y biología) y con buen prestigio académico-científico.

El parasitólogo trabaja con una serie de presupuestos que aunque muchas veces no explicita en su trabajo de campo y de laboratorio, son los que dan unidad y autonomía a la disciplina y que permite definirla como una ciencia madura. Esos presupuestos están directamente relacionados con una de las teorías más abarcadoras de la biología, como es la teoría neodarwiniana de la evolución, que junto a otras teorías menores, hacen de la parasitología un disciplina consolidada y que ofrece (y de hecho así lo es) un campo del saber multifacético con la formación de equipos de trabajo inter- multi y transdisciplinarios.

3. Punto de partida de la problemática epistemológica

En forma somera mostraré en una primera aproximación el problema empírico en parasitología que fue el motivo del acercamiento a la epistemología y luego la decisión de apelar a una propuesta surgida en la filosofía de la ciencia como contestación a los interrogantes planteados en la disciplina. Más aún, después de esta presentación detallaré los elementos que hicieron necesario la construcción de un esquema teórico-metodológico en parasitología y su utilización y utilidad por la comunidad de científicos de esta ciencia para su trabajo teórico y experimental presente y futuro. Además criticaré el uso convencional que se hace de las distintas propuestas epistemológicas que a priori parecieran ser aplicables al análisis y desarrollo de grandes bloques de la ciencia (léase física, química, biología, ciencias sociales, etc),

El grupo de parásitos obligatorios en el que trabajaba pertenecen a los helmintos y dentro de ellos a los gusanos chatos conocidos vulgarmente como tenias o lombriz solitaria (Denegri, 1987, 2001; Denegri, Bernadina, Pérez-Serrano & Rodríguez-Caabeiro, 1998). Son los metazoos parásitos con un mayor grado de especialización. Todos los miembros adultos son endoparásitos del aparato digestivo y conductos anexos de varios vertebrados. Durante su ciclo vital requieren uno, dos o más hospedadores intermediarios, en cada uno de los cuales experimentan una fase del desarrollo.

La diversidad de este grupo de parásitos en la naturaleza es muy grande encontrándose más de 20 familias que contienen cientos de géneros y especies. Entre estas familias se encuentra *Anoplocephalidae* (motivo de este análisis) que parasita a un amplio rango de hospedadores que incluye anfibios, reptiles, aves y mamíferos. Para completar su ciclo de vida necesitan la presencia de un hospedador intermediario y un hospedador definitivo. Los hospedadores intermediarios son pequeños ácaros del suelo, de vida libre y de distribución cosmopolita, denominados oribátidos (Denegri, 1993). El conocimiento básico de la biología de estos cestodes puede expresarse en la siguiente proposición: *los ácaros oribátidos actúan como hospedadores intermediarios de los cestodes de la familia Anoplocephalidae*. La problemática surgida a partir del controvertido ciclo biológico de *Thysanosoma actinioides* (Denegri, 1987), parásito de los canalículos biliares y los primeros centímetros del duodeno de rumiantes domésticos y silvestres fue el punto de partida para la incursión en aguas epistemológicas. Los datos experimentales aportados por Allen (1973) y la posterior postulación de una hipótesis *ad-hoc*[1] para resolver el ciclo biológico de esta especie de parásito motivó el cuestionamiento de las bases más elementales con las que el parasitólogo trabaja y estructura los esquemas explicativos y predictivos de la relación parásito-hospedador (Denegri, 1991, 1996; Denegri & Cabaret, 2002). Allen (1973) pensaba que este parásito necesita dos hospedadores intermediarios y aunque consideraba que esta posibilidad era poco probable, dejó claro que debería ser tomada en cuenta e investigada.

Lo más llamativo es que a partir de los trabajos de Allen, en todos los textos de parasitología veterinarias y biológica (y aún hoy) se sigue mencionando a un grupo de insectos denominados psocópteros (antecesores evolutivos de los piojos) como hospedadores intermediarios de *T. actinioides*. Quizás la pregunta crucial sería saber ¿por qué perdió vigencia el estudio del ciclo biológico de *T. actinioides* y por 30 años permaneció casi en el olvido? Sin lugar a dudas que es un interesante caso para historiadores de la ciencia (y de la parasitología) que últimamente ha sido retomado y que constituye un aporte trascendente desde lo teórico-metodológico, ya que la evidencia

---

[1] Hipótesis *ad-hoc*$_2$ en la terminología de Lakatos es aquella hipótesis que tiene exceso de contenido empírico pero no está corroborado.

empírica sugiere que lo establecido sobre el ciclo biológico de esta especie está seriamente cuestionado (Denegri, Elissondo & Dopczhiz, 2002).

El intento de Allen por resolver el problemático ciclo de esta especie y la postulación de un segundo hospedador intermediario es un claro intento de recurrir a una hipótesis *ad-hoc* que entra en contradicción con el núcleo duro que se defenderá en este trabajo.

La postulación de esta hipótesis *ad-hoc* contribuyó decididamente a poner al descubierto la ausencia de un marco teórico-metodológico en parasitología. Paso seguido se intentó desarrollar un corpus epistémico que tuviera aplicación concreta para la investigación experimental y teórica en la disciplina.

4. La metodología de los programas de investigación aplicada a la parasitología

Como está expuesto en trabajos previos (Denegri 1991, 1996; Denegri & Cichino, 1997; Denegri & Cabaret, 2002) la metodología de los programas de investigación científica (Lakatos, 1983) se adecua, *prima facie*, para postular una teoría parasitológica aplicable a los endoparásitos protozoarios, metazoarios (trematodes, cestodes, acantocéfalos y nematodes) y ectoparásitos.

Sostendré que la metodología de los PIC es aplicable a la caracterización de desarrollos teóricos con un fuerte aval empírico en la ciencia actual. Esta metodología no solo puede ser utilizada para la reconstrucción de casos históricos (Denegri, 1997a) sino que también se constituye en un elemento importante para la ayuda del investigador experimental en su trabajo presente y en el diseño de la investigación futura.

Lo novedoso de la presentación está en que apelando a la metodología de Lakatos (con críticas y modificaciones) se construyó un programa de investigación científica en parasitología con buen poder heurístico. El camino que se recorrió fue inverso al que pudiera suponerse: no se llegó a la metodología tratando de armar el rompecabezas con las hipótesis, leyes y teorías disponibles en un determinado campo del conocimiento científico, sino por el contrario, se armaron las hipótesis, leyes y teorías para después utilizar la propuesta lakatosiana y desarrollar el programa.[2]

---

[2] En general cuando se analiza la literatura epistemológica y en especial la utilización y/o aplicación de distintas corrientes (léase positivismo, neopositivismo, hipotetico-deductivismo, etc.) a una determinada disciplina científica, lo que se observa es una reconstrucción de esas propuestas, intentando ver si la ciencia en cuestión se adecua o no. Más aún, se parte de disciplinas científicas con teorías más o menos elaboradas y contrastadas y lo que se intenta es mostrar si sigue el desarrollo pro-

El "núcleo duro" del programa de investigación científica en parasitología es la siguiente proposición: *el conocimiento de las cadenas alimenticias de los hospedadores (intermediarios y definitivos) nos permite explicar y predecir la fauna endoparasitaria que ellos albergan.*

Este núcleo duro es irrefutable por decisión metodológica de la comunidad de parasitólogos. Por tanto se debe elaborar el cinturón protector de hipótesis auxiliares observacionales a las que dirigir las contrastaciones.

Tomando como ejemplo a los cestodes parásitos de la familia *Anoplocephalidae*, esta propuesta nos permite explicar el herbivorismo estricto de ovinos, bovinos y equinos. Estos hospedadores sólo alojan parásitos del grupo de cestodes adultos de la citada familia y formas larvarias de cestodes cuyos hospedadores definitivos son carnívoros.

Si fácticamente se desconoce la fauna parasitaria de cestodes adultos y larvarios que albergan estos u otros herbívoros, el núcleo duro del PIC (comportamiento alimenticio) permite predecir qué cestodes se hallarán.

Se puede explicar (y predecir) el ciclo biológico de un parásito por el simple hecho de conocer la cadena alimenticia de su hospedador; y predecir (y explicar) el trofismo de un hospedador en base al conocimiento de su fauna parasitaria.

El PIC formado por el núcleo duro más hipótesis auxiliares observacionales y condiciones iniciales explican y predicen la fauna parasitaria registrada y desconocida en futuros hospedadores a investigar.

El cinturón protector de hipótesis auxiliares está construido (por el momento) con las siguientes dos hipótesis (Denegri, 1991, 1996):
i. *hipótesis de los ciclos biológicos.*
ii. *hipótesis del desarrollo de comunidades de parásitos.*

La hipótesis i) de los ciclos biológicos se construye en base al conocimiento parasitológico y se expresan en forma de enunciados sobre el comportamiento de cada grupo de parásito: trematodes, cestodes, nematodes y acantocéfalos (Denegri & Cabaret, 2002). La hipótesis ii) del desarrollo de comunidades de parásitos se basa en las distintas alternativas de evolución de las comunidades de parásitos expresadas en cuatro modelos formulados desde la ecología parasitaria (Holmes & Price, 1985; Price, 1987, entre otros).

---

puesto por la corriente epistemológica en cuestión. Es por eso que en este trabajo hablamos de un camino inverso al que un epistemólogo nos tiene acostumbrado. Desde la actividad científica la ayuda de una propuesta teórico-metodológica nos orientó a sistematizar y clarificar conceptos, hipótesis, leyes y teorías de una ciencia como la parasitología.

Las hipótesis auxiliares del cinturón protector se formulan a medida que el programa avanza, no pudiendo concebirse en su totalidad *a priori*. Estas hipótesis pueden por sí mismas predecir o explicar fenómenos y aún incorporar al cuerpo del PIC la información nueva, que necesariamente debe interactuar entre sí para lograr su objetivo como es preservar y cuidar el núcleo duro.

Las condiciones iniciales del PIC las definimos como pre-condiciones (físicas) necesarias para el establecimiento de una relación parásito-hospedador y son:

i. *existencia del parásito potencial*: especie parásita de otro hospedador que el considerado para el análisis o especie de vida libre biológicamente apta para capturar un espacio en un ser vivo.

ii. *existencia del hospedador potencial*: especie capaz de ofrecer recursos para que un parásito cumpla total o parcialmente su ciclo biológico.

iii. *existencia del biotopo potencial*: donde los integrantes del ciclo biológico de un parásito no conviven naturalmente pero tienen posibilidades de supervivencia en caso de ser introducido cualquiera de ellos, dando lugar a fenómenos aislados que pueden generalizarse si continúan las causas que lo produjeron (Denegri, 1985).

Un buen PIC es aquel que tiene por objeto definir cualitativa y cuantitativamente la potencialidad del fenómeno. El concepto de potencialidad del fenómeno parasitario surge como consecuencia directa de la estructuración de este PIC en parasitología. Se ha definido la potencialidad del fenómeno parasitario como la posibilidad real que tiene un organismo parásito de conquistar un espacio en un hospedador (Denegri, 2002).

El término potencialidad denota no sólo posibilidad sino también probabilidad que el fenómeno se produzca. Se puede explicar y retrodecir que organismos que fueron de vida libre se hayan adaptado progresivamente al parasitismo, siempre y cuando se produjera el contacto y la frecuencia suficiente para que la relación se mantuviera en el tiempo.

El término potencialidad del fenómeno parasitario que se infiere del programa de investigación científica en parasitología, puede ayudar a dilucidar múltiples aspectos que hacen al estudio de la evolución del parasitismo, como así también a explicar otras asociaciones biológicas.

En un trabajo previo (Denegri, 1997b) se intentó relacionar el concepto de potencialidad del fenómeno parasitario con la teoría de las propensiones propuesta por Popper con el objetivo de tener un marco conceptual más abarcativo cuando nos referimos al término potencialidad: "es un proceso en despliegue de posibilidades en realización abierto a nuevas posibilidades".

Popper expone una ley natural que enuncia como "todas las posibilidades distintas de 0, aún aquellas a las que adscribimos una ínfima propensión acabarán por realizarse en el tiempo, siempre que dispongan de tiempo para hacerlo, esto es con tal que las condiciones se repitan con suficiente frecuencia o permanezcan constantes el suficiente tiempo" (Popper, 1992).

Dicho esto y habiendo elaborado este PIC en parasitología se está en condiciones de expresar dos consecuencias empíricamente contrastables:

1. en hospedadores de régimen herbívoro se presentan más frecuentemente parásitos de ciclo directo (monoxenos). Esta última condición favorece la mayor densidad de estos parásitos y es posible predecir que habrá una mayor asociación con otros de igual ciclo.
2. en hospedadores de régimen carnívoro y omnívoro se presentan parásitos de ciclo indirecto (heteroxenos) con una gran variedad de especies distintas. En cambio, la densidad parasitaria en el hospedador será baja.

Si el PIC en parasitología se aplica al grupo de parásitos que originalmente motivó la reflexión epistemológica, se puede predecir:

i. a mayor herbivorismo mayor densidad de cestodes anoplocefálidos y mayor diversidad de especies.
ii. a menor herbivorismo menor densidad de anoplocefálidos y menor diversidad de especies.
iii. en hospedadores carnívoros no se hallan cestodes anoplocefálidos, a excepción de una cita de un género en perro doméstico (hecho fácilmente explicable si se apela al programa de investigación que estamos presentando).
iv. en hospedadores omnívoros se dan ocasionalmente anoplocefálidos con muy baja densidad y baja diversidad de especies.

5. En qué mejora esta propuesta a la parasitología

El objetivo de un programa de investigación científica es mantener su productividad aún cuando se planteen dificultades. Las dificultades que van surgiendo son las que desafían críticamente al programa y le dan la posibilidad de enriquecerse, actuando como potenciales refutadores de su núcleo duro. Si este núcleo duro está bien construido se irá salvando apelando a su cinturón protector que cada vez se reforzará más por el agregado de hipótesis auxiliares nuevas. Esto ocurrirá si las anomalías que desafían al programa se van tratando a medida que se presentan, y no se archivan (Denegri, 2003b). El tratamiento de las anomalías cambia a partir de este análisis y mejora la propuesta de Lakatos en varios aspectos dándole mayor efectividad cuando se la aplica a un determinado campo del saber científico. Sin duda que arriesgamos más si consideramos y tratamos cada anomalía a medida que se presenta, pero por otro lado le proporciona al programa cada vez más seguridad, aumentando su poder explicativo y predictivo.

La particularidad de la metodología de los PIC de ir enriqueciendo su predictibilidad y la posibilidad de mejorarla a partir de los hechos que ponen en jaque al núcleo duro, permite contar con un arma sumamente práctica. Por lo expresado la metodología de los programas de investigación científica debe ser tenida en cuenta por los científicos como recurso heurístico en sus actividades de campo y de laboratorio.

Para que un PIC en parasitología pueda ser usado por los parasitólogos debe:

1. *establecer la posibilidad de la relación parásito-hospedador*: que precisa de un contacto y puede estar en la naturaleza determinada por factores biológicos de las especies a relacionar. El mantenimiento de la relación y los términos en que ésta se desenvuelva están determinadas en la naturaleza por condiciones ambientales particulares y por variables contempladas y ejemplificadas en la hipótesis sobre el desarrollo de comunidades de parásitos. Una condición necesaria es la existencia de relaciones tróficas (cadenas alimenticias) y una cadena predador-presa estable, aún en los casos de vectores.
2. *medir la posibilidad y la probabilidad de ocurrencia de la relación parásito-hospedador*:
    i. la posibilidad está dada por la potencialidad del biotopo y por características biológicas de las especies en cuestión. Aquí las relaciones de predación o tróficas no juegan ningún papel.
    ii. la probabilidad de éxito depende de la frecuencia con que se produzcan los desafíos. Es de naturaleza ecológica y por lo tanto actúa el trofismo.
3. *explicar las causas y el proceso de colonizacion a un hospedador o a un ambiente*: los parásitos pueden servir como indicadores de recientes colonizaciones a determinados hospedadores y esto se explica en base a la variación mínima o drástica en la dieta, al cambiar de un biotopo a otro o por modificaciones del biotopo original. Según esto, los resultados de la colonización pueden ser: i) los parásitos se especializan o ii) son un componente oportunista en el nuevo hospedador. Esta distribución de los parásitos puede explicarse por co-evolución histórica o por factores ecológicos. En base a la propuesta aquí planteada son los factores ecológicos los que explican y pueden predecir las relaciones parásito-hospedador y sólo secundariamente apelar a explicaciones evolutivas. La especificidad filogenética es una expresión tautológica: *"es específico porque*

es específico". Sólo a *posteriori* denota un proceso histórico (Denegri, 2003b).
4. *explicar y predecir cambios en las relaciones parásito/hospedador*: una teoría en parasitología cuyo núcleo duro este basado en las cadenas alimenticias de los hospedadores explica y predice la potencialidad del fenómeno que debe necesariamente ser acotada por referencias a explicaciones evolutivas y/o genéticas.

En base a los trabajos empíricos desarrollados en parasitología y que actúan como contrastadores de la propuesta y definiendo un esquema teórico-metodológico cuyo presupuesto de partida (léase "núcleo duro") es el trofismo de los hospedadores intermediarios y definitivos, más las hipótesis auxiliares observacionales del cinturón protector y las condiciones iniciales, se puede inferir lo siguiente:

i. los parásitos sirven como indicadores de interacciones ecológicas actuales y en el pasado.[3]
ii. los parásitos sirven como indicadores de recientes colonizaciones de hospedadores a nuevos hábitats.
iii. los parásitos sirven como indicadores evolutivos (co-evolución) siempre y cuando se haya apelado a una explicación ecológica que implique estabilidad trófica en el tiempo. Por lo tanto, la estabilidad o inestabilidad de la fauna parasitaria de un hospedador se explica primariamente, en función de la estabilidad e inestabilidad trófica y no de la edad filogenética del hospedador.

Lo interesante de este PIC es que no sólo tiene la ventaja de ofrecer una mejor estructuración teórico-metodológica de la parasitología para su estudio sino que brinda un marco para futuros planteos experimentales que tendrán por finalidad, entre otras cosas, poner a prueba el núcleo duro.[4]

---

[3] Para contrastar la hipótesis que los parásitos sirven como indicadores de interacciones ecológicas en el pasado se puede apelar a datos paleoparasitológicos, entre otros, el estudio de coprolitos, que permite analizar la fauna parasitaria en hospedadores que vivieron hace miles de años y además orienta sobre las características y variaciones climáticas en el pasado, en función de la presencia o ausencia de determinados parásitos al compararlos con la fauna actual. Estos estudios paleoparasitológicos son de fundamental importancia para el análisis de la evolución del género *Homo* y de otros géneros antecesores, para correlacionarlos con los distintos ambientes y sus variaciones en el tiempo. Un dato adicional que puede proporcionar el análisis de los coprolitos es la composición de la dieta de los hospedadores y podría dar una pista sobre el estado nutricional de los mismos.

[4] En general los científicos trabajan en un programa bien establecido y que ha demostrado en el tiempo su productividad. Vale la pena siempre tener presente los

6. Consideraciones finales

Una de las críticas a esta propuesta fue que la problemática parasitaria, que es un caso especial de relaciones biológicas, parecía demasiado simple para aplicarle el esquema lakatosiano[5]. No obstante creo que el desarrollo presentado (como un intento de dar claridad conceptual a la parasitología) debe servir como ejemplo de cómo una propuesta metodológica que *a priori*, debiera aplicarse al análisis y desarrollo de la física, química, biología y ciencias sociales, entre otras, tiene una aplicación concreta en parcelas más pequeñas de la actividad científica[6]. El haber utilizado la metodología de los programas de investigación científica de Imre Lakatos no fue por motivos de modas epistemológicas y como se ha pretendido mostrar en este trabajo (y en previas contribuciones) me he tomado el atrevimiento de sugerir pequeñas modificaciones a la propuesta original del pensador húngaro. En especial me interesa la parasitología como ciencia y la obsesión es conocerla cada día más y procurar mejorarla teórica y metodológicamente. Como consecuencia, si en el futuro esta metodología deja de ser un arma teórico-metodológica interesante para abordar el fenómeno parasitario, propondríamos (sin ningún prejuicio metodológico) otras alternativas epistemológicas.

Un dato que pone en evidencia la bibliografía es que en varias especialidades, entre las que se cuenta la biología, hay una especial predilección por

---

riesgos que apuntó muy bien Popper en su crítica a la ciencia normal de Kuhn. La ciencia debería ser continuamente una actividad crítica, aun cuando los resultados experimentales sigan corroborando el paradigma (o el núcleo duro) vigente. El poner a prueba el núcleo duro no es una expresión contradictoria con lo que venimos diciendo (y el mismo Lakatos proponía), este "poner a prueba" significa mostrar cuán poderoso es ese núcleo duro que va saliendo airoso de la confrontación empírica y nos permite que el programa continúe siendo progresivo.
[5] Esta objeción fue hecha con espíritu constructivo por mi entrañable amigo el Dr. Carlos Castrodeza (Dpto. de Filosofía, Universidad Complutense de Madrid, España) quien se tomo el trabajo de analizar críticamente mis escritos y apuntar las posibles debilidades o potenciales objeciones a la propuesta.
[6] Aún admitiendo que el fenómeno parasitaria es una problemática simple (cosa que personalmente no creo) para aplicarle el esquema de Lakatos, lo que he querido mostrar es, por un lado, su utilidad para el parasitólogo teórico y experimental como estructuradora de una propuesta para el trabajo y la evaluación de proyectos de investigación en la disciplina; y por otro lado, alertar a los epistemólogos sobre la utilización de propuestas metodológicas en áreas más restringidas de la actividad científica. Este último rescate posiblemente amigue a científicos y epistemólogos para construir canales fluidos de diálogo y para proyectar trabajos conjuntos que sin duda mejoraran la actividad de ambos (Denegri, 2003a).

la propuesta lakatosiana y la literatura de los últimos años así lo demuestra (Michod, 1981; Craw & Weston, 1984; Denegri, 1991, 1996, 1997a; Denegri & Cabaret, 2002; Dressino, Denegri & Lamas, 1998; Mangano & Buatois, 2001; Fernandez & Gonzalez Sagrario, 2003; La Rocca, 2003; Zanetti & Blanco, 2003, entre otros). Lo más importante de las reconstrucciones de algunas de las disciplinas analizadas muestran que la metodología de los programas de investigación científica excede el marco de una historiografía (como también fue el objetivo de propio Lakatos) para convertirse en una valiosa guía en la investigación presente y futura (Denegri, 2000).

Agradecimientos

El autor agradece a los editores de este libro las sugerencias y modificaciones al manuscrito.

Referencias bibliográficas

Allen, R. (1973), "The Biology of *Thysanosoma actinioides* Diesing, 1834 (Cestoda Anoplocephalidae) Parasite of Domestic and Wild Ruminants", *Agriculture Experimental Station Bulletin. N° 604. New Mexican State University*, 68 pp.

Bunge, M. (2003), "Quien filosofa no está acabado", en Denegri, G. & G. Martínez (eds.), *Actualizaciones en Biofilosofía*, Mar del Plata: Editorial Martín, pp. 7-11.

Cheng, T. (1978), *Parasitología General*, Madrid: Editorial AC.

Craw, C. & P. Weston (1984), "Panbiogeography: A Progressive Research Program?", *Systematic Zoology* 33: 1-13.

Denegri, G. (1985), "Desarrollo experimental de *Bertiella mucronata* Meyner, 1895 (Cestoda: Anoplocephalidae) de origen humano", *Journal of Veterinary Medicine* B 32: 498-504.

Denegri, G. (1987), "Estudio sobre la biología de los cestodes anoplocefálidos que parasitan a rumiantes domésticos", *Tesis de Doctorado en Ciencias Naturales*, Facultad de Ciencias Naturales y Museo, Universidad Nacional de La Plata, N° 484, 56 pp.

Denegri, G. (1991), "Definición de un programa de investigación científica en parasitología: acerca de la biología de los cestodes de la familia Anoplocephalidae", *Tesis de Licenciatura en Filosofía*, Dpto. de Filosofía. Universidad Nacional de La Plata, La Plata, Argentina, 64 pp.

Denegri, G. (1993), "Review of oribatid mites (Acarina) as Intermediate Hosts of Tapeworms of the Anoplocephalidae", *Experimental & Applied Acarology* 17: 567-580.

Denegri, G. (1996), "La metodología de los programas de investigación científica aplicada a la parasitología", *Revista de la Asociación de Ciencias Naturales del Litoral* 27: 69-77.

Denegri, G. (1997a), "Contrastación de un Programa de Investigación Científica en Parasitología: reconstrucción de un caso histórico", *Natura Neotropicalis* 28: 65-70.

Denegri, G. (1997b), "La teoría de las propensiones de K. Popper y el concepto de potencialidad del fenómeno parasitario", en *IX Congreso Nacional de Filosofía (AFRA), Libro de Resumen*, La Plata, Argentina, p. 12.

Denegri, G. (2000), "Hacia un entendimiento fructífero entre científicos y filósofos de la ciencia: un acuerdo civilizado sin exhabruptos", en Denegri, G. & G. Martínez (eds.), *Tópicos actuales en filosofía de la ciencia. Homenaje a Mario Bunge en su 80° aniversario*, Mar del Plata: Editorial Martín, pp. 79-96.

Denegri, G. (2001), *Cestodosis de herbívoros domésticos de la República Argentina de importancia en medicina veterinaria*, Mar del Plata: Editorial Martín.

Denegri, G. (2002), "El concepto de potencialidad del fenómeno parasitario y su aplicación al estudio de las relaciones parásito-hospedador: un análisis epistemológico", *Natura Neotropicalis* 33: 65-69.

Denegri, G. (2003a), "Breves reflexiones críticas sobre la utilidad de la epistemología para la tarea del científico profesional", *Nexos* 10 (17): 4-5.

Denegri, G. (2003b), "Programas de investigación científica e investigación experimental en biología", *Tesis de Doctorado en Filosofía*, Facultad de Humanidades y Ciencias de la Educación, Universidad Nacional de La Plata.

Denegri, G. & A. Cicchino (1997), "Un programa de investigación científico progresivo en parasitología a los ectoparásitos", en *XIII Congreso Latinoamericano de Parasitología (FLAP), Libro de Resúmenes*, pp. 71-72.

Denegri, G. & J. Cabaret (2002), "La metodología de los programas de investigación científica como aporte epistemológico para la investigación experimental en parasitología", *Episteme* 14: 89-100.

Denegri, G., Elissondo, M. & M. Dopchiz (2002), "Oribatid mites as Intermediate Hosts of *Thysanosoma actinioides* (Cestoda:Anoplocephalidae): A Preliminary Study", *Veterinary Parasitology* 87: 267-271.

Denegri, G., Bernadina, W., Perez-Serrano, J. & F. Rodriguez-Caabeiro (1998), "Anoplocephalid cestodes of Veterinary and Medical Significance: A Review", *Folia Parasitologica* 45: 1-8.

Dressino, V., Denegri, G. & G. Lamas (1998), "¿Es posible una propuesta lakatosiana para el estudio del componente facial en mamíferos?", *Episteme* 3: 73-87.

Fernández, M. & M. González Sagrario (2003), "Lamarck: enemigo o precursor de Darwin?", en Denegri, G. & G. Martínez (eds), *Actualizaciones en Biofilosofía*, Mar del Plata: Editorial Martín, pp. 113-127.

Holmes, P. & P. Price (1985), "Communities of Parasites", en Kikkawa, J. & D. Anderson (eds.), *Parasite communitues: patterns and processes*, Oxford: Blackwell, pp. 187-213.

Lakatos, I. (1983), *La metodología de los programas de investigación científica*, Madrid: Alianza.

La Rocca, N. (2003), "La teoría de la evolución desde un enfoque lakatosiano", en Denegri, G. & G. Martínez (eds.), *Actualizaciones en Biofilosofía*, Mar del Plata: Editorial Martín, pp. 89-111.

Mangano, M. & L. Buatois (2001), "El programa de investigación Seilacheriano: la icnología desde la perspectiva de Imre Lakatos", *Asociación Paleontológica Argentina* 8: 177-186.

Martínez, G., Denegri, G. & N. La Rocca (2003), "Una instancia en la integración del pensamiento científico y el filosófico", en Denegri, G. & G. Martínez (eds.), *Actualizaciones en Biofilosofía*, Mar del Plata: Editorial Martín, pp. 15-45.

Michod, E. (1981), "Positive heuristics in evolutionary biology", *British Journal for the Philosophy of Science* 32: 1-36.

Popper, K. (1970), "Normal Science and its Dangers", en Lakatos, I. & A. Musgrave (eds.), *Criticism and the Growth of Knowledge*, Cambridge: Cambridge University Press, pp. 51-58.

Popper, K. (1992), "Un mundo de propensiones: dos nuevas concepciones de la causalidad", en Popper, K., *Un mundo de propensiones*, Madrid: Tecnos, pp. 15-53.

Price, P. (1987), "Evolution in Parasite Communities", *International Journal for Parasitology* 17: 209-214.

Zanetti, M. & F. Blanco (2003), "La metodología de los programas de investigación científica de Lakatos y el desarrollo histórico de la biología molecular", en Denegri, G. & G. Martínez (eds.), *Actualizaciones en Biofilosofía*, Mar del Plata: Editorial Martín, pp. 227-241.

Estación Montparnasse: una defensa del *reduccionismo jacobino* en biología funcional

Gustavo Caponi*

1. Presentación

Reiteradamente se ha llamado la atención sobre los contrastes existentes entre la *biología experimental* de los laboratorios, la biología de Claude Bernard y de André Lwoff, por ejemplo, y la *biología observacional* de campo; es decir: la biología de los naturalistas como Darwin y Niko Timbergen (ver Allen, 1979 y 1994; Araújo, 2001; Ricqlès, 1996; Magnus, 1997 y 2000; Hagen 1999). Otros, mientras tanto, han reparado e insistido en la distinción entre un enfoque *reduccionista* de los fenómenos vivientes y un enfoque que, usando una expresión de G. Gaylord Simpson (1974 [1964], p. 42), podría ser tal vez caracterizado como *composicionista* (p.e. Jacob, 1973; Pichot, 1983 y 1987; Morange, 1994 y 2002). Pero creemos que ha sido mérito de Ernst Mayr (1961; 1988) el haber articulado claramente ambas distinciones insertándolas en el marco de una contraposición más general entre *biología funcional* y *biología evolutiva*.

La primera es aquella *biología* ocupada en estudiar por métodos predominantemente experimentales las *causas próximas* que, actuando a nivel del organismo individual, nos explican *cómo* los fenómenos vitales se encadenan e integran en la constitución de esas estructuras. La segunda, mientras tanto, sería esa otra *biología*, ocupada en reconstruir, generalmente por métodos

---

* Departamento de Filosofia, Universidade Federal de Santa Catarina (UFSC), Brasil.

comparativos e inferencias históricas, las *causas remotas* que, actuando a nivel de las poblaciones, nos explicarían *por qué* cada una de estas evolucionan o evolucionaron en el modo en que efectivamente lo hacen y lo hicieron (Mayr, 1980, 1985). Y no se trata, claro, de oponer dos programas o paradigmas alternativos; sino de distinguir dos modos complementarios de interrogar lo viviente cuya correcta diferenciación es, en nuestra opinión, fundamental para la discusión de los más diferentes problemas de la *filosofía de la biología* (Caponi, 2001).

Siendo ese el caso, sobre todo, de la polémica sobre el alcance y los límites de la perspectiva molecular en biología: esa cuestión, que a nuestro ver no es más que una forma actual de la vieja y recurrente querella sobre el reduccionismo (ver Goodfield, 1983), no debería ser ni siquiera planteada sin especificar a cuál de los dos dominios de la biología nos referimos. Así, atentos a esa precaución y siguiendo la línea de argumentación presentada por François Jacob en *La lógica de lo viviente*, en este trabajo nos limitaremos a discutir y a defender la legitimidad de cierta *primacía* de la *perspectiva molecular* en lo que atañe, no al dominio de las *Ciencias de la Vida* en general, sino al caso específico de la *biología funcional*. Sabemos, y nos interesa resaltarlo, que los argumentos que puedan darse a favor de cierto *reduccionismo programático* en lo relativo a este último caso no pueden ser extendidos al caso de la *biología evolutiva*. Creemos, incluso, que en relación a esta última cabe y debe sostenerse un decidido anti-reduccionismo (Caponi, 2001 y 2002).

Pero, también estamos persuadidos que la mayor parte de los argumentos anti-reduccionistas que encontramos en la actual *filosofía de la biología* aluden, por lo general, a la *biología evolutiva*; y, por esa razón, acaban siendo irrelevantes e insuficientes para comprender la estrecha y compleja relación que la *biología funcional* siempre ha guardado con la física y la química. Relación que, por otra parte, se ha reforzado y acentuado, pero en cierto modo también aclarado, con el advenimiento y la consolidación de la *biología molecular*: esta perspectiva parece hoy hegemonizar el desarrollo de la *biología funcional* marcando el *vector de progreso* de disciplinas como la fisiología y la embriología; y es precisamente el alcance y la legitimidad de esa hegemonía lo que aquí queremos discutir.

Podría también discutirse hasta qué punto la propia *biología molecular* configura ella misma una disciplina cuya estructura conceptual y cuyo *modo de interrogación* puedan ser totalmente asimilables a los de la física o la química: aquello que el biólogo molecular quiere saber del viviente no es lo mismo, se nos puede objetar, que aquello que el físico *tout court* podría querer saber. De hecho, lo que nosotros iremos a decir sobre la *perspectiva funcional* puede ser un indicio significativo sobre las diferencias fundamentales que existen entre la física *tout court* y esa *física del viviente* cuyo programa fue explicitado por Claude Bernard en 1865; y esas diferencias persisten aún cuando ese programa se desarrolle en el plano molecular.

No es ese, sin embargo, el asunto que nos habrá de ocupar aquí: lo que nosotros habremos de entender bajo el rótulo de *reduccionismo programático* es sólo esa hegemonía de la *perspectiva molecular* que hoy pareciera guiar el desarrollo de la biología funcional. Más allá de las diferencias que tal perspectiva biológica puede guardar con la *perspectiva física*, es su primacía y preponderancia en las ciencias de la vida lo que en general se cuestiona cuando se plantea el tópico del *reduccionismo* en biología (ver Morange, 1994, p. 320 y 2002, p. 59). La perspectiva molecular reivindica para sí el ejercicio de ciertas prerrogativas; y es el carácter y la legitimidad de las mismas lo que nosotros queremos discutir. Con todo, la reivindicación de esas prerrogativas parece suponer tanto una cierta y no fácilmente definible identidad entre el orden físico y el orden orgánico, como una cierta y no fácilmente definible subordinación del conocimiento biológico al conocimiento físico; y por eso será inevitable que nuestro análisis aluda también a esas cuestiones sugiriendo o presuponiendo algunas posibles respuestas para las mismas.

2. Algunas aclaraciones terminológicas

La expresión *reduccionismo*, lo sabemos, es definitivamente equívoca: *la reducción se dice de muchas maneras*. Cabe, con todo, ensayar una primera caracterización de lo que, en general, puede entenderse como una *posición* o una *actitud reduccionista*: la misma, podemos decir, "implica la afirmación de que objetos o ámbitos de cierta naturaleza pueden, al fin y a la postre, definirse o caracterizarse en términos o en componentes que corresponden a otro ámbito, de naturaleza distinta" (Klimovsky, 1994, p. 275). Así, en el dominio de la *filosofía de la biología* y en lo atinente a la relación entre *biología* y *física*, lo que de algún modo entra en cuestión cuando se discute el *reduccionismo* es la posibilidad, y la necesidad, de que los fenómenos o los predicados biológicos puedan ser definidos, caracterizados o explicados en virtud de componentes, términos o teorías físicas.

Pero, como ya ha sido tantas veces observado, esta discusión puede plantearse en distintos niveles cada una de los cuales plantea interrogantes diferentes y de tratamiento relativamente autónomo. De hecho, y por lo general, se distinguen tres niveles de análisis cada uno de los cuales suscita la defensa o la impugnación de una forma de *reduccionismo*. Lamentablemente, y pese a la usual coincidencia en el número tres, no existe un acuerdo total en la terminología usada para caracterizar esos niveles; y eso, incluso, puede ocultar el hecho de que respecto de uno de los tres niveles siempre surgen diferencias en cuanto a la naturaleza del problema que allí se plantearía.

En primer lugar, podemos referirnos a lo que usualmente se ha caracterizado como el plano o el aspecto *epistemológico* o *teórico* de la reducción (Ayala, 1983, p. 12; Dobzhansky *et al.*, 1980, p. 485; Mayr, 1988, p. 11). En ese nivel, que es en el cual más a menudo han discutido las cuestiones de la reducción los filósofos de la ciencia como Popper (1974, p. 187; 1983, p. 333), Nagel (1978, p. 312) o Hempel (1973, p. 152), lo que se pretende es decidir "si las teorías y leyes experimentales formuladas en un campo de la ciencia pueden considerarse casos especiales de teorías y leyes formuladas en algún otro campo científico"; siendo que, si ese es el caso, se dirá que "la primera rama de la ciencia ha sido reducida a la segunda" (Ayala, 1983, p. 12).

Pero, a excepción de lo ocurrido en los inicios de la polémica relativa a la posibilidad de reducir la *genética clásica* a la *genética molecular*, este punto de vista no ha llamado mucho la atención de los filósofos de la biología (ver Schaffner, 1976; Hull, 1974; Ruse, 1979; Kitcher, 1994; Gayon, 1999). La concepción *nageliana* de reducción, surgida en un contexto de reflexión en donde se tenía a las teorías físicas como referencia privilegiada, sirvió, por decirlo de algún modo, como disparador y como planteo inicial, en el campo de la filosofía de la biología, de una polémica de *epistemología regional* concerniente a la relación entre dos *teorías* biológicas sobre la herencia. Con todo, el devenir de esta polémica ha hecho que la propia idea de la reducción como *subsunción* entre teorías sea abandonada o, por lo menos, revisada (ver Schaffner, 1993; Waters, 1994; Callebaut, 1995; Duchesneau, 1997; Wimsatt, 1998; Sarkar, 1998).

Es necesario no perder de vista, por otra parte, que aunque esté estrechamente relacionada con ella, la discusión sobre la relación entre genética mendeliana y genética molecular, no sólo no agota la discusión sobre la relación entre biología y física, sino que tampoco cabe siquiera considerarla como un aspecto parcial de la misma: para que esto último sea posible habría que dar por establecido que la biología molecular es, ella misma, un capítulo de la física o la química; cosa que, como ya apuntamos, sería discutible. Sin embargo, una cosa nos continúa pareciendo cierta: la revisión y el replanteo del problema de la reducción que tuvo lugar en el seno de esa polémica sobre las *genéticas* hace pensar que hoy nadie consideraría muy seriamente la idea de que las *teorías* fundamentales de la biología puedan ser reducidas, en un sentido estrictamente *nageliano*, a teorías físicas.

Con todo, si a nivel *epistemológico* existe entre los filósofos de la biología un cierto consenso contrario a la idea *nageliana* de reducción (Rosenberg, 1994, p. 39; Sterelny & Griffiths, 1999, p. 137), no puede decirse lo mismo de lo que ocurre en ese otro plano de discusión que podríamos llamar *ontológico*. Tras el eclipse o el abandono de cualquier forma de vitalismo, nadie objeta lo que se dado en denominar *reduccionismo ontológico* (Ayala, 1983, p. 10) o *constitutivo* (Mayr, 1988, p. 10). El *reduccionismo constitutivo* u *ontológico* es el reduccionismo que Dobzhansky (1983, p. 23) consideraba *razonable*, aquel que se agota en el reconocimiento de que todo fenómeno o entidad biológica es, en última instancia, un compuesto complejo de fenómenos y entidades físico-químicas que, por razón de esa misma composición, está sometido a la legalidad física que rige a sus componentes (Ayala, 1983, p. 11; Mayr, 1988, p. 11). Negarlo sería incurrir en el vitalismo, sería afirmar que los fenómenos vivientes obedecen a fuerzas contrarias o ajenas a las fuerzas físicas (Dobzhansky, 1980, p. 486; Ayala, 1983, p. 10; Mayr, 1988, p. 10; Callebaut, 1995, p. 37).

Agreguemos, además, que no nos parece del todo exacto homologar el reduccionismo constitutivo a la simple idea de que los fenómenos orgánicos están *sólo limitados por las leyes físicas* (Bauchau, 1999, p. 237). El orden físico no es sólo la condición de posibilidad y el margen dentro del cual la vida construirá un orden autónomo. La vida no supera el orden físico; ella no supone ninguna fuerza que, ajena a las leyes físicas, ejercería alguna forma de libertad dentro del marco de constricciones que aquellas imponen. Negar el vitalismo, como Claude Bernard (1984 [1865], pp. 120-122) lo sabía, es negarle a la materia viva toda *espontaneidad*: es negarle cualquier capacidad de cambio que no suponga la intervención de una fuerza física (ver Boutroux, 1950 [1893], p. 72). Negar el vitalismo implica, en última instancia, adherir a la posición *fisicalista* según la cual no hay en el mundo ningún cambio ni ninguna diferencia que no suponga algún cambio o alguna diferencia física (Sober, 1993a, p. 49). En el orden viviente no hay, podríamos así decir, ninguna *causa eficiente* que no sea una *causa física*.

Así, el reduccionismo *constitutivo* u *ontológico* puede expresarse diciendo que todo fenómeno orgánico físicamente registrable u observable —es decir: capaz de interactuar con un instrumento físico de observación o medición— es, en tanto tal, pasible de explicación físico-química. Siendo que era eso, precisamente, lo que el vitalismo negaba: para Stahl o para Driesch, existían fenómenos, experimentalmente registrables, que no podían ser explicados física o químicamente. Sin embargo, una cosa es decir que todo fenómeno biológico capaz de dejar una marca o registro físico en un instrumento de observación puede ser descrito y explicado en términos físicos; y otra cosa diferente es afirmar que todas las descripciones posibles y relevantes de un fenómeno biológico puedan ser traducidas a descripciones que puedan funcionar como *explananda* de explicaciones físico-químicas.

Llegamos así a la discusión de la tercera y más polémica forma de reduccionismo: aquella que Mayr (1988, p. 11) llama *reduccionismo explicativo* y Ayala (1983, p. 11) llama *reduccionismo metodológico*. Aunque dado que algunos autores usan esta dos últimas expresiones para referirse a lo que aquí hemos denominado *reduccionismo epistemológico* o *teórico* (ver Klimovsky, 1994, p. 283 y Dobzhansky *et al*., 1980, p. 485) nosotros optaremos por la expresión *reduccionismo programático*. Queriendo indicar con ello una posición relativa a los procedimientos y estrategias de explicación (Dobzhansky *et al*., 1980, p. 485; Ayala, 1983, p. 11); es decir: una posición relativa al modo y al direccionamiento de la investigación.

Sin embargo, más allá de las confusiones terminológicas, puede todavía existir una no tan fácilmente superable confusión conceptual: no es del todo fácil explicar lo que realmente se quiere indicar con esta nueva calificación del reduccionismo. Mayr (1988, p. 11), por ejemplo, identifica esta tesis con la afirmación, en su opinión falsa, de que todo fenómeno orgánico puede ser explicado en términos de las acciones e interacciones de sus componentes. No se trata, claro, de retornar al reduccionismo epistemológico y afirmar que las teorías específicamente biológicas que actualmente usamos para explicar los fenómenos orgánicos sean ellas *reducibles* o *explicables* por teorías físicas; sino de apostar a la posibilidad de que, independientemente de las teorías de las que hasta ahora podamos habernos valido para explicar tales hechos, los mismos puedan ser analizados y explicados en términos puramente físicos.

Las dificultades del reduccionismo *à la Nagel* no invalidan esta pretensión; y, *malgré Mayr*, el *reduccionismo constitutivo*, como dijimos poco antes, parece respaldarla (Rosenberg, 1985, p. 23): si los fenómenos orgánicos no son más que fenómenos físicos de gran complejidad; entonces no hay razón para desistir de la meta de Crick (1966, p. 10): "explicar todo la biología en términos de física y química". Sin embargo, se nos podría decir, una cosa es postular esa *explicabilidad física* de lo viviente y otra cosa muy diferente es realizarla. Inevitablemente la postulación o la negación de una *explicabilidad física* de los fenómenos vivientes nos lleva a tener que precisar si aludimos a una *explicabilidad en principio* o a una *explicabilidad en la práctica*.

Pero atención: por *explicabilidad en la práctica* no podemos entender la mera capacidad actual y efectiva de dar con una explicación física para todo fenómeno biológico. Si así fuese la respuesta sería obvia: hay un sin fin de fenómenos biológicos que ni siquiera sabemos cómo abordar desde una perspectiva física; pero es también claro que a nadie le interesa discutir la cuestión en ese nivel: la *explicabilidad* de los reduccionistas sería siempre, en este sentido trivial, una *explicabilidad en principio*: una promesa. Un problema distinto se plantea, sin embargo, cuando nos preguntamos por cuál es la física en la cual esa promesa se sostiene. Desde este punto de vista, que es el que pertinentemente Sober (1993, p. 25) nos propone, "*explicabilidad-en-principio* significa que una física idealmente completa estaría capacitada para dar cuenta de todo fenómeno biológico"; mientras tanto, "*explicabilidad-en-la-práctica* significa que podemos explicar todo fenómeno biológico con la física que ya poseemos".

Quien afirma este último tipo de *explicabilidad*, puede considerar que nuestra incapacidad actual en el logro de tales explicaciones obedece a nuestro defectuoso análisis de los fenómenos biológicos y/o a nuestra ignorancia relativa a cómo articular el conocimiento físico realmente existente en una explicación de los mismos. En cambio, quien afirme la mera *explicabilidad-en-principio* puede atribuir esa incapacidad a una limitación constitutiva o coyuntural de la física. Así, quien sostenga la *explicablilidad-en-la-practica* podrá considerar que esa incapacidad obedece a una limitación de la biología y que es, por lo tanto, asunto y objetivo de esta el remediar paulatinamente la situación. Mientras tanto, quien apele a una limitación de la física para justificar esa incapacidad de la biología actual estará reconociendo que la reversión de la situación no es asunto, o *programa*, para las ciencias de lo viviente sino problema de una *super-física* aún por venir.

Puede decirse por eso que la postulación de esa *explicabilidad-en-principio* tiene menos consecuencias para la biología que para la física; y que la discusión sobre el reduccionismo explicativo debe centrarse, por lo menos primariamente, y como de hecho ocurre, sobre la *explicablilidad-en-la-practica*. Siendo esta la promesa que sustenta las posiciones reduccionistas: las leyes y las fuerzas fundamentales son dadas por conocidas; y lo que se supone que debe ser estudiado es la compleja trama de condiciones iniciales que hacen que esas fuerzas y leyes produzcan los fenómenos de la vida. La ciencia, como reza la célebre expresión de Peter Medawar (1969, p. 116), es el *arte de lo soluble*; y negar la *explicabilidad-en-la practica* colocaría por lo menos una parte de la empresa reduccionista más allá de los límites de esa *solubilidad*.

Mientras tanto, la afirmación de tal *explicabilidad* parece hacer de ese reduccionismo un imperativo irrecusable: si se parte del postulado de que esa reducción, o esa explicación, es, más allá de las dificultades concretas, posible; es inevitable comprometerse en la búsqueda de la misma. Y esto no tanto porque una *reducción de éxito* sea, como Popper (1984, p. 154) ha dicho, "la forma de mayor éxito que puede concebirse ente todas las explicaciones científicas"; sino más bien porque desistir del programa reduccionista equivaldría a negar que la física realmente existente es suficiente para explicar el fenómeno vital. Cosa que, en última instancia, sería lo mismo que admitir que el repertorio de leyes y de fuerzas de la física actual es insuficiente para explicar lo viviente. De ese modo, el viejo vitalismo parecería estar de vuelta y pocos gustarían de ser considerados como uno de sus acólitos. De pronto, el *programa reduccionista* puede venir a ser tan inobjetable cuanto el *reduccionismo constitutivo*.

Pero, si no perdemos de vista la última formulación que propusimos para esta forma de reduccionismo, veremos que la relación entre ambas tesis no es tan simple así. Es que, conforme ya lo dijimos, una cosa es afirmar que "cualquier fenómeno biológico puede describirse como surgiendo de la interacción de procesos físico-químicos" (Maturana & Varela, 1994, p. 64); y otra cosa diferente es afirmar que todas las descripciones posibles y relevantes de un fenómeno biológico puedan ser traducidas a descripciones que puedan funcionar como *explananda* de explicaciones físico-químicas.

El *reduccionismo programático* se extiende, necesariamente, a todos los fenómenos biológicos en tanto y en cuanto los mismos sean descriptibles o registrables en términos físicos. Si así no fuese estaríamos afirmando que existen fenómenos físicos para los cuales no hay explicación física posible. Lo que todavía debe discutirse, sin embargo, es si las únicas descripciones relevantes de un fenómeno biológico son aquellas pasibles de ser convertidas o sustituidas por descripciones que nos presenten tales fenómenos como meros eventos físicos; o, si por el contrario, existen descripciones que, siendo biológicamente relevantes, no pueden ser, en principios traducidas en un lenguaje físico.

Siendo en este punto donde, en nuestra opinión, debe tenerse siempre la precaución de especificar a cuál de esos dos grandes dominios de las ciencias de la vida que son la *biología funcional* y la *biología evolutiva* nos estamos refiriendo. Es que, ya *a priori*, es claro que una cosa es la respuesta, afirmativa o negativa, que podamos dar para la *biología funcional* y otra cosa es la respuesta, también afirmativa o negativa, que podamos dar para la *biología evolutiva*; y esto lo podemos ver, fácilmente, si nos remitimos a la distinción entre la *perspectiva evolucionista* y la *perspectiva reduccionista* que François Jacob (1973 [1970]) propuso en su *Lógica de lo viviente*.

3. Reduccionismo jacobino

En ese libro, que sólo el miedo a la grandilocuencia puede impedirnos calificar de *magnífico*, Jacob (1973, p. 14) retoma la distinción propuesta por Mayr entre *biología funcional* y la *biología evolutiva* y alude a las dos actitudes metodológicas que, en su opinión, dan lugar a esos dos dominios fundamentales de la biología contemporánea. La primera sería una actitud *integrista* o *evolucionista* que, viendo al organismo como miembro de una población, da lugar a una biología interesada en describir y explicar las relaciones que los seres vivos mantienen entre sí y con su medio; y la segunda, en cambio, sería esa actitud *tomista* o *reduccionista* que, aun considerando al organismo como un todo individualizado, da lugar a una biología de causas inmediatas cuya meta es explicar los fenómenos vitales en términos de la interacción causal de elementos tales como órganos, tejidos, reacciones químicas y estructuras moleculares. Como es obvio, en el lenguaje de Mayr, la primera sería la *biología evolutiva* y la segunda la *biología funcional*.

Cada una de estas *biologías*, nos dice Jacob (1973, p. 16), "aspira a instaurar un orden en el mundo viviente". En el caso de la primera, "se trata del orden por el que se ligan los seres, se establecen las filiaciones, se diseñan las especies"; se trata, en suma, de un orden inter-orgánico. En el caso de la segunda, en cambio, se trata de un orden intra-orgánico que atañe a las estructuras, funciones y actividades por medio de las cuales se integra y se constituye el viviente individual. Puede decirse, entonces, que si una "considera a los seres vivos como elementos de un vasto sistema que engloba toda la tierra"; la otra "se interesa por el sistema que forma cada ser vivo" (Jacob, 1973, p. 16). Por eso, mientras en este último caso, el biólogo analiza, normalmente, "un único individuo, un único órgano, una única célula, una única parte de la célula"(Mayr, 1998, p. 89); en el caso de la *biología evolutiva* o *integrista*, el organismo debe ser siempre considerado en función de sus relaciones con el medio y con los otros organismos (Jacob, 1973, p. 14).

Así, mientras en el primer dominio de investigaciones el biólogo puede continuar, en cierto modo, operando aún con los conceptos y los métodos de la historia natural y con relativa prescindencia del saber físico y químico (Jacob, 1973, p. 200); en el segundo caso nos encontramos con un conjunto de investigaciones que, en virtud de sus propias pautas metodológicas y en función de los problemas estudiados, da lugar a un discurso sobre lo viviente que, por su contenido conceptual y por sus procedimientos experimentales, tiende a aproximarse progresivamente al discurso de la química y la física. No serían estas quienes *reducirían* o *absorberían* a la *biología funcional* ampliando su área de aplicación; sino que sería la propia *biología funcional* la que, por su propia lógica, tendería, a aproximar *asintóticamente* su discurso al de esas otras ciencias.

El supuesto fundamental de esa estrategia de investigación, nos dice Jacob (1973, p. 15), es la presunción de que "no existe ningún carácter del organismo que no pueda, a fin de cuentas, ser descrito en términos de moléculas y de sus interacciones". Pero, más allá de esa presunción sobre la posibilidad de la reducción, lo que verdaderamente define ese *reduccionismo programático* que, siguiendo a Jacob, podemos considerar como siendo inherente a la *biología funcional*, es la exigencia metodológica de que, para todo fenómeno, estructura o característica orgánica, siempre busquemos una descripción y una explicación de carácter fisiológico reducibles, ambas, a descripciones y explicaciones moleculares. La efectiva conquista de esa reducción se erige así en la meta que define la dirección, la agenda y el criterio para evaluar el éxito de las investigaciones desarrolladas en el contexto de la *biología funcional*.

Con todo, pese a que esa es la promesa, para muchos cada día más próxima de ser plenamente cumplida, de la biología molecular (ver Collins & Jegalian, 2000), y aún con absoluta prescindencia de lo que pueda venir a decirse de la *biología evolutiva*, es muy posible que esta imagen *reduccionista* de la *biología funcional* sea objetada por tres tipos de razones que conviene que tratemos separadamente. Unas son razones que llamaremos *lógicas*, otras son razones que denominaremos *teóricas*, y otras son razones que pueden ser caracterizadas como *históricas*. Puede hacerse converger, sin embargo, las tres líneas de críticas sobre un mismo punto: la idea según la cual el principal objetivo experimental del *biólogo funcional* es "aislar los constituyentes de un ser vivo" encontrando las condiciones que permitan su estudio "en el tubo de ensayo" (Jacob, 1973, p. 15).

De ese modo, nos dice Jacob (1973, p. 15), "variando estas condiciones, repitiendo los experimentos, precisando cada parámetro", el *biólogo funcional* conseguiría "dominar el sistema y eliminar sus variables". El punto de partida del trabajo experimental sería siempre, y sin ninguna duda, la complejidad del viviente individual, pero su meta sería precisamente la de descomponer esa complejidad y analizar sus elementos "con el ideal de pureza y certeza que representan las experiencias de la física y la química" (Jacob, 1973, p. 15). Así, siguiendo ese procedimiento analítico, concuerda Mayr (1998, p. 89), se puede realizar en biología "el ideal de un experimento puramente físico, o químico".

Con todo, y he ahí la primera línea de objeciones que se puede presentar ante este modo de ver la biología funcional, "no todo lo que adviene a un organismo en el laboratorio es una realidad biológica" (Merleau-Ponty, 1953, p. 215). Si "no se trata de hacer física *en* el ser viviente, sino la física *del* ser viviente" (Merleau-Ponty, 1953, p. 215); los fenómenos orgánicos nos interesarán en tanto contribuyen, en el estado normal, o conspiran, en el estado patológico, a cierto resultado que, desde su planteo, nuestro análisis privilegia: la constitución y la preservación del propio organismo individual.

Sin ese interés, sin esa perspectiva que privilegia y recorta la constitución y la preservación del organismo individual como foco de convergencia de todas las series causales analizadas, no hay fisiología ni *biología funciona*l en general (ver Polanyi, 1962, p. 360; y 1966, p. 40). Esta disciplina, podemos decir, supone siempre en sus análisis una idea de estado privilegiado y limita su análisis a mostrar cómo un determinado fenómeno orgánico interviene causalmente en la producción de ese estado (Goldstein, 1951, p. 340); y era a eso a lo que tan claramente Claude Bernard apuntaba cuando en la *Introduction a l'étude de la médecine expérimentale* nos decía que:

> El fisiólogo y el médico no deben olvidar jamás que el ser vivo forma un organismo y una individualidad. El físico y el químico, no pueden colocarse fuera del universo, estudian los cuerpos y los fenómenos aisladamente, en sí mismos, sin estar obligados a remitirlos necesariamente al conjunto de la naturaleza. Pero el fisiólogo, por el contrario, encontrándose ubicado fuera del organismo animal del cual ve el conjunto, debe preocuparse por la armonía de ese conjunto al mismo tiempo en que intenta penetrar en su interior para comprender el mecanismo de cada una de sus partes. De ahí resulta que, mientras el físico o el químico pueden negar toda idea de causas finales en los hechos que observan; el fisiólogo es llevado a admitir una finalidad armónica y preestablecida en los cuerpos organizados cuyas acciones parciales son todas solidarias y generadoras las unas de las otras. Es necesario reconocer, por eso, que si se descompone el organismo viviente aislando las diferentes partes, es sólo para facilitar del análisis experimental, y no para concebir esas partes aisladamente. En efecto, cuando se quiere dar a una propiedad fisiológica su valor y su verdadera significación, siempre es necesario remitirse al conjunto y no sacar ninguna conclusión definitiva si no es en relación a sus efectos en relación a ese conjunto. (Bernard, 1984 [1865], p. 137)

"El agrupamiento de los fenómenos vitales en funciones", nos dice también Bernard (1878, p. 340), "es la expresión de ese pensamiento". En efecto, la *función*, nada menos que el objeto privilegiado de la fisiología (Coleman, 1985, p. 241) y de la *biología funcional* en general, no es otra cosa que "una serie de actos o de fenómenos agrupados, armonizados, en vistas a un resultado determinado"; y, si bien, para la ejecución de dicha *función* concurren "las actividades de una multitud de elementos anatómicos", ella no puede ser reducida a la "suma brutal de las actividades elementales de células yuxtapuestas" (Bernard, 1878, p. 370). Lejos de eso, para individualizar una *función*, para que quepa describir un conjunto de actividades orgánicas como cumpliendo una *función*, debemos considerarlas como "armonizadas, concertadas, de manera a concurrir en un resultado común" (Bernard, 1878, p. 370).

Así, y como más tarde lo haría notar otra vez Merleau-Ponty (1953, p. 215): "un análisis molecular total disolvería la estructura de las funciones y del organismo en la masa indivisa de las reacciones físicas y químicas triviales". Por eso, "para hacer reaparecer, a partir de ellas, un organismo viviente", nos decía este autor (Merleau-Ponty, 1953, p. 215), hay que reconsiderar a esas reacciones eligiendo "los puntos de vista desde donde ciertos conjuntos reciben una significación común, y aparecen, por ejemplo, como fenómenos de *asimilación*, como los componentes de una *función de reproducción*"; o, en definitiva, como momentos o pasos de cualquier otra función que nuestro análisis fisiológico este procurando establecer.

La *biología funcional* parece, en efecto, suponer una perspectiva sobre los fenómenos orgánicos que no encuentra un análogo en la física o en la química; y, por lo visto, la misma puede ser llamada, con toda justicia, de *perspectiva funcional*. Siendo que esa peculiaridad, como Rosenberg (1985, pp. 39 y ss.) ha podido mostrar, se preserva, incluso, en el nivel de la *biología molecular*. Así, ante una secuencia de ADN, llamémosla *gen*, cuya ocurrencia se verifique en el genoma de alguna especie de bacteria, el biólogo molecular habrá siempre de preguntarse por el *papel causal*, o *función*, que la proteína codificada por ese gen tienen en la constitución de tales organismos; y es ese sentido del término *función* que Craig Venter presuponía cuando dijo que *cuarenta por ciento* de los genes individualizados en el *Proyecto Genoma Humano* tienen aún *una función desconocida* (ver Gerhardt, 2001).

Hay, en efecto, una cierta distancia entre preguntarse por el simple *efecto* de un fenómeno y preguntarse por su *función*; y esa distancia tiene que ver con que, en este último caso, presumimos que ese fenómeno puede venir a tener un *papel causal* (Cummins, 1975, p. 745 y ss.; Ponce, 1987, p. 105 y ss.; Caponi, 2001, p. 39 y ss.) en la consecución de cierto estado cuya realización define y ordena nuestro análisis. Pero, aunque ese interés pueda permitirnos hablar de una cierta *autonomía erotética* de la *biología funcional* frente a la física; creemos que el mismo no puede ser citado como un argumento contrario al *reduccionismo* enunciado por Jacob.

Es cierto que, al hablar sobre los procedimientos analíticos del *biólogo funcional*, Jacob no tuvo en su debida cuenta esa *teleología intra-orgánica* a la que aludía Bernard. Pero creemos que ese descuido obedece al simple hecho de que no era el *modo de interrogación* de la *biología funcional* lo que estaba en cuestión; sino el *nivel ontológico* en el cual debían buscarse, en última instancia, las respuestas a las preguntas formuladas de ese dominio de la biología. El hecho de que las tramas causales que convergen en la constitución del organismo individual sean siempre reconstruidas en vistas a ese resultado, no significa que tal reconstrucción no pueda, o no deba, ser llevada hasta el plano molecular. Después de todo, Jacob podría muy bien convenir con Maturana y Varela (1994, p. 18) en la idea de que los organismos no son más que *sistemas autopoiéticos moleculares*; es decir: sistemas físicos capaces de producir y preservar su propia organización (Maturana & Varela,

1994, p. 69). Y eso sería un buen argumento para no cejar en nuestros esfuerzos por elucidar los mecanismos moleculares que materializan esa *autopoiesis* (Maturana & Varela, 1994, p. 68).

Pero, aunque pueda decirse que la *perspectiva funcional* no invalida la prosecución del *programa reduccionista*; puede formularse en contra de este una segunda objeción vinculada con su viabilidad: tal es el caso de las objeciones *teóricas* que han sido planteadas por autores Como Walter Elsasser (1998) y Jean Hamburger (1986). Según esta línea de argumentación, el *programa reduccionista* podría estar proponiendo, por lo menos en algunos campos como el de la *biología del desarrollo*, desafíos que escaparían a nuestras posibilidades cognitivas. No se trata, claro, de poner en duda que los fenómenos orgánicos sean otra cosa que fenómenos moleculares; sino de alertar sobre la complejidad computacional involucrada en cualquier tentativa de explicar fenómenos fisiológicos complejos a partir de interacciones moleculares. Las variables a considerar y las posibles interacciones entre las mismas son tantas y tan intrincadas que parecen estar más allá de los límites matemáticos de lo computable (Simon, 1996, p. 172).

Por eso, se dice, es mejor encarar ciertos fenómenos orgánicos siguiendo estrategias experimentales *clásicas* que, sin llegar a operar en el plano molecular, pueden, de todos modos, permitirnos un control y un conocimiento de los mismos mucho más significativo. Después de todo, desde Claude Bernard en adelante, desde el nacimiento mismo de su disciplina, el *biólogo funcional* piensa experimentalmente (ver Bergson, 1938, p. 230); es decir: piensa los fenómenos orgánicos en la medida en que los analiza, controla y manipula experimentalmente. En su ciencia, vínculos causales o conceptos que no puedan ser plasmados o discriminados experimentalmente no tienen ningún espacio; y eso también vale para el propio *programa reduccionista*. Ni la vaga certeza del *reduccionismo ontológico*, ni la severa exigencia que plantea la *explicabilidad en principio a la Sober* son suficientes por sí mismas: ambas tienen que plasmarse operacionalmente.

Si los fenómenos biológicos han de ser considerados realmente, en la efectiva practica científica, como fenómenos físicos y químicos, eso tiene que palparse y ejecutarse en los procedimientos experimentales; y lo que los argumentos anti-reduccionistas *a la Elsasser* vienen a decirnos es que, por lo menos para cierto tipo de fenómenos, eso es *a priori* imposible. Si la ciencia es realmente el *arte de lo soluble*, el reconocimiento de este límite puede parecer una condena definitiva para el *programa reduccionista*.

Pero he ahí justamente la principal debilidad de estos argumentos: ante la obvia constatación de que ciertos fenómenos biológicos *son más complejos de lo que parecía* y ante la dificultades surgidas en las sucesivas tentativas de analizar los mismos desde una perspectiva puramente molecular, se argumenta, en base a consideraciones matemáticas, que esas dificultades son infranqueables y que cualquier tentativa futura está destinada al fracaso. Lo cierto, sin embargo, es que, pese a esas dificultades, el programa sigue en marcha: la laboriosa búsqueda y el fatigoso mapeamiento de las complejas filigranas moleculares en que están tramados los más complejos fenómenos orgánicos continúa y, aquí y allá, se obtienen resultados siempre parciales, casi ínfimos, pero efectivos y acumulables (Rosenberg, 2000).

El *programa reduccionista*, en definitiva, parece ofrecer más oportunidades concretas para el desarrollo de la investigación que los límites matemáticos postulados por algunos; y esa fertilidad heurística, esa capacidad de mantener abierto el campo de lo indagable multiplicando *rompecabezas*, es fundamental en la historia de la ciencia (Chalmers, 1979). La ciencia es una actividad practica y los científicos siempre se inclinan por aquellas ideas que los pueden mantener ocupados (Gould, 1995); y ese no parece ser el caso de las ideas *holistas* de Elsasser.

Con todo, puede todavía objetarse que una cosa es decir que el *programa molecular* se enfrenta con límites insuperables y otra cosa muy distinta es afirmar que la reducción de todos los fenómenos orgánicos a fenómenos moleculares sea, realmente, el norte que guía todo el desarrollo de la *biología funcional*. Es que, sin apelar al *non plus ultra* de Elsasser, podemos todavía limitarnos a decir que quizá Jacob se equivoque al suponer que toda la *biología funcional* tienda a su propia *molecularización*. Nadie dudaría, es cierto, de llamar a esta tendencia de *hegemónica* (Kitcher, 1999; Lewontin, 2000); pero eso no implica negar la existencia de investigaciones que, aún siguiendo procedimientos más próximos a los de la fisiología y la embriología tradicional, continúan produciendo conocimientos novedosos y significativos. Llegamos así al tercer, y último, tipo de objeción que puede levantarse contra el reduccionismo de Jacob.

4. ¿Dirección Montparnasse?

El modo de entender la *biología funcional* que se nos presenta en *La lógica de lo viviente* podría ser considerado como una simplificación histórica: no todos los caminos de esa disciplina parecen conducir hacia la *Gare de Montparnasse*. No todos las líneas de investigación que se desarrollan en el universo de la *biología funcional* parecen converger en la *biología molecular* cuyas cimientos fueron establecidos por Lwoff, Jacob y Monod en el *Instituto Pasteur*, no lejos de esa estación.

De hecho, los actuales desarrollos experimentales sobre clonación, aún cuando estén ciertamente imbuidos e instruidos por conocimientos sobre los componentes moleculares de las células, no por eso deben dejar de ser considerados como la continuación de un programa de *ingeniería celular* cuyas líneas generales fueron trazadas independientemente de la *biología molecular*. Las técnicas experimentales allí desarrolladas permiten, por otra parte, un control y una manipulación de ciertos procesos celulares cuyos fundamentos moleculares no han sido aún plenamente elucidados; y esto puede estar indicándonos la factibilidad y la fertilidad de programas de investigación que, operando sobre niveles de organización superiores, como pueden ser células, tejidos y órganos, no se demoren en el análisis de la infraestructura molecular de esas entidades.

Con todo, ante las dificultades y fracasos que siempre surgen y surgirán en esos frentes de investigación, nadie dudaría en suponer que la clave de las variables ocultas que vengan a desbaratar predicciones y experimentos podría ser encontrada en el plano molecular. En un momento u otro, estos programas de investigación que, por razones pragmáticas, puedan desarrollarse con relativa autonomía de la biología molecular irán al encuentro de ella: para explicar o superar sus fracasos, pero también para fundamentar y explicar sus posibles éxitos. Por eso, aunque en la práctica y coyunturalmente puedan subsistir *programas no-moleculares* en *biología funcional*, es sólo un *descenso* a la trama molecular de lo viviente lo que permitirá encontrar el fundamento y la explicación de los resultados que dichos programas obtengan en sus intervenciones experimentales sobre el orden orgánico.

La perspectiva molecular opera, en síntesis, como una corte de última instancia a la cual podemos remitirnos ante cualquier dificultad o conflicto irresuelto entre explicaciones biológicas alternativas: he ahí su incuestionable primacía. La perspectiva molecular define, en efecto, un criterio último de legitimidad para toda explicación que pueda darse de un fenómeno orgánico: por lo menos en principio y en última instancia, tales explicaciones deben ser molecularmente justificables; y es ese carácter de corte de última instancia de la biología molecular lo que, en nuestra opinión, pone a la *biología funcional* bajo la jurisdicción epistemológica de la física. Las preguntas del biólogo funcional podrán ser diferentes de las del físico; pero las respuestas que se acaben dando para las mismas, aún cuando no puedan ser consideradas teoremas de ninguna teoría física, deberán igualmente aludir a mecanismos cuyo funcionamiento pueda ser finalmente analizado y explicado en términos de interacciones moleculares físicamente descriptibles y explicables.

Referencias bibliográficas

Adams, M.B. (ed.) (1994), *The Evolution of Theodosius Dobzhansky*, Princeton: Princeton University Press.

Allen, G. (1979), "Naturalists and Experimentalists: The Genotype and the Phenotype", *Studies in History of Biology* 3: 179-209.

Allen, G. (1994), "T. Dobzhanky, the Morgan Lab, and the Breakdown of the Naturalist/Experimentalist Dichotomy, 1927-1947", en Adams (1994), pp. 87-98.

Araujo, A. (2001), "O salto qualitativo em T. Dobzhansky: unindo as tradições naturalista e experimentalista", *História, Ciências, Saúde* 8 (3): 713-726.

Ayala, F. (1983), "Introduction", en Ayala & Dobzhansky (1983), pp. 9-29.

Ayala, F. & T. Dobzhansky (eds.) (1983), *Estudios sobre la filosofía de la biología*, Barcelona: Ariel.

Barreau, H. (ed.) (1983), *L'Explication dans les sciences de la vie*, Paris: CNRS.

Bauchau, V. (1999), "Emergence et réductionisme: du jeu de la vie aux sciences de la vie", en Feltz, B., Crommelinck, M. & Ph. Goujon (eds.) (1999), *Auto-organisation et Émergence dans les Sciences de la Vie*, Bruxelles: Ousisa, pp. 227-244.

Bergson, H. (1938), "La philosophie de Claude Bernard", en Bergson, H., *La Pensée et le Mouvant*, Paris: P.U.F., pp. 229-238.

Bernard, C. (1984 [1865]), *Introduction a l'étude de la médecine experimentale*, Paris: Flammarion.

Bernard, C. (1878), *Leçons sur les Phénomènes de la vie communs aux animaux et aux végétaux*, Paris: Baillière et Fils.

Boutroux, E. (1950 [1893]), *L'Idée de Loi Naturelle dans la Science et la Philosophie Contemporaines*, Paris: Vrin.

Callebaut, W. (1995), "Réduction et explication mécaniste en biologie", *Revue philosophique de Louvain* 93 (1-2): 33-55.

Caponi, G. (2002), "Sobreviniencia de propiedades e identificación funcional de propiedades en biología", en Cupani, A. & C. Mortari (eds.), *Linguagem e Filosofia*, Florianópolis: NEL-UFSC.

Caponi, G. (2001), "Biología evolutiva *vs.* Biología funcional", *Episteme* 12: 23-46.

Chalmers, A. (1979), "Towards an Objectivist Account of Theory Change", *British Journal for the Philosophy of Science* 24: 227-233.

Coleman, W. (1985), *La biología en el siglo XIX: problemas de forma, función y transformación*, México: Fondo de Cultura Económica.

Collins, F. & K. Jegalian (2000), "Le code de la vie déchiffré", *Pour la Science* 267: 46-51.

Creath, R. & J. Maienschein (eds.) (2000), *Biology & Epistemology*, Cambridge: Cambridge University Press.

Crick, F. (1966), *Of Molecules and Men*, Seattle: University of Washington Press.

Cummins, R. (1975), "Functional Analysis", *Journal of Philosophy* 72: 741-765.

Dobzhansky, T. (1983), "Comentarios preliminares", en Ayala & Dobzhansky (1983), pp. 23-24.

Dobzhansky, T., Ayala, F., Stebbins, L. & J. Valentine (1980), *Evolución*, Barcelona: Omega.

Duchesneau, F. (1997), *Philosophie de la Bioloogie*, Paris: P.U.F.

Elsasser, W. 1998: *Reflections on a Theory of Organisms: Holism in Biology*, Baltimore: The John Hopkins University Press.

Feltz, B. (1995), "Le réduccionisme en biologie: approches historique et épistémologique", *Revue philosophique de Louvain* 93 (1-2): 9-32.

Gayon, J. (1999), "La génétique mendélienne a-t-elle été réduite par la biologie moléculaire?", *Biofutur* 189: 43-44.

Gerhardt, I. (2001), "Número baixo de genes é surpresa", *Folha de São Paulo*, April 12.

Goldstein, K. (1951), *La Structure de L'organisme*, Paris: Gallimard.

Goodfield, J. (1983), "Estrategias cambiantes: comparación de actitudes reduccionistas en la investigación médica y biológica en los siglos XIX y XX", en Ayala & Dobzhansky (1983), pp. 98-127.

Jacob, F. (1973), *La lógica de lo viviente*, Barcelona: Laia.

Hagen, J. (1999), "Naturalists, Molecular Biologists, and the Challenges of Molecular Biology", *Journal of the History of Biology* 32 (2): 321-341.

Hamburger, J. (1986), *Los límites del conocimiento*, México: Fondo de Cultura Económica.

Hempel, C. (1973), *Filosofía de la Ciencia Natural*, Madrid: Alianza.

Hull, D. (1974), *Philosophy of Biological Science*, New Jersey: Prentice Hall.

Kitcher, P. (1994), "1953 and All That: A Tale of Two Sciences", en Sober (1994), pp. 379-400.

Kitcher, P. (1999), "The Hegemony of Molecular Biology", *Biology & Philosophy* 14: 195-210.

Klimovsky, G. (1994), *Las desventuras del conocimiento científico*, Buenos Aires: A-Z.

Lewontin, R. (2000), *The Triple Helix*, Cambridge, MA: Harvard University Press.

Magnus, D. (2000), "Down the Primrose Path: Competing Epistemologies in Early XX Century Biology", en Creath & Mainschein (2000), pp. 91-121.

Magnus, D. (1997), "Heuristics and Biases in Evolutionary Biology", *Biology & Philosophy* 12 (1): 21-38.

Martínez, S. & A. Barahona (eds.) (1998), *Historia y explicación en biología*, México: Fondo de Cultura Económica.

Maturana, H. & F. Varela (1994), *De máquinas y seres vivos*, Santiago de Chile: Universitaria.

Mayr, E. (1961), "Cause and Effect in Biology", *Science* 134: 1501-1506.

Mayr, E. (1980), "Some Thoughts on the History of the Evolutionary Synthesis", en Mayr, E. & W. Provine (eds.), *The Evolutionary Synthesis: Perspestives on the Unification of Biology*, Cambridge, MA: Harvard University Press, 1998, pp. 1-50.

Mayr, E. (1985), "How Biology Differs from the Physical Sciences", en Depew, D.J. & B.H. Weber (eds.), *Evolution at a Crossroads*, Cambridge, MA: MIT Press, 1985, pp.43-63.

Mayr, E. (1988), *Toward a New Philosophy of Biology*, Cambridge, MA: Harvard University Press.

Mayr, E. (1998), *O Desenvolvimento do Pensamento Biológico*, Brasilia: Universidade de Brasilia.

Medawar, P. (1969), *El arte de lo soluble*, Caracas: Monte Ávila.

Merleau-Ponty, M. (1953), *La estructura del comportamiento*, Buenos Aires: Hachette.

Morange, M. (2002), *Monod, Jacob, Lwoff: les mousquetaires de la nouvelle biologie*, Paris: Pour la Science.

Morange, M. (1994), *Histoire de la biologie moleculaire*, Paris: La Decouverte.

Nagel, E. (1978), *La estructura de la ciencia*, Buenos Aires: Paidós.

Pichot, A. (1987), "The Strange Object of Biology", *Fundamenta Scientiae* 8: 9-30.

Pichot, A. (1983), "Explication biochimique et explication biologique", en Barraeau (1983), pp. 69-106.

Ponce, M. (1987), *La explicación teleológica*, México: UNAM.

Popper, K. (1974), *Conocimiento objetivo*, Madrid: Tecnos.

Popper, K. (1984), *El universo abierto*, Madrid: Tecnos.

Ricqlles, A. (1996), *Leçon inaugurale de la Chaire de Biologie Historique et Èvolutionnisme*, Paris: Collège de France.

Roger, J. (1983), "Biologie du fonctionnement et biologie de l'evolution", en Barreau (1983), pp. 135-160.

Rosenberg, A. (1985), *The Structure of Biological Science*, Cambridge: Cambridge University Press.

Ruse, M. (1979), *La filosofía de la biología*, Madrid: Alianza.

Sarkar, S. (1998), *Genetics and Reduction*, Cambridge: Cambridge University Press.

Schaffner, K. (1976), "The Watson-Crick Model and Reductionism", en Grene, M. & E. Mendelsohn (eds.), *Topics in Philosophy of Biology*, Dordrecht: Reidel, 1976, pp. 101-127.

Schaffner, K. (1993), *Discovery and Explanation in Biology and Medicine*, Chicago: The University of Chicago Press.

Simon, H. (1996), *The Sciences of the Artificial*, Cambridge, MA: The MIT Press.

Simpson, G. (1974 [1964]), *La biología y el hombre*, Buenos Aires: Pleamar.

Sober, E. (1993), *The Philosophy of Biology*, Oxford: Oxford University Press.

Sober, E. (ed.) (1994), *Conceptual Issues in Evolutionary Biology*, Cambridge, MA: MIT Press.

Suárez, E. & S. Martínez (1998), "El problema del reduccionismo en biología: tendencias y debates actuales", en Martínez & Barahona (1998), pp. 337-370.

Waters, K. (1994), "Why the Antireductionist Consensus Won't Survive the Case of Classical Mendelian Genetics", en Sober (1994), pp. 401-418.

Wimsatt, W. (1998), "La emergencia como no-agregatividad y los sesgos reduccionistas", en Martínez & Barahona (1998), pp. 385-418.

Sobre los riesgos de una nueva eugenesia

Héctor Palma* & Eduardo Wolovelsky**

1. Acerca de la llamada 'eugenesia liberal actual'

El creciente desarrollo de tecnologías asociadas a la reproducción humana ha impreso un nuevo impulso al debate (probablemente sería más apropiado hablar de múltiples debates o múltiples niveles de análisis) en torno a la legitimidad de modelar la configuración genética de los seres humanos. En estos últimos años tal intervención sobre las características de las personas futuras se plantea en términos de biología molecular e ingeniería genética y las disputas corrientes suelen presentarse como un dilema entre lo que podemos o presumiblemente podríamos hacer y lo que debemos hacer. Debemos considerar que en el estado actual de nuestro desarrollo científico tecnológico muy probablemente podemos hacer bastante menos de lo que creemos, o los medios publicitan, lo cual puede explicar, al menos parcialmente, la eficacia de ciertas decisiones de carácter ético. De todas formas, parece accesible, y en el futuro seguramente lo será en mayor medida, la posibilidad de interferir de manera significativa –con algún costo evolutivo difícil de ponderar– sobre nuestra descendencia. En este contexto y bajo el paraguas de los dramáticos hechos del siglo XX, resurge el fantasma de la eugenesia ahora bajo la denominación de eugenesia 'actual' o también 'liberal'. El debate sobre la eugenesia actual siempre se realiza sobre la base de cierto consenso acerca del carácter netamente abusivo y negativo de la eugenesia ya conocida. En este sentido quienes defienden las nuevas

---

* Universidad Nacional de General San Martín (UNGSM), Argentina.
** Universidad de Buenos Aires (UBA), Argentina.

tecnologías reproductivas intentan marcar las diferencias y los que las condenan alertan sobre las similitudes y riesgos potenciales.

Los que hablan de una eugenesia actual consideran una definición un tanto amplia: "toda intervención, individual o colectiva, encaminada a la modificación de las características genéticas de la descendencia, independientemente de la finalidad, terapéutica o social, que persiga" (Soutullo, 2001). La intervención sobre las características de la descendencia resulta un paso más con relación a los problemas de esterilidad, y el carácter eugenésico surge de que está dirigida a atender la 'calidad' de la reproducción. La eugenesia es 'liberal' cuando las decisiones sobre la descendencia son tomadas por los padres y no por ninguna instancia institucional o estatal.

Trataremos aquí de hacer un aporte a la clarificación de las premisas del debate reflexionando en qué sentido puede temerse o no el resurgimiento de programas de carácter eugenésicos, bajo la denominación de eugenesia liberal y, para ello se tratará de mostrar las diferencias entre algunos rasgos principales del proceso eugenésico tal y como se ha dado hacia fines del siglo XIX y primera mitad del XX con respecto a las actuales posibilidades de interferir en la descendencia.

Una de las formas más importantes en el debate que nos ocupa producto del maridaje entre tecnologías de intervención genética y medicina reproductiva es el diagnóstico preimplantatorio (DPI).[1] El DPI (ver Testart & Godin, 2001) permite analizar las condiciones cromosómicas y ciertas características genéticas en embriones obtenidos por fecundación *in vitro*. Como este análisis se realiza antes de que el embrión sea transferido al útero ofrece la posibilidad de seleccionar cuáles de ellos serán utilizados, abriendo el camino a un proceso de selección que puede derivar en una interferencia de carácter eugenésico. Debe realizarse en primer lugar un tratamiento de fecundación *in vitro*. En estas condiciones, después de la fecundación el cigoto humano se divide aproximadamente cada 24 horas de manera que 3 días después de la obtención de los óvulos, los embriones tienen una media aproximada de 8 células ó blastómeros. En ese momento se extrae mediante una fina micropipeta (35 micras) 1 ó 2 blastómeros sin que esto influya negativamente en el desarrollo embrionario posterior. Esta técnica, conocida como biopsia embrionaria permite obtener una pequeña muestra de cada embrión para luego ser analizada mediante técnicas muy especializadas de citogenética y biología molecular. De esta forma es posible analizar anomalías cromosómicas numéricas, como por ejemplo la presencia de 3 cromosomas 21, responsable del síndrome de Down. También

---

[1] Otras tecnologías, en particular aquellas que puedan surgir en el futuro, no modificarán en lo sustancial los términos del debate que aquí proponemos.

permite el estudio de anomalías cromosómicas estructurales, sobre todo translocaciones. Incluso pueden identificarse los cromosomas sexuales X e Y y así determinar el sexo de los embriones lo cual tiene importancia respecto de enfermedades ligadas al sexo, debido a que los alelos responsables se encuentran en el cromosoma X. También es posible amplificar secuencias específicas de ADN, en las que la presencia de una mutación podría desencadenar una enfermedad de origen génico. Se han descrito varios miles de enfermedades de origen génico, como son la fibrosis quística, distrofia miotónica, enfermedad de Tay-Sachs, beta-talasemia, anemia falciforme, enfermedad de Huntington, etc. Estas técnicas de análisis cromosómico o genético permiten un diagnóstico muy rápido, que oscila entre las 3 horas y las 48 horas según los casos, compatible con el tiempo máximo de desarrollo embrionario *in vitro*. De esta manera se pueden mantener los embriones en cultivo hasta que se obtienen los resultados y así seleccionar embriones que se desean transferir al útero materno.

Las técnicas de DPI ofrecen la posibilidad cierta de detectar y, a través de la selección embrionaria, eliminar enfermedades graves, pero, al mismo tiempo permite pensar que se trataría de la antesala de una nueva eugenesia selectiva (ver Habermas, 2001), reavivando el fantasma de los horrores del régimen nazi, entre otros. Cabe aquí reparar en una distinción tradicional entre eugenesia negativa y eugenesia positiva. La primera está dirigida fundamentalmente por una *lógica terapéutica* o de la *curación* y puede definirse como el intento de eliminar o disminuir la frecuencia de alelos que se juzgan perjudiciales o deletéreos para el ser humano o al menos para alguna población particular. La eugenesia positiva, por su lado, estará dirigida a promover la reproducción de ciertos individuos portadores de caracteres reconocidos como deseables. Ambas, negativa y positiva, han estado asociadas a la implementación de prácticas y políticas que tenían como objetivo modificar la composición poblacional media, es decir incidir en el proceso evolutivo. Se trata una distinción que, en principio, resulta clara: en el extremo de la eugenesia negativa aparece la posibilidad de reducir o eliminar la existencia de enfermedades realmente graves que provocan gran sufrimiento y limitan fuertemente el desarrollo de una vida mínimamente autónoma y, en el extremo de la eugenesia positiva pueden ubicarse los delirios de la raza superior. Sin embargo, esta distinción clara entre ambas formas de eugenesia es poco significativa y se disuelve en la llamada eugenesia liberal o actual ya que se basa en la posibilidad de los padres de intervenir (modificar-eliminar), mediante las tecnologías disponibles, en alguna/s característica/s de sus hijos. Para una eugenesia liberal, que descansa sobre la decisión de los individuos, no parece haber impedimento alguno para desplazarse sin solución de continuidad desde la selección negativa de embriones que con certeza portarán enfermedades hereditarias graves, hacia una selección de embriones según características deseables no vinculadas a ninguna patología.[2] Varias razones hay para ello pero la principal es el hecho de que la decisión es individual y nada impide que lo que hoy horroriza, mañana sea habitual. Tampoco debe olvidarse que el concepto de 'enfermedad' ha resultado contextual y fuertemente variable; de hecho los alegatos a favor de la eugenesia se han basado casi siempre sobre la eliminación de lo 'inferior' y lo 'patológico'. En el mismo sentido debemos recordar que el sistema genético no puede ser considerado siempre como una suma de características independientes entre sí y del ambiente. Al respecto el caso de la anemia falciforme es un ejemplo paradigmático.

Precisemos otra vez nuestro problema: ¿este planteo 'eugenésico' que se apoya sobre la decisión de los padres es realmente eugenésico en el mismo sentido en que se desarrolló la eugenesia de fines del siglo XIX y primera mitad del XX?[3] Para responder se hace necesario repasar algunas de las características de la eugenesia.

2. El movimiento eugenésico

Habitualmente se suele adjudicar la paternidad de la eugenesia a Sir Francis Galton (1822-1911), quien la definió como la ciencia que trata de todas las influencias que mejoran las cualidades innatas, o materia prima, de una raza y aquellas que la pueden desarrollar hasta alcanzar la máxima superioridad (Galton, 1883, pp. 24-25). Puede observarse con claridad que en la literatura eugenésica confluyen sin solución de continuidad dos elementos: por un lado sueños tradicionales, sobre el mejoramiento artificial de los humanos, atravesados por los ideales de 'progreso' ya definitivamente instalados en Occidente hacia fines del siglo XIX; por otro lado la creencia, teoría de la evolución mediante, de que las condiciones modernas (medicina, planes de asistencia, las condiciones 'cómodas' de la vida moderna etc.) tienden a impedir la influencia de la selección natural a través de la muerte de los menos aptos, lo cual podría ocasionar la decadencia de la especie (o raza según el caso).

---

[2] Sobre esta imposibilidad de distinción, vale decir sobre los posibles excesos, se basa la argumentación de Habermas (2001) contra una posible 'eugenesia liberal'.

[3] Quizá proveamos de argumentos extra para los que defienden la eugenesia, sobre la base de que se trata de fenómenos diferentes de los conocidos. Se trata de un aporte, en todo caso totalmente involuntario y basta aquí señalar que esto no implica que no haya argumentos fortísimos contra la eugenesia en sentido actual.

La historiografía estándar considera que la eugenesia es una pseudociencia,[4] pero, sin embargo ¿cómo habría que denominar a un movimiento de ideas que se desarrolló prácticamente en todo el mundo ocupando la atención de una enorme mayoría de la comunidad científica incluyendo biólogos, médicos, genetistas, demógrafos, juristas, psiquiatras, psicólogos, y otros, muchos de ellos premios Nobel; que ha formado asociaciones tanto nacionales en la mayoría de los países como así también federaciones internacionales; que ha celebrado numerosos Congresos en los que participaron los más renombrados científicos; que se ha desarrollado dentro de las universidades; que ha producido una enorme cantidad de publicaciones en revistas especializadas a lo largo de por lo menos 50 años; que a pesar de no ser un movimiento totalmente homogéneo ha establecido la agenda de temas en áreas como la salud, la higiene social y muchas veces en las políticas de Estado? Pero, por otro lado, tampoco parece acertado pensar que la eugenesia es una teoría científica en ninguno de los sentidos que este concepto adoptó en las disputas epistemológicas y, además un recorrido por el pensamiento de los principales eugenistas muestra que muchas de las afirmaciones que defendían en torno a la herencia eran supuestos *ad hoc*. De todos modos algunos genetistas mendelianos procuraron establecer una base empírica para sus supuestos a través de estudios citológicos, cruzamientos experimentales con mamíferos que exhibían características semejantes a las estudiadas en humanos.

Entonces, parece más apropiado caracterizar a la eugenesia como un conjunto de acciones de carácter tecnocrático y autoritario (ver Thuillier, 1988), asociadas al conocimiento científico disponible, implementadas muchas veces a través de políticas públicas activas y destinadas a favorecer la reproducción de determinados individuos o grupos humanos considerados mejores e inhibir la reproducción de otros grupos o individuos considerados inferiores o indeseables, con el objetivo del mejoramiento/progreso de la humanidad o de esos grupos humanos. Esta caracterización general puede aplicarse a todas las formas concretas que adquirió la eugenesia en la primera mitad del siglo XX en casi todo el mundo occidental donde constituyó un amplio y generalizado plan de implementación de políticas públicas ejercidas de manera coactiva, no tratándose en lo fundamental de acciones individuales voluntarias.

Adjudicar la paternidad de la eugenesia a Galton es acertado, con la condición de que se tenga en cuenta que su propuesta viene a realizar y

---

[4] Con diferencias a veces importantes entre ellos, así lo consideran Chorover (1979), Gould (1981), Kevles (1995), Hobsbawn (1987), Randall (1981) y Bernal (1954). Para una discusión sobre el punto ver Palma (2002).

concretar el desarrollo de creencias y aspiraciones ampliamente extendidas hacia fines del siglo XIX. Debería decirse más bien que la propuesta de Galton cayó en campo fértil porque la eugenesia se apoyaba en presupuestos de vastos sectores de hombres de ciencia y pensadores. Lejos de ser una creencia marginal o aislada, cobró rápidamente gran predicamento llegando a constituir, definitivamente, el fundamento 'científico' para medidas de política sanitaria, pero también para generar y consolidar creencias y prejuicios corrientes. Su influencia y vigencia se sintió en mayor o menor medida en toda Europa, América e incluso algunos países asiáticos. El racialismo[5] y la concepción de la degeneración de las clases bajas, ideologías ampliamente difundidas, hacían que las problemáticas prevalecientes en las urbes en expansión fueran interpretadas como un proceso de 'degeneración' en marcha; la idea del mejoramiento racial, relacionado con la salud, se apoyó en las nuevas teorías genéticas de los primeros años del siglo XX, y de su utilización podía depender el auge o a la decadencia de las naciones. La teoría eugenésica gozó de tal autoridad científica e influencia política, que culminó con su institucionalización, a través de la generación de sólidas sociedades científicas en todo el mundo occidental. Puede asegurarse que, si bien los desarrollos, alcances y apuestas teóricas de la eugenesia han sido de cierta heterogeneidad, sus ideas principales han atravesado todos los aspectos de la vida científica, social y cultural desde fines del siglo XIX hasta la primera mitad del siglo XX abarcando puntos de vista provenientes de la biología, sociología, medicina, políticas sanitarias, tecnologías educativas, políticas inmigratorias, demografía, psiquiatría, ciencias jurídicas y criminología. Buena parte de los desarrollos de estas áreas en la primera mitad del siglo XX cobra sentido en el marco de los ideales eugenésicos (Massin Benoït, 1991; Thuillier, 1988; Kevles, 1995).

Habitualmente se relaciona directamente la eugenesia con la Alemania nazi, pero el movimiento eugenésico no sólo es previo al nazismo sino que se extendió rápida y generalizadamente a casi todo el mundo occidental. En toda Europa proliferaron las instituciones eugenésicas (Massin Benoït, 1991; Thuillier, 1988; Kevles, 1995; Stepan, 1991): en 1912 se fundó el Comité Eugenésico de La Haya, transformado ocho años más tarde en la Sociedad de Eugenesia; también en 1912 la Sociedad Italiana de Genética y Eugenesia; en 1913 se funda la Sociedad Eugénica de Francia, la Sección de

---

[5] El concepto de 'racialismo' (Todorov, 1989) se diferencia del de 'racismo' en que éste hace referencia a una conducta más o menos espontánea y generalizada de rechazo y temor al diferente o al extranjero en general surgida de prejuicios del sentido común, mientras que aquél consiste en la búsqueda de apoyatura en teorías 'científicas'.

Eugenesia del Instituto Internacional de Antropología de París, la Federación de Sociedades Rumanas de Eugenesia y la Sociedad Catalana de Eugenesia; en 1934 se realizó en Zürich un Congreso Internacional de Eugenesia. Suecia y Rusia tenían también sus sociedades eugénicas, y hasta, según refiere *La Semana Médica* (Kehl, 1926, p. 480) en la India se fundó la Sociedad Eugénica Hindú.

También América Latina se hizo eco de los ideales y propuestas eugenésicas. En 1917, impulsada por Renato Kehl, se fundó la Sociedad Eugénica de San Pablo, la primera en Brasil y en Latinoamérica. En 1931 se funda en México la Sociedad Mexicana de Eugenesia; en Cuba, Domingo Ramos, creador de la palabra 'hominicultura' desarrolló la difusión y práctica de la eugenesia; en Perú se desarrolló en 1939 la Primera Jornada Peruana de Eugenesia. La Argentina fue líder en la eugenesia latinoamericana junto con Brasil. Ya había enviado en 1916 delegados al 2° Congreso Internacional de Eugenia celebrado en New York, pero desde el punto de vista de su institucionalización el primer hito importante se remonta al año 1918 en el cual el Dr. Víctor Delfino fundó la Sociedad Argentina de Eugenesia de corta existencia. Poco tiempo después, en 1921, el Dr. Alfredo Verano crea la Liga Argentina de Profilaxis Social; finalmente, en 1932 se funda la Asociación Argentina de Biotipología Eugenesia y Medicina Social, que publicó por muchos años los 'Anales'. La Asociación tenía su propio hospital y un instituto de capacitación. Se puede tener una idea clara del carácter amplio y extendido de la eugenesia sobre una enorme cantidad de problemáticas tomando en consideración las áreas temáticas que incluían los "Anales". Puede leerse en la contratapa de todos los números, que la publicación incluye trabajos sobre: "Medicina constitucional, endocrinología, biotipología, eugenesia, medicina social, dietética y alimentación, higiene, ingeniería sanitaria, psicología, educación pedagógica, educación física, criminología, doctrina y legislación social". Todas estas instituciones, por su parte, estaban afiliadas a la Federación Internacional Latina de Sociedades de Eugenesia, con sede en París y bajo cuyos auspicios se realizó en agosto de 1937, el primer Congreso Latino de Eugenesia. En América se realizaron tres Conferencias de Eugenesia y Hominicultura, la última de las cuales se celebró en Bogotá en 1938 (ver Mac-Lean y Estenós, 1952, y Plotkin, 1996).

Todas estas asociaciones resultan de la consolidación, en algunos casos tras décadas de esfuerzos, en pos de los ideales eugenésicos. Para 1930, la provincia canadiense de Alberta (para los 'alcohólicos incorregibles'), Dinamarca y Finlandia habían aprobado leyes de esterilización siguiendo la experiencia estadounidense (Lafora, 1931b). En Suecia, se aprobó en 1934 una ley, propuesta por los socialdemócratas, que obligaba a esterilizar a las personas incapacitadas de educar a sus hijos. En 1941 la ley de esterilización incluyó a los 'asociales' e 'indeseables': desde madres de varios hijos hasta jóvenes con problemas de conducta, internados en correccionales. Uno de los países líderes en el movimiento eugenésico fue EE.UU. Allí, en 1910 se creó la Oficina de Informes Eugenésicos, reuniendo científicos de diversos campos para estudiar, informar y recomendar medidas de carácter público en asuntos concernientes a su común objetivo. Los EE.UU. se convirtieron en la primera nación de la época moderna donde se promulgaron y aplicaron leyes en las que se promovía la esterilización eugenésica en nombre de la "pureza de la raza". En Indiana en 1907, dada la importante inmigración negra y el incremento de la pobreza en las ciudades en crecimiento, se aprobó una ley que restringía la inmigración y promovía la esterilización de los 'inadaptados sociales'. Siete estados más de los EE.UU. promulgaron en los años siguientes leyes de este tipo y, en 1915, doce estados habían legislado en este sentido. Algunas leyes de esterilización como la de Virginia tuvieron vigencia desde 1924 hasta 1972 y permitió la realización de 7500 operaciones en hombres y mujeres blancos y en niños con problemas de disciplina, sobre la base de una supuesta debilidad mental, conducta antisocial o imbecilidad, de acuerdo con los rasgos establecidos por los tests de CI.[6]

2.1 Las prácticas eugenésicas

Hay una batería de prácticas y tecnologías sociales típicas asociadas a la eugenesia: exigencia del certificado médico prenupcial, control de la natalidad, esterilización de determinados grupos ('débiles mentales' y/o criminales), aborto eugenésico, restricciones a la inmigración. El alcance y rigor en la aplicación de estas medidas ha sido variable entre los distintos países y épocas y, en algunos casos parte de los reclamos de los eugenistas no se han implementado de manera efectiva. A menudo no ha pasado de exigencias de certificado prenupcial y controles sanitarios mientras que en algunas ocasiones ha alcanzado niveles de brutalidad inéditos como en la Alemania nazi y otros países europeos o en algunos estados de los EE.UU. (ver Chorover, 1979, y Gould, 1981).

Una de las prácticas probablemente más extendidas y abarcativas surgida de la prédica eugenésica es la exigencia del certificado médico prenupcial, adoptada poco a poco, prácticamente por todos los países de Europa y América. En la mayoría de ellos el certificado fue obligatorio y la problemática del control de la descendencia a través de este mecanismo, se instaló generalizadamente y con mucha fuerza. Entre 1910 y 1935 prácticamente

---

[6] Sobre la relación entre los tests de CI y su relación con la eugenesia ver Chorover (1979) y especialmente Gould (1981) y Taylor (1980)

todos los países legislaron al respecto. No obstante, en algunos se prefirió una política de difusión y propaganda y el certificado tenía carácter optativo. La Sociedad Eugenésica de Londres, por ejemplo, se opuso a que el certificado médico fuera obligatorio en Gran Bretaña; algo similar ocurrió en Holanda, donde el Comité Eugenésico de La Haya sostenía consultorios y policlínicas prenupciales además de llevar extensas campañas de difusión; similar temperamento adoptó Italia. La exigencia de certificado estaba basada en la consideración de que en la mayoría de los casos, el matrimonio era 'antieugenésico' y ello podría ocasionar 'la degeneración de la raza'. Los alcances de la prohibición para el matrimonio eran variables, pero en general estaban dirigidos a los alienados, retrasados mentales, sifilíticos, tuberculosos, alcohólicos, pero a veces se reclamaba la prohibición también para los 'invertidos sexuales' [*sic*].

Otra de las banderas de la eugenesia fue el control de la natalidad o como solían denominar el control 'científico' de la concepción. Se trata, en todo caso, de un 'control diferencial de la concepción' ya que no estaba dirigido meramente a mantener en ciertos niveles la tasa de natalidad en forma genérica, sino a impedir o reducir la reproducción de determinados grupos. Se promovía la implementación de mecanismos anticonceptivos, bastante poco desarrollados por cierto en las primeras décadas del siglo XX, pero la prédica estaba dirigida a generalizar la educación sexual tanto en la formación institucionalizada como al resto de la población.

En la conciencia de que el certificado prenupcial y el control científico de la concepción no resolvían el problema en su totalidad y sólo podían estar dirigidos a ciertos sectores de la población que tuvieran instrucción y plena conciencia de los valores eugenésicos, los eugenistas levantaron también la bandera, más drástica, de la esterilización de ciertos individuos o grupos, 'débiles mentales', tarados, criminales, etc. Se trató de una práctica bastante extendida en algunos países aunque con diversa intensidad e incluso no siempre en aquellos países en que fue legislado se ha llevado a la práctica de manera sistemática. Se trató de una práctica corriente en los EE.UU.; por su parte, la ley nazi "preventiva de enfermedades hereditarias" fue promulgada el 14 de julio de 1933, y estipulaba varias causas para aplicar la esterilización: "debilidad mental, epilepsia, ceguera o sordera hereditaria, demencia precoz, esquizofrenia, el baile de San Vito o afección convulsiva, formación defectuosa exagerada del cuerpo y alcoholismo crónico".

El objetivo de impedir la reproducción de ciertos grupos de población considerados inferiores, provocó además otras prácticas asociadas en diversos países. "La cifra de lobotomías prefrontales de diferentes clases llevadas a cabo en los EE.UU. entre 1936 y 1955 se ha estimado comprendida entre cuarenta y cincuenta mil" (Chorover, 1979, p. 203). Las esterilizaciones sistemáticas y legales en los EE.UU. ascienden a muchas decenas de miles y perseguían el mismo objetivo. Es historia conocida el desarrollo de los programas de esterilización obligatoria y del exterminio masivo de seres humanos socialmente 'indeseables' bajo el nazismo.

La implementación del aborto eugenésico como medida más extrema que superase las limitaciones de control de la natalidad también fue una medida que se ha propuesto de manera asidua, aunque su implementación efectiva fue más limitada. Para el caso particular del aborto debe señalarse que los eugenistas, y aunque hay diferencias entre los autores, no lo defendían como prerrogativa o decisión individual y voluntaria de la madre, y, en este sentido, no estaba dirigido a la despenalización del aborto. Por el contrario, se apuntaba a lograr su reglamentación efectiva, ya que, sostenían, recurren al aborto clandestino "casi exclusivamente, los elementos de nuestra población capaces de dar mejor descendencia (...)" (citado en Mac-Lean y Estenós, 1952, p. 68).

Tanto el aborto eugenésico como el control de la natalidad se han encontrado en muchos países, sobre todo latinoamericanos mayoritariamente católicos, con barreras muy fuertes que se originaban en el choque de estas medidas con el dogma religioso. De este modo una institución como la Iglesia, a pesar de que generalmente se encuentra ligada a los sectores más conservadores y aun reaccionarios de la sociedad, operó en estos casos como límite a los excesos que las políticas eugenésicas podían generar. Como quiera que sea, el aborto eugenésico ha sido escasamente tratado, probablemente por el bajo nivel de eficiencia y alcance de esta medida en el control de la reproducción comparada con las otras tecnologías implementadas.

Otra de las ideas más extendidas ha sido la tendencia a controlar, restringir o tener una fuerte injerencia sobre la inmigración de determinados grupos humanos, y aunque la serie de fundamentaciones para estas medidas era bastante heterogénea, eran fundamentales las consideraciones eugenésicas. Como todas las otras medidas, se han implementado en forma diferenciada en los distintos países, en este caso receptores de inmigración: los países americanos en distinta medida, Australia, algunos países africanos y la Europa balcánica. Sin embargo puede decirse que en todos ellos la política inmigratoria ha seguido un patrón similar en el que pueden vislumbrarse dos etapas. Una primera etapa que, con algunas variaciones, se extendió durante la primera mitad del siglo XIX y en algunos países bastante más, en la cual se desarrollaron políticas de promoción para favorecer la inmigración. En una etapa posterior se comienza a limitarla, no tanto por cantidad, sino por prohibiciones hacia determinados grupos o 'razas'. En todos los países receptores se desarrollaron debates en torno a la necesidad de restringir la entrada de inmigrantes. Tanto los niveles de prohibición como la virulencia del debate ha sido variable pero en general se pretendía excluir a los negros, asiáticos, gitanos, criminales, anarquistas, locos, alcohólicos, sifilíticos y tuberculosos.

Hay una relación significativa entre eugenesia y educación, que se hace más fuerte en aquellos países y ámbitos en los cuales la eugenesia ha adquirido un perfil no tan marcadamente hereditarista, otorgando en cambio una influencia significativa a las condiciones ambientales sobre los individuos, sus características y conductas. Puede decirse en general que la relación entre eugenesia y educación contempla dos aspectos. Por un lado por la convicción de que los aspectos ambientales, entre ellos principalmente la enseñanza y la formación son fundamentales, tanto porque pueden torcer el destino de degeneración de algunos individuos como así también porque pensaban que la toma de conciencia por obra de la información – básicamente sobre sífilis, alcoholismo y tuberculosis– evitaría la reproducción o al menos se procuraría que no fuera disgenésica. En este contexto no es raro encontrar fuertes reclamos en favor de la implementación de la educación sexual, considerada uno de los pilares para la depuración y mejoramiento de la raza. Pero la educación sexual propuesta siempre está referida a la reproducción (o, en todo caso a la no reproducción), la responsabilidad con respecto a la raza y a las enfermedades venéreas y el alcoholismo, vale decir con una inclinación fuertemente biologicista o médica. No hay referencias a la cuestión del placer sexual, como no sea para considerarlo como una suerte de residuo natural (y secundario) del objetivo 'natural' que es la reproducción. Se tematiza la relación sexo-reproducción y se brega por una buena reproducción, pero nunca se rescata la relación sexo-placer. Se trata de regular, racionalizar y someter al control científico la reproducción. De cualquier manera, la pelea por introducir la educación sexual ya desde los primeros años de la escuela, incluso en el sentido particular y sesgado en que la entendía el eugenismo, ha sido muy dura y extendida. Otro nivel en el cual se relacionan claramente eugenesia y educación, pero en este caso en un entrecruce con la institución escolar, está referido al reclamo constante de los eugenistas por el control y tipificación de los alumnos —y toda la población en general— a través de las llamadas 'fichas eugénicas'.

Una análisis detallado de la implementación de las políticas y tecnologías sociales en todo el mundo occidental muestra, una vez más, la enorme dificultad en distinguir entre eugenesia positiva y negativa. Por otra parte se destaca el aspecto fuertemente tecnocrático de la eugenesia porque implica principalmente una creciente medicalización y/o cientifización de las relaciones y procesos sociales asociadas a una demanda por la creación o refuerzo de las instituciones del Estado y el control de los aspectos reproductivos mediante políticas activas o reformas legislativas que otorguen mayor capacidad de decisión a los profesionales.

2.2 Medicalización: la eugenesia como práctica tecnocrática

Probablemente uno de los motivos por el cual la eugenesia gozó de tanto predicamento e influencia y que explica además el reclamo por una creciente regulación estatal y centralización administrativa de las políticas sanitarias es que rápidamente comenzó a vislumbrarse como una respuesta adecuada al surgimiento de algunos problemas nuevos de medicina social o higiene pública. Una constante en toda la literatura eugenista es el reclamo por la creación de instituciones de distinto tipo dirigidas al control y seguimiento de distintas patologías y grupos humanos. Era natural considerar al Estado como encargado de regular, entre otras cosas, el proceso de reproducción humana teniendo potestad para limitar la de aquellos considerados no aptos, ya sea a través de la educación, enfatizando la importancia que tiene 'la condición física y mental de los padres en el momento de la concepción' para la constitución biológica de los hijos, sea a través de mecanismos más directos como modificar la legislación sobre el aborto para otorgar mayor libertad a los médicos para decidir sobre el tema. En general estas medidas estaban asociadas a programas de reformas sanitarias en áreas como la salud en el trabajo y el control, prevención y erradicación de las enfermedades venéreas –básicamente la sífilis–, así como también la lucha contra el alcoholismo, la prostitución y el uso indebido de drogas, considerados por los eugenistas, junto con la tuberculosis siempre asociada, como las expresiones más graves del 'veneno racial'.

Dentro de este clima general el científico que posee la palabra es el médico que a su vez interpela y reclama la intervención del Estado. La figura del médico comienza a aparecer como garante del bien general a partir del control de los individuos, actividad brutal y dramáticamente legitimada por la repetición de epidemias hacia las últimas décadas del siglo XIX, las deficientes condiciones sanitarias de las grandes ciudades que se expresan en el crecimiento del alcoholismo, las enfermedades venéreas y la tuberculosis, la ostensible 'barbarie' de los inmigrantes y, en algunos casos de la población nativa. El médico se asume en este contexto ya no sólo como un técnico que desarrolla su labor especifica de curar, sino como factor esencial de civilización y progreso[7]. Este proceso de medicalización reúne dos aspectos diversos y complementarios: la extensión casi ilimitada, pero siem-

---

[7] En algunos países como la Argentina debe considerarse también, y no como una cuestión menor, el hecho de que muchísimos médicos han tenido actuación directa en cargos importantes en el Estado.

pre difusa, de los ámbitos de incumbencia de la medicina y los médicos al considerar como categorías de análisis básico lo normal y lo patológico; y la demandada injerencia del Estado a través de Instituciones y políticas diversas. Esos médicos que ya no sólo curan enfermos sino al organismo social y extienden su campo de acción hacia esferas nuevas, ahora interpelan al Estado y le reclaman acciones tanto preventivas como de control y represión, conforme a los diagnósticos que ellos mismos en tanto especialistas elaboran. Allí pueden incluso converger las condiciones hereditarias con las ambientales y el Estado es el que debe proporcionar las condiciones mínimas de salubridad del medio. El objetivo era a corto y mediano plazo de asistencia, control y represión de los factores que degeneraban la raza y a largo plazo la conformación de una conciencia eugénica. Hay una relación directa con el higienismo, verdadera asociación entre los ideales médicos, la ciencia, los resortes del Estado y la pureza de la raza en relación con la afirmación de la nacionalidad.

El proceso de medicalización de la sociedad implica una serie de mecanismos diversos que se fueron implementando paulatinamente: crear sistemas completos de información y registro de las características sanitarias de las poblaciones; nombramiento de funcionarios médicos para controlar regiones diversas, la constitución de áreas específicas como la higiene pública para atender a los problemas básicamente de las ciudades estableciendo un verdadero control científico político del medio; el control de los individuos a través del doble juego de, primero, considerar como básica una categorización según la dicotomía normal-patológico y, segundo, ubicar a cada uno en alguna de ellas. Así, podían ser consideradas como patologías la locura, el alcoholismo y las llamada enfermedades venéreas, pero también diversas inclinaciones y prácticas sexuales y la criminalidad. Incluso la subsunción de los individuos a las categorías patológicas no resultaba de procedimientos metodológicamente claros que resistieran exámenes epistemológicos más o menos rigurosos. En el contexto de la consideración de estas patologías y de las cualidades de diversos grupos o razas consideradas inferiores, la intervención médica se desarrollaba en la atención de los enfermos, pero, en la medida en que dichas cualidades se consideraban de origen hereditario, había un reclamo fundamental y creciente en pos de la 'prevención', lo cual otorgaba al médico una injerencia fundamental sobre la reproducción y sobre las prácticas sexuales, y para el caso de los inmigrantes un reclamo sobre las restricciones a la entrada al país.

El argumento a favor de la eugenesia como obligación del Estado – clave para diferenciarla de la 'eugenesia liberal'– se funda en que el valor máximo a preservar es la sociedad por sobre los individuos.

Hay deberes para con la familia y esas personas más próximas a nosotros; para con el Estado, para con la humanidad existente y para con la posteridad. Este último deber es el más alto de todos. [...] Hablando racionalmente, un sistema de moral debe subordinar la felicidad del individuo a la de la comunidad en general. (Forel, 1912, p. 661)

La suprema ley que es la salud del pueblo, se antepone a todas las conveniencias particulares, y en nombre de aquella, debe el legislador apoyar toda su autoridad para darles vías de sanción, sin reparar en las consideraciones de los teorizantes de una pretendida libertad, que fragua sigilosamente muchas cadenas. (Farré, 1919, p. 94)

El concepto de 'defensa social', imbricado con la consideración del 'orden público' como valor esencial, resulta clave para comprender la legitimidad de la demanda por diversas acciones que el Estado debía llevar adelante. Preservar el orden público y la defensa social resultan aspectos primordiales que se expresan en los ideales de pureza de la raza, en medidas sanitarias específicas, como así también en considerar nuevas fuentes de legitimación de las penas criminales –no tanto la responsabilidad del individuo criminal, sino la defensa de la sociedad–, restricciones a la inmigración considerada indeseable, pasando por la eliminación o reclusión de los locos, criminales y enfermos e incluso la formulación de una 'ética sexual'.

Resulta particularmente patente la vinculación que venimos señalando en el debate que se ha dado en la criminología desde finales del siglo XIX. De hecho, en muchos sentidos se detecta una relación estrecha entre eugenesia y criminología, sobre todo a partir de los desarrollos iniciados por la escuela criminológica italiana, cuya figura más conocida fue el médico Cesare Lombroso. Hacia mediados del siglo XIX la vieja idea pre-darwiniana de la recapitulación recobra fuerza en un clima de euforia evolucionista. En manos de Lombroso da lugar a la teoría del criminal nato, según la cual los criminales son tipos atávicos desde el punto de vista de la evolución que perduran en los seres humanos. Según Lombroso en la herencia humana yacen aletargados gérmenes procedentes de un pasado ancestral que resurge en algunos individuos desafortunados que se ven impulsadas por su constitución innata a comportarse como lo harían un mono o un salvaje normal, pero en nuestra sociedad su conducta se considera criminal. Afortunadamente, sostiene Lombroso, se puede identificar a los criminales natos porque su carácter simiesco se traduce en determinados signos anatómicos. Su atavismo es tanto físico como mental, pero los signos físicos, o 'estigmas' son decisivos. La conducta criminal también puede aparecer en hombres normales, pero se reconoce al 'criminal nato' por su anatomía. La teoría lombrosiana, más allá de derivar con el tiempo en herejías más o menos divergentes con la versión original, estableció durante décadas la agenda básica acerca del tratamiento de la delincuencia, instalando las discusiones y dispositivos de detección y control por fuera de la dimensión específicamente social y cultural desplazando la atención al interior de la organización psicofísica individual, casi siempre coincidente, en la práctica, con una condición social baja. Lombroso estableció una verdadera tipología de los delincuentes a partir de mediciones de las distintas partes de los cuerpos, como por ejemplo el largo de los brazos y la capacidad craneana, o de rasgos como la asimetría facial y otras características del rostro. Estableció una gran cantidad de estigmas simiescos, que denotaban criminalidad innata: mayor espesor del cráneo, simplicidad de las suturas craneanas, mandíbulas grandes, precocidad de las arrugas, frente baja y estrecha, orejas grandes, ausencia de calvicie, piel más oscura, mayor agudeza visual, menor sensibilidad ante el dolor, y ausencia de reacción vascular (incapacidad de ruborizarse). Estas teorías han tenido una enorme influencia en la criminología y en la literatura jurídica internacional y no sólo como debate académico, sino también como parte de la práctica jurídico-penal. La influencia de Lombroso generó una nueva forma de concebir la pena. Mientras que para la escuela clásica del derecho penal, la pena debía ajustarse estrictamente a la naturaleza del crimen, Lombroso sostenía que la misma debía adaptarse al criminal. El objeto de estudio de Lombroso no era el crimen, entonces, sino el criminal y una vez identificado éste, el castigo administrado no resultaba fundado tanto en la responsabilidad individual del sujeto que cometía el hecho, ya que esa conducta estaba condicionada y/o determinada biológicamente, sino en la necesidad de la comunidad de 'defenderse'. Así, era legítimo condenar a un criminal nato por un delito menor, dado que irremediablemente volvería a hacerlo y por tanto no tenía sentido insistir en su regeneración. Como contrapartida no tenía demasiado sentido condenar a un criminal ocasional dado que no volvería a delinquir. El fundamento de la pena, entonces, sería un requisito de la defensa social, más que castigo para el delincuente que, en definitiva era un enfermo. Un seguidor de Lombroso, Ferri sostenía en el mismo sentido la 'indeterminación de la sentencia', es decir que las sanciones debían adaptarse a al personalidad del criminal por más que los criminólogos clásicos lo consideraran una herejía; las penas previamente estipuladas serían absurdas desde el punto de vista de la defensa de la sociedad. Es interesante señalar que las ideas de Lombroso admiten el doble juego de, por un lado estigmatizar ideológicamente a los supuestos delincuentes y por otro lado, prestar argumentos para suavizar las penas, sobre la base del carácter 'natural' del 'instinto criminal', por lo cual, algunos lombrosianos posteriores que ampliaron la determinación del delincuente hasta incluir los factores ambientales como la educación, contribuyeron a instalar la idea de la atenuación de las penas a propósito de las circunstancias atenuantes.

La escuela lombrosiana fue ampliándose e introduciendo modificaciones sustanciales a las formulaciones iniciales, sobre todo en lo referido a los rasgos atávicos, pero inauguró un modelo de conceptualización y de detección de los delincuentes que ha perdurado durante décadas, basado en la idea de que la criminalidad se refleja en alguna conformación particular de lo orgánico. Los extensos desarrollos de las distintas versiones de la biotipología[8] son deudoras de estas ideas básicas que, en el contexto de la preocupación por la conformación biológica de la población y el 'mejoramiento de la raza', contribuyeron a reforzar el complejo entramado de ideas que 'fundamentaban' la superioridad de ciertos grupos raciales sobre otros, por ejemplo incluyendo en el área de la criminalidad biológica a los anarquistas y luchadores obreros. Contribuyeron también en incluir a la criminalidad en el proceso que hemos llamado de medicalización o biologización: la explicación y la solución al problema de la criminalidad era incumbencia de la medicina y la psiquiatría y todo el sistema jurídico y penal debía ser subsidiario de ellas. Buena parte de los delincuentes eran considerados 'enfermos'. Se establece en buena medida una trilogía –enfermedad-locura-crimen– que se realimenta y justifica de manera inmanente. Asimismo, uno de los aspectos que adquieren los reclamos por restricciones a la inmigración está relacionado con la delincuencia y con la criminalización de las luchas obreras, principalmente sobre los inmigrantes anarquistas. Una correlación creciente entre criminalidad e inmigración se va constituyendo sobre la base de una correlación más básica: raza y crimen. Poco a poco el anarquismo dejó de ser un problema o una cuestión social para pasar a ser casi exclusivamente parte del proceso de criminalización general que según, las creencias corrientes aparecía como en un proceso de aumento incontenible sobre el que debían concentrarse los esfuerzos del Estado.

2.3 'Racialismo': la eugenesia como práctica autoritaria

Las consideraciones racistas como rasgo cultural de desconfianza y segregación de lo extraño son, probablemente, tan antiguas como la humani-

---

[8] "Se llama biotipología criminal al estudio de las características hereditarias, del hábito morfológico, del temperamento dinámico humoral, del carácter y de la inteligencia, en una palabra de la integral personalidad psicosomática del cultor del delito, para poder fijar, de las características biotipológicas individuales de los delincuentes, la verdadera legislación científica de orden policial y de orden legal, que involucra la pena o la corrección de los que han cometido un reato [...]" (Bosch *et al.*, 1934, p. 8).

dad; pero el siglo XIX cristaliza un abordaje, consistente en buscar algún sustento científico para las diferencias y jerarquías entre las razas que, y esto es la historia conocida del racialismo de los siglos XIX y XX, ha funcionado casi siempre como una profecía autocumplida, es decir, siempre sancionando y legitimando las desigualdades de hecho.

Habitualmente se señala al conde Joseph Arthur de Gobineau (1816-1882) como uno de los máximos exponentes del racialismo decimonónico, a partir de su *Ensayo sobre al desigualdad de las razas humanas* (publicado en 1853-55), en el que expone una historia universal basada en las características de las razas humanas: la negroide, la amarilla y la blanca, exaltando las virtudes de esta última como mejor exponente de los valores humanos: energía, inteligencia, amor a la vida, capacidad creadora y especulativa. No obstante, según él, la mezcla de razas perjudica a la humanidad, ya que, si bien es cierto que las razas inferiores se benefician de su mestizaje con las razas superiores, éstas pierden en el cruzamiento más de lo que aquéllas ganan, de manera que el balance es negativo. Para Gobineau, pensador imbuido de una mentalidad romántica, aristocratizante y colonialista, la historia es el fruto de la hegemonía de las razas superiores, y considera que debe mantenerse la pureza de la sangre —en su caso la francesa— a toda costa para evitar la degeneración de la humanidad. Como quiera que sea el racialismo, aunque con diferencia de matices a veces significativos, e incluso aportando propuestas claramente diferenciadas sobre las prácticas legitimadas y las propuestas de tecnologías sociales resultantes, ha sido un punto de vista enormemente extendido que ha marcado sobre las últimas décadas del siglo XIX y primeras del XX casi todos los ámbitos académicos, científicos y políticos. Era casi un lugar común para toda literatura científica señalar que había razas inferiores (negros, polinesios y asiáticos) y razas superiores; una mezcla de rasgos craneométricos, prejuicios culturales y consideraciones sociológicas pretendía sancionar tal jerarquía. Sobre este marco común se instala la eugenesia según la consideración de que hay grupos humanos que deben ser favorecidos porque son superiores o mejores y, como complemento evitar la decadencia de la especie/raza producto de la conmiseración y protección que algunas sociedades brindan a esos grupos inferiores que, además se reproducen en mayor cantidad. Si bien esto que acabamos de describir es la versión más estándar del racialismo asociado a la eugenesia deberían hacerse algunas consideraciones.

Aunque la forma más típica de distinguir entre razas es anatómica, es posible encontrar además otras formas complementarias y aun contradictorias de hacerlo: a veces se incluían factores biológicos, otras geográficos, climáticos, históricos y culturales, a veces se confundía raza con nacionalidad, o se consideraba como un todo a la suma de características biológicas y culturales. En este sentido puede encontrarse abundante literatura eugenésica en la cual el concepto de raza casi puede equipararse al de 'población', sobre todo en aquellos que, adoptando el discurso eugenista, tienen posiciones más blandas referidas tan sólo a la erradicación de algunas enfermedades.

Un segundo aspecto importante a tener en cuenta es que lo común a todas estas concepciones radica en el establecimiento de jerarquías y la implementación de medidas para asegurarlas o lograrlas, pero, y si bien la versión más corriente señala la superioridad de la raza blanca, esto no es más que el punto de partida sobre el cual las discusiones se hacen mucho más finas. Así, es bastante corriente encontrar distinciones entre superiores e inferiores aun dentro de la raza blanca, generalmente asociadas a diferencias de clase social.

En tercer lugar, la concepción de la superioridad/inferioridad surgida del concepto de raza apoya en muchos casos la idea de que la raza debe ser 'pura', pureza que se debe recuperar o mantener; pero en otros casos lo que se defiende es que lo mejor es la 'mezcla de razas' y, para estos casos las disputas giran alrededor de cuál es la mezcla más deseable.

Finalmente, el marco racista está profundamente imbricado con las políticas inmigratorias de muchos países y, como parece lógico suponer, en aquellos países que han expulsado parte de su población –Europa básicamente– la eugenesia está dirigida a preservar la pureza de la raza, mientras que en los países receptores de inmigración y en los cuales se ha suplantado la población nativa las discusiones giran en torno a cual debe ser la inmigración aceptada para lograr la adecuada mezcla racial. El caso argentino resulta típico en este sentido.

3. ¿Es esperable una nueva eugenesia?

Para concluir intentaremos responder a las dos preguntas que iniciaron este trabajo. En primer lugar ¿En que sentido se puede hablar de una eugenesia actual? Si definimos a la eugenesia de un modo sumamente general como cualquier interferencia en la descendencia parece posible asimilarlas, pero eso, en principio no parece interesante y según se deduce de las descripciones propuestas parece ser además un error histórico. No es interesante porque impide elucidar la complejidad del problema o, en todo caso, de las múltiples perspectivas involucradas en la cuestión; y es un error histórico que impide comprender el alcance y las implicaciones del movimiento eugenésico mundial. Decisiones individuales, tomadas libremente con la intención de determinar algunos rasgos de la descendencia –sea la eliminación de enfermedades graves o el logro de algún rasgo deseado–

pueden tener sin ninguna duda profundas implicaciones para la vida del afectado y para su familia y allegados, pero en principio no se parece demasiado a la implementación de políticas públicas que se ejerzan de manera coactiva con el fin de seleccionar grupos definidos para incidir en la evolución futura de la especie. Tal como lo afirmamos anteriormente la eugenesia como práctica es tecnocrática y autoritaria. Sostener que puede haber una 'eugenesia liberal' sería una contradicción en los términos De cualquier forma debemos ser cuidadosos al hablar de elección de caracteres deseables porque si bien pueden no ser impuestos en forma declarada por el poder público, suelen ser producto de prejuicios raciales o de género y en este sentido, aunque sostenida en una decisión individual, la elección se apoya y refuerza el carácter social del prejuicio.

En segundo lugar debemos responder a la posibilidad de que puedan reeditarse las prácticas eugenésicas. Siempre resulta aventurado decir responsablemente algo acerca del futuro, pero, si nos atenemos a los crecientes desarrollos tecnológicos y al deterioro en las condiciones políticas de las democracias, no es impensable que en el futuro puedan implementarse programas eugenésicos tanto en sentido negativo como positivo. Seguramente las posibilidades tecnológicas son más eficaces que hace un siglo y serán más eficientes en el futuro. Pero es probable que tales programas eugenésicos, aunque en el pasado hayan existido en democracias de carácter liberal, sólo puedan ser llevadas a cabo en un tipo de sociedad Orwelliana, donde el miedo azuzado por un fuerte sistema publicitario haga que gran parte de la población vea como factible e incluso deseable la pérdida de algunos de sus derechos ciudadanos en pos de una sociedad determinada por valores de carácter biológico. Pero si tal suceso político no ocurriese y por lo tanto fuera posible lograr la vigencia de los derechos fundamentales que garantizan la autodeterminación de los ciudadanos podría ocurrir entonces que al agitar el fantasma de la eugenesia, con todo el terrible lastre histórico que lo acompaña, se favorezca el encubrimiento de otras prácticas sociales mucho más sutiles —no percibidas muchas veces como violatorias de los derechos ciudadanos fundamentales sino como parte del juego necesario de las fuerzas del mercado— que encuentran en la genética moderna y en la medicalización de las relaciones sociales un marco para justificarse. Dos ejemplos presentes pueden ser lo suficientemente elocuentes. La exclusión o limitación en la cobertura o seguros médicos y en el acceso al trabajo para quienes son portadores de ciertos alelos genéticos. Por ello se suele exigir, a ciertas prácticas reales o imaginadas derivadas del conocimiento en el campo de la genética molecular, un freno moral y jurídico basado en las garantías individuales y los derechos humanos logrados por la modernidad con tanto sufrimiento, aunque no está claro cómo lograr que esta exigencia se concrete. Al menos debemos garantizar la posibilidad de un debate público, continuo y fundamentado, dificultado por cierto por el crecimiento de la pobreza, la marginalidad en el mundo y los argumentos a favor de la seguridad y la censura, que crecen en el mundo unipolar, en nombre del combate al terrorismo. Una cuestión debe quedar clara: el camino nunca es la ignorancia. Aquellos que sueñan que deteniendo el desarrollo del conocimiento científico evitarían los desafíos que la genética moderna plantea, olvidan dos cuestiones: la primera es que el movimiento eugenésico se desarrolló a pesar de estar asentado sobre supuestos teóricos más que endebles. Si hemos de temer la reedición de una eugenesia en los términos del pasado, ella estará basada probablemente en al menos dos situaciones problemáticas reales: la superpoblación y las nuevas corrientes inmigratorias. Pero esta prédica eugenésica que se intentará legitimar como parte de la ciencia, volverá a mostrar la paradójica condición de ser juzgada por su adecuación a ciertos lineamientos ideológicos, desconociendo a la vez, su ineficacia y las críticas legítimas que se le hagan desde el propio campo de la ciencia. La segunda cuestión implica reconocer que la ciencia, no es autónoma, y aunque posea una lógica interna, es parte de la cultura y, como tal, está inmersa en la conflictividad de ideas de los hombres de esa misma cultura.

Referencias bibliográficas

Andorno, R. (2001), "El derecho frente a la nueva eugenesia: la selección de embriones in vitro", disponible en: <http://cuadernos.bioetica.org/doctrina-htm>.

Bernal, J. (1954), *Science in History*, London: C.A.Watts and Co. Ltd.

Beruti, J. & A. Rossi (1934), "Ficha eugénica de valuación de le fecundidad individual", *Anales de Biotipología, Eugenesia y medicina social* 2 (30): 12-17.

Bosch, G. (1930), "Los propósitos de la 'Liga argentina de Higiene Mental'", *Revista de la Liga Argentina de Higiene Mental* 1 (1): 4-10.

Bosch, G., Rossi, A. & M. Rodríguez (1934), "Biotipología criminal", *Anales de Biotipología, Eugenesia y Medicina Social* 2 (30): 7-11.

Chorover, S.L. (1979), *From Genesis to Genocide*, New York: MIT Press.

Figueroa, F. (1906), *Las huelgas en la República Argentina y el modo de combatirlas*, Buenos Aires: Imprenta Tragant.

Forel, A. (1912), "Etica sexual", *La Semana Médica* 19 (40): 666-668.

Frers, E. (1918), "La inmigración después de la guerra", *Boletín del Museo Social Argentino* 6: 1-186.

Galton, F. (1883), *Inquiries Into Human Faculty and Its Development*, London: Macmillan.

Galton, F. (1884), *Hereditary Genius*, New York: D. Appleton.

Gould, S.J. (1981), *The Mismeasure of Man*, New York: Norton.

Grasa Hernández, R. (1993), *El evolucionismo: de Darwin a la sociobiología*, Madrid: Editorial Cincel.

Habermas, J. (2001), *Die Zukunft der menschlichen Natur. Auf dem Weg zu einer liberalen Eugenik?*, Frankfurt/am Main: Suhrkamp.

Hobsbawn, E. (1987), *The Age of Empire 1875-1914*, London: Weidenfeld and Nicolson.

Ingenieros J. (1904), "Evolución de la antropología criminal", *La Semana Médica* 11: 1374-1380.

Ingenieros, J. (1915), "La formación de la raza argentina", *Revista de filosofía, cultura, ciencias y educación* 2 (6): 464-483.

Ingenieros, J. (1927), "Amor, intereses y eugenesia", *Revista de filosofía, cultura, ciencias y educación* 16 (4): 110-132.

Kehl, R. (1926), "La eugénica y sus fines", *La Semana Médica* 33: 479-481.

Kevles, D.J. (1995), *In the Name of Eugenics*, Cambridge, MA: Harvard University Press.

Lafora, G. (1931a), "La esterilización eugenésica de los degenerados", *Boletín del Museo Social Argentino* 19: 360-363.

Lafora, G. (1931b), "Eugenesia", *Boletín del Museo Social Argentino* 19: 92-94.

Luján López, J. (1996), "Teorías de la inteligencia y tecnologías sociales", en González García, M. (ed.), *Ciencia, tecnología y sociedad*, Madrid: Tecnos.

Mac-Lean y Estenós, R., (1952), *La eugenesia en América*, México: Instituto de Investigaciones Sociales-Universidad Nacional Autónoma de México.

Massin, B. (1991), "Del Eugenismo a la «Operación eutanasia» 1890-1945", *Mundo Científico* 110 (11): 206-212.

Maynard-Smith, J. (1982), "Eugenesia y utopía", en Manuel, F.E. (ed.), *Utopías y pensamiento utópico*, Madrid: Espasa Calpe, pp. 194-214.

Melcior Farre, V. (1919), "Degeneración y regeneración de la raza", *La Semana Médica* 26 (30): 77-99.

Montagu, A. (1980), *Proceso a la sociobiología*, Buenos Aires: Tres Tiempos.

Müller-Hill, B. (1984), *Tödliche Wissenschaft*, Reinbek bei Hamburg: Rowholt.

Paul, D. (1998), *The Politics of Heredity. Essays on Eugenics, Biomedicine and the Nature-Nurture Debate*, New York: State University of New York Press.

Palma, H. (2002), *"Gobernar es seleccionar". Apuntes sobre la eugenesia*, Buenos Aires: J. Baudino Ediciones.

Pende, N. (1935), "Biología de las razas y unidad espiritual mediterránea", *Anales de Biotipología, Eugenesia y Medicina Social* 3 (41): 12-18.

Plotkin, M.B. (1996), "Psicoanálisis y política: la recepción que tuvo el psicoanálisis en Buenos Aires (1910-1943)", *Redes* 3 (8): 163-198.

Randall, J. (1926-1940), *The Making of the Modern Mind*, Boston: Houghton Mifflin.

Regnault, J. (1922), "La eugénica", *La Semana Médica* 29: 22-25.

Ruse, M. (1973), *The Philosophy of Biology*, New York: Hutchinson and Co.

Ruse, M. (1980), *Sociobiology: Sense or Nonsense?*, Dordrecht: Reidel.

Simpson, G.G. (1951), *The Meaning of Evolution*, New Haven: Yale University Press.

Soler, R. (1968), *El positivismo argentino*, Buenos Aires: Paidós.

Soutullo, D. (2001), "Actualidad de la eugenesia: intervenciones en la línea germinal", disponible en: <http://www.ugr.es/‾eianez/Biotecnologia/eugenesia.htm>.

Stach, F. (1916), "La defensa social y la inmigración", *Boletín del Museo Social Argentino* 5 (55-56): 361-389.

Stepan, N.L. (1991), *The Hour of Eugenics: Race, Gender and Nation in Latin American*, Ithaca: Cornell University Press.

Taylor, H. (1980), *The IQ Game: A Methodological Inquiry into the Heredity-Environment Controversy*, New Jersey: Rutgers University Press.

Testart, J. & Ch. Godin (2001), *Au bazar du vivant*, Paris: Éditions du Seuil.

Thuillier, P. (1988), *Les passions du savoir. Essais sur le dimensions culturelles de la science*, Paris: Librairie Arthème Fayard.

Todorov, T. (1989), *Nous et les autres. La réflexion française sur la diversité humaine*, Paris: Éditions du Seuil.

Vezzetti, H. (1985), *La locura en la Argentina*, Buenos Aires: Paidós.

Wilson, E. & C. Lumsden (1975), *El fuego de Prometeo*, México: Fondo de Cultura Económica.

Wilson, E.O. (1975), *Sociobiology. The New Synthesis*, Cambridge, MA: Harvard University Press.

Zimmermann, E. (1995), *Los reformistas liberales*, Buenos Aires: Editorial Sudamericana-San Andrés.

La emergencia de un programa de investigación en genética

Pablo Lorenzano*

1. Introducción

Según la que podría ser llamada "historia oficial de la genética",[1] ésta surgió como disciplina en 1865, cuando el monje austríaco Gregor Mendel hizo público los resultados de sus experimentos con arvejas en la Sociedad de Investigadores Naturales de Brünn, resultados que se publicarían en las Actas de dicha sociedad un año después. Sin embargo, su trabajo permanece en general desconocido o bien, cuando éste no es el caso, se lo entiende mal, hasta que, en el año 1900, es redescubierto, simultánea e independientemente, por tres investigadores (Hugo de Vries en Holanda, Carl Correns en Alemania y Erich von Tschermak en Austria) que, trabajando en el mismo problema, obtienen de manera independiente los mismos resultados que Mendel (esto es, las proporciones 3:1 y 9:3:3:1 y su explicación por medio de la ley de la segregación y la ley de la transmisión independiente). Mientras tanto, William Bateson lee en Inglaterra el artículo de Mendel, reconoce inmediatamente su importancia, y empieza a difundirlo, de forma tal que Mendel es festejado como el padre de la genética y se le asegura, de este modo, un lugar en la historia de la ciencia. Diez años después, Thomas

---

* Universidad Nacional de Quilmes (UNQ)/Consejo Nacional de Investigaciones Científicas y Técnicas (CONICET), Argentina.
[1] En la preferencia por esta denominación, en vez de la utilizada por otros autores, tales como *"traditional account"* (Olby, 1979) u *"orthodox image"* (Bowler, 1989), se deja entrever una clara influencia del cine argentino: "La historia oficial" es el título de la película argentina que obtuvo el Oscar como mejor película extranjera en el año 1985.

Hunt Morgan y sus discípulos se incorporan a la investigación básica en genética, y relacionándola con los conocimientos de entonces de la citología, investigan y explican las aparentes excepciones, amplían su campo de aplicación, y ayudan así a conformar a la genética llamada "formal", "clásica" o "mendeliana" como a la teoría de la herencia universalmente reconocida.

En otros sitios, y acorde con la nueva historiografía de la genética, he tratado de mostrar que dicho relato no es más que un mito.[2] Aquí se sostendrá que la genética cristalizó como disciplina biológica separada dificultosamente, a través del trabajo de William Bateson y sus colaboradores. Esto no sucedió ni de un día para otro, ni sin oposición. Por el contrario, este es un proceso que tuvo lugar durante gran parte de la primera década del siglo XX y en donde el llamado "mendelismo" de Bateson tuvo que afirmarse frente a otras perspectivas que entonces también abordaban el problema de la herencia, tales como la biometría, la citología y la embriología experimental. Sin embargo, y a pesar de no haberse alcanzado en el campo de la herencia, *ni antes ni después* de dicha cristalización, *acuerdo completo* por parte de la comunidad científica acerca de cuáles eran los problemas a resolver, cuáles serían las respuestas aceptables, cuáles los criterios que deberían satisfacer tales respuestas, cuáles las técnicas adecuadas y cuáles los fenómenos interesantes, fue el programa de investigación cuyas bases sentara Bateson el que llegaría a ser sinónimo de genética y que, a comienzos de la segunda década del siglo XX, poseería la mayor aceptación por parte de la comunidad científica.[3] Este programa de investigación difiere, por otra parte, tanto de los trabajos realizados por Mendel y sus redescubridores como de los posteriores de Morgan y sus colaboradores.

El objetivo del presente trabajo es doble: por un lado, exponer algunos de los cambios de tipo conceptual y metodológico que tuvieron lugar dentro del estudio de la problemática de la herencia durante la primera década del siglo XX y que llevaron, de la mano de los desarrollos teóricos de Bateson y colaboradores conocidos bajo el nombre de "mendelismo",[4] al esta-

---

[2] Ver Lorenzano (1995, 1997, 1998a, 1999, 2000b) y la bibliografía allí mencionada.
[3] Sobre el proceso de conformación de consenso en dicha comunidad, ver Kim (1994).
[4] Si bien esta denominación aparece por primera vez por el año 1903 para referirse a los trabajos de Bateson y otros "mendelianos" realizados entes del establecimiento de la genética como disciplina autónoma e independiente (ver, p.e., Bailey, 1903), se continuó utilizando posteriormente para referirse ante todo a los desarrollos teóricos de Bateson y colaboradores, y que, de acuerdo con nuestra interpretación, constituyen el primer programa de investigación en genética (su primera exposición sistemática lo constituye el libro *Mendelism*, de Reginald C. Punnett,

blecimiento del primer programa definido de investigación en genética;[5] y, por el otro, caracterizar dicho programa.

2. Delimitación del problema central

Uno de los cambios ocurridos durante la primera década del siglo XX tiene que ver con el problema central al cual quiere dársele respuesta y a la consiguiente restricción del campo de aplicación. Las teorías de la herencia formuladas en el siglo XIX tenían dominios de aplicación muy amplios: las teorías eran a menudo no sólo teorías de la herencia (que trataban de explicar porqué la descendencia se parece a los padres), sino también teorías del desarrollo embriológico, del crecimiento normal y del cambio evolutivo. Algunos biólogos del siglo XX también deseaban una teoría unificada que diera cuenta del cambio evolutivo, de la herencia, de las variaciones, de la determinación del sexo y del desarrollo embriológico.[6] El propio Bateson, comenzando en 1883 con investigaciones en morfología y embriología, se orienta a la investigación rigurosa de la variación y la herencia con la finalidad de poder dar respuesta a la cuestión para él central de la biología: el problema de la evolución. Y es en ese contexto que realiza sus investigaciones.[7] Sin embargo, se puede observar en su obra un desplazamiento del núcleo de sus actividades principales: primero de la evolución a las variaciones y después de las variaciones a la herencia. Esto no significa que Bateson hubiera descuidado completamente el primero de los problemas. Más bien lo que ocurrió es que las cuestiones de la variación y la herencia ganan independencia gradualmente con relación a la problemática evolutiva, hasta

---

editado por primera vez en 1905, y reeditado con sucesivas modificaciones en 1907, 1911, 1912, 1919, 1922, 1927). Dentro de los colaboradores de Bateson en el período reseñado habría que contar, además de a su mujer Beatrice, a E. R. Saunders, R.C. Punnett, J. B. J. Sollas, H. Kilby, Wheldale, Marryat, F. M. Durham, R. Staples-Browne, L. Doncaster, R. P. Gregory, R. H. Lock, R. H. Biffen y C. C. Hurst.

[5] Sobre el papel jugado por la *Royal Horticultural Society* tanto en el surgimiento del "mendelismo" como en el apoyo a las investigaciones realizadas por Bateson y sus colaboradores y su consiguiente afianzamiento, ver Olby (2002).

[6] Para una exposición de la multiplicidad de teorías de la herencia existente a principios del siglo XX, ver Delage (1908).

[7] Es también en ese contexto que se ubica su polémica con los "biometristas" W.F.R. Weldon y K. Pearson. Sobre esta controversia se puede consultar Provine (1971), Froggatt & Nevin (1971a, 1971b), Cock (1973), Norton (1973), Marrais (1974), Farrall (1975), Norton (1975a, 1975b, 1978), MacKenzie (1978, 1979), MacKenzie & Barnes (1975, 1979), Roll-Hansen (1980, 1989), Olby (1988) y Kim (1994).

tal punto que pasan a constituir un nuevo dominio, una nueva disciplina. En el año 1906 Bateson distingue clara y explícitamente ambos problemas y le adjudica a la problemática de la variación y la herencia identidad propia e independencia (ver Bateson, 1906b), bautizando con el nombre de "genética" a aquella porción de la biología que se ocupa de ella.[8] Esto no significa que ambos dominios no se encuentren relacionados, sino que la relación entre ellos ya no es más una *intra*disciplinaria sino una *inter*disciplinaria.

Una situación análoga se presenta para el caso de la embriología. A comienzos del siglo XX el problema de la transmisión de los caracteres hereditarios no estaba claramente separado del problema de explicar cómo esos caracteres se desarrollaban durante la ontogenia. Aun cuando Bateson mantuvo siempre un fuerte interés en la embriología y el deseo de hallar una conceptualización que abarcara ambas problemáticas, sosteniendo, por ejemplo, que las analogías existentes entre la herencia y el desarrollo eran tan fuertes como para afirmar que eran "fenómenos del mismo tipo",[9] se concentró en el estudio de la transmisión de los caracteres, desarrollando una teoría que se ocupaba de esto último y que no incluía a –aunque mantenía relaciones con– la embriología.

3. La teoría de Bateson: el "mendelismo"

El camino a la claridad teórica no fue sencillo en genética, así como tampoco fue alcanzado inmediatamente, sino sólo en el transcurso del tiempo y a través de constantes propuestas, contrapropuestas, discusiones y modificaciones que tuvieron lugar dentro de la comunidad científica. Y a pesar de que Bateson tenía una concepción distinta a la que en los libros de texto de la actualidad se describe con el nombre de "genética clásica", él aportó mucho a ese proceso y desarrolló, aproximadamente desde 1905, una teoría de la herencia basada en factores –el "mendelismo"–, que hasta el surgimiento de la teoría de Morgan y sus discípulos fue sinónimo de "genética".

A comienzos del siglo XX no se acostumbraba separar explícitamente la hoy denominada "ley de la transmisión independiente", o "segunda ley de Mendel", de la "ley de la segregación", o "primera ley de Mendel". De

---

[8] El término "genética" fue utilizado por Bateson por primera vez en una carta dirigida al zoólogo de Cambridge Adam Sedgwick en 1905 (Bateson, 1905a) y en 1906 en un medio público (Bateson, 1906a), a resultas de lo cual la "Third Conference on Hybridisation and Plant-Breeding" fue rebautizada para la publicación de sus actas como "Third International Conference on Genetics".

[9] Bateson (1909, pp. 274-278). Para el trasfondo embriológico de Bateson, ver además Bateson (1894, pp. 254-257) y Bateson (1901b, pp. 404-405).

hecho, y a pesar de lo que se suele afirmar, en Mendel no encontramos la formulación de las leyes atribuidas a él en los términos en que se acostumbra presentarlas.[10] Fue Hugo de Vries (1900b, c) el primero en hablar con el nacimiento del siglo XX de la "ley de la segregación de los híbridos" ("*loi de disjonction des hybrides*" en francés y "*Spaltungsgestez der Bastarde*" en alemán) y en señalar a Mendel como su descubridor. Carl Correns (1900a), otro de los llamados "redescubridores", utiliza en esa época la expresión "regla de Mendel" ("*Mendels Regel*" en alemán) para referirse tanto a la "ley de la segregación" de de Vries como a lo que llegó a ser más tarde la "segunda ley de Mendel". La utilización del término "regla" y no "ley" se debe a que Correns reserva este último para referirse a enunciados que, a diferencia de las reglas, poseen validez universal (Correns, 1900b). El primero en usar el término "transmisión independiente" fue Thomas Hunt Morgan (1913), que también fue el primero en hablar explícitamente de dos leyes, la ley de la segregación y la ley de la transmisión independiente de los *genes*, atribuyéndole su descubrimiento a Mendel y refiriéndose a ellas, por tanto, como "primera ley de Mendel" y "segunda ley de Mendel", respectivamente (Morgan, 1916).

En los escritos que a principios del siglo XX trataban el problema de la herencia, asimismo, tampoco era fácilmente reconocible una clara y explícita separación entre los caracteres hereditarios externos y el "algo" responsable de ellos que fuera transmitido de generación en generación. De Vries, por ejemplo, refiriéndose a la "ley de la segregación de los híbridos" hablaba de "segregación de caracteres" –"*caractères*" en francés y "*Merkmale*" en alemán– y no de "factores o genes". Carl Correns constituye una excepción en ese sentido, pues en 1900 postula explícitamente una unidad hereditaria o *Anlage* (siguiendo la terminología de su maestro y corresponsal de Mendel, Carl von Nägeli 1884) para cada carácter en los individuos y planteando que éstas siempre se encuentran por pares en las células somáticas.

Por su parte, Bateson formula originariamente la ley de la segregación en términos de tipos de gametos y no de unidades hereditarias presentes en los gametos, sosteniendo que la esencia de la concepción mendeliana residía en la pureza de los gametos. El conocimiento de que las células germinales –llamados "gametos"– establecen la conexión entre las distintas generacio-

---

[10] Para un análisis de la "ley encontrada en *Pisum*" "sobre la formación y desarrollo de los híbridos" –*für die Bildung und Entwicklung der Hybriden*–, consistente en la "ley de la combinación simple de los caracteres" –*Gesetz der einfachen Kombinierung der Merkmale*– y la "ley de la combinación de los caracteres diferenciales" –*Gesetz der Kombinierung der differierenden Merkmale*–, así como de otros aspectos del trabajo de Mendel, ver Lorenzano (1997).

nes, siendo el material transmitido de progenitores a descendientes, pertenece en realidad a la citología, presuponiéndose en la teoría de la reproducción –sexual–, y fue utilizado por los mendelianos tempranos en la formulación de la ley de la segregación, sin distinguir entre los procesos genéticos y los citológicos que le darían sustento a aquéllos.

Otro de los cambios introducidos por Bateson en el estudio del problema de la herencia, ahora planteado acotada e independientemente de las cuestiones evolutivas y del desarrollo ontogénico como el problema de la transmisión de los caracteres hereditarios, lo constituye el establecimiento de su "hipótesis factorial", originada aproximadamente en 1905 (Bateson & Punnett, 1905; Bateson, Saunders & Punnett, 1905; Punnett, 1905). En ella se puede apreciar la novedad de la propuesta de Bateson, así como también sus esfuerzos, únicos durante esa primera década del siglo XX, a favor de la precisión y claridad conceptual.[11]

Según dicha concepción, los caracteres no son literalmente transmitidos por los gametos. Los responsables por la transmisión y consiguiente aparición de ciertos rasgos o caracteres son determinados elementos o unidades, denominados "caracteres-unidad" ("*unit-characters*") primero y "factores" luego, que se transmiten de padres a hijos a través de las células germinales o gametos durante la fecundación. En el individuo dichos factores se encuentran por pares (llamados "alelomorfos"[12] y siendo obtenidos uno por cada progenitor), mientras que durante la formación de gametos éstos se separan ("segregan"), encontrándose así un solo factor alelomorfo por gameto. En ella se plantea entonces una clara distinción entre los caracteres hereditarios, por un lado, y las unidades hereditarias o factores responsables

---

[11] Además de las ya mencionadas expresiones "genética" y "pureza de los gametos", Bateson introduce los términos "alelomorfo", "acoplamiento gamético", "heterocigoto", "homocigoto", "epistático", "hipostático" y "factor" –este último para las unidades hereditarias–, mientras que las denominaciones P para los progenitores y F_1, F_2, F_3... para la primera, segunda, tercera y demás generaciones filiales –es decir, para la descendencia– también fueron propuestas por él (siguiendo en ello a Galton y no a Mendel) y universalmente aceptadas.

[12] Con ayuda de los conceptos carácter y caracteres-unidad, introduce, en 1902, los términos "homocigoto" y "heterocigoto", para aquellos individuos que poseen en el cigoto dos gametos o bien del mismo tipo (con el mismo carácter-unidad) o bien de un tipo distinto (con caracteres-unidad diferentes). La expresión "alelomorfo" –más tarde abreviada por Morgan y colaboradores a "alelo", designando los estados alternativos de un gen– fue introducida originalmente para referirse a un par de caracteres-unidad diferenciales observables. A partir de 1905 se consideran individuos homocigotos aquellos que poseen en el cigoto (factores) alelomorfos del mismo tipo y heterocigotos aquellos que poseen (factores) alelomorfos distintos.

de dichos caracteres, por el otro,[13] aun cuando su naturaleza (material o no)[14] sea desconocida.

La hipótesis factorial estuvo en Bateson asociada desde el comienzo a otra hipótesis, característica del mendelismo, denominada "de la *presencia-y-ausencia*", según la cual, los dos únicos estados posibles de cualquier factor presente en el gameto son o bien su presencia o bien su ausencia. Cuando el factor está presente, se manifiesta el carácter por él determinado; cuando el factor está ausente, algún otro carácter oculto previamente es susceptible de manifestarse. Así, si se encuentra presente, por ejemplo, en una arveja el factor para el color amarillo, las semillas son amarillas, mientras que si está ausente, las semillas son verdes. El carácter verde se encuentra subyacente a todas las semillas amarillas, pero sólo puede manifestarse en la ausencia del factor para el color amarillo, y el color verde es alelomórfico respecto del amarillo, porque es la expresión de la ausencia de amarillo. La hipótesis factorial, en la interpretación proporcionada por la hipótesis de la presencia-y-ausencia, explica sin dificultades las proporciones 3:1 de los cruzamientos monohíbridos. Y si se supone que los factores se heredan de forma completamente libre e independiente los unos de los otros, también se pueden explicar las proporciones 9:3:3:1, 27:9:9:9:3:3:3:1, etc., de los cruzamientos dihíbridos, trihíbridos, etc., de un modo sencillo.

4. Bateson y la creencia en la "promesa" del mendelismo

Al mismo tiempo en que Bateson desarrolla el esquema conceptual conocido con el nombre de "mendelismo", amplía su campo de aplicaciones y

---

[13] Los términos "gen", "genotipo" y "fenotipo" son introducidos por Johannsen (1909) con un significado ligeramente distinto al que luego adquiriría en manos de Morgan y sus colaboradores, e.e. en la llamada "genética clásica". Sobre esto, ver, además de Johannsen (1909), Johannsen (1911, 1923), Churchill (1974), Wanscher (1975) y Roll-Hansen (1978).

[14] Coleman (1970) sostiene que las preferencias de Bateson estaban del lado de la naturaleza no-material de estas entidades postuladas. En apoyo de tal interpretación puede consultarse Bateson (1928, pp. 39-46), (1902, pp. 274 ss.), (1917), (1913, caps. 2 y 3), (1916, p. 462), en donde éste las concibe como entidades dinámicas no-materiales, del tipo de las "fuerzas" o "vórtices". Van Balen (1986, 1987) afirma inclusive que esta posición respecto del estatuto ontológico de dichas entidades constituye una característica (o "*constraint*") del "mendelismo" (entendido como programa de investigación). Por nuestra parte, sin embargo, consideramos que esto es llevar las cosas demasiado lejos, ya que, por ejemplo, las preferencias del más cercano colaborador de Bateson e indiscutido "mendelista", Reginald C. Punnett, no iban en ese sentido (ver, p.e., Punnett, 1907, p. 24).

desarrolla una creciente confianza en dicha conceptualización y en la "promesa"[15] de ésta para el trabajo de investigación fructífero.

En tiempos de cambio de siglo, Bateson no estaba convencido de ninguna de las teorías de la herencia propuestas por entonces; si bien aceptaba que la ley de Galton de la herencia ancestral tenía aplicaciones,[16] consideraba abierta la cuestión de hasta qué punto era válida (Masters, 1900; Bateson, 1900b, p. 174).

Cuando en 1900 Bateson lee uno de los artículos "redescubridores" de de Vries, y toma conocimiento de la ley de la segregación, encuentra que la ley de Galton de la herencia ancestral no es aplicable a todos los casos que muestran dominancia, al menos en la forma en que se la presenta habitualmente. Dichos casos son explicados con ayuda de la ley de la segregación de de Vries, que requiere para su formulación –según afirma Bateson entonces– sólo una modificación de la ley de Galton.[17] Bateson acepta así dos patrones hereditarios –uno para la herencia por mezcla, que no muestra dominancia y sigue la ley de Galton, y el otro para la herencia no mezclada, que muestra dominancia y obedece la ley de Mendel (Bateson, 1900b, pp. 177-178)– creyendo que ambos son compatibles y que la ley de Mendel se subordina a la de Galton. Con ello se suponía que se lograba una ampliación del campo de aplicaciones de esta última ley.

Dos años más tarde pensó Bateson, en contra de lo anterior, que las leyes anteriormente citadas no eran teóricamente conciliables, y que, por lo tanto, no se trataba más de decir cuál de las leyes se subordinaba a cuál, sino, antes bien, de determinar en qué medida el campo de aplicación hasta ese entonces aceptado de una de las leyes –la de Galton– lo sería en reali-

---

[15] La primera en utilizar esta expresión en el análisis del trabajo de Bateson fue Darden (1977).

[16] Cuando Bateson se refiere a esta ley, lo hace pensando en la forma originaria de Francis Galton, según la cual, si se considera el material hereditario, la "masa hereditaria", como un todo, el aporte de ambos progenitores a tal masa hereditaria o a las propiedades hereditarias de los hijos es de $1/2$, de los 4 abuelos de $1/4$, de los 8 bisabuelos de $1/8$, etc., de forma tal que el aporte de la totalidad de los ancestros a las propiedades hereditarias de los individuos puede expresarse por la serie $1/2 + 1/4 + 1/8 + \ldots (1/2)^n$, y no en su versión reformulada por Pearson. Para las distintas modificaciones a la ley de Galton, ver Swinburne (1965) y Froggatt & Nevin (1971a, 1971b).

[17] Ver el informe de Maxwell Masters (1900) sobre la conferencia dada el 8 de mayo por Bateson; sobre el momento en que Bateson toma conocimiento de la ley de la segregación, ver Olby (1987).

dad de la otra –la de Mendel.[18] Bateson modifica así, en el tiempo que va de 1900 a 1902, su propia opinión sobre las relaciones entre las leyes de Galton y de Mendel y sus correspondientes ámbitos de validez (Olby, 1987).

Para ello comenzó distinguiendo entre el estado discontinuo de los gametos y la discontinuidad mostrada por los individuos originados a partir de ellos. Asumir entonces que la mezcla observada en los caracteres que no se encontraban en relación de dominancia o recesividad no requería de una mezcla correspondiente en las formas hereditarias de sus gametos, lo llevó a rechazar la limitación de la herencia mendeliana a los caracteres no mezclados (Bateson & Saunders, 1902, p. 59) y a esbozar esquemas mendelianos –desarrollados más tarde por otros– para los caracteres continuos, aunque advirtiendo la dificultad de su contrastación (Bateson & Saunders, 1902, p. 60).

Bateson ya había especulado en 1902 con la idea de que cuatro o cinco pares de alelomorfos pudieran actuar conjuntamente y producir, de este modo, caracteres "continuos". Pearson analizó matemáticamente esta posibilidad en 1904, partiendo de los supuestos de que los alelomorfos postulados tenían efectos iguales y aditivos, que tenía lugar dominancia completa y que los dos alelomorfos de un par (llamando "*protogene*" al alelomorfo o elemento A, "*allogene*" al alelomorfo o elemento a, "*protogenic*" al cigoto AA, "*allogenic*" al par aa y "*heterogenic*" al cigoto Aa) eran igualmente frecuentes (Pearson, 1904). Yule señaló en 1906 que el supuesto de dominancia completa no estaba justificado y propuso que la fluctuación cuantitativa continua era causada por un gran número de pares de alelomorfos independientes, cada uno de los cuales tendría una influencia insignificante en el carácter medido (Yule, 1906).

A partir de 1908 y 1909, H. Nilsson-Ehle (1909) en Suecia y E. M. East en los Estados Unidos (East, 1910; East & Hayes, 1911) contribuyeron significativamente al tratamiento y comprensión dentro del esquema proporcionado por el mendelismo de los caracteres que no eran "alternativos", grandes y *discontinuos*, sino que discurrían continuamente. Ellos observaron una cantidad de caracteres que mostraban una serie casi continua de gradaciones y que diferían entre sí de un modo más cuantitativo que cualitativo. Un ejemplo de ello lo era el color en el trigo. Para explicar la relación observada de 63 rojos a 1 blanco, Nilsson-Ehle y East propusieron que la coloración estaba condicionada no por un único par de alelos sino por un conjunto de pares que actuaban conjuntamente de forma aditiva. El concepto de "factores múltiples" –o "poligenes", como fueron llamados más

---

[18] Para ver cómo Bateson fue modificando su concepción, ver Bateson & Saunders (1902) y Bateson (1902).

tarde– fue finalmente aceptado, e incorporado en el marco de la teoría genética desarrollada por Morgan y colaboradores, debido a que ahora los distintos factores podían ser analizados por separado, según los principios "mendelianos".

Sin embargo, y a pesar de la antedicha ampliación del campo de aplicación de la ley de Mendel, Bateson no le atribuye validez universal (Bateson, 1902, p. 116), aunque sí cree que el marco conceptual dentro del que ésta se inscribe posibilita, a través de ciertas modificaciones y desarrollos teóricos, la inclusión de cada vez más aplicaciones, tanto dentro del reino vegetal como también, y conjuntamente con el francés Cuénot (1902), al reino animal.

A la luz de dicha convicción es que puede verse el tratamiento que Bateson hace de algunas de las excepciones, transformando en éxitos los aparentes fracasos. Así, el "mendelismo", merced a la hipótesis factorial, en la interpretación proporcionada por la hipótesis de la presencia-y-ausencia, explica la interacción de los factores, esto es, que los factores no sólo son elementos separados y subyacentes con efectos individuales y aislados, sino que también pueden interactuar entre sí y de este modo dar lugar a caracteres completamente nuevos (Bateson & Punnet, 1905; Bateson, 1909). Un ejemplo clásico de ello, y que llegó a ser conocido porque fue allí donde se puso por primera vez a prueba la (práctica simbología de la) teoría de la presencia-y-ausencia, es el caso de las crestas en las gallinas. Cada variedad de gallinas posee un tipo de cresta característico; las hay con crestas del tipo llamado roseta; otras tienen la cresta llamada guisante; otras tienen la cresta sencilla, de las formas salvajes. Los cruzamientos entre variedades de cresta roseta y guisante con variedades de cresta sencilla muestran que tanto las crestas roseta como guisante dominan sobre la cresta sencilla. Al cruzar guisante con roseta se obtiene, no obstante, un resultado nuevo e interesante. La primera generación es uniforme, pero todos los individuos F_1 presentan una nueva forma de cresta, conocida por nuez. Cuando se cruzan entre sí las aves F_1 en forma de nuez, en la generación F_2 aparecen no sólo crestas en forma de nuez, de roseta y de guisante, sino también crestas sencillas y esto en la proporción 9:3:3:1, respectivamente. En estos cruzamientos aparecen, entonces, la cresta de nuez en F_1 y la cresta sencilla en F_2 como novedad (y ya que la última representa un carácter perteneciente a la forma salvaje, su aparición también se caracterizó como "atavismo"). En un cruzamiento dihíbrido es de esperar una proporción numérica 9:3:3:1. La forma F_1, la cresta de nuez, está determinada, según Bateson, por dos factores R y P; como homocigoto tiene la fórmula *RRPP*. Si está presente sólo el factor R sin P, se origina la cresta de rosa (fórmula *RRpp*); el factor P sin R determina, por su parte, la aparición de la cresta de guisante (*rrPP*). Si, finalmente, tanto R como P se encuentran ausentes, tiene origen la forma de cresta sencilla (*rrpp*). Las dificultades en el análisis de las crestas en las gallinas se hacen a un lado, entonces, si se asume que la cresta de nuez se compone de la cresta de rosa y de guisante, y que la cresta sencilla aparece cuando faltan los factores para las crestas rosa y guisante. Este curioso cruzamiento se caracterizó por el hecho de que varios factores completamente independientes los unos de los otros ("compound characters", según expresión de Bateson) contribuían con la producción de un carácter. A esta hipótesis, sin embargo, se le presentaron serias dificultades al tratar de explicar con ella las mutaciones dominantes, e.e. de concebir el modo en que se origina un nuevo factor dominante.

Asimismo, cuando Bateson, Saunders y Punnett hallaron casos en cruzamientos dihíbridos, en los que las proporciones numéricas en F_2 se apartaban por completo de la proporción habitual 9:3:3:1:1, explicaron dichas proporciones a través de lo que denominaron "acoplamiento" y "repulsión" de los factores. Lo fundamental de dichos fenómenos lo constituía el hecho de que las combinaciones de factores, tal y como eran introducidas por sus progenitores, aparecían más frecuentemente –aunque no exclusivamente– en F_2 de lo que solían aparecer. En caso que AB se cruzara con ab, teniendo así uno de los progenitores ambos factores dominantes y el otro ambos recesivos, el híbrido F_1 (*AaBb*) forma gametos con la combinación de factores de los progenitores en mayor número que los que poseen la combinación de factores Ab y aB; si además –desde la óptica de la hipótesis de la presencia-y-ausencia– se considera sólo a los factores dominantes como "verdaderos", se puede hablar de un *acoplamiento* entre A y B. En caso que Ab se cruce con aB, el híbrido F_1 (*AaBb*) exteriormente idéntico al anterior formará nuevamente en mayor número aquellos gametos que posean la combinación de factores de los progenitores –Ab y aB–; la combinación AB aparecerá menos frecuentemente, de forma tal que –desde la hipótesis de la presencia-y-ausencia– se deba hablar de una "*repulsión* de los factores dominantes" (o de un "falso alelomorfismo").[19]

5. El mendelismo: un programa de investigación en genética

A la concepción desarrollada por Bateson y colaboradores se la puede considerar como el primer programa de investigación en genética.

---

[19] A partir de 1911, por otro lado, Bateson intentó explicar los fenómenos de acoplamiento y repulsión mediante una segregación de los pares de factores, que tendría lugar durante los primeros estados embrionarios de la planta, y de la reproducción (*reduplicación*) de ciertos tipos de gametos durante su formación (*teoría de la reduplicación*), es decir, mediante hipótesis citológicas.

El concepto de *programa de investigación científico* es introducido por Imre Lakatos (1968), a partir del propuesto por Karl Popper *programa de investigación metafísico*,[20] y desarrollado posteriormente por él y algunos de sus colaboradores (Lakatos 1970, 1971, 1974; Zahar, 1973; Lakatos & Zahar, 1976). Tales desarrollos, sin embargo, no se restringen a tratar de caracterizar este concepto metacientífico de un modo preciso. También se ha tratado de mostrar su adecuación para una mejor comprensión de la ciencia y su historia mediante su aplicación a distintos ámbitos científicos, en especial de la física y la química.[21] Aun cuando no ha constituido un ámbito especialmente privilegiado, la biología no ha resultado del todo ajena a la utilización del concepto de programa de investigación en sus análisis. Así, p.e., es utilizado por Michod (1981) para analizar la historia de la genética de poblaciones y, más estrechamente relacionado con el presente trabajo, por Meijer (1983), Van Balen (1986, 1987) y Martins (2002) para el análisis de la historia de la llamada "genética clásica", "formal" o "mendeliana". Si bien aquí también se hace uso del concepto lakatosiano de programa de investigación, el análisis propuesto difiere, sin embargo, del realizado por los autores mencionados, tanto en el modo de entender dicho concepto como en el análisis particular de la historia de la genética efectuado con él. Así, Meijer (1983) considera que podría caracterizarse el trabajo de Bateson como un programa de investigación *à la* Lakatos, aun cuando en el marco de una concepción más amplia que abarque la totalidad del período 1900-1915, considerándolo como un *cambio total de perspectiva* en herencia, pero no hace un uso sistemático de dicha noción, e.e. no identifica de forma explícita en la obra de Bateson los componentes de un programa de investigación lakatosiano. Van Balen (1986, 1987), por su parte, utilizando un *concepto modificado* de programa de investigación, en donde sustituye las *heurísticas (positiva y negativa)* de

---

[20] Esta expresión aparece por primera vez en el *Poscript: Twenty Years After* que Popper escribe para ser publicado como corolario o volumen adjunto a la versión inglesa, publicada en 1959, de *Logik der Forschung* (1934). Este texto fue escrito principalmente durante los años 1951-1956, y corregido y aumentado al recuperar Popper la vista luego de la operación a la que fuera sometido a causa de varios desprendimientos en las dos retinas, apenas modificándolo después de 1962. Sin embargo, recién fue publicado, en edición preparada por W. W. Bartley III, en tres tomos, durante los años 1982-1983 (Popper 1982, 1982a, 1983). Sobre el concepto popperiano de programa de investigación metafísico, ver además Popper (1974, § 33, § 37).

[21] Además de los textos mencionados de Lakatos (1970), Zahar (1973) y Lakatos & Zahar (1976), ver p.e. Moulines (1989).

Lakatos por los *constraints* de Nickles (1980, 1981),[22] presenta el mendelismo de Bateson como un programa de investigación en donde se dan de forma inextricable una teoría de la herencia y una concepción saltacionista de la evolución, y considera que precisamente esta característica es lo que distingue al "viejo programa (evolutivo) mendeliano" –el mendelismo de Bateson– de la concepción desarrollada por Morgan y sus discípulos, que él denomina "la nueva 'genética mendeliana'". Como ya fue expuesto en el presente trabajo, la problemática de la variación y la herencia –de la que se ocupa la bautizada como "genética"– se independiza de la problemática de la evolución, así como también de la problemática de la embriología, adquiriendo identidad e interés propios de manera explícita hacia 1905-1906, mediante la labor de Bateson, y no a través de los desarrollos, de Morgan y colaboradores, efectuados recién a partir de 1910.[23] Martins (2002), por último, considera "más adecuado hablar sobre 'el (nuevo) programa de investigación mendeliano' adoptado por el grupo de Bateson" en vez de "la teoría 'mendeliana'", debido a que ésta "era altamente maleable y sujeta a profundas alteraciones", e intenta explicitarlo mediante la caracterización de "un método experimental definido, algunos conceptos básicos y un esquema teórico general" (Martins, 2002, p. 39), sobre la base del análisis de los trabajos de Bateson de comienzos del siglo XX, tales como Bateson (1901a), Bateson (1902) y Bateson & Saunders (1902). Sin embargo, al igual que en el caso mencionado de Meijer, no hace un uso sistemático del concepto lakatosiano de programa de investigación científico, e.e. no identifica de forma explícita en la obra de Bateson los elementos señalados por Lakatos como componentes de un programa de investigación. Además, como ya fue señalado en este trabajo, el período de emergencia del programa de investigación desarrollado por Bateson y colaboradores se sitúa entre los años 1900 y 1905, recién pudiendo identificarse de manera clara dicho programa a partir de esta última fecha, y no en las publicaciones previas.

En lo que sigue se intentará llevar a cabo un análisis del "mendelismo" desarrollado por Bateson y colaboradores, mediante la aplicación del concepto lakatosiano de programa de investigación. Para ello, presentaremos primero en qué consiste éste.

---

[22] Sobre "heurística" ver más adelante; Nickles, por su parte, introduce el término "*constraint*" para referirse a cualquier ítem de información, cualquier "ley", principio, regla o hecho más o menos establecido o aceptado, que ayuda a delimitar un problema, imponiendo una condición para su solución.

[23] Para un mayor análisis de la relación entre las concepciones de Bateson y Morgan, ver Lorenzano (1998b, 2002a).

Para Lakatos, la unidad de análisis metateórico no es una hipótesis aislada o una teoría (en el sentido de una conjunción de hipótesis), sino lo que él llama un *programa de investigación*. Todo programa de investigación cuenta con un *núcleo duro* ('*hard core*') –que lo vertebra y le proporciona unidad– "tenazmente protegido contra las refutaciones mediante un gran 'cinturón protector' de hipótesis auxiliares" (Lakatos, 1978, p. 4). Los programas pueden ser también caracterizados por la *heurística* asociada al núcleo, consistente en reglas metodológicas de dos tipos: "unas que nos dicen qué senderos de investigación hemos de evitar (*heurística negativa*), y otras qué senderos hemos de seguir (*heurística positiva*)" (Lakatos, 1978, p. 47). La heurística negativa del programa prohíbe, *por decisión metodológica*, aplicar la refutación al núcleo, "prohíbe dirigir el *modus tollens* a este 'núcleo duro'" (Lakatos, 1978, p. 48). Para ello se debe "articular e incluso inventar 'hipótesis auxiliares' que formen un *cinturón protector* en torno a este núcleo, y es a éstas a quienes debemos dirigir el *modus tollens*" (Lakatos, 1978, p. 48). La heurística positiva, por su parte, "consiste de un conjunto, parcialmente estructurado, de sugerencias o pistas sobre cómo cambiar y desarrollar las 'versiones refutables' del programa de investigación, sobre cómo modificar y complicar el cinturón protector 'refutable' de protección" (Lakatos, 1978, p. 50).

Los programas de investigación científicos regidos por un núcleo duro se desarrollan a través de cambios en el cinturón protector de hipótesis auxiliares, proporcionando así una sucesión de diferentes versiones del mismo programa. Lakatos ofrece además una tipología de los programas de investigación científicos, basándose en su mayor o menor "éxito": "un programa de investigación es *progresivo* en tanto que su desarrollo teórico anticipe su desarrollo empírico, es decir, en tanto que continúe prediciendo con algún éxito nuevos hechos ('*cambio de problemas progresivo*'); está *estancado* si su desarrollo teórico queda rezagado respecto de su desarrollo empírico, es decir, siempre que no ofrece más que explicaciones *post-hoc*, bien sea de descubrimientos casuales o bien de hechos anticipados por, y descubiertos en, un programa rival ('*cambio de problemas degenerativo*')" (Lakatos, 1978, p. 112).

De los componentes de un programa de investigación tomaré aquellos componentes que son formalizables o precisables por medios modeloteóricos de una manera plausible[24] y que resultarán útiles para el análisis del

---

[24] Ver Stegmüller (1973), Moulines (1979) y Balzer *et al.* (1987) para una precisión desde la concepción semántica o modelo-teórica conocida con el nombre de "concepción estructuralista de las teorías" de algunas de las nociones lakatosianas. Para una presentación introductoria a dicha metateoría, ver Díez & Lorenzano (2002).

mendelismo de Bateson: la noción de núcleo duro irrefutable, su distinción del cinturón protector, construido con la ayuda de la heurística positiva, y la idea de progresividad.

Veamos ahora cómo aplicar estas nociones al caso del mendelismo de Bateson. Comenzaremos con el núcleo duro. Si el mendelismo consiste en un programa de investigación, debemos poder identificar un núcleo duro irrefutable, de acuerdo con la heurística negativa, válido en todo el desarrollo histórico del programa y que guía la investigación, posibilitando, a través de la heurística positiva, la construcción del cinturón protector de dicho núcleo, mediante la formulación de hipótesis más específicas.

Sin embargo, ni en las obras de Bateson ni en las de sus colaboradores se encuentra una formulación explícita de lo que Lakatos denominaría el "núcleo duro". Esta situación, que en ciencias biológicas parece no ser privativa de la genética, ¿hablaría en contra de la existencia de núcleos duros y en definitiva de programas de investigación en ella? Por nuestra parte, consideramos que no. Sino que, más bien, aunque no formulado explícitamente, dicho núcleo está presente, unificando al programa y dándole sentido a la práctica de los mendelianos, de forma tal que si uno quiere *entender* la concepción de Bateson (e.e. el mendelismo) y su desarrollo, necesita *postular* en base a razones sistemáticas la existencia de un núcleo tal, haciendo explícito lo solamente implícito. ¿En que consistiría dicho núcleo? ¿Cuáles sus componentes? Este núcleo[25] contiene como componentes básicos al conjunto de individuos (tanto parentales como de la descendencia), al conjunto de rasgos o caracteres y al conjunto de factores (presentes en los individuos por pares "alelomorfos" de dos tipos: aquel que denota la presencia de tal factor y aquel que denota su ausencia). Además, mediante su articulación establece que, para todo par parental que se cruce y deje descendencia, las distribuciones de probabilidad de los factores en la descendencia deben coincidir aproximadamente con las frecuencias relativas de los caracteres observadas en ella, dadas ciertas relaciones entre los factores y los caracteres.

Este núcleo, que la comunidad de mendelianos acepta y utiliza a lo largo de todo el desarrollo del programa de investigación, es altamente esquemático y general, poseyendo tan poco contenido empírico que resulta – de acuerdo con la heurística negativa de los programas de investigación *à la*

---

[25] La presentación de dicho núcleo se basa en los siguientes trabajos anteriormente publicados: Balzer & Dawe (1990), Balzer & Lorenzano (2000), Lorenzano (1995, 1998b, 2000a, 2002b).

Lakatos– irrefutable.²⁶ Pues, si –como ocurre– la frecuencia relativa de los caracteres se determina empíricamente y la distribución de los factores se postula hipotéticamente, chequear lo que afirma el núcleo, a saber: que los coeficientes en la distribución de caracteres y de factores en la descendencia son (aproximadamente) iguales, consiste en una tarea de lápiz y papel y no involucra ningún tipo de trabajo empírico. Sin embargo, como sucede con todo núcleo, a pesar de ser él mismo irrefutable, provee, al conectar los distintos conceptos básicos, tanto los teóricos como los más accesibles empíricamente –en este caso, el conjunto de los factores, las distribuciones de probabilidad de los factores en la descendencia y las relaciones postuladas entre los factores y los caracteres, por un lado, y los individuos, el conjunto de los caracteres y las frecuencias relativas de los caracteres observadas en la descendencia, por el otro–, un marco conceptual dentro del cual pueden formularse hipótesis empíricas contrastables y, eventualmente, refutables. Para lo cual, se requiere de la heurística positiva.

Ésta determina los modos en que se debe especificar el núcleo para obtener hipótesis particulares contrastables que conforman el cinturón protector. Así, la heurística positiva del programa batesoniano de investigación establece que, para dar cuenta de las distribuciones de los caracteres parentales en la descendencia, debe especificarse: a) el número de pares de factores involucrados (uno o más), b) el modo en que se relacionan los factores con los caracteres (dominancia completa o incompleta, codominancia o epistasis), y c) la forma en que se distribuyen los factores parentales en la descendencia (con combinaciones de factores equiprobables o no). Ahora sí, cuando se llevan a cabo estos tres tipos de especificaciones, se obtienen hipótesis a las cuales dirigir el *modus tollens*.²⁷ Estas hipótesis poseen infor-

---

²⁶ La irrefutabilidad del núcleo, empero, es de hecho y no, como lo quiere Lakatos, resultado de una decisión metodológica, a menos que entendamos por ella la decisión de adoptar tal núcleo, y no la de acordar no dirigir a él el *modus tollens*.

²⁷ Que este es un modo correcto de interpretar al "mendelismo", parece venir avalado por la manera en que el propio Thomas Hunt Morgan lo entendía, según se desprende de las siguientes afirmaciones, realizadas en 1909: "En la interpretación moderna del mendelismo, los hechos son transformados en factores a un ritmo cada vez más rápido. Si un factor no bastará para explicar los hechos, entonces dos factores serán invocados; si dos se han probado insuficientes, entonces tres actuarán a veces. Esta prestidigitación superior, a veces necesaria para dar cuenta de los resultados, que quedan a menudo tan excelentemente 'explicados' gracias a que la explicación fue inventada para explicarlos y, entonces, ¡presto!, explican los hechos por los mismos factores que inventamos para dar cuenta de ellos." (Morgan, 1909, p. 365).

mación adicional no contenida en el núcleo y, por ello mismo, un ámbito de aplicación más limitado que aquél.

Por último, podría decirse que, merced a la ampliación de su campo de aplicaciones, primero a los caracteres denominados "discontinuos" y luego también a los denominados "intermedios" o "continuos", tanto dentro del reino vegetal como también al reino animal, en el período que va de 1905-6 a 1909-10, el mendelismo fue un programa de investigación progresivo.

6. Conclusión

En este trabajo se expusieron algunos de los cambios de tipo conceptual y metodológico que tuvieron lugar dentro del estudio de la problemática de la herencia durante la primera década del siglo XX y que llevaron al establecimiento de la genética como disciplina autónoma. En particular, se expusieron los cambios, asociados a los trabajos de William Bateson y sus colaboradores, relacionados con la determinación de la "problemática de la variación y la herencia" como la problemática central a ser abordada, con la articulación del "mendelismo" –con su "hipótesis factorial"– para abordar dicha problemática y con su aplicación. El resultado de tales desarrollos fue la articulación de lo que podría considerarse el primer programa de investigación en genética: el "mendelismo". La aceptación de este programa por parte de la comunidad científica coincide con el establecimiento de la genética como disciplina. Por otro lado, en este trabajo se hizo un uso sistemático de la noción propuesta por Imre Lakatos de programa de investigación científico a los fines de identificar dicho programa –su núcleo duro irrefutable, su cinturón protector, construido con la ayuda de la heurística positiva, y su progresividad–, pretendiendo contribuir, de este modo, a una comprensión más profunda de (la historia de) dicha disciplina.

Agradecimientos

Este artículo fue realizado mediante subsidios de la Fundación Antorchas y de la Agencia Nacional de Promoción Científica y Tecnológica.

Referencias bibliográficas

Ahumada, J. & P. Morey (eds.) (1997), *Selección de trabajos de las VII Jornadas de Epistemología e Historia de la Ciencia*, Córdoba: Facultad de Filosofía y Humanidades, Universidad Nacional de Córdoba.

Bailey, L.H., 1903, "Some Recent Ideas on the Evolution of Plants", *Science* XVII (429), Friday, March 20: 441-454.

Balzer, W. & C.M. Dawe (1990), *Models for Genetics*, München: Institut für Philosophie, Logik und Wissenschaftstheorie.

Balzer, W. & P. Lorenzano (2000), "The Logical Structure of Classical Genetics", *Zeitschrift für allgemeine Wissenschaftstheorie* 31 (2): 243-266.

Balzer, W., Moulines, C.U. & J.D. Sneed (1987), *An Architectonic for Science. The Structuralist Program*, Dordrecht: Reidel.

Balzer, W. & C.U. Moulines (eds.) (2000), *Structuralist Knowledge Representation: Paradigmatic Examples*, Amsterdam: Rodopi.

Barnes, S. & S. Shapin (eds.) (1979), *Natural Order: Historical Studies of Scientific Culture*, Beverly Hills: Sage.

Bateson, B. (1928), *William Bateson, F.R.S., Naturalist. His Essays & Adresses together with a short account of his life*, Cambridge: Cambridge University Press.

Bateson, W. (1894), *Materials for the Study of Variation, treated with special regard to Discontinuity in the Origin of Species*, London: Macmillan and Co.; "Preface and Introduction", reimpreso en Punnett (1928), pp. 211-308.

Bateson, W. (1900a), "Hybridisation and Cross-Breeding as a Method of Scientific Investigation", *Journal of the Royal Horticultural Society* 24: 59-66; reimpreso en Bateson (1928), pp. 161-170.

Bateson, W. (1900b), "Problems of Heredity as a subject for Horticultural Investigation", *Journal of the Royal Horticultural Society* 25: 54-61; reimpreso en Bateson (1928), pp. 171-180.

Bateson, W. (1901a), "Experiments in Plant Hybridization", *Journal of the Royal Horticultural Society* 26: 1-3; reimpreso en Punnett (1928), pp. 1-3.

Bateson, W. (1901b), "Heredity, Differentiation, and Other Conceptions of Biology: A Consideration of Professor Pearson's Paper 'On the Principle of Homotyposis'", *Proceedings of the Royal Society* 69: 193-205; reimpreso en Punnett (1928), pp. 404-418.

Bateson, W. (1902), *Mendel's Principles of Heredity. A Defence*, Cambridge: Cambridge University Press.

Bateson, W. (1903), "On Mendelian Heredity of Three Characters Allelomorphic to Each Other", *Proceedings of the Cambridge Philosophical Society* 12: 153-154; reimpreso en Punnett (1928), pp. 74-75.

Bateson, W. (1904), "Presidential Address to the Zoological Section, British Association", reimpreso en Bateson (1928), pp. 233-259, y parcialmente como "Heredity and Evolution", en *Popular Science Monthly*, New York, pp. 522-531.

Bateson, W. (1905a), "Letter to Adam Sedgwick from 18.4.1905", reimpreso en Bateson (1928), p. 93.

Bateson, W. (1905b), "Letter to *Nature*", *Nature* 71: 390.

Bateson, W. (1906a), "The Progress of Genetic Research. An Inaugural Address to the Third Conference on Hybridisation and Plant-Breeding", *Reports of the Third International Conference on Genetics, Royal Horticultural Society*, pp. 90-97; reimpreso en Punnett (1928), pp. 142-151.

Bateson, W. (1906b), "A Text Book of Genetics. Review of J. P. Lotsy's *Vorlesungen über Deszendenztheorien*, 1 Theil, Jena, 1906", *Nature* 74: 146-147; reimpreso en Punnett (1928), pp. 442-445.

Bateson, W. (1907), "Facts Limiting the Theory of Heredity", *Science* 26: 649-662; reimpreso en Punnett (1928), pp. 162-177.

Bateson, W. (1909), *Mendel's Principles of Heredity*, Cambridge: Cambridge University Press, 1ª ed. marzo 1909; 2ª ed. (sin modificar) agosto 1909; 3ª ed. (ampliada) 1913; 4ª ed. (casi sin modificar) 1930.

Bateson, W. & E.R. Saunders (1902), "The Facts of Heredity in the Light of Mendel's Discovery", *Experimental Studies in the Physiology of Heredity. Reports to the Evolution Committee of the Royal Society* I: 125-160; reimpreso en Punnett (1928), pp. 29-68.

Bateson, W., Saunders, E.R., Punnett. R.C. & H. Kilby (1905), "Notes on the Progress of Mendelian Studies", *Reports to the Evolution Committee of the Royal Society* II: 119-131; reimpreso en Punnett (1928), pp. 121-134.

Bateson, W. & R.C. Punnett (1905), "A Suggestion as to the Nature of the 'Walnut' Comb in Fowls", *Proceedings of the Cambridge Philosophical Society* 13: 165-168; reimpreso en Punnett (1928), pp. 135-138.

Bateson, W., Saunders, E.R. & R.C. Punnett (1905), "Further Experiments on Inheritance in Sweet Peas and Stocks: Preliminary Account", *Proceedings of the Royal Society* B 77: 236-238; reimpreso en Punnett (1928), pp. 139-141.

Bateson, W., Saunders, E.R. & R.C. Punnett (1906), "Experimental Studies in the Physiology of Heredity", *Reports to the Evolution Committee of the Royal Society* III: 2-11; reimpreso en Punnett (1928), pp. 152-161.

Bateson, W., Saunders, E.R. & R.C. Punnett (1908), "Experimental Studies in the Physiology of Heredity", *Reports to the Evolution Committee of the Royal Society* IV: 2-5; reimpreso en Punnett (1928), pp. 183-187.

Bateson, W. & R.C. Punnett (1911a), "On Gametic Series involving Reduplication of Certain Terms", *Journal of Genetics* I: 293-302; reimpreso en Punnett (1928), pp. 206-214.

Bateson, W. & R.C. Punnett (1911b), "On the Interrelations of Genetic Factors", *Proceedings of the Royal Society* B 84: 3-8; reimpreso en Punnett (1928), pp. 215-220.

Buck, R.C. & R.S. Cohen (eds.) (1971), *PSA 1970. Boston Studies in the Philosophy of Science*, Vol. 8, Dordrecht: Reidel.

Carlson, E.A. (1966), *The Gene: a Critical History*, Philadelphia: Saunders.

Churchill, F.B. (1974), "William Johannsen and the Genotype Concept", *Journal of the History of Biology* 7: 5-30.

Cock, A.G. (1973), "William Bateson, Mendelism and Biometry", *Journal of the History of Biology* 6: 1-36.

Coleman, W. (1970), "Bateson and Chromosomes: Conservative Thought in Science", *Centaurus* 15: 228-314.

Coleman, W. (1970-1980), "Bateson, William", en Gillespie (1970-1980), pp. 505-506.

Correns, C. (1900a), "G. Mendels Regel über das Verhalten der Nachkommenschaft der Bastarde", *Berichte der Deutschen Botanischen Gesellschaft* 18: 158-168.

Correns, C. (1900b), "Gregor Mendel's 'Versuche über Pflanzen-Hybriden' und die Bestätigung ihrer Ergebnisse durch die neuesten Untersuchungen", *Botanische Zeitung* 58 (Supp.): 229-235.

Cuénot, L. (1902), "La loi de Mendel et l'hérédité de la pigmentation chez les souris", *Archives de Zoologie Experimental et Générale*, 3 (Series, 10, Notes et Revue): 27-30.

Darden, L. (1977), "William Bateson and the Promise of Mendelism", *Journal of the History of Biology* 10: 87-106.

Delage, I. (1908), *L'hérédité et les grandes pròblemes de la biologie générale*, Paris: Schleicher frères & Cie., 2ª ed.

Díez, J.A. & P. Lorenzano (eds.) (2002), *Desarrollos actuales de la metateoría estructuralista: problemas y discusiones*, Bernal: Universidad Nacional de Quilmes/Universidad Autónoma de Zacatecas/Universidad Rovira i Virgili.

East, E.M. (1910), "A Mendelian Interpretation of Variation that is Apparently Continous", *American Naturalist* 44: 65-82.

East, E.M. & H.K. Hayes (1911), "Inheritance in Maize", *Connecticut Agricultural Station Bulletin* 167: 1-141.

Farrall, L.A. (1975), "Controversy and Conflict in Science: A Case Study – The English Biometric School and Mendel's Laws", *Social Studies of Science* 5: 269-301.

Froggatt, P. & N.C. Nevin (1971a), "Galton's 'Law of Ancestral Heredity': its Influence on the Early Development of Human Genetics", *History of Science* 10: 1-27.

Froggatt, P. & N.C. Nevin (1971b), "The 'Law of Ancestral Heredity' and the Mendelian-Ancestrian Controversy in England, 1889-1906", *Journal of Medical Genetics* 8: 1-36.

Gavroglu, K. Goudaroulis, Y. & P. Nicolacopoulos (eds.) (1989), *Imre Lakatos and Theories of Scientific Change*, Dordrecht: Kluwer.

Gillespie, C.C. (ed.) (1970-1980), *Dictionary of Scientific Biography*, New York: Charles Scribner's Sons.

Hurst, R. (1949), "The R.H.S. and the Birth of Genetics", *Journal of the Royal Horticultural Society* 74: 377-393.

Johannsen, W. (1909), *Elemente der exakten Erblichkeitslehre*, Jena: Gustav Fischer, 1ª ed., 2ª ed. 1913, 3ª ed. 1926.

Johannsen, W. (1911), "The Genotype Conception of Heredity", *American Naturalist* 45: 129-159.

Johannsen, W. (1923), "Some Remarks About Units in Heredity", *Hereditas* 4: 133-141.

Kim, K.-M. (1994), *Explaining Scientific Consensus. The Case of Mendelian Genetics*, New York: The Guilford Press.

Lakatos, I. (1968), "Criticism and the Methodology of Scientific Research Programmes", *Proceedings of the Aristotelian Society* 69: 149-186.

Lakatos, I. (1970), "Falsification and the Methodology of Scientific Research Programmes", en Lakatos & Musgrave (1970), pp. 91-195; reimpreso en Lakatos (1978), pp. 8-101.

Lakatos, I. (1971), "History of Science and Its Rational Reconstructions", en Buck & Cohen (1971), pp. 174-182; reimpreso en Lakatos (1978), pp. 102-138.

Lakatos, I. (1974), "Science and Pseudoscience" (Radio Lecture broadcast by the Open University on 30 June 1973), en Vesey, G. (ed.), *Philosophy in the Open*, Open University Press, 1974; reimpreso como introducción a Lakatos (1978), pp. 1-7.

Lakatos, I. (1978), *The Methodology of Scientific Research Programmes: Philosophical Papers*, Volume 1, editado por Worrall, J. & G. Currie, Cambridge: Cambridge University Press, pp. 8-101.

Lakatos, I. & A. Musgrave (eds.) (1970), *Criticism and the Growth of Knowledge*, Cambridge: Cambridge University Press.

Lakatos, I. & E.G. Zahar (1976), "Why Did Copernicus's Programme Supersed Ptolemy's?", en Westman (1976), pp. 354-383.

Lorenzano, P. (1995), *Geschichte und Struktur der klassischen Genetik*, Frankfurt/Main: Peter Lang.

Lorenzano, P. (1997), "Hacia una nueva interpretación de la obra de Mendel", en Ahumada & Morey (1997), pp. 220-231.

Lorenzano, P. (1998ª), "Acerca del 'redescubrimiento' de Mendel por Hugo de Vries", *Epistemología e Historia de la Ciencia* 4: 219-229.

Lorenzano, P. (1998b), "Hacia una reconstrucción estructural de la genética clásica y de sus relaciones con el mendelismo", *Episteme* 3 (5): 89-117.

Lorenzano, P. (1999), "Carl Correns y el 'redescubrimiento' de Mendel", *Epistemología e Historia de la Ciencia* 5: 265-272.

Lorenzano, P. (2000a), "Classical Genetics and the Theory-Net of Genetics", in Balzer & Moulines (2000), pp. 251-284.

Lorenzano, P. (2000b), "Erich Tschermak: supuesto 'redescubridor' de Mendel", *Epistemología e Historia de la Ciencia* 6: 251-258.

Lorenzano, P. (2002a), "Leyes fundamentales, refinamientos y especializaciones: del 'mendelismo' a la 'teoría del gen'", en Lorenzano & Tula Molina (2002), pp. 379-396.

Lorenzano, P. (2002b), "La teoría del gen y la red teórica de la genética", en Díez & Lorenzano (2002), pp. 285-330.

Lorenzano, P. & F. Tula Molina (eds.) (2002), *Filosofía e Historia de la Ciencia en el Cono Sur*, Bernal: Universidad Nacional de Quilmes.

MacKenzie, D. (1978), "Statistical Theory and Social Interests: A Case Study", *Social Studies of Science* 8: 35-83.

MacKenzie, D. (1979), "Karl Pearson and the Professional Middle Class", *Annals of Science* 36: 125-143.

MacKenzie, D. & S.B. Barnes (1975), "Biometriker versus Mendelianer. Eine Kontroverse und ihre Erklärung", *Kölner Zeitschrift für Soziologie und Sozialpsychologie*, Sonderheft 13: 165-196.

MacKenzie, D. & S.B. Barnes (1979), "Scientific Judgment: The Biometry–Mendelism Controversy", en Barnes & Shapin (1979), pp. 191-210.

Marrais, R. de (1974), "The Double-Edged Effect of Sir Francis Galton: A search for the Motives in the Biometrician-Mendelian Debate", *Journal of the History of Biology* 7: 141-174.

Martins, L.A.-C.P. (2002), "Bateson e o programa de pesquisa mendeliano", *Episteme* 14: 27-55.

Masters, M. (1900), "Societies: Royal Horticultural Lecture", *Gardener's Chronicle* 27: 3.

Meijer, O.G. (1983), "The Essence of Mendel's Discovery", en Orel, V. & A. Matalová (eds.), *Gregor Mendel and the Foundation of Genetics*, Brno: The Mendelianum of the Moravian Museum in Brno, 1983, pp. 123-178.

Mendel, G. (1865), "Versuche über Pflanzen-Hybriden", *Verhandlungen des Naturforschenden Vereins zu Brünn* 4: 3-57; reimpreso en *Ostwalds Klassikern der exakten Wissenschaften*, Nr. 6, Braunschweig: Friedr. Vieweg & Sohn, 1970.

Michod, R.E. (1981), "Positive Heuristics in Evolutionary Biology", *British Journal for the Philosophy of Science* 32: 1-36.

Morgan, T.H. (1909), "What are Factors in Mendelian Inheritance?", *American Breeders' Association Report* 6: 365-368.

Morgan, T.H. (1913), *Heredity and Sex*, New York: Columbia University Press.

Morgan, T.H. (1916), *A Critique of the Theory of Evolution*, Princeton, Princeton University Press.

Moulines, C.U. (1979), "Theory-Nets and the Evolution of Theories: The Example of Newtonian Mechanics", *Synthese* 4: 417-439.

Moulines, C.U. (1989), "The Emergence of a Research Programme in Classical Thermodynamics", en Gavroglu, Goudaroulis & Nicolacopoulos (1989), pp. 111-121.

Nägeli, C.v. (1884), *Mechanisch-physiologische Theorie der Abstammungslehre*, München u. Leipzig: R. Oldenburg.

Nickles, T. (1980), "Can Scientific Constraints Be Violated Rationally?", in Nickles (1980), pp. 285-315.

Nickles, T. (ed.) (1980), *Scientific Discovery, Logic and Rationality*, Dordrecht: Reidel.

Nickles, T. (1981), "What Is a Problem That We May Solve It?", *Synthese* 47: 85-118.

Nilsson-Ehle, H. (1909), "Kreuzungsuntersuchungen an Hafer und Weizen", *Lunds Universitets Årsskrift* 52.

Norton, B.J. (1973), "The Biometric Defense of Darwinism", *Journal of the History of Biology* 6: 283-316.

Norton, B.J. (1975a), "Biology and Philosophy: The Methodological Foundations of Biometry", *Journal of the History of Biology* 8: 85-93.

Norton, B.J. (1975b), "Metaphysics and Population Genetics: Karl Pearson and the Background to Fisher's Multi-factorial Theory of Inheritance", *Annals of Science* 32: 537-553.

Norton, B.J. (1978), "Karl Pearson and Statistics: The Social Origins of Scientific Innovation", *Social Studies of Science* 8: 3-34.

Olby, R. (1987), "William Bateson's Introduction of Mendelism to England: A Reassessment", *British Journal for the History of Science* 20: 399-420.

Olby, R. (1988), "The Dimensions of Scientific Controversy: The Biometric-Mendelian Debate", *British Journal for the History of Science* 22: 299-320.

Olby, R. (2002), "Mendelism: From Hybrids and Trade to a Science", en Lorenzano & Tula Molina (2002), pp. 21-39.

Pearson, K. (1904), "Mathematical Contributions to the Theory of Evolution. XII: On a Generalised Theory of Alternative Inheritance, with Special Reference to Mendel's Laws", *Philosophical Transactions of the Royal Society of London* A 203: 53-86.

Popper, K. (1934), *Logik der Forschung*, Wien: Julius Springer Verlag.

Popper, K. (1974), "Intellectual Autobiography", in Schilpp (1974), pp. 3-181.

Popper, K. (1982), *The Open Universe. An Argument for Indeterminism*, Vol. II del *Poscript to The Logic of Scientific Discovery*, London: Hutchinson & Co.

Popper, K. (1982a), *Quantum Theory and the Schism of Physics*, Vol. III del *Poscript to The Logic of Scientific Discovery*, London: Hutchinson & Co.

Popper, K. (1983), *Realism and the Aim of Science*. Vol. I del *Poscript to The Logic of Scientific Discovery*, London: Hutchinson & Co.

Provine, W.B. (1971), *The Origins of Theoretical Population Genetics*, Chicago: The University of Chicago Press.

Punnett, R.C. (1905), *Mendelism*, Cambridge: Macmillan and Co, 1ª ed., 2ª ed., 1907, 3ª ed. 1911, 4ª ed. 1912, 5ª ed. 1919, 6ª ed. 1922, 7ª ed. 1927.

Punnett, R.C. (1950), "Early Days of Genetics", *Heredity* 4: 1-10.

Punnett, R.C. (1952), "William Bateson and Mendel's Principles of Heredity", *Notes and Records of the Royal Society of London* 9: 336-347.

Punnett, R.C. (ed.) (1928), *Scientific Papers of William Bateson*, Cambridge: Cambridge University Press.

Roll-Hansen, N. (1978), "The Genotype Theory of Wlhelm Johannsen and its Relation to Plant Breeding and the Study of Evolution", *Centaurus* 22: 201-235.

Roll-Hansen, N. (1980), "The Controversy Between Biometricians and Mendelians: A Test Case for the Sociology of Scientific Knowledge", *Social Science Information* 3: 501-517.

Roll-Hansen, N. (1989), "The Crucial Experiment of Wilhelm Johannsen", *Biology and Philosophy* 4: 303-329.

Schilpp, P.A. (ed.) (1974), *The Philosophy of Karl Popper*, La Salle, Ill.: Open Court.

Stegmüller, W. (1973), *Theorienstrukturen und Theoriendynamik*, Berlin: Springer.

Swinburne, R.G. (1965), "Galton's Law-Formulation and Development", *Annals of Science* 21: 15-31.

Tschermak, E. (1900), "Über künstliche Kreuzung bei Pisum sativum", *Berichte der Deutschen Botanischen Gesellschaft* 18: 232-239.

Van Balen, G. (1986), "The Influence of Johannsen's Discoveries on the Constraint-Structure of the Mendelian Research Program. An Example of Conceptual Problem Solving in Evolutionary Theory", *Studies in History and Philosophy of Science* 17: 175-204.

Van Balen, G. (1987), "Conceptual Tensions Between Theory and Program: The Chromosome Theory and the Mendelian Research Program", *Biology and Philosophy* 2: 435-461.

Vries, H. de (1900a), "Sur la loi de disjonction des hybrides", *Comptes Rendus de l'Académie des Sciences* 130: 845-847.

Vries, H. de (1900b), "Das Spaltungsgesetz der Bastarde (Vorläufige Mittheilung)", *Berichte der Deutschen Botanischen Gesellschaft* 18: 83-90.

Vries, H. de (1900c), "Sur les unités des caractères spécifiques et leur application a l'étude des hybrides", *Revue générale de Botanique* 12: 257-271.

Wanscher, J.H. (1975), "The History of Wilhelm Johannsen's Genetical Terms and Concepts from the Period 1903 to 1926", *Centaurus* 19: 125-147.

Westman, R. (ed.) (1976), *The Copernican Achievement*, Los Angeles: University of California Press.

Yule, G.U. (1906), "On the Theory of Inheritance of Quantitative Compound Characters on the Basis of Mendel's Law–A Preliminary Note", *International Conference on Hybridisation and Plant Breeding. Report of the Third International Conference on Genetics*, London: Royal Horticultural Society, pp. 140-142.

Zahar, E. (1973), "Why did Einstein's Programme Supersede Lorentz's? (I) & (II)", *British Journal for the Philosophy of Science* 24: 95-123, 223-262.

Razonamiento plausible en bioquímica: Crick, Watson y el caso del ADN

Sergio H. Menna*

> "Se trata, simplemente, de una muestra de las máximas básicas de la ciencia. Principios que han crecido por su aplicación y uso durante la historia, principios que han probado su poder y han llegado a ser aceptados por los científicos, quienes, algunas veces sin conocerlos, los emplean en sus investigaciones. No son principios de conocimiento absolutamente necesarios, y pueden cambiar con el tiempo. Pero una mirada a la historia de la ciencia muestra que sus cambios son muy lentos, y que, cuando esto ocurre [...] inducen cambios amplios y profundos en la estructura misma de la ciencia."
>
> (Henry Margenau, 1961, p. 14)

1. Introducción

La distinción 'contexto de descubrimiento/contexto de justificación' fue (y en cierta medida aún es) la distinción más radical e importante de la filosofía de la ciencia. La misma, formulada explícitamente por filósofos justificacionistas de la primera mitad del siglo XX, trazó una clara separación procedimental entre dos tareas radicalmente diferentes: la descripción de los procesos de descubrimiento de hipótesis, procesos de naturaleza irracional y por lo tanto metodológicamente intratables, y el análisis de los procedimientos de justificación de hipótesis. Estos procedimientos, según se esperaba, podían ser normativamente caracterizados —esto es, filosóficamente reconstruidos— mediante la aplicación de principios (reglas) formalmente válidos que pautaran adecuadamente la relación entre una hipótesis y

---

* Departamento de Filosofia (DFL), Universidade Federal de Sergipe (UFS), Brasil.

las observaciones (y experimentaciones) derivadas de ella. Metodólogos confirmacionistas y corroboracionistas emplearon estos principios consecuencialistas, conocidos como principios *empíricos*, básicamente porque (idealmente) ofrecían estándares objetivos de aceptación.

La mencionada distinción entre contextos fue fuertemente discutida por los filósofos post-positivistas de la segunda mitad del siglo XX, y desafiada y debilitada con la inclusión de un nuevo contexto analítico, el de '*plausibilidad*'. Este contexto puede ser caracterizado como un ámbito de identificación, explicitación, análisis y generalización (normativa) de principios evaluativos que no se reducen a la confrontación empírica directa, los principios *no*-empíricos. En él, como precisaré más delante, los principios no-empíricos, sobre la base de los fenómenos a explicar, permiten realizar juicios de plausibilidad, esto es, determinar la plausibilidad de una hipótesis en estadios de su desarrollo anteriores a los de su confrontación con nueva evidencia.

En ocasiones, los empiristas lógicos y racionalistas críticos han incorporado principios no-empíricos a sus metodologías, pero, *en todos los casos*, considerándolos complementos extra-epistemológicos, extra-filosóficos, extra-lógicos o extra-científicos. Feigl (1970, p. 4), por ejemplo, los adopta como "factores *psicológicos*", Popper (1934, p. i) como "*suplementos* metodológicos" y Carnap (1934/1937, p. 320) como "consideraciones metodológicas *prácticas*". La siguiente frase de Bunge sintetiza la visión clásica sobre el estatuto de los principios no-empíricos:

> *Los apoyos empírico y racional son objetivos*, en el sentido de que, en principio, son susceptibles de ser ponderados y controlados de acuerdo a estándares definidos. *Los apoyos extra-científicos, por el contrario, son asunto de preferencia individual, grupal o epocal* […] (Bunge, 1959, p. 81; el subrayado me pertenece).

Tal como indicaba Rudner (1953, p. 6), la valoración epistemológica de los principios no-empíricos fue sistemáticamente resistida por los epistemólogos clásicos, porque entendieron que los mismos podían hacer surgir "una crisis de primer orden en ciencia y metodología". Tal como señalaba Hempel (1983, p. 73), éstos temían que una práctica científica dependiente de principios no-empíricos podía "destruir la objetividad de la ciencia". Irónicamente, esta crisis igualmente aconteció, y no porque los autores de la denominada 'concepción heredada' llegaron a valorar epistémicamente a los principios no-empíricos, sino en gran medida porque continuaron ignorándolos.

En la actualidad, luego de la crisis del positivismo y la revolución post-positivista, la 'nueva' filosofía de la ciencia (de los filósofos que evitaron los atajos del escepticismo y el relativismo) considera a los principios no-empíricos parte integral de la metodología contemporánea. Aunque, otra ironía, esta nueva filosofía se centra más en analizar su rol en una 'renovada' metodología de la justificación –ahora, de la *aceptación*–, que en una metodología de la plausibilidad. El caso de Kuhn es representativo de esta tendencia. Con sus conocidas 'cinco vías' él pretende caracterizar principios que influyen en la *elección* de hipótesis exitosas, no en la decisión de adoptar provisoriamente ideas de trabajo plausibles o hipótesis plausibles aún no verificadas; en síntesis, se sitúa en el contexto de aceptación, no en el de plausibilidad. Las metodologías auto-denominadas de 'inferencia a la mejor explicación' (IME), defendidas, entre otros, por autores como Harman, Lipton, Boyd o Lycan, son otro claro ejemplo de esto. Para estas metodologías, los principios no-empíricos funcionan como principios *complementarios* de la confirmación empírica para decidir la aceptación (o selección) de hipótesis. De acuerdo a la IME, la capacidad que exhibe una hipótesis en explicar una gran cantidad de fenómenos variados y nuevos, ofrece una muy fuerte razón para la aceptación de la misma (en el caso de autores realistas, incluso para aceptarla como verdadera). Bajo esta integración de principios, la IME se propone como una alternativa a las metodologías de la justificación clásicas ('corroboracionismo', confirmacionismo, etc.), y no como una metodología de la plausibilidad.

A diferencia de la IME y otras metodologías de la aceptación o elección, la metodología de la plausibilidad no hace uso de los principios no-empíricos como complemento de los principios empíricos en los procesos de confirmación, sino que les otorga poder inferencial en estadios evaluativos de investigación *previos* a los estadios consecuencialistas de justificación o aceptación de hipótesis.[1] En otras palabras, acompaña el proceso de construcción de una hipótesis evaluando, en diferentes estadios, si ésta merece que sigamos invirtiendo en ella nuestros recursos técnicos e intelectuales.

A partir de la década del '60 del siglo pasado se desarrollaron algunas teorías sobre el razonamiento plausible: cualitativas (Hanson, 1965a y 1965b), bayesianas (Salmon, 1967, pp. vii, y 1970), prosecucionistas (Laudan, 1977, p. iii), etc. Sin embargo, el rol desempeñado por los principios no-empíricos en la metodología de la plausibilidad no fue discutido y valorado apropiadamente. Por ese motivo, en este artículo intentaré, en primer lugar, presentar y analizar adecuadamente la metodología de la plausibilidad (pun-

---

[1] En mi (2001) he tratado de defender que la versión estándar de IME, esto es, la presentada por Harman, pertenece al contexto de aceptación, en tanto que la versión estándar de plausibilidad, versión de raíz peirceana conocida con el nombre de 'abducción', pertenece al contexto de plausibilidad.

to 2). Seguidamente, buscaré desplegar su potencialidad analítica mediante la reconstrucción de un caso histórico significativo –el de la construcción, por parte de Crick y Watson, de la hipótesis sobre la estructura de la sal del ADN, estructura que tiene, según sus descubridores, características "de considerable interés biológico" (punto 3). Por último, extraeré conclusiones subrayando las virtudes reconstructivas de la metodología de la plausibilidad (punto 4).

2. Plausibilistas y plausibilidades

Luego del primer Simposio sobre plausibilidad, organizado por la *American Philosophical Association* en 1966 (ver *The British Journal for the Philosophy of Science*, vol. 63, pp. 611 y ss.), conceptos como 'plausibilidad', 'razonamiento plausible' o 'metodología de la plausibilidad', pasaron a ser categorías frecuentemente citadas, aunque lamentablemente *poco analizadas y utilizadas*, en los textos de filosofía de la ciencia.

Con el fin de obtener una metodología de la plausibilidad *aplicable* en la práctica científica, en este apartado me propongo dar una caracterización adecuada de ella. Por lo tanto, haré una breve introducción de los elementos básicos que se integran en esta metodología (2.1), presentaré una modificación contemporánea de su versión estándar (2.2), y propondré una detallada versión analítica de la misma (2.3).

2.1 Una breve introducción a la metodología de la plausibilidad

Una más que adecuada introducción a los principios del razonamiento plausible puede encontrarse en la obra del filósofo pragmatista C. S. Peirce. Por supuesto, la búsqueda de principios de evaluación que no se reduzcan a los relacionados con la confrontación empírica no comienza con Peirce ni termina con Kuhn y McMullin, los filósofos contemporáneos que quizá más se ha ocupado de los mismos. A lo largo de su larga historia previa a la caza de brujas metafísicas, retóricas y heurísticas desplegada por el positivismo lógico, la mansión de la metodología siempre estuvo habitada por volátiles entidades de discutida carnadura epistémica, y siempre hubo filósofos que se interesaron en estos "fantasmas de la metodología" –tal la denominación de Hanson (1960, p. 186). De hecho, una exhaustiva historia de la filosofía de la ciencia debería dedicar un capítulo importante al rol de los principios pretesteo en la ciencia. Es posible encontrar ideas plausibilistas en Aristóteles y, si rechazamos la radical oposición opinión-certeza que la historiografía estándar atribuye a la filosofía moderna, incluso en autores como Bacon, Descartes y Locke.

A pesar de estos lejanos precedentes, el estudio de los principios no-empíricos parece haber sido el interés central de los metodólogos del siglo

XIX, tal como una rápida revisión de textos de Whewell, Mill, Hertz, Jevons –y del mencionado Peirce– revela de inmediato. En las primeras décadas del siglo pasado, pocos nombres surgen bajo las sombras del empirismo lógico: Schiller, Koyré, Polya, quizá Wertheimer. Ya a partir de la segunda mitad del siglo XX, Hanson, Salmon, Goudge, Holton o Laudan, entre otros, intentaron articular una 'lógica' o 'metodología' de la plausibilidad más sofisticada, intentos que tendré en cuenta en este trabajo.

En muchas partes de su obra Peirce menciona varios principios no-empíricos que, según su consideración, proporcionan *plausibilidad* a una hipótesis (ver, especialmente, Peirce, 1931-1958, vol. 7, § 220). En la extensa literatura sobre el tema, estos principios pre-testeo reciben diferentes denominaciones: 'máximas', 'valores', 'razones' o 'virtudes de segundo orden' son los más conocidos. También conservan la antigua denominación '*desiderata*', porque exhiben características deseables en una hipótesis, o la expresión kantiana 'principios regulativos', porque permiten 'regular' (con los márgenes de imprecisión que este término contempla) nuestro asentimiento a diferentes hipótesis.

Existen tres grandes clases de principios no-empíricos. Una clase importante es la de los denominados 'formales'. Incluso los metodólogos justificacionistas admiten que las nuevas hipótesis no se introducen a la consideración científica en un vacío epistémico, y que deben guardar relaciones de 'implicación', 'coherencia', 'consistencia', etc., con las hipótesis y la evidencia dada por el conocimiento básico disponible. La categoría de 'aceptabilidad *a priori*' (de 'falsabilidad' en el proyecto popperiano, de 'examinabilidad' en el carnapiano) contempla a estos principios, aunque sólo como requisitos cuya violación es inadmisible, es decir, sin otorgarles capacidad inferencial.

Además de los principios formales –principios que suponen relaciones deductivas entre las hipótesis– existen otras clases de principios no-empíricos, los 'materiales' y 'pragmáticos'. Entre estos principios podemos mencionar, entre otros, al poder explicativo, la analogía, la autoridad, la simplicidad, la simetría, la elegancia estética y la fertilidad exploratoria. Los principios de estas clases determinan relaciones ampliativas (no-consecuencialistas) entre las hipótesis y la evidencia. Principios como el de analogía, por ejemplo, transfieren valor experiencial de hipótesis empíricamente testeadas a nuevas hipótesis (análogas) aún no testeadas. Principios como el de simplicidad, por su parte, adquieren carácter empírico por su repetido éxito en la práctica científica.[2] Con el propósito de subrayar su

---

[2] Este éxito, como veremos, no les otorga seguridad ni infalibilidad. Por eso es más que apropiada la máxima de Whitehead respecto del principio de simplicidad: "busca la simplicidad y desconfía de ella" (citado en Kaplan, 1968, p. 318). Dicho

contraste con los principios empíricos, estos principios han sido adjetivados de modo diverso: 'no-experimentales', 'no-empíricos', 'súper' o 'supra-empíricos', etc. Quizá sería más apropiado denominarlos 'principios *no-directamente*-empíricos', porque, aunque no de modo directo, están vinculados con la experiencia y fundamentados en la experiencia. Por brevedad, y para contraponerlos a los principios empíricos, los denominaré '*no-empíricos*'.

Peirce menciona varios principios no-empíricos. Por ejemplo, hace consideraciones sobre principios tales como los de 'precisión' y 'parsimonia' (4.35), 'ajuste' de la hipótesis con los datos (Peirce, 1931-1958, vol. 1, § 85), y 'coherencia' de la hipótesis propuesta con hipótesis ya aceptadas (Peirce, 1931-1958, vol. 2, § 776). También, sobre el 'poder explicativo' (Peirce, 1931-1958, vol. 1, § 89), la 'testabilidad' (Peirce, 1931-1958, vol. 1, § 120), la 'analogía' (Peirce, 1931-1958, vol. 7, § 443) y la 'simplicidad' (Peirce, 1931-1958, vol. 5, § 60), a la cual considera la "máxima del procedimiento científico". Estas razones o principios evaluativos, indica este autor, pueden ser agrupados en una forma inferencial que él denomina "abducción".

Según Peirce, en la actividad científica *real* una hipótesis no es sometida a un proceso de justificación a menos que previamente exhiba que es *plausible*; es decir, que da cuenta adecuadamente de los fenómenos para cuya explicación fue diseñada, y que merece que despleguemos sus consecuencias deductivas e intentemos probarla mediante testeo inductivo (ver Peirce, 1931-1958, vol. 2, § 511).

> Denomino *plausible* a aquella teoría que podría explicar fenómenos más o menos sorprendentes si fuera verdadera, que todavía no ha sido sujeta a ninguna clase de testeo, y que se recomienda a sí misma para un examen posterior. (Peirce, 1931-1958, vol. 2, § 662; el subrayado es mío).

De acuerdo a esta primera caracterización, Peirce, al tradicional estadio evaluativo de *justificación*, intenta anteponer *otro* estadio evaluativo: el de *plausibilidad*. Éste se presenta como un estadio evaluativo *previo*, *independiente*, y en *continuidad* con el de justificación o aceptación.

Es importante subrayar que lo que metodología de la plausibilidad busca es dar cuenta de los fenómenos *sorprendentes*; es decir, de las 'anomalías'

---

en los términos de Kuhn (1973, p. 355) que hicieron historia: los principios no proveen "algoritmos de elección", ya que funcionan más como *valores* que "influyen" en las decisiones científicas que como *reglas* que "determinan" esas decisiones.

kuhnianas o los 'hechos recalcitrantes' quineanos.³ Esto nos lleva a hacer algunas consideraciones sobre la distinción entre 'vieja' y 'nueva' evidencia, y entre los conceptos de explicación que las inferencias a partir de cada una de estas clases de evidencia implica.

Se conoce como 'vieja' evidencia a la evidencia que plantea un problema en el contexto de descubrimiento, y como 'nueva' evidencia a la evidencia contrastadora que se obtiene en el contexto de justificación.

La capacidad de una hipótesis en dar cuenta de la 'vieja' y/o de la 'nueva' evidencia, pone en juego diferentes conceptos de explicación. Para muchos filósofos logicistas, el término 'explicación' abarca *tanto* a la 'vieja' como a la 'nueva' evidencia. Para Hempel (1965, p. 279), por ejemplo, dado que la deducción es una relación estrictamente lógica, explicación y predicción son inferencias (deductivas) simétricas. Predecir x es explicar x antes de que ocurra; explicar x es predecir x después de que haya acontecido. Para distinguir terminológicamente a ambas partes de la explicación, Hempel incorpora los conceptos de 'acomodación' y 'predicción'. "Una parte de la contrastación" –dice en otro lugar–, "consiste en ver si la hipótesis está confirmada por cuantos datos relevantes se hayan obtenido antes de su formulación; una hipótesis aceptable tendrá que *acomodarse* a los datos relevantes con que ya se contaba. Otra parte de la contrastación consiste en [*predecir*] nuevas implicaciones contrastadoras, *y en comprobarlas* mediante oportunas observaciones o experiencias" (Hempel, 1966, p. 36; las itálicas son mías).

La metodología de la plausibilidad propone algunas variantes a esta difundida concepción metodológica heredada. En primer lugar, la 'vieja' evidencia es la *única* evidencia que considera. En segundo lugar, entiende que la capacidad de una hipótesis en dar cuenta de la 'vieja' evidencia no necesariamente es parte de su capacidad explicativa de la 'nueva' evidencia; en otras palabras, traza una distinción *conceptual* entre los conceptos de 'acomodación' y 'predicción'.⁴ En tercer lugar, entiende, a diferencia de Hempel –quien sostiene que "una explicación [...] no es completa a menos que

---

³ Para Peirce, un sistema de creencias supone un estado cognitivo de equilibrio; los hechos sorprendentes hacen surgir dudas, es decir, un desequilibrio en el sistema, y esto da inicio a una "lucha" –o "indagación"– para obtener un estado renovado de creencias estables (ver Peirce, 1931-1958, vol. 5, §§ 370-374).

⁴ A fin de evitar la ambigüedad temporal del término 'explicación', adoptaré el término 'acomodación' para referirme a la capacidad que tiene una hipótesis para dar cuenta de la 'vieja' evidencia, la evidencia problemática, preservando el término 'predicción' para aludir a la capacidad que tiene una hipótesis para permitir que se deduzcan de ella enunciados que describan 'nueva' evidencia relevante.

pueda funcionar como una predicción" (Hempel, 1942, p. 38)–, que la capacidad de una hipótesis en dar cuenta (en 'acomodar') fenómenos sorprendentes *es en sí misma una explicación*. Por último, afirma que la capacidad de una hipótesis en 'acomodar' vieja evidencia, más que contrastación, confiere *plausibilidad*.

Como vemos, cuando Peirce habla de la 'capacidad explicativa' de una teoría, alude al requisito de acomodación; es decir, a la exigencia de que la hipótesis dé cuenta de vieja evidencia. De acuerdo a este autor, una vez detectada una hipótesis que acomoda los fenómenos problemáticos, "el investigador considera de modo favorable a su conjetura o hipótesis; [...] sostiene de modo provisorio que ésta es 'plausible'" (ver Peirce, 1931-1958, vol. 1, § 2).

Desde un punto de vista *evidencial* podemos decir, entonces, que la metodología de la plausibilidad se basa en la evidencia disponible al momento del descubrimiento y la metodología de confirmación/ corroboración en la nueva (y variada) evidencia que se acumula en el proceso de justificación.

Es importante señalar que Peirce subraya el carácter *tentativo* y *provisorio* de la hipótesis adoptada a partir de la aplicación de alguno o de varios principios de plausibilidad. El hecho de que una hipótesis simple, abarcativa, testeable, etc., explique (o 'acomode') los fenómenos para los que fue propuesta, *no es una condición suficiente para su aceptación*. Más aún; la condición que autoriza a adoptar "a prueba" a una hipótesis es que luego ésta "se compruebe por comparación con la observación" (ver Peirce, 1931-1958, vol. 1 §121; ver, también, vol. 1, § 68, y vol. 2, § 776). Como él mismo menciona, "la [plausibilidad] no da seguridad; la hipótesis debe ser testeada" (Peirce, 1931-1958, vol. 6, § 470).

Si bien Peirce se ocupó de la distinción metodológica plausibilidad/ justificación, la misma, tal como indiqué, no era extraña para otros metodólogos del siglo XIX. Whewell (1857, vol. 2, p. 370), por ejemplo, sostuvo que una hipótesis adquiere alguna "plausibilidad [...] por su completa explicación de lo que pretende explicar"; es decir, 'acomodar', pero que sólo está adecuadamente "confirmada [...] por su explicación de lo que *no* pretendía explicar"; es decir, justificada por el testeo exitoso de sus predicciones.

Como podemos ver, estas afirmaciones trazan una distinción entre la capacidad de una hipótesis de acomodar fenómenos conocidos (¿en el contexto de plausibilidad?) y la capacidad de predecir fenómenos nuevos, pero utiliza a *ambas* clases de fenómenos para inferir hipótesis en el contexto de justificación. Sin embargo, los metodólogos fueron desplazando el 'peso evidencial' –y, consecuentemente, denotando con la denominación 'principio empírico'– a los fenómenos *nuevos*; es decir, a los datos que se ponderan en el contexto de justificación. Popper (1962-1965, pp. 269-88), Worrall (1978) y Musgrave (1989), por ejemplo, afirman que al evaluar el apoyo evidencial de una hipótesis debemos prestar atención *principalmente* al éxito o fracaso de sus predicciones o, incluso, *exclusivamente* al éxito o fracaso de sus predicciones, ya que la fuerza epistémica de la evidencia previa es escasa o inexistente.[5] Gardner resume esta predilección de los filósofos de la ciencia por los nuevos datos diciendo que

> En filosofía de la ciencia existe una larguísima tradición –por no decir consenso– de acuerdo a la cual una pieza de evidencia observacional provee de más apoyo a una teoría dada si ésta es 'nueva'. Aproximadamente, la idea es que, *ceteris paribus, la verificación de una predicción apoya a una teoría más que la explicación de algo ya conocido*, o de algo para lo cual la teoría fue diseñada. (Gardner, 1982, p. 1; el subrayado es mío).

Yo concuerdo con esta síntesis; la historia de la ciencia ofrece importante apoyo a esta concepción de la dinámica científica: *la justificación requiere de nueva evidencia, de evidencia predicha más que de evidencia explicada o acomodada*. De hecho, *en la mayoría* de los casos históricos la necesidad del testeo consecuencialista ha sido la regla más que la excepción. La experimentación, por ejemplo, es uno de los principales principios para la concesión de los premios Nobel en ciencia. El Comité Nobel de Física concedió a Einstein su premio por la ley del efecto fotoeléctrico. Pero esto fue en 1922, luego de que la misma fuera "rigurosamente testeada" por Millikan, y "superara el test de modo brillante" (*Nobel Lectures*, 1967, p. 480). Es más, el Comité consignó explícitamente que fue debido a la confirmación experimental que la ley pudo ser valorada (ver *Nobel Lectures*, 1965, p. 53). Igualmente, Semmelweis necesitó someter a prueba a su hipótesis sobre la causa de la fiebre post-parto. Adams y Leverrier necesitaron que su hipótesis del planeta oculto sea probada. Torricelli necesitó probar su hipótesis sobre la presión atmosférica; bien sabemos que Pascal y Périer se esmeraron en testear a la misma en las más diferentes condiciones.

¿Pero qué sucede en las situaciones en que para ponderar las hipótesis *sólo* disponemos de la 'vieja evidencia', es decir, de la evidencia que plantea

---

[5] Popper, por ejemplo, afirma: "la nueva teoría, además de explicar los *explicanda* que debe explicar, debe tener también *nuevas* consecuencias testeables (preferiblemente de un *nuevo* tipo); debe conducir a la predicción de fenómenos hasta ahora no observados. [...] Este requisito me parece indispensable porque sin él nuestra nueva teoría sería *ad hoc*; pues siempre es posible elaborar una teoría que se adapte a cualquier conjunto dado de *explicanda*" (Popper, 1962-1965, p. 280).

un problema? ¿Las hipótesis propuestas como solución serían meramente *ad hoc*, como dice Popper, y por lo tanto no tendríamos que tenerlas en cuenta? ¿Deberíamos suspender nuestros juicios epistémicos y detener la actividad racional hasta que se obtenga nueva y variada evidencia?

Para responder a estas preguntas debemos partir de un dato fáctico: en la mayoría de los casos científicos *se da* la situación mencionada. Al menos al comienzo de la investigación científica, por lo general tenemos hipótesis que *sólo acomodan* la evidencia existente. O porque la naturaleza no ofrece resultados contrastadores (la teoría de la relatividad de Einstein, por ejemplo, tuvo que esperar varios años un eclipse que confirmara que "la naturaleza se comporta tal como [su] hipótesis predecía"). O porque el experimento crucial es muy costoso (la construcción del acelerador de partículas, por ejemplo, requirió de muchos años de búsqueda de financiación y mucho tiempo de construcción). O, simplemente, porque la tarea de extraer predicciones adecuadas de una teoría no es un trabajo inmediato y automático, sino que requiere tiempo, recursos, y considerable 'talento creativo'.

La confirmación de nuevos datos, efectivamente, conforma una base firme para la inferencia (concibiendo siempre la connotación de la expresión 'base firme' dentro de un marco falibilista). Pero este hecho *no tiene por qué excluir que los datos problemáticos sean base de algún tipo más débil de inferencia*; específicamente, de inferencia abductiva o plausible.

La 'vieja evidencia', por lo tanto, tiene valor epistémico además de tener valor heurístico. El carácter *ad hoc* de las hipótesis no tiene por qué tener la connotación negativa que le confieren Popper y popperianos. De hecho, la función de los principios no-empíricos que conforman la metodología de la plausibilidad es la de seleccionar las hipótesis *legítimamente ad hoc*, es decir, de separar las hipótesis plausibles de las hipótesis implausibles y las hipótesis triviales.

2.2 Una precisión plausibilista: la distinción hipótesis general/hipótesis particular

Hasta el momento, he caracterizado a la metodología de la plausibilidad a partir de la distinción entre clases de evidencia ('vieja' y 'nueva' evidencia) y la distinción entre clases de principios ('empíricos' y 'no-empíricos'). Creo que es importante incorporar a esta metodología la distinción de *grado de generalidad* de las hipótesis que pueden ser inferidas con plausibilidad. Lo interesante de esta precisión, incorporada (o quizá recuperada) por Hanson (1965b), reside en el hecho de subrayar que la metodología de la plausibilidad también permite inferir la plausibilidad de hipótesis *de trabajo*; es decir, de hipótesis de carácter más general que las hipótesis particulares —las hipótesis altamente desarrolladas finalmente sugeridas para ser evaluadas en el contexto de justificación (o aceptación). Una hipótesis de trabajo y una hipótesis altamente desarrollada contienen el mismo tipo de mecanismos, entidades y lenguaje técnico, difiriendo sólo en el mayor grado de precisión en que son enunciadas las hipótesis que posteriormente serán sometidas a testeo. El análisis del descubrimiento de Crick y Watson que presentaré en el punto (3) nos dará un ejemplo perfecto de la distinción hipótesis general/ hipótesis particular.

Tal como autores como Kuhn y Duhem han enfatizado, el proceso científico tiene una estructura histórica; es decir, es un proceso complejo de articulación teórica que acontece en el tiempo y el espacio. También Chamberlin, a principios del siglo pasado, haciendo referencia a lo que él denominaba "método de hipótesis de trabajo", nos decía que, "primariamente, una hipótesis de trabajo es un medio para determinar hechos, no una tesis a ser establecida; su función principal es la de sugerir y guiar líneas de indagación [...]" (Chamberlain, 1904, p. 104). A pesar de esta clase de precedentes, la mayoría de las reconstrucciones racionales de los procesos de construcción de hipótesis no han articulado categorías analíticas para dar cuenta *metodológicamente* de las etapas evaluativas de la progresiva conformación de las hipótesis. Por lo general, categorías como 'idea científica', 'hipótesis de trabajo' o 'idea especulativa', sólo son utilizadas en reconstrucciones históricas, y como términos *descriptivos*. Un autor como Conant (1951, pp. 47-49), por ejemplo, quien repara en el valor de estas categorías, no va más allá de observar que "las grandes hipótesis de trabajo" pueden ser adecuadamente descritas como 'conjeturas inspiradas', 'golpes intuitivos', o 'brillantes flashes de imaginación'. Por lo tanto, aunque Peirce hace algunos comentarios aislados acerca de "clases de hipótesis" (ver, p.e., Peirce, 1931-1958, vol. 5, § 188), este modo más amplio de caracterizar a la metodología de la plausibilidad puede ser considerado como una contribución de Hanson a la metodología científica.[6]

Podemos ilustrar esta distinción con algunos ejemplos. Comencemos con el desarrollo de la hipótesis sobre Neptuno del matemático inglés J. C. Adams. La hipótesis del 'planeta invisible' que Adams ponderó en primer lugar, por ejemplo, *no es* la hipótesis particular que ulteriormente resultó

---

[6] Peirce "parece haber buscado a tientas en esta dirección", comenta Hanson (1965b, p. 47). En Peirce (1931-1958, vol. 7, § 220), por ejemplo, él dice que todas las órbitas que ensayó Kepler antes de dar con la correcta eran de una "*clase* fundamental" (el subrayado es mío). Sin embargo, Peirce nunca elaboró su propuesta sobre la base de esta distinción.

exitosa. Adams dejó claro indicio de esto en su diario personal, en donde en un famoso *memorándum* consignó:

> Mi propósito es averiguar *si* [los movimientos anómalos de Urano] *pueden ser atribuidos a la acción de un planeta desconocido, y si es posible determinar de modo aproximado los elementos de su órbita* [...] (Adams, 1841; las itálicas son mías).

Es decir: Adams distinguió dos tareas *diferentes*, a las cuales resolvió de modo secuencial: *primero* sostuvo una 'idea seminal', la existencia de un nuevo planeta, y *luego*, a partir de su confianza en esta idea o hipótesis de trabajo, desarrolló la hipótesis particular que le permitió determinar de modo aproximado los elementos de la órbita de Neptuno, es decir, predecir la posición de ese planeta. Y entre una y otra formulación de la hipótesis hubo de por medio cinco largos años de intenso trabajo matemático.[7]

La historia de la ciencia está repleta de ejemplos de este tipo. Podemos contrastar la formulación 'general' que hizo Kepler en 1600 respecto de que la órbita de Marte sigue una trayectoria no-circular, con su afirmación 'particular' de 1609 respecto de que la órbita de Marte es una elipse, inclinada en la eclíptica y con el Sol en uno de sus focos. O podemos mencionar la investigación de Snell, quien trabajando sobre la idea general de la refracción, desarrolló y expresó numéricamente esa regularidad ya conocida por sus precursores. O podemos recordar que la idea seminal de Aristarco de que el Sol es el centro del Sistema Planetario fue tomada como hipótesis de trabajo por Copérnico, y luego propuesta por él mismo bajo la forma de un plausible Sistema Heliocéntrico.

La reconstrucción presentada de la hipótesis sobre la existencia de Neptuno, trata de evaluaciones de estadios de desarrollo de una *hipótesis auxiliar*. Los demás ejemplos mencionados son ejemplos esquemáticos de reconstrucciones de *regularidades empíricas*. Optando por un principio de variedad y de relevancia, en el punto (3) presentaré la reconstrucción evaluativa del proceso de construcción de un *sistema de leyes con términos teóricos*: la hipótesis de la estructura de la sal del ADN de Watson y Crick.

2.3 Caracterización analítica de la metodología de la plausibilidad

Con la finalidad de otorgar claridad analítica a mi presentación de la metodología de la plausibilidad, adopto la siguiente formulación del esquema inferencial plausibilista (el esquema que expondré a continuación es una

---

[7] En mi (2000) he realizado una detallada reconstrucción plausibilista de este descubrimiento, acompañando las propuestas simultáneas de Adams y de Leverrier.

versión bastante modificada del original esquema peirceano, el cual, además de mejorarlo, capta en lo esencial sus ideas principales):

1. Evidencia dada por los fenómenos problemáticos
2. Conocimiento básico
3. Hipótesis H_1 ya dada
4. _____
5. Hipótesis H_1
6. Hipótesis rivales H_2, H_3, ..., H_n
7. _____
8. H_1 es una hipótesis *plausible*
9. _____
10. Trabajar sobre H_1 *en primer lugar*

    1. El punto (1) de la figura alude a que la *única* evidencia que considera este esquema inferencial es *la evidencia que plantea el problema*; es decir, la 'vieja' evidencia, no la 'nueva' evidencia que pueda ser obtenida en el proceso de justificación (o aceptación). Esta premisa refleja una característica importante de la práctica científica: generalmente (aunque no excluyentemente) la investigación comienza a partir de un problema; es decir, de una anomalía empírica o teórica inesperada, que produce asombro. No se trata, por supuesto, del 'asombro' aristotélico ante el hecho de que las cosas sean, sino del asombro peirceano ante las cosas que no son como lo prevé la teoría aceptada hasta ese momento.

    2. El punto (2) subraya un aspecto contextual importante, ya advertido por la mayoría de los teóricos de la evaluación: que las nuevas hipótesis no se someten a evaluación en un vacío epistémico, y que deben guardar relaciones de implicación, coherencia, consistencia, etc., con las hipótesis previas y con la evidencia no problemática ya existente.

    3. La hipótesis H_1 es la hipótesis sobre la que tenemos que estimar su plausibilidad. He agregado que se trata de una hipótesis *ya dada* para subrayar que la metodología de la plausibilidad no se enfrenta al problema de dar cuenta del *origen* de las hipótesis. En mi opinión, es debido al hecho de que los juicios de plausibilidad emplean para sus decisiones la *misma* evidencia que plantea un problema que reclama solución, que se suele suponer que los principios no-empíricos conforman una 'lógica' para hacer descubrimientos. Pero, evidentemente, el esquema inferencial que acabo de presentar no permite *generar* ninguna clase de hipótesis; al menos, en el sentido de que la aplicación explícita de principios no-empíricos a la evidencia no permite construir mecánicamente ninguna hipótesis. (Sin dudas, estos principios deben cumplir un rol heurístico en el descubrimiento de hipótesis – incluso, se podría argumentar que la metodología de la plausibilidad tiene la

capacidad de reconstruirlos, y de funcionar, así, como una lógica reconstructiva del descubrimiento. Pero, en cualquier caso, esto no la convertiría en una 'lógica' con capacidad de *hacer* descubrimientos). Si esta caracterización de la metodología de la plausibilidad es válida, en el tradicional contexto de descubrimiento debemos recuperar, para nuestro universo falibilista, la distinción medieval invención-juicio –esto es, trazar la distinción descubrimiento-plausibilidad–, y analizar a los principios no-empíricos en el contexto de plausibilidad.

4. El paso inferencial representado por la línea discontinua intenta reflejar la presencia de principios no-empíricos de analogía, poder explicativo, autoridad, etcétera, principios no-directamente-empíricos que, de modo indirecto, transfieren apoyo de la experiencia a hipótesis aún no testeadas. Empleo la línea discontinua inductiva (abductiva) para contraponerla a la línea continua usualmente empleada en las inferencias deductivas, a fin de reflejar el carácter no-necesario y no-seguro –es decir, falible– de esta clase de inferencias.

5. El punto (5) señala nuestro asentimiento de la hipótesis, que la consideramos plausible, que tenemos buenas razones para adoptarla tentativamente. Esta evaluación es *absoluta* en el sentido de que debe satisfacer un umbral epistémico dado por los principios, pero *relativa* en el sentido de que la hipótesis debe ser mejor que otras hipótesis plausibles –si las hubiera. Este aspecto está reflejado en el siguiente punto.

6. Este punto intenta reflejar que la evaluación plausibilista generalmente es *comparativa*, ya que se suele elegir a una hipótesis dentro de un *conjunto* de hipótesis rivales.

7. Nuevamente, aquí la línea inferencial discontinua indica la presencia de principios no-empíricos; en este caso, principalmente pragmáticos. Tal como había observado Aristóteles –señala Peirce (1931-1958, vol. 7, §§ 199-200)–, puede haber muchas explicaciones de un mismo hecho incompatibles entre sí. Por este motivo, es importante decidir cuál de las hipótesis explicativas del conjunto admitido es *más* plausible y debe ser testeada en primer lugar. A este respecto, quizá sea apropiado el comentario de Putnam (1975) de que esta clase de ponderaciones suministran "*ordenaciones* de plausibilidad". "Los físicos" –comenta Peirce (1931-1958, vol. 8, § 223)– "están muy influenciados por [consideraciones de] plausibilidad al seleccionar cuál de varias hipótesis testearán en primer lugar". Esta decisión está en función de la aplicación de principios pragmáticos que Peirce denomina "principios de *economía*" (Peirce, 1931-1958, vol. 7, §§ 139-161). Bajo el apartado 'economía de investigación', Peirce hace referencia a los principios de 'ahorro' y de 'simplicidad'. La experimentación implica un "enorme costo" en "tiempo, dinero, energía y pensamiento", comenta. Dado que nuestros recursos

son limitados, el ahorro que podamos hacer de los mismos es un importante principio a tener en cuenta *antes* de decidir qué hipótesis someter a un proceso de justificación (ver Peirce, 1931-1958, vol. 5, § 600; vol. 7, § 200; y vol. 7 § 220). Tal como indiqué, Peirce considera a la simplicidad "la máxima del procedimiento científico" (Peirce, 1931-1958, vol. 5, § 60). Básicamente, esta máxima indica que, ante un conjunto de hipótesis que explican a un fenómeno problemático, si los demás factores permanecen igual, debemos preferir la hipótesis explicativa más simple.

8. La conclusión del esquema nos dice que, dadas las premisas, dados los principios de plausibilidad, y dado el *status* de las demás hipótesis, una hipótesis –en este caso, H_1– explica los fenómenos anómalos mejor que las hipótesis rivales disponibles, que podemos adoptar tentativamente a H_1 como una hipótesis plausible. Quiero subrayar las expresiones 'inferir débilmente' y 'adoptar tentativamente'. Las mismas nos indican que el asentimiento dictado por el juicio de plausibilidad es *provisorio*, y que sólo sugiere un orden de preferencia; es decir: que se espera que la investigación continúe, y que la metodología de la plausibilidad da indicaciones sobre qué línea de investigación seguir, no especificaciones para tomar un rumbo y obstaculizar las líneas de investigación alternativas. Recordemos que otra de las máximas de Peirce era: "¡no bloquear el camino de la investigación!" (Peirce, 1931-1958, vol. 1, § 135).

9. Creo necesario detenerme en una distinción conceptual, implícita en el esquema, pero que es expositivamente útil explicitar. Se trata de la distinción entre expresiones como 'adoptar tentativamente' o 'considerar plausible', y expresiones como 'sugerir una hipótesis' o 'trabajar sobre una hipótesis en primer lugar'. Las exposiciones plausibilistas nunca las distinguen, y –al igual que yo al comienzo– señalan, por ejemplo, que el hecho de determinar que una hipótesis es plausible nos permite 'adoptarla provisoriamente para investigar sobre ella'. A mi entender, aquí existe una diferencia entre 'juicios epistémicos' y 'acciones prácticas' que merece ser subrayada, y que queda reflejada en la conclusión del punto (10).

10. La conclusión de este juicio práctico nos diría que, *dado* que nuestra hipótesis es plausible, *entonces* tenemos buenas razones para investigar sobre ella en primer lugar.

Hasta aquí, he realizado una presentación analítica de la metodología de la plausibilidad. Esta tuvo, básicamente, un función expositiva: en la práctica científica, por supuesto, no existen secuencias metodológicas tan pautadas ni el proceso evaluativo es tan lineal. Por ejemplo: los pasos (4)-(7), seguramente, se resuelven en uno solo. Además, se puede estar trabajando sobre una hipótesis general que se reveló plausible, y en este mismo proceso tener noticia de una nueva hipótesis que se revela como *más* plausible. Por otro lado, la distinción entre los pasos (7) y (9) es ciertamente artificial: obviamente, la consigna plausibilista es: sugerir para proseguir.

Luego de estas aclaraciones, que pretenden prevenir contra la rigidez de las distinciones conservando la importancia de las categorizaciones, podemos pasar a la presentación del 'caso del ADN'.

3. Crick, Watson y el caso del ADN

Con la categoría 'plausibilidad' como marco analítico, reconstruyamos ahora las etapas plausibilistas del proceso de construcción de uno de los descubrimientos más importantes de la bioquímica contemporánea.

En abril de 1953, J. D. Watson y F. H. Crick publican en la revista *Nature* un artículo en el que proponen una estructura para la sal del ácido desoxirribonucleico o 'ADN'. Este muy breve artículo comienza con la palabra clave de la propuesta plausibilista que intento defender en este trabajo: '*sugerir*':

> Deseamos *sugerir* una estructura para la sal del ácido desoxirribonucleico (ADN). Esta estructura tiene nuevas características que son de considerable interés biológico. (Watson & Crick, 1953, p. 737; el subrayado es mío)

La formulación del artículo responde a la del esquema metodológico que estoy presentando. Luego de esa frase inicial, los autores presentan algunas de las hipótesis rivales existentes:

> Una estructura para el ácido nucleico ya ha sido propuesta por Pauling y Corey. [...] Su modelo consiste de tres cadenas entrelazadas. [...] Otra estructura de tres cadenas ha sido sugerida por Fraser. (Watson & Crick, 1953, p. 737)

La primera de estas hipótesis, según Watson y Crick, era "insatisfactoria" porque violaba resultados de investigaciones previas; la segunda, de acuerdo a estos autores, "estaba mal definida"; en otras palabras: ambas hipótesis *no eran plausibles*.

A continuación, señalando que buscaron construir un modelo que estuviera en conformidad con las leyes de la química y los datos conocidos, Watson y Crick enuncian la hipótesis (particular) sobre la estructura del ácido desoxirribonucleico, *ADN(P)*:

> *ADN(P)*: "Deseamos proponer una estructura radicalmente diferente para la sal del ácido desoxirribonucleico. *Esta estructura tiene dos cadenas helicoidales, cada una de ellas enrollada sobre el mismo eje*" (Watson & Crick, 1953, p. 737)

A fin de exponer con más detalle el camino que los condujo a proponer su hipótesis, es de utilidad comentar el relato autobiográfico de James Watson, *The Double Helix* (1968), en el que este autor dejó una clara constancia del trabajo intelectual que le permitió a él y a su compañero resolver el "misterio del ADN".

Varios meses antes de proponer la hipótesis sobre el ADN, investigando la molécula del virus del mosaico del tabaco (VMT), Watson entendió que existía evidencia para sugerir que ésta tenía estructura helicoidal (ver Watson, 1968, pp. xvi-xviii):

> Por fortuna, bastaban sólo unos conocimientos muy superficiales para ver por qué la fotografía con rayos X del VMT *sugería* una hélice con una vuelta cada 23 Å a lo largo del eje helicoidal. [...] Francis [Crick] no se mostraba muy entusiasta, y durante los días siguientes mantuvo que *la evidencia en favor de una hélice de VMT no pasaba de ser mediana*. Mi confianza se derrumbó, hasta que di con una razón indudable de por qué las subunidades debían disponerse helicoidalmente. En un momento de aburrimiento, [...] leí una ingeniosa publicación del teórico F.C. Frank sobre cómo crecen los cristales. [...] Frank [observó] que [...] los cristales no eran regulares como se sospechaba, sino que contenían dislocaciones que conformaban acogedoras esquinas en las que podían encajarse nuevas moléculas.
>
> Varios días después, mientras me dirigía en autobús a Oxford, se me ocurrió la idea de que *cada partícula de VMT debía ser considerada como un pequeño cristal creciendo como otros cristales mediante acogedoras esquinas. Y, aun más importante, que la forma más sencilla de que dichas esquinas se produjeran era disponer las subunidades en una estructura helicoidal*. La idea era tan simple que tenía que ser verdadera [...]
>
> Maurice [Wilkins] *no tenía la menor duda de que muy pronto yo demostraría mediante fotografías con rayos X que el VMT poseía una estructura helicoidal. Este éxito inesperado vino como consecuencia de utilizar un poderoso tubo anódico rotatorio de rayos X que acababa de ser construido en el Cavendish*, supertubo que me permitió tomar fotografías a una velocidad veinte veces mayor que el equipo convencional" (Watson, 1968, p. 73-9; el subrayado es mío).

Este largo fragmento en el que se narra el descubrimiento de la estructura del VMT tiene muchos elementos importantes que ayudan a caracterizar la dinámica de la práctica científica; incluso, observaciones sobre la función del desarrollo tecnológico en el progreso de la ciencia. Aquí me interesa rescatar otros elementos: la diferencia de razones para sugerir de razones para demostrar basada en la diferencia de evidencia; el rol de principios no-empíricos como el de simplicidad para afirmar la plausibilidad de la hipótesis sobre la estructura de la molécula del VMT ("La idea era tan simple que tenía que ser verdadera"), y, fundamentalmente, la observación analógica de Watson respecto a su confianza en que "otras estructuras biológicas tendrían también una simetría helicoidal", observación posteriormente fundamental para conferir plausibilidad a la hipótesis sobre la estructura del ADN.

Veamos ahora las razones de plausibilidad ponderadas previamente por Watson y Crick para proponer su hipótesis (general) sobre la estructura de la molécula de ADN, *ADN(G)*:

> *ADN(G)*: la molécula de ADN tiene estructura helicoidal (Watson & Crick, 1951)

Watson, Crick, y demás colegas de su laboratorio sabían que la molécula de ADN era de estructura cristalina, y que uno de sus principales constituyentes químicos era un tipo particular de ácido nucleico, *también* contenido por el VMT (ver Watson, 1968, p. 106). Basándose en estos datos, Watson pudo razonar analógicamente que la hipótesis general *ADN(G)* era *plausible*. Además, considerando que los cristales tienen una estructura regular, y que la forma más simple de una molécula regular es una hélice (ver Watson, 1968, p. 106), Watson estimó que el principio de simplicidad otorgaba aún mayor plausibilidad a *ADN(G)*.[8] Veamos el patrón inferencial que sigue este razonamiento plausible:

- Estructura desconocida de la molécula de ADN (*situación problemática*)
- El ADN cristaliza, y uno de sus constituyentes químicos principales es un tipo de ácido nucleico (*dato de rayos-X*)
- Los cristales tienen una estructura regular (*conocimiento básico*)
- La molécula de ADN tiene el mismo tipo de ácido nucleico que la molécula del VMT (*afirmación analógica*)
- La forma más simple de una molécula regular es una hélice (*afirmación de simplicidad*)
- La molécula del VMT tiene estructura helicoidal (*resultado de una investigación previa de Watson*)
- *ADN(G)* e hipótesis rivales: Pauling y Corey, Fraser, Frankin, etc. (*hipótesis explicativas dadas*)

---

[8] "Habría sido una estupidez preocuparse buscando estructuras complejas antes de excluir la posibilidad de que la solución fuera sencilla" (Watson, 1968, pp. 28-29).

- *(ADN(G)* explica el fenómeno problemático mejor que las hipótesis rivales disponibles)

- (Tenemos buenas razones para sugerir que) *ADN(G)* es *plausible*[9]

En este ejemplo puede apreciarse con claridad de qué modo la confluencia de principios no-empíricos de diferentes clases —en este caso, de analogía y de simplicidad— aumenta la plausibilidad de la hipótesis inferida. Es importante observar que el mismo Watson pondera a los principios de analogía y simplicidad como valiosos para determinar la plausibilidad de las hipótesis propuesta. Ver, por ejemplo: "todas las escaleras de caracol que vi aquel fin de semana en Oxford me hicieron confiar en que otras estructuras biológicas tendrían también una simetría helicoidal" (Watson, 1968, p. 73), y: "una estructura tan bonita tenía, por fuerza, que existir" (Watson, 1968, p. 133). Fueron estas consideraciones las que llevaron a desarrollar a *ADN(G)* y posibilitaron su posterior formulación particular, *ADN(P)*.

En su versión autobiográfica del proceso constructivo de la hipótesis que nos ocupa, *What Mad Pursuit* (1988), Francis Crick caracteriza el *continuum* de investigación atendiendo a sus etapas plausibilistas:

> La estructura en doble hélice del ADN sólo fue *definitivamente confirmada* a principios de la década del ochenta. Tuvieron que transcurrir veinte años para que nuestro modelo de ADN pasara de ser *plausible* a ser *muy plausible* (a causa del trabajo detallado sobre fibras de ADN), y de allí a ser *prácticamente correcto*. Incluso entonces sólo fue correcto en términos generales, no en detalles concretos. Obviamente, quedó firmemente establecido el hecho de que las bases de la se-

---

[9] Por supuesto, el conocimiento básico mencionado en algunas de las premisas del esquema inferencial no supone una lista exhaustiva de todos los elementos que posibilitaron la explicación y, consecuentemente, la inferencia. De hecho, podríamos haber colocado más entradas explicitando el conocimiento básico involucrado; desde conocimiento elemental hasta conocimiento experto de cristalografía o de las reglas de Chargaff. Al respecto, Watson reconoció la ayuda del gran cristalógrafo Bragg —administrador del laboratorio Cavendish, en el que él y su compañero trabajaban. También —revelando la cara de la abducción conocida como 'deducción inversa'—, señaló que, "sorpresivamente, las reglas de Chargaff se presentaron como una consecuencia" de la hipótesis propuesta. Pero desplegar esta información nos demandaría una introducción técnica que excedería los límites editoriales. De cualquier manera, esta aclaración nos sirve de excusa para subrayar que el esquema de plausibilidad no pretende afirmar el valor de *ADN(G)* como una consecuencia *deductiva* de las premisas. Por el contrario, pretende mostrar que es la virtud explicativa de esa hipótesis la que posibilita la inferencia *ampliativa*.

cuencia eran complementarias (la clave de su función) y que las dos cadenas corrían en direcciones opuestas bastante antes, por los trabajos químicos y bioquímicos sobre secuencias de ADN. (Crick, 1988, p. 89; el subrayado es mío)

Todas estas observaciones de los propios protagonistas, pueden confrontarse con interpretaciones rivales de este descubrimiento. Veamos, por ejemplo, una interpretación hipotético-deductiva del mismo:

> Watson y Crick confiaron fuertemente en inspiración, iteración y visualización. Aunque eran brillantes bioquímicos, no tenían precedentes a partir de los cuales poder derivar lógicamente su estructura y, por lo tanto, confiaron en el pensamiento [no-lógico]. (Adams, 1979, pp. 60-61)

Tal como acabamos de ver en las citas de Crick y Watson, las afirmaciones de esta clase son insostenibles. Estos científicos no confiaron ciegamente en la inspiración o la visualización, sino más bien en el razonamiento plausible. Watson, por ejemplo, señala explícitamente haber sostenido su confianza inicial en la primera formulación de la hipótesis del ADN sobre la base de los principios de analogía y simplicidad, y si bien éstos no son parte de una lógica (deductiva), ciertamente no son parte de ningún tipo de pensamiento no-lógico.[10] En lo que respecta a la ausencia de 'precedentes' a la que hace referencia James Adams, basta recordar que Crick y Watson, en el artículo de 1953 citado, indican explícitamente que buscaron construir un modelo que estuviera en "*conformidad*" con las leyes de la química y los datos conocidos.

Las observaciones plausibilistas de Crick y Watson también pueden ser confrontadas con las interpretaciones retóricas del descubrimiento que nos ocupa. En su "análisis retórico" del breve y revolucionario trabajo publicado en *Nature*, Gross (1990, p. iv) entiende que las "agresivas connotaciones" de los términos 'nuevas' y 'considerable' de la frase que da

---

[10] Al hacer referencia a la 'inspiración' de Watson y Crick, Adams no traza una distinción entre procesos de invención y procesos de evaluación preliminar. McLaughlin (1982), quien realiza un análisis similar al que presento aquí, entiende que la analogía puede ser utilizada para *dirigir* la investigación que conduce a este descubrimiento. Yo no pretendo negar esta posibilidad, pero sí afirmar que los procesos de invención y de evaluación preliminar pueden ser analizados de modo independiente. De cualquier manera, es importante observar que Watson, a diferencia de lo que interpreta McLaughlin, pondera a los principios de analogía y simplicidad como valiosos para determinar la plausibilidad de las hipótesis *después* de su invención.

inicio a ese artículo, contrastan con la "burlona timidez" del término 'sugerir'. Y subraya: "estamos en presencia de una ironía" (Gross, 1990, p. 62).

A mi entender, esta interpretación no es plausible. Palabras empleadas en el artículo de Crick y Watson, tales como 'nuevas', 'interés', 'existoso', 'considerable', etc., buscan, sin duda, persuadir retóricamente al lector. Pero esto no implica que la modestia de expresiones como 'deseamos sugerir' o 'deseamos proponer' puedan esconder la falsa modestia que sólo puede tener alguien que ya cuenta con la certeza de la prueba. Como vimos, tanto en la autobiografía de Watson, publicada 15 años después de la presentación pública del descubrimiento, como en la de Crick, impresa 35 años más tarde, estos autores —desde una privilegiada y laureada perspectiva histórica— vuelven a emplear nuestros conceptos clave: 'sugerir', 'considerar plausible'. Incluso, formulan las gradaciones epistémicas por las que en el devenir de los años fue ascendiendo su propuesta cognitiva: 'plausible', 'muy plausible', 'prácticamente correcta' y 'definitivamente confirmada'.

Por último, y a fin de subrayar la distinción entre clases de principios y la distinción entre clases de evidencia, observemos que en el artículo en que proponían a *ADN(P)*, Watson y Crick señalaban la necesidad de un riguroso testeo experimental para que su propuesta sea aceptada por la comunidad científica:

> Los datos de Rayos-X previamente publicados sobre el ADN son *insuficientes para un riguroso test de nuestra estructura*. En la medida que podemos entender, ésta es a grandes rasgos compatible con los datos experimentales, *pero debe ser considerada no probada hasta que sea chequeada contra resultados más exactos*. (Watson & Crick, 1953, p. 737; el subrayado es mío)[11]

'Compatibilidad con datos existentes'; 'necesidad de prueba con datos más adecuados'; 'adopción provisoria de la propuesta' [...] ¿Se requiere de algún otro ejemplo más explícito de nuestro esquema plausibilista interpretativo?

Antes de finalizar este apartado, quisiera detenerme en la siguiente frase de Watson, la cual, según entiendo, refleja en gran medida la naturaleza de la metodología que pretendo defender aquí:

---

[11] Ver, también: *"el siguiente paso científico era comprobar con rigor* los datos experimentales de los rayos X con la pauta de difracción que predecía nuestro modelo" (Watson, 1968, pp. 135-136; el subrayado es mío).

> Creo que existe una ignorancia general acerca de cómo se "hace" ciencia. Esto no quiere decir que todo proceso científico se desarrolla del modo que aquí se describe. No es este el caso, ni mucho menos, pues los estilos de investigación científica varían casi tanto como las personalidades humanas. Pero, por otra parte, *no creo que la forma en que se descubrió la estructura del ADN constituya una extraña excepción* […] (Watson, 1968, p. x; el subrayado es mío).

En otras palabras: como ya dije antes, la plausibilidad no se propone como un esquema infalible ni como un esquema universal, pero exhibe un patrón que retrata un estilo habitual en que se "hace" ciencia.

4. Comentarios finales

> "Estudiar solamente la verificación de las hipótesis deja una parte vital de la historia científica sin ser narrada: aquella que señala las razones que tuvieron [los científicos] para sugerir sus hipótesis inicialmente."
> (Norwood R. Hanson, 1958, p. 1083)

En este trabajo me ocupé de caracterizar y aplicar a la metodología de la plausibilidad. Intenté, principalmente, señalar que la misma no debe ser interpretada como un esquema inferencial del contexto de descubrimiento ni del contexto de aceptación, y subrayar que la diferencia existente entre la metodología de la plausibilidad y las metodologías de la aceptación puede sustentarse en tres elementos básicos: la *clase de evidencia* que cada esquema inferencial considera, la *clase de principios* que cada esquema inferencial incorpora, y el *grado de generalidad* de las hipótesis que cada uno de ellos evalúa.

Tal como vimos, desde el punto de vista de la evidencia considerada podemos decir que la metodología de la plausibilidad se basa en la evidencia disponible al momento del descubrimiento, la 'vieja' evidencia, y la metodología de la justificación en la nueva y variada evidencia que se acumula en el proceso de testeo. Asimismo, desde el punto de vista de los principios empleados podemos decir que a los principios no-empíricos que conforman a la metodología de la plausibilidad, en el proceso de testeo la metodología de la justificación suma principios empíricos consecuencialistas. Por último, desde el punto de vista de su generalidad debemos subrayar que la metodología de la plausibilidad debe ser concebida como un esquema que también permite evaluar hipótesis generales o 'de trabajo'. Así caracterizada, la metodología de la plausibilidad conforma un esquema inferencial ampliativo *post*-generación y *pre*-testeo, que funciona en un contexto de investigación que quiebra la clásica dicotomía 'contexto de descubrimiento / contexto de justificación': el 'contexto de plausibilidad'.

La metodología de la plausibilidad, tal como señalé, no se propone como un esquema válido para la reconstrucción de *todo* caso científico. Pero es importante indicar que el hecho de que la misma no posibilite un modo *universal* de reconstrucción no permite concluir que las instancias de ponderación pre-testeo 'hipótesis general'/'hipótesis particular' son categorías analíticas de poca utilidad metodológica. Indudablemente, de la descripción y la breve cronología de los momentos relevantes de los ejemplos presentados en este trabajo se deriva que los científicos *hacen* juicios de plausibilidad y que hacen *diferentes* clases de juicios de plausibilidad. Los ejemplos utilizados –el de Kepler, el de Adams, y principalmente el de Watson y Crick– exhiben claramente que la metodología de la plausibilidad aquí analizada ofrece un modo de reconstrucción racional *posible*. Cualquier pregunta acerca de cuán extensa es la clase de casos factibles de evaluar sobre la base de esa metodología, parece ser más una cuestión de inclusión empírica que un problema de exclusión lógica.

A mi entender, la prueba de que los científicos *infieren* a partir de datos problemáticos es, sencillamente, el hecho de que hay ciencia. Una dimensión pragmática avala a los juicios evaluativos en el contexto de plausibilidad: si *toda* idea explicativa existente fuera sometida al lento y costoso proceso de extraer predicciones y luego testearlas, no podría haber habido progreso, o el ritmo del progreso hubiese sido mucho menor, ya que se hubieran requerido tantas instancias de justificación (es decir, de deducción y experimentación o testeo) como hipótesis sean posibles imaginar.

Dado que un presupuesto de la caracterización que defiendo es la existencia de un *continuum* de investigación, es natural que la diferencia propuesta entre esquemas inferenciales (entre la plausibilidad de una 'hipótesis general' y de una 'hipótesis particular', y entre éstas plausibilidades y la aceptación de la 'hipótesis particular') en muchos casos sólo sea de grado. Pero esto, que puede perturbar a autores de formación formalista, más que un defecto es una virtud. De hecho, existe una diferencia práctica innegable entre los esquemas mencionados, ya que la metodología de la plausibilidad (considerada como un esquema para evaluar hipótesis de trabajo e hipótesis particulares aún no testeadas) determina acciones y decisiones que posibilitan, primero, que una hipótesis sea desarrollada hasta poder ser presentada en un artículo científico y, luego, que sea sometida a juicios justificacionistas por la comunidad de investigadores. De esto se deriva que la distinción entre, p.ej., una hipótesis de trabajo plausible y una hipótesis particular justificada puede ser epistémicamente relevante, del mismo modo en que la distinción entre 'ignorancia' y 'conocimiento' lo es, a pesar de que en la mayoría de los casos el proceso de aprendizaje que conduce de un estadio cognitivo al otro es gradual.

El positivismo lógico concibió a la ciencia como un producto ya terminado, como un "edificio formal" o "lógico" de enunciados de amplitud y generalidad en aumento que descansa sobre enunciados de reportes de observación. Esta concepción arquitectónica y estática del conocimiento científico, interesada más en la estructura deductiva ideal de una teoría que en la *actividad* científica concreta, recibió muchas clases de críticas. Las más importantes proveían de popperianos como Lakatos, y de lakatosianos como Worrall o Musgrave. En particular, éstos se oponían al enfoque centrado en la *estructura* de las teorías planteado por los positivistas, y proponían centrar a la filosofía de la ciencia en el estudio de la *dinámica* de las teorías. Aunque este parecía ser un cambio de enfoque interesante, cuando nos acercamos a las propuestas 'dinámicas' de estos autores encontramos que éstas investigan el modo en que evoluciona el *conocimiento científico*; es decir, la ciencia *como un todo*, y no el modo en que se desarrollan o construyen hipótesis específicas que pueden (eventualmente) pasar a formar parte del *corpus* científico.

La metodología de la plausibilidad tiene otra naturaleza y otro objetivo. Aunque también lleva a cabo una crítica a los enfoques estáticos y estructurales, es dinámica en un sentido muy diferente al de las propuestas mencionadas, ya que, más que del desarrollo de la empresa científica en general, se ocupa del desarrollo *de las hipótesis* en particular, de la 'vida' de una hipótesis científica.

Confrontada con sus metodologías rivales, podríamos decir que aunque la metodología de la plausibilidad pretende situarse en el mismo nivel normativo de éstas, ofrece otra clase de reconstrucción; una *reconstrucción más amplia*. En tanto las metodologías clásicas presentan un "esqueleto lógico" de los enunciados científicos, una 'radiografía' de los productos lingüísticos terminados, continuando con la metáfora fotográfica podríamos decir que la metodología de la plausibilidad ofrece, más que 'radiografías', 'instantáneas' de estructuras lingüísticas *en desarrollo*, retratos de lo-que-de-hecho-pasó. En otras palabras, reconstrucciones de los procesos de construcción de hipótesis y de sus interacciones con los cambiantes contextos constructivos. Por supuesto: no ofrece una versión 'cinematográfica' fotograma a fotograma, pero esto además de imposible es innecesario.

La función de una metodología reconstructiva de la ciencia, metodología que intentaron construir todos los programas racionalistas, es la de dar una *explicación organizada* de los procesos de pensamiento científico, de mostrar la *racionalidad* de la empresa científica, de exhibir la *inteligibilidad* de las acciones y decisiones de los científicos. Era a esa función a la que etimológicamente remitía el término 'lógica' en la expresión 'lógica de la ciencia', o a la que remite en la actualidad el término 'filosofía' en la expresión 'filosofía de la ciencia', y es a esa función a la que deben remitir las expresiones 'lógica', 'filosofía', o 'metodología' de la plausibilidad. Y, como hemos visto a lo largo de este artículo, la conformación de una lógica, filosofía, o metodología de la plausibilidad de esta clase se muestra como perfectamente plausible.

Agradecimientos

Este trabajo es parte de las actividades desarrolladas en el marco de una beca de post-doctorado CONICET al proyecto "El rol de la metodología de la investigación en la creatividad científica", y de un subsidio grupal FONCYT (04-04353).

Referencias bibliográficas

Adams, J.C. (1841), "Memorandum", en Adams, W. (ed.), *The Scientific Papers of J. C. Adams*, vol. 1, Cambridge: Cambridge University, 1896.

Adams, J. (1979), *Conceptual Blockbusting*, New York: Norton.

Bunge, M. (1959), *Metascientific Queries*, Springfield: Charles Thomas.

Carnap, R. (1934/1937), *The Logical Syntax of Language*, New Jersey: Littlefield, Adams & Co., 1959.

Chamberlin, T. (1904), "On Multiple Hypotheses", en Tweney, R. *et al.* (eds.), *On Scientific Thinking*, New York: Columbia University, 1981, pp. 100-108.

Conant, J. (1951), *Science and Common Sense*, New Haven: Yale University.

Crick, F. (1988), *What Mad Pursuit: A Personal View of Scientific Discovery*, Harmondsworth: Penguin.

Feigl, H. (1970), "The 'Orthodox' View of Theories: Remarks in Defense as Well as Critique", en Radner, M. & S. Winokur (eds.), *Analyses of Theories and Method of Physics and Psychology*, Minneapolis: University of Minnesota, pp. 3-16.

Gardner, M. (1982), "Predicting Novel Facts", *British Journal for the Philosophy of Science* 33: 1-15.

Gross, A. (1990), *The Rhetoric of Science*, Cambridge: Harvard University Press.

Hanson, N.R. (1958), "The Logic of Discovery", *The Journal of Philosophy* 55: 1073-1089.

Hanson, N.R. (1960), "More on 'The Logic of Discovery'", *The Journal of Philosophy* 57: 182-188.

Hanson, N.R. (1965a), "The Idea of a Logic of Discovery", *Dialogue* 4: 48-61.

Hanson, N.R. (1965b), "Notes Toward a Logic of Discovery", en Bernstein, R. (ed.), *Perspectives of Peirce*, New Haven: Yale University, pp. 42-65.

Hempel, C.G. (1942), "The Function of General Laws in History", *The Journal of Philosophy* 39: 35-48.

Hempel, C.G. (1965), *Aspects of Scientific Explanation*, New York: Free Press.

Hempel, C.G. ([1966] 1973), *Filosofía de la Ciencia Natural*, Madrid: Alianza.

Hempel, C.G. (1983), "Valuation and Objectivity in Science", en Cohen, R. & L. Laudan (eds.), *Physics, Philosophy and Psychoanalysis*, Dordrecht: Reidel, pp. 73-100.

Kuhn, T.S. ([1973] 1982), "Objetividad, juicios de valor y elección de teoría", en Kuhn, T.S., *La tensión esencial*, México: Fondo de Cultura Económica, 1977, pp. 344-364.

Kaplan, A. (1968), *The Conduct of Inquiry*, Michigan: Intertext Books.

Laudan, L. (1977), *Progress and its problems*, Berkeley: University of California.

Laudan, L. ([1980] 1981), "Why Was the Logic of Discovery Abandoned?", en Laudan, L., *Science and Hypotesis*, Dordrecht: Reidel, pp. 181-191.

Margenau, H. (1961), *Open vistas*, New Haven: Yale University.

McLaughlin, R. (1982), "Invention and Appraisal", en McLaughlin, R. (ed.), *What? Where? When? Why?*, Dordrecht: Reidel, pp. 69-100.

Menna, S. (2000), "La metodología de lo invisible", en García, P. *et al.* (eds.), *Epistemología e Historia de la Ciencia VI*, Córdoba: Universidad Nacional de Córdoba, pp. 283-291.

Menna, S. (2001), "La *abducción* y la *inferencia a la mejor explicación*", en Caracciolo *et al.* (eds.), *Epistemología e Historia de la Ciencia VII*, Córdoba: Universidad Nacional de Córdoba, pp. 329-336.

Musgrave, A. (1989), "Deductive Heuristics", en Gavroglu, K., Goudaroulis, Y. & P. Nicolacopoulos (eds.), *Imre Lakatos and Theories of Scientific Change*, Dordrecht: Reidel, pp. 15-31.

Nobel Lectures Physics – 1922-1941 (1965), Amsterdam: Elsevier.

Nobel Lectures Physics – 1901-1921 (1967), Amsterdam: Elsevier.

Olby, R. (1994), *The Path to the Double Helix: The Discovery of DNA*, New York: Dover.

Peirce, C.S. (1931-1958), *Collected Papers* (ed. por C. Hartshorne, P. Weiss & A. Burks), 8 vols., Cambridge: Harvard University.

Popper, K. ([1934] 1962), *La lógica de la investigación científica*, Madrid: Tecnos.

Popper, K. ([1962/1965] 1967), *Conjeturas y refutaciones. El desarrollo del conocimiento científico*, Buenos Aires: Paidós.

Putnam, H. ([1975] 1984), *El lenguaje y la filosofía*, México: UNAM.

Rudner, R. (1953), "The Scientist *qua* Scientist Makes Value-judgments", *Philosophy of Science* 20: 1-6.

Salmon, W. (1967), *The Foundations of Scientific Inference*, Pittsburgh: University of Pittsburgh.

Salmon, W. (1967), "Bayes's Theorem and the History of Science", en Stuewer, R. (ed.), *Historical and Philosophical Perspectives of Science*, Minneapolis: University of Minnesota, pp. 68-86.

Watson, J. (1968), *The Double Helix: A Personal Account of the Discovery of the Structure of DNA*, London: Weidenfeld & Nicolson.

Watson, J. & F. Crick (1953), "Molecular Structure of Nucleic Acids. A Structure for Deoxyribose Nucleic Acid", *Nature* 171: 737-8.

Whewell, W. ([1857] 1967), *The History of the Inductive Sciences*, 3 vols., London: Frank Cass & Co.

Worrall, J. (1978), "The Ways in which the Methodology of Scientific Research Programmes Improves upon Popper's Methodology", en Radnitzky, G. & G. Andersson (eds.), *Progress and Rationality in Science*, Dordrecht: Reidel, pp. 45-70.

El origen de "eso que ustedes llaman *especies*"

Santiago Ginnobili*

Por cierto, el otro día me encontré a Phillips, el Paleontólogo, y me preguntó «¿cómo define usted una especie?». Respondí «no puedo».
Carta de Darwin a Asa Gray, 29 de nov. de 1857.

1. Introducción

Este trabajo analiza la relación entre el término teórico "especie" y la teoría de la selección natural tal como era concebida por Darwin. Con este fin, se echa mano de la distinción entre términos teóricos introducidos por una teoría y términos teóricos disponibles con anterioridad que brinda el estructuralismo. La tesis de este trabajo es que "especie" no es un término que dependa semánticamente de la teoría de la selección natural (en un sentido que más adelante se aclarará), sino más bien, uno disponible con anterioridad. En lenguaje estructuralista, que "especie" es *Selección Natural-no-teórico*. Con este análisis se pretende, además, ilustrar las ventajas del holismo moderado respecto del significado de los términos teóricos, frente al holismo radical.

En *The Disorder of Things*, Dupré aboga, entre otras cosas, en favor de una respuesta pluralista a la pregunta acerca del *status* ontológico de las especies. Uno de los argumentos que ofrece es el siguiente (Dupré, 1993, pp. 38-39):

a)   *"Especie" es un término teórico.*

---

* Universidad de Buenos Aires (UBA)/Universidad Nacional de Quilmes (UNQ)/Consejo Nacional de Investigaciones Científicas y Técnicas (CONICET), Argentina.

b) *La forma de entender los términos teóricos es a través del contexto teórico en el que ocurren.*
c) *Las especies son tratadas como objetos individuales en las partes centrales de la biología evolutiva, y como clases en la ecología.*

Por lo tanto

d) *Nos vemos conducidos a un punto de vista pluralista acerca del status ontológico de las especies. En algunos contextos son tratadas como clases, en otros como individuos.*

No es intención de este trabajo analizar la totalidad del argumento, ni tampoco la de criticar el pluralismo. Sólo me centraré en los supuestos de la premisa b), en la que se afirma que los términos teóricos no se pueden entender sin prestar atención a los contextos teóricos en los que ocurren. Supongo no estar violentando el pensamiento de Dupré al afirmar que esta premisa supone la tesis de que los términos teóricos adquieren al menos parte de su significado por las relaciones que mantienen con los otros términos de las teorías en los que aparecen. No es mi intención tampoco criticar el holismo acerca del significado de los términos teóricos, sin embargo, me parece más fructífero restringir esta versión del holismo generalizada a alguna versión más local. Al afirmar la premisa b) no se considera la posibilidad de que los términos teóricos no adquieran significado de *todas* las teorías en las que aparecen. Especialmente, no se toma en cuenta el hecho de que hay dos formas en las que un término teórico puede aparecer en una teoría: puede ser un término introducido por esa teoría y cuya aplicación presupone dicha teoría, o puede ser un término teórico disponible con anterioridad y que se puede aplicar sin hacer referencia a esa teoría. En *Filosofía de la Ciencia Natural*, Hempel llama a los primeros "*términos teóricos propiamente dichos*" y a los segundos "*términos preteoréticos o disponibles con anterioridad*" (Hempel, 1966/1998, p. 113 en versión castellana). Esta es una distinción relativa a una teoría. Un término teórico propiamente dicho en una teoría puede ser preteorético en otra, y viceversa. Si esta distinción es correcta, entonces no sería cierto que el significado de los términos teóricos dependa de todas las teorías en las que aparezcan. Dependería solamente de las teorías en las que son teóricos propiamente dichos.

El estructuralismo ofrece una distinción entre teórico para una teoría T dada y no teórico para una teoría T dada que, porque considero que elucida la intuición de Hempel, va a ser la que voy a utilizar, aunque de manera informal.

2. La *T*-teoricidad

En el estructuralismo se rechaza la distinción tradicional teórico/observacional. Esta distinción encerraría en realidad dos distinciones distintas: teórico y no teórico, y observacional y no observacional. De las dos distinciones sólo conserva la primera, pero, como veíamos, relativizada a una teoría dada.[1] Como explica Moulines en *Pluralidad y recursión* (1991), frente al *operacionalismo*, que hace equivaler el significado de un término teórico a los procesos físicos que pueden asociarse a él, y frente al *holismo semántico radical*, que sostiene que el significado de un término teórico viene determinado por toda teoría en la que aparezca dicho término (el holismo que parece suponer Dupré), se sostiene un *holismo moderado*. Habría términos que dependen semánticamente de una teoría dada T, los términos T-teóricos, y otros que no dependerían semánticamente de T, que podrían depender semánticamente de otra teoría y que servirían para contrastar T, los términos T-no-teóricos (Moulines, 1991, cap. II.3). Que un término dependa semánticamente de una teoría dada T quiere decir que para la determinación del concepto que expresa siempre es necesario suponer la validez de las leyes de T, en cuyo caso estaríamos frente a un término T-teórico. Un término T-no-teórico sería aquel que expresa un concepto para cuya determinación no siempre es necesario presuponer las leyes de T. Determinar un concepto, en caso de que sea cualitativo, es determinar si se aplica a un objeto particular dado, y en el caso de que sea cuantitativo, determinar el valor de la magnitud para el objeto (Díez & Moulines, 1997, pp. 354-356).

3. Replanteamiento de la cuestión

Ya era difícil pensar que el problema del significado de "especie" tuviera una solución general para todas las ramas de la biología, puesto que se supone una unidad disciplinar difícil de sostener. En este marco tampoco tiene sentido plantearse la cuestión como relativa a la biología evolutiva en general. Para elucidar el significado del término "especie" es necesario ver el papel que juega el término en cada teoría. Puede ser que como resultado de la reconstrucción de todas las teorías que conforman la biología evolutiva se llegue a un único concepto de *especie*, pero esto es un resultado de la investigación metateórica. La unidad de la biología evolutiva no debe presuponerse.

---

[1] Las razones por las que se rechaza la distinción teórico/observacional por inadecuada para la tarea de reconstruir las teorías científicas y sus bases empíricas se pueden encontrar en Balzer *et al.* (1987, p. 48).

De esta manera, hay que plantear el problema del significado de "especie" relativamente a teorías particulares. Pese a que este modo de encarar este problema supone tener sistematizadas de alguna manera las teorías en cuestión, ahora intentaré utilizar este marco de análisis con la teoría de la selección natural de Darwin de manera informal, con la intención de ejemplificar como puede aparecer un término en una teoría sin ser teórico para esa teoría.

4. "Eso que ustedes llaman *especies*"

La opinión más generalizada es que Darwin era nominalista con respecto al concepto de *especie*.[2] Mayr, por ejemplo sostiene:

> [...] su caracterización de la especie es ahora [se refiere a la época del Origen] una mezcla de las definiciones tipológicas y nominalista. (Mayr, 1991/1992, p. 43 en versión castellana)

Estas opiniones tienen un fuerte apoyo en el mismo Darwin que en el *Origen* hace varias afirmaciones como la siguiente:

> [...] tendremos que considerar las especies del mismo modo que esos naturalistas tratan los géneros, admitiendo que los géneros no son más que combinaciones artificiales hechas por conveniencia. (Darwin, 1859, p. 485)

Este tipo de afirmaciones pareciera apoyar la idea de que en el contexto de la selección natural "especie" no aparece en lo absoluto, pero esta presunción me parece demasiado acelerada. A lo que en realidad Darwin se opone, es a la búsqueda de esencias que fundamenten las diferencias entre especies y a la búsqueda de una esencia del término "especie" mismo, y consiguientemente, a que sea posible definir a las especies y al término "especie". Este rechazo, es en realidad un rechazo de las ideas fijistas y creacionistas. Pero que un término no pueda ser definido no quiere decir que no pueda ser teórico para una teoría dada. Al contrario, para algunos, una característica importante de los términos teóricos más fructíferos es su apertura, es decir, el que carezcan de definición (Hempel, 1952/1988, p. 47 en versión castellana). De todas maneras, el hecho de que Darwin no considerara una objeción a su teoría de la selección natural el que el término "especie" careciera de definición y que en la determinación de su extensión jugaran algún papel elementos convencionalistas, pareciera apoyar en algu-

---

[2] Se está hablando de las opiniones de Darwin en el *Origen*. Darwin fue cambiando bastante sus opiniones acerca del concepto de especie hasta llegar a sus concepciones del *Origen* (Mayr, 1982, pp. 265-269).

na medida la idea de que para él, el término "especie" no jugaba un papel importante en su teoría. Sobre todo considerando que no sólo no las consideraba objeciones, sino más bien consecuencias positivas de su teoría:

> [En el futuro] los sistemáticos podrán proseguir sus trabajos como hasta el presente; pero no estarán obsesionados incesantemente por la oscura duda de si esta o aquella forma son verdaderas especies, lo cual –estoy seguro, y hablo por experiencia– será no pequeño alivio. (Darwin, 1859, p. 484)

La afirmación de que el término "especie" no cumple un papel demasiado importante puede parecer bastante difícil de sostener. El término "especie" aparece cientos de veces en el *Origen*, y aparece inclusive en el título. Sin embargo, sea cual fuere la concepción de teoría que se presuponga, parece bastante obvio que hay que diferenciar entre la teoría de la selección natural y el libro en el que aparece esta teoría entre otras –según Mayr en el *Origen* se sostienen, por lo menos, cinco teorías (Mayr, 1991/1992, pp. 48-50 en versión castellana). Además, no sería el primer caso en que un título es confundente con respecto al contenido de la obra de la que es título.

Por otro lado, es interesante traer a cuenta la propuesta que Beatty retoma de Sulloway (1979), acerca de por qué Darwin utiliza el concepto de *especie* y cómo lo utiliza (Beatty, 1992). La decisión de la utilización del concepto de *especie* para Darwin estaría guiada por consideraciones tácticas. Entre estas se encontraría la decisión de utilizar el mismo concepto que los naturalistas de su época, para comunicarles su teoría en su propio lenguaje. Según Beatty, Darwin, utilizaba el término "especie" de la misma manera en que sus contemporáneos lo usaban, pero sin aceptar la definición que estos le atribuían, que era incompatible con sus puntos de vista evolutivos. Darwin, entonces, usaría "especie" para referirse a las mismas cosas en el mundo a las que se referían los naturalistas contemporáneos, pero creía que esas cosas no satisfacían la definición que se daba de "especie". Aceptar la referencia, rechazando la definición le daba la posibilidad de comunicarse con los naturalistas y además le brindaba un espacio para el desacuerdo. Darwin no sólo no aceptaba las definiciones de "especie" comúnmente aceptadas sino que, cómo veíamos antes, sostenía que "especie" era indefinible. Las especies no se podían distinguir claramente de las variedades, hecho inteligible a la luz de la evolución diversificadora en la que las variedades son especies incipientes. Se puede traer la siguiente cita de Darwin a favor de la interpretación de Beatty:

Al final de este capítulo, se podrá ver que, acorde a los puntos de vista en discusión en este volumen, no hay sorpresa alguna en que haya dificultad en definir la diferencia entre una especie y una variedad; – habiendo sólo una diferencia arbitraria y ninguna esencial. En las próximas páginas, se entenderá por especie, esas colecciones de individuos, que son comúnmente designadas por los naturalistas (Darwin, *apud* Stauffer, 1975, p. 98).

Si esta interpretación es correcta, explicaría por qué en el *Origen* aparece tanto el término "especie" sin la necesidad de admitir un rol fundamental del concepto *especie* en la teoría de la selección natural.

Pero, seamos más sistemáticos. Dejemos un poco de lado las opiniones de Darwin y preguntémonos ¿es "especie" un término SN-teórico (*Selección Natural*-teórico)? Recordemos que un término es T-teórico si en la determinación de su extensión siempre se supone la aplicabilidad de las leyes fundamentales de T. Entonces, ¿se suponen siempre las leyes fundamentales de la selección natural al determinar la extensión de "especie"? Dado los múltiples conceptos diferentes que "especie" expresa, voy a hacer la pregunta acerca de algunos de los principales. Repito, para un tratamiento exhaustivo de este tema, habría que tener reconstruida la teoría de la selección natural, pero creo que un tratamiento previo a la reestructuración puede ser productivo. Se tendrá en cuenta entonces la típica presentación informal de la selección natural.

Empecemos por el *concepto morfológico de especie*. Una especie es, según este concepto, una colección de individuos que poseen características morfológicas similares. Podemos incluir dentro de este concepto el concepto tipológico de *especie*, en el que las propiedades morfológicas que comparten todos los individuos deben ser esenciales a la especie en cuestión. Es claro que la determinación de la pertenencia de un individuo a una especie en este caso, es independiente de la selección natural. La pertenencia a una especie depende de la posesión de determinadas características en determinado grado, no se me ocurre cómo la confirmación de la posesión de dichas características podría depender de la selección natural. Esto no quiere decir que no se pueda elegir un concepto de *morfoespecie* que sea compatible con la selección natural, rechazando por ejemplo, cualquier rasgo atávico esencialista de dicho concepto (por ejemplo, el concepto fenetista de *especie*). Pero que un concepto sea compatible con la teoría no alcanza para que sea teórico en esa teoría. Para que lo sea tiene que ser imposible determinar la extensión del concepto sin acudir a las leyes de esa teoría.

En cuanto al *concepto biológico de especie*, ya sea que nos refiramos a un concepto en el que una colección de individuos es una especie si cada uno de los individuos de la colección puede tener descendencia fértil con cualquiera de los otros individuos de la colección, o ya sea uno más actual que se aplique a poblaciones y no individuos, en el que una especie esta formada por poblaciones conectadas por flujo génico y aisladas reproductivamente de otras poblaciones, es bastante claro que tampoco es *SN*-teórico. En los dos casos se dan criterios claramente aplicables independientemente de la selección natural. Si bien este concepto es de una importancia mayúscula para los evolucionistas, no es necesario suponer la selección natural para determinar si dos individuos pueden tener cría fértil, o si dos poblaciones están conectadas por el flujo génico.

Finalmente, consideremos el *concepto evolutivo de especie*. Este concepto es más interesante puesto que, aparentemente era el que más atraía a Darwin. En varios lugares sostiene que el sistema clasificatorio debía reflejar en realidad las relaciones genealógicas entre los distintos individuos:

> Según mi opinión, (que doy permiso a todos para abuchear, como yo habría hecho con ellos hace 6 años por mantener opiniones como ésta) la clasificación consiste en agrupar los seres de acuerdo a su relación real, es decir, su consanguinidad o su descendencia de troncos comunes […] (Burkhardt, 1996/1999, p. 103 en versión castellana).

Las especies serían, bajo este punto de vista, segmentos con determinadas características del árbol filogenético. Jean Gayon argumenta a favor de que en el *Origen* Darwin sostenía un concepto de *especie* de este tipo (Gayon, 1996). Sobre el final del *Origen*, Darwin explica en qué consistirá la tarea de los sistemáticos a partir de la aceptación de sus puntos de vistas evolutivos:

> Los sistemáticos tendrán sólo que decir […] si una forma es suficientemente constante y diferente de las otras para ser susceptible de definición, y, en caso de serlo, si las diferencias son lo bastante importantes para que merezcan un nombre específico […]

y luego afirma que habrá que medir más cuidadosamente el grado de diferencia actual, pues

> […] es perfectamente posible que formas reconocidas hoy como simples variedades se las pueda en lo futuro juzgar dignas de nombres específicos […] (Darwin, 1859, pp. 484-485).

Esta cita es interpretada por Mayr como si Darwin sostuviera un concepto de *especie* entre nominalista y tipológico (Mayr, 1991/1992, p. 43 en versión castellana). Yo estoy de acuerdo con Gayon en que los criterios proporcionados aquí por Darwin son criterios que permiten al sistemático inferir lazos genealógicos. El concepto de *especie* supuesto sería entonces el evolutivo, más que tipológico. Pero la interpretación de Gayon va más allá de esta afirmación. Los criterios mencionados en la cita de Darwin, no tendrían el valor de reglas empíricas para reconocer especies, sino que serían afirmaciones teóricas que proveerían de significación a "especie" en relación a los principios de la selección natural. Las diferencias morfológicas deberían ser consideradas entonces a la luz de la selección natural. No habría, según Gayon, ninguna definición de especie independiente de la teoría de la selección natural. Parecería entonces que este concepto sí es *SN*-teórico. Pero me parece que Gayon exagera al pensar que hay una dependencia de significación a partir de esa cita de Darwin. En esa cita Darwin está diciendo cómo se verán afectadas las distintas ramas de la historia natural a partir de la aceptación de sus puntos de vista. Estoy de acuerdo en que Darwin sostenía que lo que los sistemáticos entendían por "especie" ya no podría ser lo mismo. Pero de ahí a pensar que hay una dependencia de significado hay un largo trecho. Los sistemáticos podrían buscar un concepto de *especie* compatible con las teorías de Darwin pero cuyo significado fuera independiente. Además, en todo caso, me parece que el que las variedades sean especies incipientes, algo supuesto detrás de toda esta discusión, no depende de la selección natural. Creo que Mayr tiene razón en diferenciar entre las distintas teorías que Darwin defiende en el *Origen*. La teoría supuesta en este caso sería la del origen común (que todos los organismos descienden de un antepasado común) sin la cual no se podría confeccionar un único árbol filogenético, y la de la especiación diversificadora (las especies se diversifican en especies hijas), lo que en principio son variedades de una especie, pueden terminar siendo especies hijas. Ninguna de estas dos teorías se sigue necesariamente de la selección natural.

Más allá de lo afirmado por Gayon, pasemos a preguntarnos si el concepto evolutivo de *especie* es o no Selección Natural-teórico. Según este concepto, repito, las especies serían segmentos con determinadas características en un árbol genealógico, por ejemplo, una especie sería el segmento comprendido entre un evento de especiación (el nacimiento de la especie) y un evento de extinción o especiación de esa especie. Para determinar la extensión de "especie" una vez confeccionado el árbol filogenético no habría ninguna apelación a las leyes de la selección natural. Sólo habría que distinguir en el árbol filogenético las ramas que tuvieran las características definitorias. Podríamos preguntarnos si es necesario apelar a tal teoría para la confección del árbol filogenético mismo. La respuesta también es negativa. Si bien podría ser que la aceptación de la selección natural pudiera influir de alguna manera en el árbol filogenético que se haga, éste se confecciona a través de similitudes morfológicas entre individuos (como Darwin recomienda en los segmentos más arriba citados), a través del registro fósil, y finalmente, y por supuesto no en la época de Darwin, por datos brindados por la biología molecular. El concepto evolutivo de *especie*, por lo tanto, tampoco es *SN*-teórico.

5. "Especie" como término *SN*-no-teórico

Como se puede ver hay razones para creer que "especie" no es *SN*-teórico. Deberíamos preguntarnos ahora si el término "especie" aparece en la teoría como un término *SN*-no-teórico. No es mi intención tratar esta cuestión de manera exhaustiva en este trabajo, sino, simplemente sugerir dos posibilidades en las que esto podría ocurrir.

La primera es un marco estrictamente darwiniano. En el capítulo VI del *Origen*, Darwin presenta y trata de solucionar varias dificultades y objeciones a la teoría de la selección natural. La primera de estas es la siguiente:

> Si las especies han descendido por grados insensibles de otras especies, ¿Por qué no encontramos en todas partes innumerables formas de transición? ¿Por qué no está toda la naturaleza confusa, en lugar de estar las especies bien definidas según las vemos? (Darwin, 1859, p. 171).

Si bien para Darwin la selección natural no era el único mecanismo evolutivo, era el principal. Con esto se quiere decir que era principalmente la selección natural la que debía explicar la forma en que se presentan los organismos vivos. Pero resulta que en la naturaleza los organismos vivos se presentan en grupos discretos. La selección natural debía explicar eso. En la base empírica con la que se contrasta la selección natural podemos encontrar grupos discretos de organismos, es decir podemos encontrar especies. Esta es una forma en la que "especie" podría aparecer en la selección natural como un término *SN*-no-teórico.

La segunda forma es más o menos ajena al pensamiento de Darwin. Para él, la unidad de selección era principalmente el individuo (aunque en algunos lugares del *Origen* sugiere que grupos de individuos también pueden serlo). Sin embargo, nada imposibilita que la selección actúe a otros niveles. Para que determinada entidad evolucione por selección natural deben cumplir con tres requisitos: a) debe variar en sus rasgos fenotípicos, b) esos rasgos deben ser heredables, y c) esas variaciones fenotípicas deben corresponderse con diferencias en la supervivencia y en la reproducción (Sober & Wilson, 1998, p. 83 en versión castellana). Si las especies cumplen con estos requisitos nada impide que puedan evolucionar por selección natural. Así, otra posibilidad para que "especie" entre en el contexto de la selección natural como término *SN*-no-teórico sería como unidad de selección.

6. Conclusiones

Si mi argumentación es correcta, entonces hay motivos contundentes para creer que el significado del término "especie" no depende de la selección natural. Se suele hablar del problema de las especies sin explicitar exactamente en qué consiste. Así como me parece útil relativizar la cuestión de la teoricidad a una teoría dada, me parece útil hacer lo mismo con los problemas. Un problema es sólo un problema a la luz de alguna teoría. Si por el problema de las especies entendemos la incapacidad para encontrar un criterio que las distinga de los taxones inferiores y superiores, ya vimos que éste no es un problema de la selección natural (al menos para Darwin no lo era). Sí constituía y constituye un problema la ausencia de variedades de transición, es decir, que los organismos se presenten ordenados en especies, y sigue siendo un problema también la cuestión de si las especies pueden ser unidad de selección o no.

En caso de no haber brindado los argumentos suficientes a favor de la tesis central de este trabajo, espero al menos, haber mostrado la relevancia de la distinción entre términos teóricos y no teóricos con respecto a una teoría dada, en la cuestión acerca del significado del término "especie".

Agradecimientos

Agradezco los comentarios de Martín Ahualli y Rodrigo Moro a una versión previa de este trabajo. También a todos los participantes del grupo sobre realismo científico dirigido por Rodolfo Gaeta por sus comentarios y críticas. Finalmente debo dar un agradecimiento muy especial a Pablo Lorenzano. Además de haberme hecho valiosos comentarios luego de una lectura cuidadosa del texto, me introdujo a las ideas estructuralistas en las que se inspira principalmente este trabajo.

Referencias bibliográficas

Balzer, W., Moulines, C.U. & J.D. Sneed (1987), *An Architectonic for Science. The Structuralist Program*, Dordrecht: Reidel.

Beatty, J. (1985), "Speaking of Species: Darwin's Strategy", en Ereshefsky, M. (ed.), *The Units of Evolution: Essays on the Nature of Species*, Cambridge, MA: The MIT Press, 1992, pp. 227-246.

Burkhardt, F. (ed.) (1996), *Charles Darwin's Letters. A Selection 1825-1859*, Cambridge: Cambridge University Press. (Versión castellana de A. M Rubio Díez: *Cartas de Darwin (1825-1859)*, Madrid: Cambridge University Press, 1999.)

Darwin, C. (1859), *On the Origin of Species*, London: John Murray. (Edición facsímil, E. Mayr (ed.), Cambridge, MA: Harvard University Press, 1964.)

Díez, J.A. & C.U. Moulines (1997), *Fundamentos de Filosofía de la Ciencia*, Barcelona: Ariel.

Dupré, J. (1993), *The Disorder of Things*, Cambridge, MA: Harvard University Press.

Gayon, J. (1996), "The Individuality of the Species: A Darwinian Theory? – From Buffon to Ghiselin, and Back to Darwin", *Biology and Philosophy* 11: 215-244.

Hempel, C.G. (1952), *Fundamentals of Concept Formation in Empirical Science*, Chicago: University of Chicago Press.

Hempel, C. G. (1966), *Philosophy of Natural Science*, New Jersey: Prentice-Hall.

Mayr, E. (1982), *The Growth of Biological Thought*, Cambridge, MA: Harvard University Press.

Mayr, E. (1991), *One Long Argument*, Cambridge, MA: Harvard University Press. (Versión castellana de Santos Casado de Otaola: *Una Larga Controversia. Darwin y el darwinismo*, Barcelona: Crítica, 1992.)

Moulines, C.U. (1991), *Pluralidad y recursión*, Madrid: Alianza.

Sober, E. & O.S. Wilson (1998), *Unto Others. The Evolution and Psychology of Unselfish Behavior*, Cambridge, MA: Harvard University Press. (Versión castellana de Ana Grandal Martín: *El comportamiento Altruista. Evolución y Psicología*, Madrid: siglo XXI, 2000.)

Stauffer, R. (ed.) (1975), *Charles Darwin's Natural Selection: Being the Second Part of His Big Species Book Written From 1856 to 1858*, London: Cambridge University Press.

Sulloway, F. (1979), "Geographic Isolation in Darwin's Thinking", *Studies in the History of Biology* 3: 23-65.

**Alternativas en el estatus de la teoría darwinista
con relación al enfoque epistemológico**

Gladys Martínez* & Susana La Rocca*

1. Introducción

La teoría evolucionista en la versión darwiniana constituye, sin lugar a dudas, un eje axial en la configuración de las disciplinas biológicas. La incidencia epistemológica de esta teoría se manifiesta particularmente en su efectiva capacidad para definir el tipo de cuestiones o interrogantes, la metodología, el modelo explicativo, etc., que caracterizarán a las ciencias biológicas desde su aparición, diferenciándolas del paradigma fisicalista dominante del siglo XIX. Sin embargo, tanto la aceptación de todas sus tesis, como su prestigio ante la comunidad científica sufrieron alternativas significativas que permiten identificar, después de su exitosa recepción inicial, el denominado "eclipse del darwinismo" ocurrido desde fines del siglo XIX, al que sucede una instancia de recuperación que aparece como el "neodarwinismo" en siglo XX. Desde entonces, como es suficientemente conocido, el evolucionismo darwinista no sólo constituye el marco teórico de la mayoría de los estudios de la Biología, sino que trasciende los límites de la disciplina adquiriendo un carácter paradigmático para campos relevantes de la ciencia actual. Tenemos en cuenta que el proceso por el cual una teoría pierde o gana un *status* importante involucra, en su complejidad, cuestiones de interés para la epistemología; más aún suponemos que un análisis de este carácter demanda el aporte de diferentes perspectivas o modelos epistemológicos ya que no basta con la referencia a cuestiones empíricas y/o

---

* Grupo ICEM (Investigación Científica y Modelos Epistemológicos), Facultad de Humanidades, Universidad Nacional de Mar del Plata (UNMdP), Argentina.

experimentales sino que requiere tener en cuenta las transformaciones producidas en la estructura de la práctica y de la comunidad científica así como las instancias históricas que nos informan sobre la situación de la Biología en la etapa que nos interesa. La confluencia de estas dimensiones colabora en la comprensión de la actividad científica permitiendo un mayor acercamiento al proceso real, cuestión de indudable interés para la perspectiva epistemológica. Es propósito de este trabajo evaluar las implicancias epistemológicas involucradas en la crisis y posterior recuperación de la teoría darwiniana ocurrida desde fines del siglo XIX y primera mitad del siglo XX sobre la base de las transformaciones que se producen en las disciplinas biológicas desde la propuesta darwiniana inicial y la síntesis que configura su recuperación.

2. Desarrollo

Cuando en 1859 Darwin expone su teoría, logra conmover[1] a la comunidad de su época que discute su propuesta en los más destacados ámbitos científicos. No obstante, es importante tener en cuenta que tal repercusión no fue equivalente a la aceptación de todas las tesis de la teoría por parte de la comunidad científica sino que, por el contrario, podemos establecer desde el punto de vista epistemológico, una distinción en los aportes de la misma. En efecto, es posible reconocer un núcleo de cuestiones que denominaríamos "propuesta darwinista *mínima*" que no sólo impactan sino que son adoptadas por los investigadores de lo procesos biológicos; correlativamente, podemos identificar una "concepción de *máxima*" que abarca además de los ítems mencionados, un conjunto de tesis que, en principio, resultan inaceptables para la concepción paradigmática del mundo y de la vida en ese momento (Kitcher, 1993). Un breve análisis de estos dos aspectos de la teoría resulta de interés para estas consideraciones:

1. En el marco de la propuesta darwinista *mínima*, se incluyen novedades relevantes que inciden profundamente en las investigaciones biológicas de ese momento relativas especialmente a:

1.1. El tipo de cuestionamientos que se proponen y que otorga un nuevo carácter a la práctica científica en el ámbito de los estudios biológicos. En el caso específico de la teoría evolucionista, los interrogantes que se presentan alteran la relación ciencia-teología aceptada en la época, planteando la pregunta sobre el origen de las especies; desde ella se cuestiona la aparición de diferentes distribuciones biogeográficas (Darwin, versión cas-

---

[1] En noviembre de 1859 se publica *El origen de las especies*; 1250 ejemplares, a 15 chelines cada uno, agotados el mismo día de su publicación.

tellana de la sexta edición de 1877, pp. 373, 469), así como el concepto de homología (Darwin, 1877, p. 433) y de analogía (Darwin, 1877, pp. 424-425). Desde este marco, se propone la hipótesis de que todos los organismos que existen actualmente en la tierra están relacionados genealógicamente, lo que se explicita a través de lo que Darwin llamó el árbol de la vida.

1.2. Se implementan precisiones en el lenguaje que utilizan las teorías biológicas; ello implica ajustes y adecuaciones de los conceptos y sus clasificaciones, definiciones, referentes, etc. Darwin, sustituye el concepto esencialista tradicional de especies, definiéndolas como *"variedades bien marcadas"* (Darwin, 1877, pp. 97-98). Tal concepto se atribuye a un conjunto de individuos que se parecen mucho entre sí y que no difieren esencialmente del término "variedad". La relación histórica es tan decisiva que fuera de ella, las especies no serían nada más que "variedad".

Además, el principal trabajo teórico y argumentativo del *Origen* consistió en intentar demostrar cómo las aparentemente triviales observaciones con respecto a variación, competencia y herencia, pueden responder a cuestiones que hasta el momento parecían estar más allá de ámbito científico para su consideración o solo habían sido abordadas parcial y limitadamente. La disputa generada por estas cuestiones se centró más en la necesidad de precisar significados que en probar la verdad de las afirmaciones.

1.3. Otra importante novedad tiene que ver con el patrón explicativo propuesto por el darwinismo. Tal patrón demandó la consideración de procesos históricos y la inclusión de factores contingentes que no sólo intervienen a modo de "condiciones iniciales" como en el prestigiado modelo nomológico-deductivo, sino como componentes fundamentales del proceso explicativo. A este tipo de explicación que incorpora los aspectos señalados se lo ha denominado, *narrativa histórica darwiniana* y se caracteriza por utilizar no sólo argumentos, leyes o experimentos, sino también metáforas y analogías, estrategias que anteriormente no gozaban de la aceptación científica.

Otra diferencia de este esquema explicativo consiste en que mientras que la completitud de las explicaciones por leyes es intrínseca, es decir pueden agregarse más condiciones iniciales o más leyes al *explanans*, las explicaciones históricas son completables, también extrínsecamente, haciendo referencia a los aspectos contextuales, sin los cuales no es posible dar cuenta de los fenómenos evolutivos que suceden en el tiempo. Este tipo de explicación ha sido cuestionado desde un modelo hegemónico de ciencia, que considera a la explicación nomológico-deductiva como la más adecuada a los requerimientos científicos.

1.4. Los aspectos antes mencionados inciden también en la importancia de nuevos criterios metodológicos; en efecto, la teoría darwiniana incorpora pautas originales para clasificar la información relevante en Biología ya que esta debe tener en cuenta la genealogía[2] que conecta a los individuos, en lugar de ubicarlos en un "sistema natural" entendido según la perspectiva teleológica aceptada en ese momento.[3] Para adquirir la información pertinente, Darwin va a dirigirse precisamente a los datos empíricos que ofrece la naturaleza descartando el sustento que podía dar a la teoría toda explicación teológica,[4] a fin de establecer fuentes confiables además de observaciones y experimentaciones adecuadas.[5]

2. La teoría incluye, en lo que denominamos "concepción de *máxima*" ciertas tesis que impactan negativamente no solo en la comunidad científica, sino en la concepción general instalada en la concepción del mundo de ese momento tales como:

2.1. La introducción del concepto de "selección natural" al que se le atribuye la configuración de uno de los mecanismos fundamentales[6] en el proceso evolutivo; ello implica un duro impacto para la consolidada tesis del fijismo de las especies.

> A esta conservación de las variedades las variaciones y diferencias individualmente favorables y la destrucción de las que son perjudiciales, la he llamado selección natural o supervivencia de los más aptos. (Darwin, 1877, p. 116)

---

[2] "Comprenderemos inmediatamente por qué estos caracteres [se refiere a los embriológicos] poseen un valor tan grande en la clasificación: porque el sistema natural es genealógico en su disposición [...] Nuestras clasificaciones muchas veces están evidentemente influidas por enlaces de afinidades." (Darwin, 1877, p. 419).
[3] "Así, pues el sistema natural es genealógico en su ordenación, como un árbol genealógico; pero la cuantía de modificación que han experimentado los diferentes grupos tiene que expresarse clasificándolos en los que se llaman géneros, subfamilias, familias, secciones, ordenes y clases." (Darwin, 1877, p. 421).
[4] "[...] la sencillez de la idea de que cada especie se produjo de principio en una sola región cautiva la mente. Quien lo rechacé, rechaza la vera causa de la generación ordinaria con inmigraciones posteriores e invoca la intervención de un milagro." (Darwin, 1877, p. 373).
[5] "He hecho tantos experimentos y reunido tantos hechos que demuestran por una parte que un cruzamiento ocasión al con un individuo o variedad distintos aumenta el vigor y fecundidad de la descendencia [...]" (Darwin, 1877, p. 287)
[6] Darwin también hace mención a otros mecanismos evolutivos, entre ellos pueden mencionarse, la herencia de los caracteres adquiridos, el uso y el desuso y el crecimiento correlativo.

> Estoy completamente convencido, no sólo de que las especies no son inmutables, sino que las que pertenecen a lo que se llama el mismo género son descendientes directos de alguna otra especie, generalmente extinguida, de la misma manera que las variedades reconocidas de una especie cualquiera son los descendientes de ésta. Además estoy convencido de que la Selección natural ha sido el más importante sino el único medio de modificación. (Darwin, 1877, p. 58)

2.2. Contra una concepción fuertemente teleológica de los cambios, Darwin postula el carácter eminentemente adaptativo de las transformaciones que pueden acaecer en los seres vivos.

> Cualquiera que pueda ser la causa de cada una de las ligeras diferencias entre los descendientes y sus progenitores –y tiene que existir una causa para cada una de ellas– tenemos fundamentos para creer que la continua acumulación de diferencias beneficiosas es la que ha dado origen a todas las modificaciones más importantes de estructura, en relación con las costumbres de cada especie. (Darwin, 1877, p. 185)

2.3. Sin un objetivo previamente establecido, las transformaciones se explican fundamentalmente por la lucha por la supervivencia. Si bien este principio, ya estaba presente en el pensamiento de la época Darwin lo extiende al ámbito de los procesos inherentes a los seres vivos.

> Debo hacer constar que empleo esta expresión Lucha por la existencia en un sentido amplio y metafórico que incluye la dependencia de un ser respecto al otro –y los que es más importante– incluye no sólo la vida del individuo sino también el éxito de dejar descendencia. (Darwin, 1877, p. 102)

2.4. Los procesos referidos no son el resultado de un acontecimiento puntual sino que responden más bien a un gradualismo de las variaciones.

> [...] la selección natural obra solamente aprovechando pequeñas variaciones sucesivas; no puede dar nunca un salto grande y repentino, sino que ha de avanzar por pasos cortos y seguros aunque lentos. (Darwin, 1877, p. 209)

> Si pudiera demostrarse que existió un órgano complejo que no se formo por modificaciones ligeras sucesivas y numerosas, mi teoría se vendría abajo. (Darwin, 1877, p. 199)

La referida caracterización de los cambios biológicos permite una mirada global integradora que muestra el proceso de la vida en una distribución arborescente:

> Las afinidades de todos los seres de la misma clase se han representado a veces por un gran árbol. Creo que este símil expresa mucho la verdad. (Darwin, 1877, p. 157)

> Así como los brotes dan origen por crecimiento a nuevos brotes, y éstos, si son vigorosos, se ramifican y sobrepujan por todos lados a muchas ramas más débiles, así también a mi parecer ha ocurrido en el gran árbol de la vida, que con sus ramas muertas y rotas llena la corteza terrestre y cubre su superficie con sus hermosa ramificaciones siempre en constante bifurcación. (Darwin, 1877, p. 158)

Estas tesis fueron precisamente las que provocaron objeciones suficientemente importantes como para determinar su rechazo por parte de muchos biólogos y particularmente desde el marco teológico que impregnaba las investigaciones sobre el origen de la vida.

Por otra parte, si bien el *Origen de las especies* contiene una enorme riqueza de datos, el apoyo empírico, ante la limitación de los registros fósiles, resulta insuficiente para sustentar inductivamente la amplitud de las tesis mencionadas, lo que genera un descreimiento en la fuerza de la teoría. Las dificultades más grandes se referían al origen de la variabilidad y los mecanismos de la herencia, respecto a los cuales es justo reconocer que también habían sido motivos de inquietud para el mismo Darwin.

Refuerza la actitud negativa hacia la teoría la posibilidad de su identificación con la ideología materialista, situación que se hace evidente a través de diferentes manifestaciones de biólogos que desconocen, por ejemplo, la validez de la hipótesis de la selección natural. Esta situación favorece el fortalecimiento del neo-lamarckismo particularmente en América.

La distinción señalada hace más comprensible el hecho de que la publicación del *Origen de las especies* marca una instancia prácticamente fundacional de la Biología instalando lo que P. Kitcher denomina una nueva "práctica científica consensuada"; ello equivale a reconocer que la investigación en biología quedará signada por los aspectos señalados en 1; podemos decir que tales aspectos marcarían el éxito de la teoría evolucionista darwiniana.

Pero por otra parte, quizá una vez acallados los destellos del éxito inicial, los aspectos señalados en 2 favorecen la situación crítica en la que cae la teoría hacia fines del siglo XIX, reconocida por la comunidad científica, según lo ponen en evidencia publicaciones de la época en las que se hace referencia a un "eclipse del darwinismo".

Lo llamativo es que algunas décadas más tarde, se produce una revaloración de la teoría en cuestión, dando lugar al reconocimiento de la validez de sus tesis para los nuevos descubrimientos biológicos lo que consolida y amplía la vigencia de la teoría. Interesa entonces identificar los factores epistemológicos que inciden en tal instancia

Cabe tener en cuenta que en la segunda mitad del siglo XIX, el proceso evolutivo es suficientemente aceptado como fenómeno perteneciente al desarrollo de los seres vivos. No obstante, la tesis evolutiva no pertenece exclusivamente al darwinismo ya que forma parte de diferentes propuestas que también la asumen. En el momento que nos ocupa, estaban presentes en contexto científico otras teorías alternativas que, desde perspectivas opuestas a la darwiniana, intentaban ofrecer una explicación satisfactoria a tal proceso A modo de síntesis, señalamos las tesis centrales referidas al proceso evolutivo de las teorías que compartiendo el escenario científico, tienen vigencia en las últimas décadas del siglo XIX:

1. *Evolución Teísta*: las variaciones no son azarosas sino dirigidas a fines propuestos por el diseño del Creador. Evidentemente, esta propuesta queda fuera de las posibilidades de investigación científica.
2. *Lamarckismo*: la evolución resulta del proceso de herencia de caracteres, adquiridos durante la vida de un organismo como respuesta al medio a través de un impulso o fuerza vital inmanente según la relación uso - herencia; es posible la acumulación de modificaciones corporales creadas por un nuevo patrón de conducta y adoptado por un organismo.
3. *Ortogénesis*: concibe a la evolución como un proceso consistentemente dirigido a lo largo de una singular trayectoria, por fuerzas que operan en el mismo organismo.
4. *Teoría de la mutación*: estima que la evolución procede por la aparición repentina de nuevas formas significativas.
5. *Selección natural*: sostiene que sobreviven y se reproducen preferentemente aquellos individuos nacidos con variaciones que le confieren algún beneficio adaptativo o ventaja ante la demanda del medio ambiente; tales variaciones resultarían disturbios del sistema reproductivo ocurrido azarosamente.

Cada una de estas propuestas debe abordar por su parte, interrogantes referidos a la caracterización de la evolución explicitando si la misma es:

- un proceso ordenado en el que los grupos avanzan a través de un patrón regular de desarrollo o un proceso irregular que genera diversidades y ramificaciones arborescentes.

- un proceso controlado por una demanda (externa) del hábitat o por fuerzas internas al propio organismo.
- un proceso continuo de acumulación de pequeños cambios regulares o bien ocurre por una discontinua aparición de formas totalmente nuevas.

Tanto la teoría del Evolucionismo Teísta como la Ortogénesis y el Lamarckismo, mantienen un lineamiento acorde a la secular tradición según la cual el proceso de desarrollo orgánico debía ser ordenado y controlado por leyes inherentes a la propia vida, aunque ninguna cuenta con suficientes datos empíricos para su confirmación. Consecuentemente, surge en la comunidad científica la tendencia a afrontar el desafío que significa intentar nuevos enfoques para determinados problemas fundamentales.

En tal situación, una nueva generación de biólogos toma conciencia de que las técnicas de la morfología y los estudios de campo parecen haber alcanzado el límite de la utilidad y están convencidos de la necesidad de un abordaje experimental de estos problemas que, hasta el momento, ninguna de las teorías alternativas mencionadas podía ofrecer. En esta tendencia se alinean los trabajos de Weismann quien en 1900 re-descubre las leyes de Mendel aportando además sus estudios sobre los cromosomas como base material de la herencia, lo que refutaría la tesis lamarckiana de la transmisión de caracteres adquiridos. De Vries por su parte distingue dos tipos de variaciones, la ordinaria y la que da lugar a grandes transformaciones en los organismos, introduciendo el concepto de "mutación genética" que refiere a un cambio repentino y sin transición; están de acuerdo con esta posición William Bateson y otros genéticos.

El nuevo enfoque resulta fuertemente hostil al lamarckismo que había logrado un importante espacio. Además si bien en un principio la genética y la teoría de la mutación aparecen como alternativas que contribuirían al eclipse del darwinismo, también se presentan, al menos potencialmente, como compatibles con la tesis de la selección natural. El carácter fuertemente hereditarista de la perspectiva, tampoco soporta la teoría de la recapitulación sino que, por el contrario, se interesa en la identificación de caracteres somáticos particulares con unidades genéticas hipotéticas (por combinación o creación de nuevas unidades), en consecuencia, no se acepta la tesis que pone en la ontogenia la guía de la evolución.

El mutacionismo es discutido desde diferentes perspectivas; entre ellas destacamos la posición de los Biómetras encabezados por Karl Pearson quienes confían en la tesis de la selección natural darwinista centrando su atención en las variaciones cuantitativas o "métricas". El aporte de instrumentos matemáticos para la elaboración de los datos conduce a la aparición de la genética de poblaciones, haciendo posible la construcción de modelos teóricos en los que la acción de la selección sobre pequeños efectos genéticos desempeñaba un papel esencial. También se opone al mutacionismo de De Vries, T.H. Morgan quien desde 1910 además de descubrir que los genes se encuentran y se entrecruzan en los cromosomas, presenta la evolución como un proceso relativamente gradual en el que los nuevos genes que conferían ligeras ventajas adaptativas se difundían en la población; aunque su concepto de selección es un tanto simplista y niega la tesis de la lucha por la supervivencia o eliminación del menos apto como mecanismo de incorporación de nuevos caracteres a la población.

Hacia 1920, algunos genetistas comienzan a admitir que la anteriormente rechazada tesis de la selección natural podría jugar un papel importante en la explicación de los cambios evolutivos. Otras tesis darwinistas fuertemente discutidas, tales como el carácter adaptativo de los cambios evolutivos y el gradualismo, van integrándose poco a poco en las nuevas propuestas.

También entre los naturalistas de campo, para quienes la tesis de la selección era todavía inaceptable desde el argumento de la pervivencia de caracteres no adaptativos, se produjo un importante cambio: una nueva forma de seleccionismo lograba el apoyo de muchos naturalistas y les permitiría aceptar la genética como componente básico de la teoría de la evolución.

De este modo, entre las décadas de 1920 y 1930, ya el darwinismo ha recuperado una posición relevante para la Biología, así por ejemplo se demuestra matemáticamente que la selección natural darwiniana realmente produce cambios importantes. Se destacan en este momento investigadores de la talla de R. Fisher, J. Haldane, S. Wright, etc. que logran configurar un marco teórico en el que se integran las tesis darwinianas con los aportes del campo de la genética. Posteriormente, el darwinismo no constituirá solamente una teoría biológica más, sino que configurará el andamiaje estructural en el que se integran diversas disciplinas del ámbito biológico que hasta el momento aparecían dispersas, sin elementos fundantes de su posible cohesión.

Podemos admitir entonces que el resurgimiento del darwinismo es resultado de dos procesos distintos de reconciliación:

1. necesidad de superar el abismo entre biometría y mendelismo: la variación discontinua no era incompatible con la selección natural (fue necesario una nueva generación de biólogos formados en estadística para apreciar tal posibilidad)

2. necesidad de reconciliar el hereditarismo de las propuestas mendelianas y darwinianas con la preferencia por el mecanicismo lamarckista u ortogenista de biólogos de campo que negaban el aislamiento germinal.

Los naturalistas eran conscientes de la ausencia de testimonios experimentales que validaran estas teorías. Ante la aparición de una nueva forma de seleccionismo basada en la genética que no discordaba con los estudios de laboratorio y era también capaz de conducir la investigación de campo satisfactoriamente, el apoyo a las otras teorías se desvaneció rápidamente.

La teoría de la selección genética triunfa finalmente porque la reconciliación con el mendelismo es inevitable si se quiere superar la separación entre los biólogos de laboratorio y los de campo y fundamentalmente porque es capaz de proponer un modelo de ciencia que acepta un cambio multidimensional (preguntas, esquemas explicativos, instrumentos etc.) oponiéndose a cualquier concepción de ciencia que reduzca unidimensionalmente al progreso. La complejidad del mundo, especialmente el biológico, y de los recursos metodológicos requerirían una nueva práctica científica que el darwinismo inició y los neodarwinistas consolidaron (Kitcher, 1993, p. 44).

3. Conclusión

Creemos que el neodarwinismo aporta novedades conceptuales importantes como las que tienen que ver con el concepto de especie definida como un grupo de individuos que se cruzan o pueden hacerlo dando descendencia fértil en contraposición al concepto darwiniano que resultaba casi una construcción gnoseológica. Otra precisión es la definición de *"fitness"* o adaptación darwiniana que es concebida como la capacidad de un genotipo de estar representado en las siguientes generaciones en comparación con otros genotipos de la misma población. Es tan importante esta conceptualización que implica considerar como unidad de evolución no sólo al individuo, sino también las poblaciones en las que la misma se concreta.

Resulta claro que tanto en el proceso de aceptación del darwinismo en el momento de la publicación del *Origen de las especies,* como en el resurgimiento que sigue a su declinación, han tenido importante incidencia aquellas innovaciones de carácter epistemológico contenidas en la propuesta. En efecto, el advenimiento de la teoría involucró los aspectos que se señalan a continuación.

1. En su propuesta inicial
- Explicar desde la ciencia determinados procesos biológicos sin recurrir a fundamentos trascendentes

- Complementar o sustituir, por requerimientos de la tradición mecanicista, la explicación teleológica de los fenómenos biológicos.
- Reducir los tipos de causas invocados como principios explicativos a la causa material y a la causa eficiente, pero expresados a través de relaciones de carácter eminentemente racionales y de carácter empírico.
- Incorporar la producción de variaciones azarosas como factores ineludibles en el proceso evolutivo. (Esta cuestión genera una tensión importante en la teoría ya que entra en conflicto con el modelo explicativo hegemónico y con la concepción determinista del mundo aceptada en ese momento).
- Admitir que los fenómenos evolutivos se explican a través de procesos genealógicos que refieren a hechos únicos e irrepetibles en el sentido histórico que no pueden ser cubiertos por relaciones legaliformes.
- Instalar una nueva "práctica científica" (Kitcher, 1993, p. 31) que aportará pautas fundamentales para la investigación biológica futura.
- Configurar un programa de investigación que permitió integrar el proceso histórico definido por la tesis evolucionista y abrir hacia la incorporación de los nuevos aportes en Biología.

2. En el "neodarwinismo" se contribuye de manera eficaz a robustecer las estrategias metodológicas que permiten a los biólogos:
- Identificar las instanciaciones de la teoría darwiniana en el ámbito de los seres vivos asumiendo la perspectiva evolucionista que define nuevos campos observacionales.
- Encontrar modos de testear las hipótesis que surgen en el avance de tales instanciaciones; la genética de poblaciones puede explicar matemáticamente, como la selección natural actúa sobre grupos de individuos que crecen geométricamente, reduciendo la superpoblación con la eliminación de individuos que no han sido beneficiados por variaciones favorables.
- Explicar fenómenos particulares desde la teoría darwiniana que desde otros marcos teóricos no resultan relevantes, por ejemplo el cambio de color de las polillas de Manchester (*Biston betularia*).
- Desarrollar consideraciones teóricas de los procesos supuestos en las historias darwinianas, por ejemplo las relativas a la transmisión hereditaria y al origen y preservación de las variaciones favorables. Actualmente la casi universalidad del código genético y la creencia en la combinación arbitraria del código favorecen la hipótesis de que todos los organismos están emparentados (Sober, 1996, p. 82).

- Implementar estructuras formales que posibilitan la cuantificación de los procesos evolutivos así como la elaboración de modelos que permiten anticipar programas progresivos.
- Configurar un paradigma epistemológico que ha traspuesto el campo de la biología, brindando elementos novedosos que sirven de guía a la investigación científica.

Si bien el resurgimiento del darwinismo en el ámbito interno de la Biología es resultado de procesos de reconciliación entre biometría y mendelismo por una parte y del hereditarismo de las propuestas mendelianas y darwinianas con la preferencia por el mecanicismo lamarckista u ortogenista de biólogos de campo por otra, entendemos que su importancia tiene también que ver con su capacidad para vertebrar diferentes ámbitos de la Biología aportando unidad a la disciplina; además, ha resultado eficaz para proponer un modelo de ciencia que acepta cambios multidimensionales (preguntas, esquemas explicativos, instrumentos etc.) oponiéndose a cualquier concepción que reduzca unidimensionalmente su desarrollo. La complejidad del mundo, especialmente el biológico, y de los recursos metodológicos requerirían una nueva práctica científica que el darwinismo inició y los neodarwinistas consolidaron.

Referencias bibliográficas

Ayala, F. (1982), "Darwin y la idea de progreso", *Árbor* 113 (442): 59-75.

Ayala, F. (1983), "El concepto del progreso biológico", en Ayala, F. & T. Dobzhansky (eds.), *Estudios sobre la filosofía de la Biología*", Barcelona: Ariel.

Álvarez, J.R. (2000), "Analogías darwinianas: metáforas y/o conceptos", en Mora, M.S. *et al.* (eds.), *Actas del III Congreso de la Sociedad de Lógica, Metodología y Filosofía de la Ciencia*, San Sebastián: Universidad del País Vasco, pp. 331-341.

Bowler, P. (1985), *El eclipse del Darwinismo*, Barcelona: Labor.

Castrodeza, C. (1988a), *Ortodoxia darwiniana y progreso evolutivo*, Madrid: Alianza.

Castrodeza, C. (1988b), *Teoría histórica de la selección natural*, Madrid: Alhambra.

Castrodeza, C. (1999), *Razón biológica*, Madrid: Minerva.

Coleman, W. (1983), *La Biología en el siglo XIX. Problemas de forma, función y transformación*, México: Fondo de Cultura Económica.

Darwin C. (1985), *El Origen de las especies*, Madrid: Editorial EDAF. (Versión castellana de la sexta edición de 1877.)

Dobzhansky, T. (1957), *Las bases biológicas de la libertad humana*, Buenos Aires: Ateneo.

Gilson, E. (1976), *De Aristóteles a Darwin*, Pamplona: Ediciones de la Universidad de Navarra.

Goodwin, B.C., Holder, N. & C.C. Wylie (eds.) (1983), *Development and Evolution*, Cambridge: Cambridge University Press.

Huxley, J. (1965), *La evolución. Síntesis moderna*, cap. 10 reimpreso en *Progreso Evolutivo*, Buenos Aires: Losada, pp. 530-551.

Jacob, F. (1970), *La lógica de lo viviente*, Barcelona: Laia.

Jacob, F. (1977), "Evolution and Tinkering", *Science* 196: 1161-1166.

Jasdtrow, R., (1993), *Darwin, Textos Fundamentales*, Barcelona: Planeta-Agostini.

Kauffman, S.A. (1993), *The Origins of Order. Self-Organization and Selection in Evolution*, Nueva York: Oxford University Press.

Kitcher, P. (1993), *The Advancement of Science*, New York: Oxford University Press.

Lewontin, R. (1978), "Adaptación", *Investigación y Ciencia* 26: 139-149.

Lloyd, E. (1995), "Objectivity and the Double Standard for Feminist Epistemologies", *Synthese* 104 (3): 351-361.

Martínez, S. (1997), *De los efectos a las causas*, Barcelona: Paidós.

Martínez. S. & L. Olivé (eds.) (1997), *Epistemología evolucionista*, México: Paidós.

Mayr, E. (1998), *Así es la Biología*, Madrid: Debate.

Maynard-Smith, J. (1987), *Los problemas de la biología*, Madrid: Cátedra.

Morin, E. (1992), *El paradigma perdido*, Barcelona: Kayrós.

Olivé, L. (2000) *El bien, el mal y la razón*, México, Paidós.

Ponce, M. (1989), "Explicación teleológica y adaptaciones biológicas", en Villanueva, E. (ed.), *Tercer Simposio de Filosofía*, México: Universidad Nacional Autónoma de México.

Regner, A.C. (1995), *A natureza teleológica do princípio darwiniano de seleçao natural*, Porto Alegre (en prensa).

Richards, R.J. (1992), *The Meaning of Evolution. The Morphological Construction and Ideological Reconstruction of Darwin's Theory*, Chicago: The University of Chicago Press.

Ruse, M. (1987), *Tomándose a Darwin en serio*, Barcelona: Salvat.

Ruse, M. (1979), *Filosofía de la biología*, Madrid: Alianza.

Sober, E. (1996), *Filosofía de la biología*, Madrid: Alianza.

Williams, E.O. (1980), *Sociobiología*, Barcelona: Omega.

Wright, L. (1976), *Teleological Explanation*, California: University of California Press.

La necesidad de un marco multiteórico para la biología evolutiva

Vicente Dressino* & Susana Gisela Lamas*

1. Introducción

Durante la mayor parte del siglo XX el neodarwinismo ha sido la teoría dominante en la biología evolutiva, sin embargo en la actualidad existe una serie de datos empíricos que no pueden ser adecuadamente explicados desde este marco teórico. Esto está generando cambios conceptuales, teóricos, explicativos, metodológicos y ontológicos.

En este trabajo, se mostrarán básicamente dos fenómenos distintos que se vienen dando en el seno de la biología evolutiva, por un lado los aportes empíricos que son los causantes de que la teoría sintética entre en crisis como única explicación. Y, en segundo lugar, el nuevo modo en que la biología está comenzando a reestructurarse, esto es, los grandes "nodos disciplinares" que se están desarrollando (*ecology and development* y *evolution and development*).

Los objetivos del presente trabajo consisten en discutir el impacto sobre la teoría sintética de los aportes provenientes de los nuevos núcleos temáticos o disciplinares de la biología, más ciertas contribuciones provenientes de otros campos de estudio. Y, dado lo anterior, analizar si es suficiente expandir la teoría sintética o si debe aceptarse un marco teórico múltiple para explicar los procesos evolutivos.

---

* Facultad de Ciencias Naturales y Museo, Universidad Nacional de La Plata (UNLP), Argentina.

2. Las dificultades presentadas por la teoría sintética

La Teoría Sintética de la Evolución ha sido la teoría de referencia obligada en el campo biológico, característica incentivada por la gran cantidad de datos empíricos corroboradores de la misma. Sin embargo, en la actualidad es creciente el número de biólogos que están cuestionando a esta teoría y por otra parte, está surgiendo evidencia fuerte que sustentaría la posibilidad de otros marcos teóricos. Además otro de los problemas que enfrenta el neodarwinismo está vinculado con la marginación casi completa de los estudios provenientes de la biología del desarrollo. Este dato resulta bastante curioso si se tiene en cuenta que Darwin tuvo siempre presente la importancia que la embriología tenía para su teoría.

Durante la década de 1980, la biología del desarrollo ya contaba con la masa crítica de conocimiento necesaria para poder realizar un aporte significativo a la teoría neodarwiniana. Por otra parte, de su productiva unión con otras disciplinas dio origen a lo que actualmente se conoce como "núcleos temáticos o disciplinares" pertenecientes a un nuevo concepto dentro de la biología denominado "biología integrativa". El surgimiento de estos núcleos temáticos que se desarrollan en campos disciplinares nuevos tales como *evolution and development* (evo-devo) y *ecological developmental biology* (eco-devo) están cambiando la visión y los criterios de los procesos evolutivos. Este cambio puede analizarse desde diversas dimensiones epistémicas, por ejemplo: la metodología utilizada (esto es, el desarrollo de técnicas moleculares nuevas en evo-devo); las explicaciones dadas (i.e., el descubrimiento de relaciones filogenéticas novedosas); ciertos aspectos ontológicos (por ejemplo, se han modificado las relaciones de parentesco).

Por otro lado, a esta transformación también se suman los aportes pioneros de Steele (1979), Steele *et al.* (1998), Jablonka & Lamb (1995) y Jablonka *et al.* (1998) entre otros, que señalan la importancia de la teoría lamarckiana en los mecanismos del sistema inmune y los factores de herencia epigenética de estrecho vínculo con los nodos temáticos anteriormente citados.

Otros autores, en cambio (Sandín, 2002) basados en una sólida argumentación, proponen la necesidad de un cambio radical, el abandono del neodarwinismo y la construcción de un nuevo marco teórico. Podríamos encuadrar la situación actual desde el punto de vista teórico como la de una crisis en la cual el neodarwinismo está siendo cuestionado utilizando sus propias argumentaciones y, por otro lado, los nodos disciplinares están obligando a la reconsideración de ciertos supuestos.

La necesidad de plasmar un marco teórico que sintetice todo ese bagaje de información, condujo a Susan Oyama a publicar su libro *The Ontogeny of*

Information que dio origen a la "teoría de los sistemas de desarrollo". En este trabajo la autora plantea fundamentalmente la relación causal entre genes y ambiente desde una perspectiva interaccionista. Asume que pueden separarse las causas genéticas de las ambientales, pero que la interacción de los efectos de esas causas da como resultado una combinación única. Sin embargo, en nuestra opinión, durante el desarrollo ontogenético de un organismo es difícil separar lo genético de lo ambiental dado que ambas categorías actúan como un todo integrado. Y, desde un punto de vista estrictamente teórico, dicha separación sólo podría realizarse si ese organismo hipotético se desarrollara en un medio ideal completamente aislado de toda influencia ambiental. Ya que los genes no pueden expresarse sin la influencia del medio y el ambiente no puede actuar sobre un organismo sin genes (todo organismo, por definición, posee genes). Por lo tanto, esta separación genético-ambiental cumple un rol estrictamente especulativo. Esta relación entre genes y ambiente durante la ontogenia sólo puede darse por un flujo de información en ambos sentidos. Por lo dicho anteriormente, es que los postulados de la teoría de los sistemas de desarrollo están impactando en los estudios del desarrollo y en la filosofía de la biología.

3. Evolución y desarrollo

A pesar de que Darwin en su obra le otorgó mucha importancia a los estudios embriológicos como evidencia para su teoría, los biólogos sintéticos durante muchos años soslayaron los aportes provenientes de la biología del desarrollo. Por otro lado, desde mediados del siglo XX un tema de interés central en la biología ha sido el estudio de los mecanismos genéticos, celulares y de desarrollo que intervienen en la formación del plan básico corporal y de las características de comportamiento de los organismos.

Alrededor de 1990 comienza la caracterización de los genomas de ciertos organismos incluido el humano, permitiendo la comprensión de la significación funcional de ciertos genes, así como la filogenia de los mismos. A modo de ejemplo puede mencionarse las consecuencias evolutivas del Proyecto Genoma Humano. Este proyecto pone de manifiesto la participación en nuestro genoma de genes surgidos originalmente en bacterias, virus, parásitos intestinales, moscas, ratones, etc. Estos datos por sí solos están provocando un importante cambio conceptual en la antropología y la paleoantropología. Además, se borró definitivamente el concepto biológico de "razas" para la especie humana y se estableció que nuestra caracterización genética corresponde técnicamente a un clon. Esto se fundamenta en el hecho que la variabilidad humana se sustenta dentro de un rango de variación de 0.01%. El impacto de estos datos puede asemejarse por su importancia a los producidos con el descubrimiento de la doble hélice.

Otro aspecto importante en el cambio de las ideas evolutivas fue el hallazgo que algunos genes que intervienen en el desarrollo son compartidos entre especies distantes filogenéticamente pero con funciones similares. Ya en 1822 Geoffroy Saint-Hilaire había afirmado, sobre la base de sus estudios de anatomía comparada, que los vertebrados podían ser interpretados como artrópodos girados al revés. Pero fue una gran sorpresa cuando DeRobertis & Sasai (1996) encontraron un sistema conservado de señalamiento que provee información de posición para la ubicación de células embrionarias para tipos tisulares específicos tanto en *Drosophila* como en vertebrados. En este sentido, la región ventral de *Drosophila* es homóloga a la región dorsal de los vertebrados. Los autores concluyeron que los estudios sobre biología del desarrollo evolutivo permiten obtener información acerca de las características del animal ancestral que dio origen a los linajes de los artrópodos y vertebrados y al cual denominaron *Urbilateria*.

La evidencia indica que a partir de un mismo grupo de genes básicos, los organismos construyen morfologías diferentes. Esto pone nuevamente en el eje el problema de la "forma" y de cómo cada organismo puede obtener una forma determinada. Se puede aseverar que la morfología de los organismos se establece en dos niveles de organización básicos, esto es, el individual y el poblacional. En el primero, la forma de los organismos es determinada durante la ontogenia; mientras que en el segundo, las poblaciones y especies adquieren su morfología a lo largo de su historia evolutiva.

Un ejemplo concreto de este tipo de genes lo constituye el gen *engrailed* (*En*) que actúa sobre distintos tipos celulares. Su expresión puede ser observada en ciertas neuronas y músculos de invertebrados, así como también en la organización seriada y en la evolución de las valvas de moluscos (Jacobs *et al.*, 2000). Asimismo, también se expresa en las neuronas del cerebro medio y del cerebelo de los vertebrados, y en los apéndices pares de los vertebrados mandibulados. En síntesis, este gen actúa en general sobre la segmentación de los primeros somitos corporales en especies muy distantes filogenéticamente de invertebrados y de vertebrados.

Podemos afirmar que la biología del desarrollo describe homologías de genes homeobox[1] y sus dominios de expresión, pero además Gilbert *et al.* (1996) han propuesto homologías de procesos que reemplazan o complementan a las antiguas homologías de estructuras. Las vías de desarrollo homólogas, tales como las vías de señalamiento *wnt*[2], aparecen en numero-

---

[1] Genes que se expresan en el desarrollo embriológico temprano.
[2] Esta vía establece la organización orgánica en sentido antero-posterior.

sos procesos embrionarios y ocurren en regiones discretas tales como los campos morfogenéticos. Estos campos de estructura modular articulan la relación genotipo-fenotipo. Por lo tanto, los autores aseveran que los campos morfogenéticos constituyen la unidad mayor de la ontogenia cuyas modificaciones producen cambios en la evolución.

Completando los conceptos anteriores, Carroll afirmó:

> The origin of multicellularity and complex body plans among animals was a unique phenomenon, dependant on the evolution of Hox genes near the end of the Precambrian (late Neoproterozoic). Once evolved, their subsequent duplication and divergent change in adaptively distinct lineages established the basis for the radiation of the many metazoan phyla. Most phyla have apparently retained a relatively constant number of Hox genes since the Cambrian. (Carroll, 2000, p. 28)

Es lógico preguntarse acerca de la relación entre los aportes de "evolución y desarrollo" con respecto a la teoría sintética. Para von Dassow y Munro (1999) la biología del desarrollo evolutivo tiene como objetivo esclarecer de qué modo la diversidad de las formas orgánicas dan como resultado variación adaptativa en el desarrollo. En este sentido, Arthur (2000) señala las limitaciones de la teoría sintética y asevera que de la combinación de esta teoría con los aportes de "evo-devo" se logrará una mayor comprensión de los mecanismos evolutivos y un mayor poder explicativo. Asimismo, afirma que la inclusión de los mecanismos de reprogramación del desarrollo en la lista de los mecanismos evolutivos permitirá ver que la dirección del cambio evolutivo está determinada por una combinación de factores internos y externos, y no controlado enteramente por el ambiente[3]. Resumiendo, este autor no propone el abandono de la teoría sino una nueva síntesis.

Por lo expuesto anteriormente, se puede afirmar que los conocimientos aportados por la biología del desarrollo evolutivo están reescribiendo muchas páginas de la teoría evolutiva al mostrar una fuerte asociación entre ontogenia y filogenia. Asimismo, de la colaboración con otras disciplinas (por ejemplo la paleontología, la morfología funcional, la genética molecular, etc.) se están replanteando los árboles filogenéticos establecidos hasta el momento. En este sentido, en la actualidad se aceptan relaciones entre especies o taxones que hace 20 años atrás eran impensadas.

---

[3] Como se desprendería de la visión darwiniana en donde el ambiente genera las presiones y los organismos se adaptan pasivamente a ellas

4. Ecología y desarrollo y mutaciones dirigidas

Los nodos disciplinares de la biología se observan claramente en la biología del desarrollo, ya que a medida que esta disciplina madura, establece fuertes relaciones con otras ramas de la biología. Un ejemplo lo constituye el gran crecimiento que ha tenido el campo disciplinar "evolución y desarrollo" tal como se ha mencionado anteriormente. Otro nodo con cierta tradición pero que no obtuvo reconocimiento hasta épocas muy recientes es la *"ecological developmental biology"* (eco-devo) o ecología del desarrollo. De la integración de la biología del desarrollo con la ecología del desarrollo podemos comprender cómo los cambios en la expresión genética durante el desarrollo pueden alterar la formación del plan corporal.

Se puede afirmar que mientras la biología del desarrollo evolutivo se vincula con el nivel molecular de organización, la biología del desarrollo ecológico vincula el desarrollo orgánico con el mundo real. En este sentido, Mead & Epel (1995) afirman, de un modo metafórico, que el desarrollo del erizo de mar debe ser estudiado tanto entre las olas como dentro de un vaso de precipitado. Esto es, para comprender realmente el desarrollo de un organismo, es fundamental comparar su desarrollo en el ambiente natural respecto a su desarrollo en condiciones de laboratorio. Algunos campos de aplicación de eco-devo se circunscriben a áreas tales como el desarrollo normal dependiente del contexto (ej: polimorfismos morfológicos, polimorfismos determinados por el sexo, polimorfismos inducidos por depredadores, etc.).

Otros campos de este nodo disciplinar están vinculados con el efecto de factores nutricionales sobre el desarrollo y también con teratogénesis inducida por el ambiente. En este último caso ha tenido un fuerte impacto el descubrimiento de ranas en el estado de Minnesota en Estados Unidos de América con distintos tipos de anormalidades morfológicas durante su desarrollo. Por ejemplo, presencia de múltiples patas posteriores, ausencia de alguna de las patas, bifurcación terminal de una pata, microcefalia, etc. Resulta importante destacar que un relevamiento mostró que el treinta por ciento de las ranas estudiadas padecían alguna anormalidad. El esclarecimiento de este problema ha sido parcial y sólo fue posible mediante la combinación de estudios de campo con estudios de laboratorio (Stocum, 2000; Loeffler *et al.*, 2001).

Por otra parte, tradicionalmente los estudios sobre plasticidad fenotípica han sostenido la noción de que el genoma puede producir un rango de fenotipos determinado. Así, se habla de la "norma de reacción" del genotipo, que consiste en una propiedad del genoma susceptible de ser seleccionada. También existen otras formas de plasticidad del desarrollo, tales como los polifenismos[4] o polimorfismos que deben ser entendidas como respuestas a ciertas presiones ambientales originadas en un solo genotipo. Estos aspectos son tenidos en cuenta en el estudio de la ecología del desarrollo, así como los polimorfismos inducidos por un depredador. Aquí surge un problema metodológico, ya que según Gilbert (2001) para demostrar la existencia de un polimorfismo inducido por un depredador, se debe mostrar en forma indudable que el cambio fenotípico es realmente causado por la presencia del depredador y no por otras variables[5].

Uno de los casos mejor estudiados es el de las pulgas de agua (*Daphnia*, Crustacea). Sus principales depredadores son la perca (Pisces) y la larva del insecto *Chaoborus* sp. (Diptera) cuyos infoquímicos (keiromonas) estructuran sus relaciones depredador-presa. Se ha descubierto que los infoquímicos constituyen una causa importante de variación en *Daphnia*, siendo una fuente sustancial de información para la presa con el fin de reducir el riesgo de depredación. Ante la presencia del depredador las pulgas de agua pueden ajustar su desarrollo, comportamiento y morfología. Por ejemplo, cuando *Daphnia* se encuentra en un medio donde hay larvas de *Chaoborus*, desarrollan una espina en el cuello (neck spine) y un yelmo en la región cefálica durante el desarrollo. De esta manera el depredador encuentra difícil capturar a su presa y como resultado ésta puede escapar con mayor facilidad. Pero lo más significativo desde el punto de vista evolutivo es que esta inducción es transmitida a la descendencia partenogenética. Esto es, aquellas crías cuyas madres han sido expuestas a los depredadores y desarrollaron yelmos y espinas, nacen con estas estructuras muy desarrolladas aún en ausencia de depredadores. Este punto afectaría las hipótesis neodarwinianas, ya que podría ser interpretado como herencia de un caracter adquirido tal como fuera propuesto por Lamarck[6].

Como se ha mencionado anteriormente, una noción importante en ecología del desarrollo es el contexto de dependencia. En este sentido, según Gilbert & Sarkar (2000) el fenotipo no puede predecirse a partir del genotipo, luego el fenotipo depende del contexto en el cual se desarrolla. A modo de ejemplo, los embriones de tortugas y de cocodrilos se desarrollan como

---

[4] En original en inglés es "polyphenisms", término técnico que no tiene traducción al castellano que hace referencia a un conjunto de fenotipos discontinuos de una población simple cuyo origen se debe a influencias ambientales más que a tipos genéticamente diferentes.
[5] Normalmente la presencia del depredador es detectada por la liberación por parte de éste de infoquímicos como las keiromonas.
[6] Cabe destacar que el concepto de caracteres adquiridos no fue original de Lamarck sino que era usado por los naturalistas de la época y al cual Lamarck adhería.

hembras o machos dependiendo de la temperatura ambiental. En el caso de las abejas, el tipo de alimentación determinará si se desarrollan como obreras estériles o como reinas. En síntesis, el mismo genotipo da lugar a fenotipos completamente diferentes (reina u obrera, machos o hembras) en función de las demandas ambientales.

Un ejemplo más reciente y que tuvo un profundo impacto en la teoría sintética es el de las mutaciones dirigidas (también llamadas mutaciones adaptativas o selección-inducidas o cairnesianas) observadas en *Escherichia coli* y *Saccaromyces cerevisae*. Según Hall (1995) éstas son mutaciones espontáneas que ocurren en períodos de estrés prolongado como respuestas específicas a cambios ambientales y que pueden ocurrir más frecuentemente cuando son selectivamente ventajosas que cuando son selectivamente neutras. Estas mutaciones parecen producirse sólo en genes que están bajo intensa presión selectiva. Según Foster (1998) existe una cepa de *Escherichia coli* que no puede utilizar la lactosa (Lac$^-$) por el exceso de un par de bases. Cuando la lactosa es la única fuente disponible de energía y de carbonos, muta rápidamente a Lac$^+$ que permite la utilización de esta sustancia. Esto es, cuando las condiciones del medio cambian sin llegar a ser deletéreas para la especie, esta cepa de bacterias generan las mutaciones necesarias a fin de explotar mejor los cambios y sobrevivir.

Las consecuencias teóricas de estos descubrimientos para la teoría evolutiva son profundas y serán discutidas posteriormente. Así, Jablonka *et al.* (1998) afirman, sobre la base de éstos y otros resultados, que la existencia de sistemas inducibles que encienden o apagan genes, también podrían encender o apagar la producción del cambio genético. Pero estos autores van más allá afirmando que los sistemas mutacionales adaptativos, los sistemas de herencia de estructuras intracelulares y de mecanismos bioquímicos, así como la transferencia de patrones de comportamiento a través del aprendizaje social unido a ciertos tipos de organización social, y la transmisión de información usando lenguaje simbólico, permiten que la interacción entre organismo y ambiente sea incorporada a los sistemas de almacenaje de la información y, por lo tanto, pueda ser transmitida a la descendencia.

5. Herencia epigenética

Desde el establecimiento de la genética molecular muchos biólogos se han desarrollado bajo su dogma central que puede sintetizarse de la siguiente forma:

1. el ADN contiene la información necesaria para sintetizar proteínas,
2. la información es transcripta al ARN,

3. el ARN traslada la información en una secuencia de aminoácidos necesarios para sintetizar una proteína.

Una forma simplificada de este dogma sería "un gen codifica para una proteína". En la actualidad este modelo ha sido abandonado por fuerza de la evidencia empírica que lo hace insostenible. Hoy se asumen dos posibilidades para la síntesis de una proteína determinada: a) varios genes codifican una misma proteína y b) un gen puede codificar diferentes proteínas. Cualquiera de las posibilidades implica un flujo unidireccional, esto es desde el ADN hasta la proteína. Sólo cambios ambientales accidentales podrían tener algún efecto sobre el material genético, entonces ¿cómo conciliar las explicaciones sintéticas relativas a la influencia de los factores ambientales sobre los cambios adaptativos con la genética molecular? En realidad no se encontraba una explicación plausible y durante mucho tiempo se asumió que los organismos se adaptaban pasivamente al ambiente. No fue hasta el descubrimiento de los sistemas de transducción y "segundos mensajeros" que se pudo comprender la naturaleza bidireccional del flujo de información entre el núcleo celular y el ambiente.

Durante mucho tiempo se ha discutido la importancia de los mecanismos de herencia epigenética en el marco evolutivo. Pero ¿qué se entiende por epigénesis? Según Abercrombie *et al.* (1970) es la formación de estructuras completamente nuevas durante el desarrollo embrionario. Más recientemente Medawar & Medawar (1983) la definen como todos los procesos que permiten la implementación de las instrucciones genéticas contenidas dentro del huevo fertilizado. En síntesis, podemos entender por epigénesis a la relación entre genes y procesos de desarrollo en la constitución del fenotipo.

A partir de los trabajos de Jablonka & Lamb (1995) y Jabonka *et al.* (1998) la epigenética cobra una mayor importancia en la explicación de ciertos fenómenos evolutivos. Para estos autores, un sistema de herencia epigenética es un sistema que permite un estado funcional particular o que un elemento estructural sea transmitido de una generación celular a la siguiente, aún cuando el estímulo que lo indujo originalmente haya desaparecido (Jablonka & Lamb, 1995). En estos trabajos las autoras reconocen tres tipos de sistemas de herencia epigenética: (1) los sistemas de estado sostenido (*steady-state systems* en inglés), (2) sistemas de herencia estructural (*structural inheritance systems* en inglés) y (3) marcado de cromatina (*chromatinmarking* en inglés).

Los *sistemas de estado sostenido* están basados en bucles de retroalimentación positiva. Por ejemplo, un gen produce un producto que estimula más la actividad del gen y, por lo tanto, más síntesis del producto. Una vez que se activa por los eventos fisiológicos o del desarrollo, el linaje celular continúa la trascripción a menos que disminuya la concentración del producto. En los *sistemas de herencia estructural*, las estructuras celulares son utilizadas como plantillas para la formación de nuevas estructuras similares. Por ejemplo, los ciliados (protozoos, por ejemplo *Paramecium* sp.) pueden tener diferentes patrones de distribución de cilias sobre su superficie celular, patrones que son heredados. Además, patrones alterados experimentalmente pueden en ocasiones transmitirse a las células hijas. Finalmente, se denomina *marcado de cromatina*, a estados de la cromatina que afectan la expresión genética y que son heredados de forma clonal. Un ejemplo lo constituye la transmisión del cromosoma X inactivo en hembras de mamíferos. Una vez que uno de los dos cromosomas X en una célula ha sido inactivado, todas las células hijas tendrán el mismo cromosoma X inactivo. La información acerca de la actividad del gen y del cromosoma está contenida en los marcadores de cromatina, por ejemplo, en las proteínas asociadas con el ADN y la distribución de las modificaciones del ADN como la metilación de la citosina. Jablonka *et al.* (1998) señalan que este último mecanismo ha evolucionado siguiendo la herencia basada en el ADN. La metilación del ADN y la formación de heterocromatina son vías de inactivación del ADN repetitivo como las surgidas por invasión viral. Por lo tanto, concluyen que los sistemas de herencia epigenética de marcado de cromatina pueden haberse originado como mecanismos de defensa contra parásitos genómicos (por ejemplo retrotransposones de origen viral) que posteriormente fueron modificados por selección para cumplir roles adicionales en la regulación génica y memoria celular. Como puede apreciarse, los mecanismos de herencia epigenética constituyen sistemas trascendentes al nivel evolutivo.

Según Pál & Miklos (1999) primero aparecen las nuevas variantes epigenéticas de un genotipo dado y luego son seguidas por fijación de las mutaciones del ADN. Estos autores sugieren que los cambios epigenéticos contribuyen a la divergencia de las poblaciones mediante la selección de variantes epigenéticas favorables. Además, aseveran que los cambios heredables no relacionados con el ADN abren nuevas rutas evolutivas. El comportamiento exploratorio de un sistema de herencia epigenética es responsable de los puentes que conectan picos adaptativos que de otra manera estarían separados. Después de alcanzar una nueva zona adaptativa, estos puentes son eliminados por la canalización de la expresión fenotípica, permitiendo la regeneración de la barrera genética.

Nos encontramos así frente a mecanismos que no han sido adecuadamente contemplados por el neodarwinismo. Es preciso subrayar que para Darwin era imposible prever dichos mecanismos porque éstos se relacionan con el desarrollo de la genética molecular y la biología celular que eran desconocidas en su época.

6. ¿Resintetizar la teoría evolutiva o generar nuevos marcos teóricos?

Es indudable que la teoría sintética de la evolución ha brindado un gran aporte a la biología permitiendo, mediante sus postulados teóricos, la explicación de numerosos procesos evolutivos que han sido corroborados a través de cuantiosos trabajos. Sin embargo, esta pretendida amplitud explicativa constituye un punto débil de la teoría si tenemos en cuenta los datos provenientes de mecanismos moleculares recientemente descubiertos en organismos "inferiores". Por otro lado, el descubrimiento de las archaeobacterias, viroides y priones, ponen en evidencia características funcionales difíciles de explicar por la teoría dominante. Esto se agrava por el hecho que, como fue anteriormente mencionado, la biología del desarrollo ha sido relativamente marginada de las discusiones evolutivas y hoy se redimensiona su importancia para la comprensión de los mecanismos evolutivos.

Desde la visión evolutiva podemos aseverar que la variación genética y la selección natural constituyen dos respuestas a un mismo problema: la supervivencia de la especie. Indudablemente en este proceso interviene el "azar" que constituye un concepto clave para la explicación de ciertos tipos de mutaciones y, por ende, de la variación. Pero los estudios sobre mutaciones dirigidas afectan claramente la idea de azar, ya que el material genético del organismo genera la mutación necesaria para responder adecuadamente a la demanda ambiental. Y como la selección natural actúa al azar, entonces al menos en casos particulares como en el de las mutaciones cairnesianas, no actuaría la selección natural o, en el mejor de los casos, actuaría *a posteriori* para conservar a las poblaciones favorecidas.

Lo anterior obviamente, constituye un problema que afecta directamente al núcleo central de la teoría sintética ya que, para ésta es insostenible pensar que el cambio en un organismo o población pueda tener cierta direccionalidad. Además, nos induce a reexaminar las concepciones lamarckianas a la luz de los nuevos datos empíricos. En este sentido, las mutaciones dirigidas responderían más a un mecanismo de tipo lamarckiano que darwiniano. Por otro lado, los mecanismos de evolución lamarckianos parecerían relacionarse con organismos "inferiores" (bacterias, hongos, protozoos, etc.) o con procesos a nivel metabólico en estos grupos (Wright, 2000).

En síntesis, el problema que presenta la teoría neodarwiniana es que se basa en dos postulados básicos, esto es, la sustitución alélica gradual y la selección pura (Gould, 1980) para toda la biota del planeta y esto se contradice con la evidencia actual.

Por otra parte, ciertos mecanismos de herencia epigenética, como por ejemplo la metilación del ADN[7], son utilizados por Jablonka & Lamb (1995), Jablonka *et al*. (1998), Pál & Miklós (1999) como argumentos fuertes contra la teoría sintética. Asimismo, como se vio anteriormente, Jablonka *et al*. (1998) postulan la existencia de cuatro sistemas de herencia: la epigenética, la genética, la comportamental y la lingüística lo que amplía enormemente el campo conceptual del pensamiento evolutivo. Esta visión concuerda con la teoría de los sistemas de desarrollo de Oyama (2000) que trata de reunir estos mecanismos dentro de un marco integrativo sin pretensiones de constituirse en una teoría en sí misma.

Los nodos disciplinares (evo-devo y eco-devo) están replanteando el alcance de la variación y la estructura de los árboles filogenéticos. Estos últimos están produciendo una nueva imagen de la evolución orgánica, si bien todavía nos encontramos en los inicios de esta enorme tarea. La biología del desarrollo ecológico aunque de origen muy reciente, está realizando un aporte sustancial a un tema de fundamental importancia como el de la plasticidad fenotípica y la comprensión de los polimorfismos. Sobre la base de estas contribuciones, Robert Carroll (2000) planteó la necesidad de "expandir" la teoría evolutiva, esto es, incorporar los nuevos aportes de la paleontología, la biología del desarrollo, la genética de poblaciones a fin de poder explicar la variabilidad de los planes corporales y la relación entre grupos filéticos.

Es innegable que la teoría sintética no puede explicar de forma satisfactoria muchos problemas surgidos de la evidencia empírica reciente. ¿Pero constituye esto el fin de la teoría o un acotamiento de la misma? Por un lado, como se mencionó anteriormente, la gran cantidad de trabajos que avalan a la teoría neodarwiniana no permite presuponer su completo abandono. Por otro lado, los aportes de evo-devo y eco-devo no se contradicen necesariamente con el paradigma darwiniano, simplemente le dan una nueva dimensión. Y, por último, el aporte de los mecanismos de herencia epigenética y de las mutaciones adaptativas constituyen elementos que inducen a pensar en la necesidad de revisar los planteos teóricos dados por el neolamarkismo.

---

[7] Cabe destacar que la metilación del ADN cumple otras funciones como por ejemplo, actúa en los mecanismos de lectura de prueba de la ADN polimerasa durante la replicación. La polimerasa reconoce como la cadena intacta a aquella que está metilada. En otros casos la metilación y desmetilación de una secuencia actúa como mecanismo para producir la transcripción del ADN.

Finalmente, se concluye que no existen razones valederas para que la biología evolutiva se aferre a una sola teoría. A modo de ejemplo, en física coexisten dos teorías importantes, una para explicar la cosmología, esto es; la teoría de la relatividad de Albert Eistein y otra para explicar el mundo atómico y subatómico, es decir, la teoría cuántica. En realidad, más que una nueva síntesis que intente reemplazar a la anterior parece más probable, en el estado actual de la disciplina, la coexistencia de marcos teóricos múltiples. Por ejemplo, podría aceptarse la coexistencia de la teoría neutralista de Kimura, la posición de los equilibrios puntuados de Eldredge y Gould, un neolamarkismo actualizado con un neodarwinismo enriquecido por los desarrollos disciplinares a los que ya se ha hecho mención. La razón de esta posición radica en la gran diversidad de las formas orgánicas y en la problemática planteada por los distintos niveles de organización del mundo orgánico que impiden el adecuado desarrollo de una teoría que pueda explicar correctamente las relaciones desde el nivel molecular hasta el nivel cultural y ecológico.

Referencias bibliográficas

Abercrombie, M., Hickman, C.J. & M.L. Johnson (1970), *Diccionario de biología*, Madrid: Labor.

Arthur, M. (2000), "The Concept of Developmental Reprogramming and the Quest for an Inclusive Theory of Evolutionary Mechanisms", *Evolution & Development* 2: 49-57.

Carroll, R.L. (2000), "Towards a New Evolutionary Synthesis", *Trends in Ecology and Evolution* 15: 27-32.

Derobertis, E.M. & Y. Sasai (1996), "A Common Plan for Dorsoventral Patterning in Bilateria", *Nature* 380: 37-40.

Foster, P.L. (1998), "Adaptive Mutation: Has the Unicorn Landed?", *Genetics* 148: 1453-1459.

Gilbert, S.F. (2001), "Ecological Developmental Biology: Developmental Biology Meets the Real World", *Developmental Biology* 233: 1-12.

Gilbert, S.F., Opitz, J.M. & R.A. Raff (1996), "Resynthesizing Evolutionary and Developmental Biology", *Developmental Biology* 173: 357-372.

Gilbert, S.F. & S. Sarkar (2000), "Embracing Complexity: Organicism for the 21st Century", *Developmental Dynamics* 219: 1-9.

Gould, S.J. (1980), "Is a New and General Theory of Evolution Emerging?", *Paleobiology* 6: 1119-1130.

Hall, B.G. (1995), "Adaptative Mutations in *Escherichia coli* as a Model for the Multiple Mutational Origins of Tumors", *Proceedings of the National Academy of Sciences USA* 92: 5669-5672.

Jablonka, E. & M.J. Lamb (1995), *Epigenetic Inheritance and Evolution. The Lamarckian Dimension*, Oxford: Oxford University Press.

Jablonka, E., Lamb, M.J. & E. Avital (1998), "'Lamarckian' Mechanisms in Darwinian Evolution", *Trends in Ecology and Evolution* 13: 206-210.

Jacobs, D.K., Wray, C.G., Wedeen, C.J., Kostriken, R., Desalle, R., Staton, J.L., Gates, R.D. & D.R. Lindberg (2000), "Molluscan Engrailed Expression, Serial Organization, and Shell Evolution", *Evolution & Development* 26: 340-347.

Loeffler, I.K., Stocum, D.L., Fallon, J.F. & C.U. Meteyer (2001), "Leaping Lopsided: A Review of the Current Hypotheses Regarding Etiologies of Limb Malformations in Frogs", *The Anatomical Record* 265: 228-245.

Mead, K.S. & D. Epel (1995), "Beakers versus B: How Fertilization in the Laboratory Differs from Fertilization in Nature", *Zygote* 3: 95-99.

Medawar, P. & J. Medawar (1983), *Aristotle to Zoos*, Cambridge, MA: Harvard University Press.

Oyama, S. (2000), *The Ontogeny of Information. Developmental Systems and Evolution*, Durham: Duke University Press.

Pál, C. & I. Miklós (1999), "Epigenetic Inheritance, Genetic Assimilation and Speciation", *Journal of Theoretical Biology* 200: 19-37.

Sandín, M. (2002), "Hacia una nueva biología", *Árbor* 677: 167-218.

Steele, E.J. (1979), *Somatic Selection and Adaptative Evolution*, Toronto: Williams and Wallace.

Steele, E.J. Lindley, R.A. & R.V. Blanden (1998), *Lamarck's Signature: How Retrogenes are Changing Darwin's Natural Selection Paradigm*, Sydney: Allen and Unwin.

Stocum, D.L. (2000), "Frog Limb Deformities: An 'Eco-Devo' Riddle Wrapped in Multiple Hypotheses Surrounded by Insufficient Data", *Teratology* 62: 147-150.

Von Dassow, G. & E. Munro (1999), "Modularity in Animal Development and Evolution: Elements of a Conceptual Framework for EvoDevo", *Journal of Experimental Zoology* 285: 307-325.

Wright, B.E. (2000), "A Biochemical Mechanism for Nonrandom Mutations and Evolution", *Journal of Bacteriology* 182: 2993-3001.

Interpretaciones históricas divergentes: el caso de la enfermedad de Chagas

César Lorenzano*

1. Introducción

A fines de 1999, François Delaporte publica un libro en el que reinterpreta de manera polémica la historia que conduce al descubrimiento de la enfermedad de Chagas.

La figura de Carlos Chagas, la de Salvador Mazza, así como la comunidad argentino-brasilera que estudia esta enfermedad son puestas en una perspectiva que choca con las versiones usualmente admitidas. Lo hace con un apego notable a los textos originales, a los que somete a análisis conceptual y epistémico.

Para quienes no compartimos sus tesis, es un desafío desmontar su bien armada arquitectura interpretativa, que obliga asimismo a revisar toda la bibliografía pertinente. A la luz de esta discusión, añejos materiales adquieren un nuevo significado.

Esto es así, pues las diferencias que advertimos entre nuestras posiciones y las de Delaporte van más allá de señalamientos puntuales o interpretaciones disímiles en los escritos. Tienen que ver con:

i. la percepción de cuáles son los aspectos relevantes de la enfermedad de Chagas;
ii. la manera en que se validan las afirmaciones científicas;
iii. y, quizás fundamentalmente, con la concepción epistemológica, que incide profundamente en la estructura del relato histórico, en la inter-

---

* Universidad Nacional de Tres de Febrero (UNTREF), Argentina.

pretación de los hechos, y en el rol que le asignamos *en este caso preciso* al conocimiento no contemporáneo de los sucesos que se analizan.

Por estos motivos, a pesar de que leemos los mismos textos, vemos en ellos cosas diferentes, y las historias que construimos divergen.

El presente artículo se centra en la segunda parte de su libro, en la que investiga la "refundación" de la tripanosomiasis americana, y el rol de Salvador Mazza en esa historia, al que califica de "impostor".

Se expondrán primeramente las tesis centrales de Delaporte, para mostrar a continuación los puntos en los que disentimos; se analizará e interpretará el material bibliográfico pertinente, y la forma en que apoyan o ponen en cuestión sus interpretaciones.

Al concluir, veremos en su justa dimensión a Salvador Mazza, y tendremos una imagen más ajustada de los mecanismos históricos, sociales, conceptuales y epistémicos con los que se construye el conocimiento científico, que complementan y rectifican los expuestos por Delaporte.

2. Las tesis centrales de Delaporte

Delaporte argumenta contra la tesis generalmente aceptada de que la enfermedad de Chagas, luego de un período de olvido que dura una docena de años, es "rehabilitada", y sus estudios se renuevan gracias a los esfuerzos de Salvador Mazza y sus colaboradores.

Para Delaporte, esto no es así. Los estudios no se "renuevan", ni la enfermedad se "rehabilita" luego de los golpes que recibe Chagas al no probarse que se trata de una epidémica de vastas dimensiones. Según Delaporte, la enfermedad alcanza su dimensión actual gracias al descubrimiento por parte de Cecilio Romaña (1935) –en ese entonces un joven médico y científico argentino, discípulo de Mazza–, del signo que lleva su nombre, consistente en una conjuntivitis con edema unilateral de ambos párpados, acompañada de adenopatías regionales. Este signo, que facilita el diagnóstico de la fase aguda de la enfermedad, permite elevar notablemente, en corto tiempo, el número de enfermos reconocidos y sentar, en consecuencia, la real importancia epidemiológica de la enfermedad. Mazza, quien atribuye el signo a Chagas, y a sí mismo como su continuador, es un *impostor*.

Pero no se trata únicamente de que Romaña rehabilita la enfermedad de Chagas. La "refunda", pues la instala, epistemológicamente, en otro terreno. En primer lugar, la separa tajantemente de las enfermedades endocrinas, donde la había emplazado Carlos Chagas al sostener que el tripanosoma afecta primordialmente a la glándula tiroidea. A partir de los trabajos de Romaña, vemos en la tripanosomiasis americana una enfermedad parasitaria, y no una enfermedad endocrina. En segundo lugar, en el signo de Romaña coinciden la puerta de entrada de la infección –la conjuntiva– con la sintomatología clínica observada, ya que la conjuntivitis se debe al contacto con la deyección del triatoma –que vehiculiza a las formas infectantes del tripanosoma–, para desde allí penetrar al organismo.

Hasta aquí, la caracterización que hace Delaporte sobre la "refundación" de la enfermedad de Chagas. Veamos ahora los distintos aspectos de la enfermedad, y los argumentos que apoyan o refutan estas tesis.

3. La estructura de la enfermedad

La tripanosomiasis americana o enfermedad de Chagas es una enfermedad causada por un parásito, el *Tripanosoma cruzi*.

En su estudio, se consideran al menos tres aspectos.

El primero de ellos es el *parasitológico*. En él se estudia la evolución natural del parásito, que en este caso tiene un doble ciclo: en un insecto del género de los triatomas –la vinchuca en Argentina; el barbeiro, en Brasil–, y en huéspedes intermedios, mamíferos, entre ellos el hombre.

El segundo aspecto es el *clínico*, en el que se la considera como enfermedad. Como en muchas enfermedades infecciosas y parasitarias, existe una puerta de entrada del microorganismo, una primoinfección, una fase aguda de la enfermedad y un período crónico, al que se llega luego de un período de latencia.

En cada uno de los estadios de la enfermedad, los signos clínicos se encuentran íntimamente ligados a alteraciones anatomofisiopatológicas, que a su vez se acompañan de manifestaciones inmunológicas.

Pero la enfermedad no es únicamente un suceso individual. Interesa asimismo como proceso social, su incidencia en las poblaciones humanas, y las condiciones ambientales en las que se desarrolla.

Este es el tercer aspecto de la enfermedad, el aspecto *epidemiológico*. Si los primeros hacen al diagnóstico de la enfermedad, este tercer aspecto es crucial, pues de su correcta interpretación depende la prevención de la enfermedad.

La simple enumeración de la compleja estructura de la enfermedad nos pone en la pista de los desacuerdos con la versión histórica de Delaporte. Notamos que en ella el peso se vuelca a la fase aguda de los aspectos clínicos de la enfermedad, en detrimento de la fase crónica, y ciertamente, de los aspectos epidemiológicos.

Como veremos más adelante, si se toman en cuenta, si se les asigna la importancia que tienen en la percepción de la enfermedad, cambia la perspectiva historiográfica que construye Delaporte, para situar su construcción histórica en otro terreno.

En ella se visualiza una cierta continuidad en el proceso, y no tanto una ruptura epistemológica completa; refinamientos y correcciones de un marco conceptual ya establecido, y no una construcción novedosa. Siendo esto así, el papel de Carlos Chagas continúa siendo central en esta historia, y no el simple terreno de las refutaciones, y la posterior refundación de una enfermedad.

4. Los aportes de Carlos Chagas

A fin de aquilatar en su real dimensión la obra de Carlos Chagas, sintetizaremos sus principales aportes, así como los obstáculos con los que tropieza.

Encuentra un agente infectante, el *Tripanosoma cruzi*, en un insecto, el barbeiro. Describe su ciclo vital en el insecto, y en el huésped humano. Describe una puerta de entrada, y un mecanismo infectante. Encuentra fases agudas de la enfermedad, las certifica mediante identificación positiva del tripanosoma en la sangre de los pacientes, y logra que se reproduzcan en los animales a los que se inocula con esa sangre, las mismas lesiones encontradas en los pacientes. Encuentra, en sus estudios anatomopatológico, lesiones crónicas en diversos órganos. Investiga la distribución geográfica del barbeiro, del tripanosoma, y de los pacientes. Determina en qué condiciones ambientales se desarrolla la enfermedad, y las medidas sanitarias por medio de las cuales se la previene. Como sabemos, la fuerte oposición que despierta su enfermedad entre los poderosos de Brasil, tiene que ver con la crítica social de las condiciones de vida de los pobladores que la padecen, como la pasó a Virchow cuando advierte que son éstas las que causan la epidemia de tifus exantemático en Silesia, y como le pasa a Mazza en el norte Argentino.

Según se observa, sus investigaciones cubren todos los aspectos relevantes que hacen a las enfermedades parasitarias.

Sin embargo, no todos sus hallazgos son convalidados por la comunidad científica, que comprende a médicos, parasitólogos y epidemiólogos.

Esto no se debe a que yerre en todos y cada uno de los puntos de la enfermedad. El barbeiro es el portador del tripanosoma, que infecta al ser humano, provocándole, sin ningún género de duda —y esto se encuentra certificado por el cumplimiento de los postulados de Koch— una enfermedad aguda en los casos —paradigmáticos— con los que inaugura el conocimiento de la enfermedad. Describe con todo acierto la enorme mayoría de las múltiples lesiones anatomopatológicas de la enfermedad que hoy se reconocen como tales —tanto las que corresponden a la etapa aguda como a la crónica. Sitúa con corrección la distribución geográfica del barbeiro y el tripanosoma, y su importancia epidemiológica.

Con todo, tempranamente se le señalan errores. Muchos derivan de las dificultades propias de la investigación de las enfermedades infecciosas, otros de las especiales circunstancias históricas y geográficas en las que realiza su trabajo, que le permiten llegar a sus mayores descubrimiento, pero al mismo tiempo, ponen un velo sobre otros aspectos.

Con respecto al estudio específico del parásito, de su ciclo vital, y de su inoculación en el humano, comete errores que son profusamente señalados. El tripanosoma no se reproduce sexuadamente, no tiene una fase en el pulmón humano, y no se transmite por la picadura del insecto, como sostiene.

No es sencillo seguir toda una línea evolutiva, si lo que tiene a su alcance el investigador son instantáneas, momentos congelados del ciclo del parásito, que debe ordenar, llenando con la imaginación las transiciones entre unos y otros, hasta que forman un continuo. ¿Es de extrañar, entonces, que utilice modelos de evoluciones ya establecidos para otros parásitos, a fin de pensar el ciclo del tripanosoma? Aunque no los tome mecánicamente, aunque los adapte a lo que encuentra, no puede dejar de tener hiatos en sus interpretaciones, no puede menos que errar. ¿Cómo no pensar en que el barbeiro contagia picando, si así se contagia el paludismo, y si encuentra tripanosomas en las glándulas salivares del insecto?

Chagas observa e interpreta desde el punto en que ha llegado el conocimiento de su época. Por eso se equivoca. También se equivoca por la misma situación que lo lleva a descubrir la enfermedad: la riqueza en enfermedades infecciosas y carenciales de la región en la que investiga. Le permite dirigir su atención al barbeiro y encontrar el tripanosoma, mientras estudia el paludismo. Pero al mismo tiempo, a su enfermedad se le superpone una multitud de dolencias. Por la dificultad de separarlas, interpreta como propia del tripanosoma a la forma pulmonar de otro microorganismo.

Con todo, este es un error menor. Más seria es la superposición del dominio territorial del tripanosoma, y de los trastornos de la tiroides, en un momento en el que todavía se podía discutir el origen del bocio, y la insuficiencia tiroidea. Esto lo lleva, por sobre las demás alteraciones anatomopatológicas que encuentra en la enfermedad, a privilegiar como características a las tiroideas.

Cuando pone el acento en ellas, transforma a la parasitosis en una enfermedad principalmente endocrina (tiroiditis parasitaria).

Las desviaciones en el conocimiento del ciclo del tripanosoma, y de los mecanismos de infección son corregidos por Brumpt y por un conjunto de jóvenes científicos brasileros que trabajan junto a Chagas en el Instituto Oswaldo Cruz. Ni el primero, ni los segundos, ponen en duda el enorme aporte de Carlos Chagas al conocimiento del *Tripanosoma cruzi*, ni discuten su paternidad en la enfermedad.

En cuanto a la preeminencia de las lesiones de las tiroides, muy tempranamente Krauss y colaboradores (1915, 1916) constatan la existencia de un insecto parecido al barbeiro, la vinchuca, distribuido en una gran extensión geográfica del norte argentino, que se encuentra parasitado por el *Tripanosoma cruzi*, sin que exista bocio endémico en la región. Tampoco encuentran *Tripanosoma cruzi* en la sangre de bociosos y cretinos evidentes, ni se obtienen en el cultivo de animales de experimentación. La situación tiene el aspecto de una experiencia refutatoria clásica, y así es vista por los oponentes de Chagas, que concluyen que no existe la enfermedad crónica; si acaso, la enfermedad aguda en apenas unos pocos casos comprobados.

Comenta Delaporte —en uno de los tantos puntos en los que diferimos— que es una ilusión retrospectiva la que hace decir a los historiadores que está justificada la resistencia de Chagas contra sus opositores, cuando manifiesta que tiene razón, y que la enfermedad existe; también lo es decir que Krauss tuvo razón contra él.

> Lo esencial está en otra parte: en esa época nadie están en condiciones de separar las entidades mórbidas, diferentes o superpuestas. La forma pura de la enfermedad de Chagas no puede ser percibida por la simple razón que no está constituida. (Delaporte, 1999, p. 131)

5. Romaña y la refundación de la enfermedad

Al llegar a este punto, Delaporte presentó todas precondiciones que necesita para sostener su tesis principal: que Romaña refunda la enfermedad de Chagas con el descubrimiento del signo que lleva su nombre.

La jugada es la siguiente: la enfermedad de Chagas, hasta ese momento, es una parasitosis, pero no una enfermedad definida. Sólo con el signo de Romaña la parasitosis pasa a ser la "forma pura de la enfermedad de Chagas", aquella que une la presencia de parásitos a su signo inequívoco (patognomónico), que unifica la vía de entrada del parásito en el ser humano, y el mecanismo de inoculación: deyección del insecto con formas infectantes de tripanosoma, entrada al organismo por la conjuntiva.

Así visto, hasta Romaña el mal de Chagas pertenece al dominio de la parasitología (como disciplina que estudia a los parásitos en general) y no al de las enfermedades infecciosas y parasitarias.

O acaso, al de las parasitosis inofensivas, como sostienen los adversarios de Chagas primero, y de Mazza después.

Por supuesto, Delaporte se cuida de decir que los signos generales de enfermedad son suficientes para definir una entidad clínica. Baste recordar que muchas de las virosis no presentan otra sintomatología, y bastante menos aparatosa en ocasiones que la del Chagas, para ser vistas como enfermedades definidas y no una simple portación de virus por un sujeto sano.

De mencionarlo, comenzaría él mismo a demoler su tesis. Tampoco menciona todas las lesiones que describe Chagas —además de las tiroideas—, y que provocan síntomas cardíacos, nerviosos, digestivos, etc.

Pese a Delaporte, Chagas diagnostica *clínicamente* la enfermedad con sólo mirar al paciente. Citándolo, Brumpt (1913, p. 187) expresa: "La cara del enfermo presenta una hinchazón característica que puede hacer sospechar la enfermedad a la distancia".

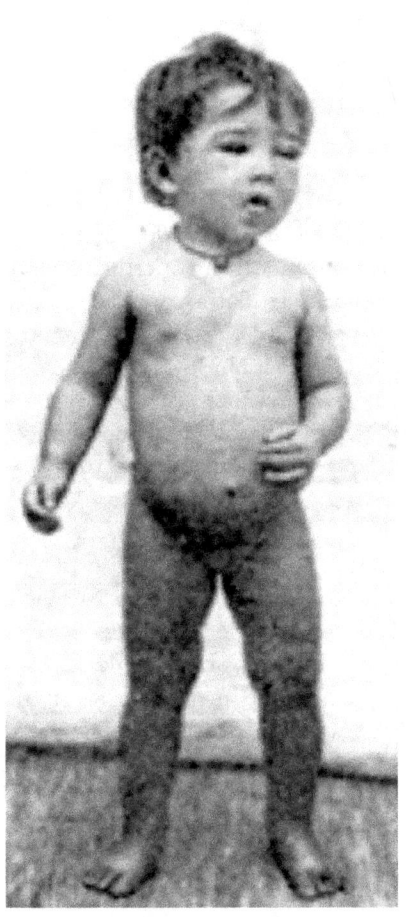

En la fotografía con la que ilustra la enfermedad de Chagas, en su forma aguda (Fig. 113), tomada por Carlos Chagas y dada a Brumpt por Couto: nosotros, lectores, también diagnosticamos la enfermedad, a la distancia. Acertamos: "el niño tiene un gran número de parásitos en la sangre periférica", nos dice Brump desde las páginas de su libro.

Pero entonces dice Delaporte: lo que Chagas ve es un hipotiroidismo (aunque tenga parásitos en sangre: es precisamente, un hipotiroidismo parasitario), y no tiene más remedio que verlo así, pues todavía no existe (conceptualmente) la "forma pura de la enfermedad": edema unilateral de párpados, adenopatías, sin hipotiroidismo. "Forma pura" significa sin superposición con otra enfermedad.

El círculo se ha cerrado, y el argumento es meramente definicional: Chagas no puede diagnosticar la enfermedad de Chagas, porque la enfermedad de Chagas no está constituida. O peor aún, si el argumento es epistémico –y quizás esta forma de entenderlo es la que hace más justicia a las palabras de Delaporte– se trata de dos enfermedades distintas, la primera de las cuales (la de Chagas) no existe, pues es (erróneamente) endocrina, y la segunda, que (de manera engañosa) tiene el mismo nombre, comienza con Romaña (en realidad, llevado al extremo, es la enfermedad de Romaña).

Al sostener esta "forma pura" como lo característico de la enfermedad, Delaporte pierde de vista a las formas crónicas (si seguimos su razonamiento al pie de la letra, no son formas puras: comprometen a algún órgano en particular, cuyos signos se superponen a los que provoca el parásito).

De hacerlo, desacreditaría el centro mismo de sus tesis, ya que vería que el signo de Romaña identifica únicamente a las formas agudas, y es por lo tanto, sólo *parcialmente* responsable de la reactualización de la enfermedad de Chagas.

6. La enfermedad crónica

Habíamos mencionado que uno de los aspectos imprescindibles para el conocimiento de una enfermedad infecciosa es el que se refiere a su estadio crónico (si lo posee).

En el caso de la enfermedad de Chagas, es central. Es por su período crónico por el que se la conoce. Si se limitara al período agudo, y este consistiera sólo en el signo de Romaña, cabría la posibilidad de que posteriormente a éste, o hubiera curación completa, o el parásito permaneciera, inofensivo, en el organismo. Tal como le dicen sus detractores a Chagas. El período agudo es, al menos en Argentina, donde investiga Romaña, de curso benigno. Tanto, que a menudo pasa desapercibido, o no se le da importancia.

Es la fase crónica de la enfermedad, su peso patológico y epidemiológico, la que le otorga interés, y justifica las enormes campañas preventivas tendientes a su erradicación.

Desde el punto de vista clínico, tal como se prevé desde los tiempos de Krauss, los paciente chagásicos crónicos no padecen ningún tipo de alteraciones del tiroides. En todos los textos deja de mencionárselas. Su lugar ha sido ocupado por las afecciones cardíacas –fundamentalmente– y digestivas. La miocardiopatía chagásica es la gran manifestación clínica de la enfermedad, y en menor proporción, el megacolon y el megaesófago. (Bennett & Plum, 1996, p. 1899: "Las manifestaciones crónicas de la enfermedad se desarrollan años después de la infección inicial, en la forma de miocardiopatía con defectos de la conducción o con disfunción del esófago o el colon –mega síndromes").

En cuanto a la epidemiología, no se trata de un escaso número de pacientes el que padece de trastornos cardíacos o digestivos. El *Tripanosoma cruzi* es el responsable de la mayor pandemia de origen parasitario de Latinoamérica, y la tercera en el mundo, detrás de la malaria y la esquistosomiasis.

> Unos cien millones de personas –un cuarto de la totalidad de los habitantes de Latinoamérica– se encuentran en riesgo de contraer la enfermedad. Se estima que entre diez y seis y diez y ocho millones de personas están infectados. La enfermedad comienza usualmente como una infección aguda en la niñez, que puede durar lo máximo dos meses, seguido por un lento, crónico, proceso infamatorio, que en alrededor de un cuarto de aquellos que se encuentran infectados, daña los nervios autónomos y el tejido del corazón, una condición que puede causar falla cardíaca y muerte prematura en la edad mediana. En un 6 % de los infectados, se afecta el sistema nervioso autónomo del intestino, conduciendo a trastornos de la peristalsis y a dilatación ("megacolon" y "megaesófago"). En el 3 % de los casos se encuentra involucrado el sistema nervioso periférico. (WHO 1995, p. 125; la traducción me pertenece)

En Brasil, Dias (1979) nos informa que en Minas Gerais, donde investigó Carlos Chagas, la cardiopatía chagásica afecta alrededor de un cuarenta por ciento del total de los adultos infectados.

Sin ningún género de duda, la tripanosomiasis americana tiene la importancia que le asigna Chagas, y se manifiesta en su período crónico por trastornos cardíacos que fueron estudiados por Chagas.

No es casual, entonces, que Romaña exprese:

> Si bien la enfermedad de Chagas es una infección grave durante el período agudo por las muertes que provoca entre los niños, la verdadera importancia sanitaria de esta afección reside en las formas crónicas y en particular en los cuadros de cardiopatías que desarrolla. (Romaña, 1963, p. 64)

Y añade a continuación:

> Muchos de los individuos parasitados tienen cuadros mórbidos de evolución crónica, entre los cuales sólo se ha podido individualizar y describir en forma definitiva la cardiopatía chagásica, único síndrome no discutido del vasto panorama clínico señalado originariamente por Carlos Chagas; aparte de las cardiopatías sólo algunos síndromes

nerviosos y gastrointestinales se atribuyen hoy a la *tripanosomiasis cruzi*. (Romaña, 1963, p. 64)

¿Es posible sostener, como lo hace Delaporte, que la enfermedad de Chagas se "refunda" porque es más sencillo reconocer pacientes agudos después de Romaña? ¿O corresponde más bien que se la sitúe cuando se identifica la fase crónica, y se visualiza su relevancia clínica y epidemiológica?

El simple planteo de la cuestión centra la pregunta por la renovación del interés acerca de la enfermedad de Chagas en la resignificación de la cardiopatía chagásica que ocurre hacia los años treinta.

7. El mal de Chagas, una enfermedad cardíaca

La pregunta historiográfica central que ahora planteamos es en qué momento la enfermedad de Chagas comienza a ser una afección centralmente cardíaca, y a tener el peso epidemiológico que mencionamos.

Ya en los primeros artículos de Carlos Chagas aparecen identificadas lesiones cardíacas en pacientes crónicos de la enfermedad, en cuidadosos estudios anatomopatológicos que muestran tripanosomas en el miocardio. Romaña (1963, p. 64) en su madurez, comenta el importante papel desempañado por Chagas en el estudio de las manifestaciones crónicas de la enfermedad:

> La sintomatología de la cardiopatía crónica fue estudiada en forma admirable para la época por Carlos Chagas y sus colaboradores Eurico Villela y Evandro Chagas. Las investigaciones clínicas que realizaron dieron los elementos básicos del diagnóstico, del pronóstico y del tratamiento, y los estudios posteriores sólo ayudaron a precisar las reacciones y los síntomas merced a las modernas técnicas electrocardiográficas, así como, gracias a los estudios epidemiológicos, demostrar la importancia y extensión de la dolencia. (Romaña, 1963, p. 64)

Crowel (1923), quien estudia desde el punto de vista anatomopatológico a la enfermedad de Chagas en el Instituto Oswaldo Cruz durante casi cuatro años, expresa: "En los casos crónicos, el parásito afecta principalmente ciertos sistemas, dando entonces las bases para la clasificación de Chagas para los casos crónicos en las formas cardíacas, nerviosas y pluriglandulares" (Crowel, 1923, p. 426; la traducción me pertenece).

Pocos años después, Magarinos Torres (1935) al estudiar el miocardio de quince casos de enfermedad crónica de Chagas, lo encuentra afectado por una miocarditis crónica. Expresa:

Existe una miocarditis en evolución continua y progresiva en la cardiopatía de Chagas, porque el *T. cruzi* no determina en el hombre que adquirió una primera infección, tal grado de inmunidad, que impida una nueva infección seguida de multiplicación del parásito en los tejidos y un pequeño número de los mismos en la sangre; lo más que el individuo adquiere, es un estado de alergia. (Magarinos Torres, 1935, p. 914; las itálicas me pertenecen)

El hallazgo de tripanosomas en el miocardio de enfermos crónicos lo hicieron asimismo investigadores como Vianna y Crowell, además del propio Chagas, y Magarino Torres.

En la Quinta Reunión de la Sociedad Argentina de Patología Regional del Norte de 1929, y publicado en 1935, Salvador Mazza (1935) presenta una forma crónica cardiaca de la enfermedad de Chagas comprobada por inoculación en animales de experimentación (perrito).

Romaña (1934b) encuentra los dos primeros casos de cardiopatía chagásica crónica que publica la Misión de Estudio de la Patología Regional Argentina (MEPRA), la institución que Mazza funda en Jujuy, como una dependencia del Instituto de Patología Quirúrgica de la Facultad de Medicina de la Universidad de Buenos Aires. Un hecho que Delaporte apenas menciona, y al que aparentemente no atribuye ninguna importancia. Sin embargo, es un paso más –y no menor– en la construcción histórica de la etapa crónica de la enfermedad de Chagas.

El propio Mazza presenta junto a Jörg (1935, pp. 229-230) un interesante trabajo acerca de los periodos anátomo-clínicos de la tripanosomiasis, en el que caracterizan a la enfermedad aguda como una primoinfección, consistente en un complejo primario con la ley de la adenopatía satélite, inflamación local en el sitio de la inoculación y generalización de la infección a las distintas vísceras, como corazón, hígado, meninges, etc. En cuanto a la enfermedad crónica, la definen lesiones tales como la miocarditis crónica esclerosa, la miositis, la esplenitis. Hacemos notar que tanto en la enfermedad aguda como en la crónica, no mencionan la existencia de alteraciones tiroideas. En este artículo, la separación entre enfermedad de Chagas e hipotiroidismo o bocio es total, y el órgano principalmente afectado es el corazón.

Lentamente, la miocardiopatía chagásica comienza a ser vista por los investigadores como una de las formas centrales en que se manifiesta la enfermedad. Aquí es donde comienza su reactualización (o "refundación" si seguimos la terminología de Delaporte). En ella, la labor de la MEPRA –y por cierto, de su fundador, el incansable trabajador que es Salvador Mazza– es central. Demuestra la existencia de vinchucas parasitadas en prácticamente todo el territorio argentino, con epicentro en el norte del país, y hasta su muerte en 1946 describe cerca de mil cuatrocientos casos diagnosticados; la mayor casuística que jamás se haya reunido, y que demuestra la importancia epidemiológica de la enfermedad. Ya no es, gracias a Mazza, esa parasitosis sin enfermos que le reprochan a Chagas.

Ya a mediados de los años treinta (recordemos que Romaña presenta su signo en 1935), las alteraciones específicas del electrocardiograma son un signo importante de la enfermedad, tanto en los pacientes humanos, como en experiencias con animales de laboratorio, al punto que basta su comprobación para sostener que el parásito afecta al miocardio.

En 1938, los doctores J. A. Aguirre y Clodomiro Jiménez presentan en el Sexto Congreso Nacional de Medicina (Córdoba, Argentina) un trabajo sobre 168 telerradiografías de tórax tomadas a pacientes chagásicos, en las cuales constatan en un 86 % lesiones cardíacas que se traducen en aumento de la silueta cardiaca; un aumento que es característico en su forma, y en su evolución, pues cambia de tamaño cíclicamente.

Es suficiente una telerradiografía de tórax o un electrocardiograma para que los médicos diagnostiquen, inequívocamente, la enfermedad crónica de Chagas.

El mal de Chagas adquiere entonces, la fisonomía que hoy se le reconoce. Se ha completado la reformulación de la enfermedad, en todas sus facetas.

8. La pregunta equivocada

Delaporte basa su texto en preguntas clásicas de la historiografía tradicional, y que se sintetizan en las exclamaciones: "¿Qué se descubre? ¿Quién lo hizo? ¿Cuándo?". Dando por sentado que la enfermedad de Chagas se "refunda", responde que lo hace Romaña, en un apretado haz de tres artículos, en los que establece el signo que lleva su nombre. Un hombre determinado, en un momento puntual, un único suceso.

Cuando vemos que lo más importante de la enfermedad de Chagas reside en su fase crónica, y que la cardiopatía chagásica se funda en las investigaciones de más de un científico, que a su vez se basan en los estudios originarios de Carlos Chagas, comenzamos a sospechar que las preguntas no son las correctas. Pertenecen, como pensamos, a un ámbito teórico en el que se descuidan –o se desconocen– los aspectos sociales y colectivos de la ciencia, ya que es sólo desde una perspectiva individualista que adquiere sentido preguntarse quién descubre qué, y cuándo. Una visión romántica de la ciencia, en la que no faltan los héroes, ni tampoco los villanos.

No es únicamente que se equivoque en situar el momento de la renovación de los estudios. Elk punto es que no existe el momento exacto de la inflexión histórica, ni el héroe que toma sobre sus hombros el peso de gestar una novedad absoluta.

Cuando se adopta una concepción histórica y social de la ciencia, se percibe que evoluciona gracias a las contribuciones –desiguales, quizás– de una comunidad de investigadores que toman como objeto de sus trabajos los aportes inaugurales de quienes exploran, por primera vez un campo de conocimiento determinado.

Es cierto que Carlos Chagas, hasta su muerte, sostiene que lo esencial de su enfermedad consiste en las lesiones tiroideas. Pero no es un irracional cuando lo hace, pese a la supuesta refutación. En primer lugar, su teoría de la tiroiditis parasitaria coincide con la ciencia de su época, que todavía cree en la etiología microbiana o genética de las enfermedades tiroideas. En segundo lugar, puede aducir (*ad-hoc*) que las condiciones de infección cambian con el clima templado de Argentina, haciendo que no aparezca la tiroiditis parasitaria. Además, hay una evidencia importante que muestra que los bociosos brasileros se encuentran infectados por el tripanosoma: todos ellos, o la mayoría, presentan una reacción de fijación del complemento positiva para la enfermedad, la reacción de Machado Guerreiro (1913).

¿Los errores disminuyen la estatura de la obra de Chagas, o son parte de un proceso en el que este autor dio los primeros, trascendentes pasos, con los que fija la agenda de la investigación de la más importante enfermedad parasitaria de esta parte del mundo?

No es necesario ser un lakatosiano o un kuhniano ortodoxo para concordar, con Lakatos o Kuhn, que toda investigación se encuentra, desde el comienzo, ante un mar de interrogantes que debe responder. Sin embargo, es desde allí, desde las investigaciones inaugurales, que se comienzan a rellenar los huecos que deja.

Precisamente, sin ese carácter de inacabado del conocimiento no existiría avance, ya que la investigación consiste, precisamente, en avanzar por los caminos que abren las primeras investigaciones, señeras, paradigmáticas, en cada campo del conocimiento.

Por supuesto, esto exige pensar, además, en la construcción del saber por parte de una comunidad científica, y no por investigadores aislados.

Nunca como en la enfermedad de Chagas resulta evidente este carácter colectivo de la ciencia. Sin los trabajos de Chagas no hubiera existido la estructura de conocimiento sobre la cual construyen quienes continúan investigando la tripanosomiasis americana. Tampoco hubiese existido su renacimiento sin su tozudez en sostenerla. Si hubiese admitido que se equivocó en toda la línea, como quieren sus adversarios, Mazza no hubiese tomado su palabra por buena, reiniciando los estudios sobre el Chagas, aun cuando las investigaciones de su amigo y colega Krauss excluyen la existencia de la enfermedad en la Argentina.

9. Romaña y Mazza

La pregunta acerca de quién descubre qué y cuándo, lleva a Delaporte a menospreciar el papel de Mazza (el impostor, dice) en la reactualización de los estudios sobre la enfermedad de Chagas. Para eso revisa una vieja discusión entre Romaña y Mazza a la luz de los artículos de E. Dias, de los que pareciera tomar su tesis central, y sus argumentos.

El problema, tal como lo plantea Delaporte, es acerca de la primacía de un descubrimiento, el de lo que hoy llamamos signo de Romaña.

Mientras Romaña (y Delaporte) hablan de descubrimiento, Mazza insiste en que no hay tal; el edema bipalpebral unilateral ya era conocido por Chagas, y por supuesto, por él mismo, quien sigue fielmente sus enseñanzas.

Aunque ya hemos argumentado acerca de las dificultades epistémicas de establecerlo, vamos a seguir con cuidado todos los antecedentes de la controversia, esperando que la revisión arroje luz sobre la misma. Espero que lector sepa disculpar la abundancia de citas, pero en ellas se juega la justeza de los análisis.

Luego veremos que tanto Mazza como Romaña coinciden en los puntos centrales de la controversia, más allá de las confrontaciones personales, que la tiñen con sus ásperos ribetes.

10. El artículo de Carlos Chagas

Comenzaremos primeramente con el artículo en el que Carlos Chagas reúne todas las observaciones que realizó desde el año 1909, cuando descubre la tripanosomiasis americana. Utilizaremos la versión de Salvador Mazza, quien traduce el escrito, y aporta una introducción, así como unas pocas notas en las que se refiere a la interpretación de los casos, y de sus fotografías.

Se trata de 29 observaciones, que son la totalidad de su casuística.

Al comienzo del artículo, Chagas describe el aspecto de los casos agudos (Chagas, 1941, p. 12): "La facies de un caso agudo de tripanosomiasis es casi siempre característica; aspecto vultuoso, hinchado; infiltración subcutánea de todo el rostro, mostrándose los párpados hinchados, los ojos semicerrados, los labios espesados y la lengua algunas veces gruesa y pastosa", haciendo referencia luego al resto de los signos, entre ellos las adenopatías.

No vemos aquí que hable de hinchazón unilateral de párpados: ésta es una descripción general, y se refiere a los casos, habitualmente graves, que diagnostica.

Si resumimos la descripción de los ojos en cada uno de los casos, vemos que no hay un patrón descriptivo constante que permita una comparación perfecta. De esta manera, menciona la existencia de párpados bilaterales hinchados, con o sin hinchazón del rostro; queratitis con conjuntivitis doble; hinchazón de la cara, sin hacer alusión de los párpados; infiltración general, que muchas veces menciona como mixedematosa.

Sólo en la observación 16 menciona la hinchazón edematosa de un solo párpado (el derecho), y en la observación 28 refiere conjuntivitis acentuada del ojo izquierdo, y queratitis de uno de los ojos, signos a los que agrega en el caso 6 una infiltración acentuada de cara.

Señalemos que en su casuística Chagas indica expresamente que en al menos en dos casos hubo sintomatología ocular unilateral, los casos 16 y 28, en éste último con conjuntivitis.

Si ahora miramos las fotos que acompañan a las observaciones, el caso 16 presenta todas las características que a primera vista acostumbramos a asociar con el signo de Romaña. Desgraciadamente, el caso 28 no se encuentra acompañado por una fotografía.

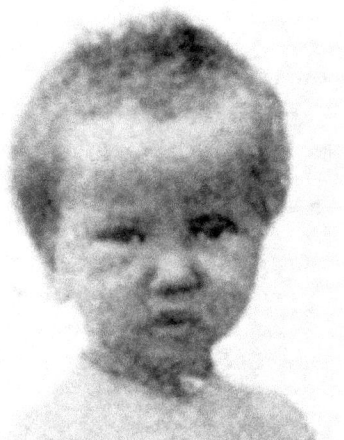

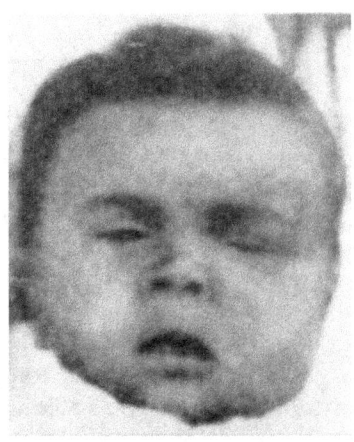

Caso 16. Indudablemente, el paciente presenta un edema unilateral de los párpados derechos.

Caso 6. Nos encontramos una vez más ante un paciente de Chagas que presenta el "signo del ojo", llamado luego signo de Romaña.

Sorprendentemente, al examinar el resto de las fotografías –que pertenecen a los casos en los que Chagas no menciona edema unilateral de párpados–, constatamos que al menos el caso 6 presenta incuestionablemente el signo de Romaña.

Es probable que en las figuras que ilustran los casos 5, 18, 22, 26 y 27, uno de los ojos esté más inflamado que el otro, aunque no sin algunas dudas.

Con respecto al caso 16, que tiene toda la apariencia del signo del Romaña, Chagas comenta (Chagas, 1941, p. 33): "Hace 10 días apareció fiebre, de marcha remitente. Simultáneamente, fue observada pequeña pápula rojiza en uno de los párpados, con hinchazón edematoso del mismo y del reborde orbitario correspondiente", indicando así que la puerta de entrada fue una picadura cutánea. Quizás en esto piense Romaña (1935) cuando indica que aunque es rara, no debe descartarse que la infección entre por la piel, y sobre todo, la más delicada de los párpados.

No tenemos manera de saber si esto que hoy vemos en las figuras, y leemos en el texto de Chagas es lo mismo que vieron y leyeron sus discípulos brasileños. Quizás no, pues pareciera que E. Dias y E. Chagas pueden ver el edema unilateral de los párpados únicamente luego de que se lo muestra Romaña, y solicitan por ello que lleve su nombre. (O lo hicieron porque significaba una confirmación –como veremos– de sus propios descubrimientos.)

En todo caso, es altamente probable que Mazza los ve igual que nosotros. Si no, no se explica que no evidencie ninguna sorpresa cuando supervisa muy de cerca las investigaciones de Romaña, las apoya, y las hace conocer en su publicación periódica.

11. Mazza, el impostor

Una prueba de esto que decimos, es un caso un caso de enfermedad aguda de Chagas encontrado por Mazza en 1927. Aunque no se publica en su momento, constituye durante años uno de los ejemplos que utiliza en sus charlas de divulgación. La fotografía la cede a Niño, quien la presenta –junto a otros casos– en su Tesis de Doctorado de 1929.

Cuando la observamos, nos encontramos frente a un caso que es similar a los de Carlos Chagas. Podemos advertir que la paciente presenta, sin ninguna clase de dudas, un edema unilateral de párpados, y que el diagnóstico que se realiza en base a la sintomatología es correcto.

El punto que señala Delaporte es que en su momento Mazza no menciona el edema unilateral de párpados entre la sintomatología de la paciente, ni tampoco lo hace Niño quien habla de "edema de párpados y de extremidades" (Niño, 1929, p. 202). Recién después de que Romaña lo presenta como patognomónico, y no antes, Mazza –retrospectivamente– es capaz de ver en su paciente el signo como tal. No lo descubrió, sino que se lo enseñaron a ver. Al decir que lo vio anteriormente, comete –según Delaporte– una impostura, con la finalidad de desplazar a Romaña como descubridor del mismo.

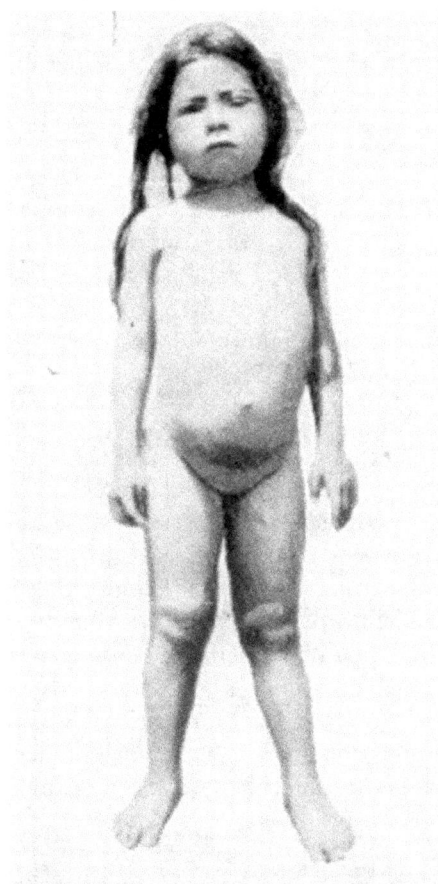

Indudablemente, vemos el signo de Romaña en la pequeña paciente de Mazza. Sin embargo, es correcto que en 1927 todavía no sabe de la enorme frecuencia del edema unilateral de párpados, y de su consiguiente importante para el diagnóstico de la enfermedad. Lo que, como lo sabemos, no le impide diagnosticarla correctamente.

Como veremos más adelante, Romaña mismo no menciona en los siete primeros casos que el signo sea patognomónico y hace, asimismo, un reconocimiento retrospectivo del signo.

¿Impostura, o un mecanismo psicológico que hace ver lo que se conoce hoy, como reconocido desde siempre? No sabemos qué pasó en el interior de Mazza. Sólo podemos afirmar que encontró el primer caso de enfermedad de Chagas en nuestro país con edema unilateral de párpados, lo diagnosticó correctamente, aunque recién a partir de 1935 comienza a pensar, junto con Romaña, que es el principal signo de la enfermedad aguda.

Más allá de interpretaciones *ad-hominem* sobre la personalidad de Mazza –proverbialmente intolerante–, y de sus intenciones, avanzaremos en la reconstrucción histórica del descubrimiento, y en la interpretación de lo que sucedió.

Entre 1934 y 1935, Mazza y Romaña publican en MEPRA una serie de artículos con los que llenan casi todas las páginas de la revista, solos, con otros autores o juntos, y que revelan a dos autores que se apoyan mutuamente en el establecimiento de la vigencia de la enfermedad de Chagas en nuestro país, el lugar donde se inicia el descrédito del investigador brasilero. Muestran la confianza que se dispensan, y que coincide con su condición de maestro y discípulo. Firman juntos un último artículo en 1936. A partir de allí, la ruptura.

Releámoslos, esperando encontrar en ellos una pista que nos permita comprender, y dirimir sus diferencias.

12. Los artículos de Romaña y Mazza

El artículo que inaugura la serie (Romaña, 1934a), contiene la comprobación de las primeras formas agudas de la enfermedad, encontradas en la región del Chaco y norte de Santa Fe. La importancia del mismo es enorme ya que se produce en la zona donde Krauss no encontró patología alguna.

Algunos trabajos previos en común establecen una sólida relación entre ambos (Mazza & Romaña, 1931a, 1931b, 1931c, 1933).

Vale la pena detenerse en él para evaluar la índole de sus relaciones.

> Desde el año 1930, venimos practicando investigaciones bajo la dirección del profesor Salvador Mazza, tendientes a establecer el verdadero papel nosológico de la Tripanosomiasis americana o enfermedad de Chagas en el norte santafesino y en el Chaco, regiones hasta ahora vírgenes de estos estudios, que desde hace tiempo, fueron preferentemente orientados hacia el noroeste del país. [...] En nuestra condición de médico rural, muy poco hubiésemos podido adelantar en la labor, o ésta habría quedado trunca e incompleta, de no contar con la generosa ayuda del profesor Mazza, nuestro alentador constante del punto de vista moral, verdadero maestro de energía y laboriosidad, a la vez que técnico cuya capacidad y consejo, estuvieron siempre a nuestro servicio. (Romaña, 1934a)

La situación es clara: incluso antes de recibirse en 1931, Romaña es introducido por Mazza en los estudios acerca de la enfermedad de Chagas; firma con él sus primeros trabajos, probablemente bajo su guía completa. Mazza, que permanentemente busca colaboradores para sus investigaciones, aliados en las luchas epidemiológicas contra las enfermedades transmisibles de la zona, realiza una intensa labor docente entre los médicos y demás agentes sociales que puedan auxiliarlo; da conferencias, investiga en el terreno, funda sociedades científicas en todas las provincias. El joven médico Romaña es uno de esos médicos a los que Mazza interesa en el diagnóstico y tratamiento de las enfermedades regionales; posiblemente, uno de sus discípulos más talentosos, con el que colabora y al que respeta, al menos –como veremos– hasta 1936. A su vez, para éste debió ser por demás refrescante encontrar una oportunidad para canalizar sus inquietudes, perdido en un pueblito del interior del país.

Comenta Romaña que la existencia de vinchucas con *Tripanosomas cruzi* y de animales silvestres, todo "hacía pensar, que casos humanos, ya agudos, ya crónicos, debían existir en la región":

> Una vez empeñados en la búsqueda y diagnóstico de casos humanos, no nos fue difícil comprobar la infección de dos niños de la zona con tripanosomas en la circulación y de dos adultos con lesiones cardíacas típicas de la forma crónica de la enfermedad. (Romaña, 1934a, p. 5)

Así describe la lesión ocular del primer caso, Isabelino Martínez, de ocho años de edad:

> El 1 de febrero de 1932, siendo de madrugada despierta el niño con una sensación de picadura y de intensa molestia en el ojo izquierdo [...] Esa misma tarde notaron el ojo hinchado, habiendo aumentado esta hinchazón considerablemente para el día siguiente[...] El edema continuó intenso y casi indoloro en los días siguientes, notando la madre que también aparecía en el ojo derecho dos o tres días después. [...] En el examen que hiciera comprobé: edema de ambos ojos, mucho más notable en el izquierdo cuyas conjuntivas palpebral y ocular estaban rojas. (Romaña, 1934a, pp. 5-6).

En el relato, Romaña no parece juzgar que se encuentra ante algo nuevo (la hinchazón de un solo ojo), sino de algo corriente, ya conocido, que lo hace diagnosticar con facilidad la enfermedad.

El paciente viaja a Buenos Aires (por consejo de Mazza), donde es visto por el Doctor Niño, colaborador de Mazza, y estudiado en el Hospital Nacional de Clínicas.

Menciona Romaña que "Los doctores Acuña y Puglisi presentaron fragmentariamente la historia clínica del paciente en la sesión de 28 de junio de 1933 de la Sociedad Argentina de Pediatría y la publicaron en el No. 5 de los Archivos de Pediatría" (Romaña, 1934a, p. 13).

Evidentemente, no pensaba en ese momento en que le podrían arrebatar la prioridad de un descubrimiento; en su percepción, únicamente contribuyen a la difusión del conocimiento de la enfermedad de Chagas en el país, y en esto era de por sí valioso.

El profesor Mazza estudia la histología de los animales a los que se inoculó con la sangre del paciente (Romaña, 1934a, p. 14).

Finalmente, en los "Comentarios" con que culmina el artículo manifiesta: "La sintomatología y los interesantes antecedentes relatados por la madre hicieron sospechar desde el primer momento esta etiología, que se vio confirmada al hallar tripanosomas en gota gruesa de sangre" (Romaña, 1934a, p. 15).

Una vez más, el texto revela que el diagnóstico se ajusta a un conocimiento previo de la sintomatología de la enfermedad, que no es constituye ninguna novedad.

Agrega: "Que la infección se ha producido por la conjuntiva es una presunción muy fundada y pudo hacerse indistintamente por picadura o por deyecciones de vinchucas, siendo interesante la reacción ganglionar preauricular sólo del lado sospechoso (el subrayado nos pertenece)."

Aparece aquí por primera vez la hipótesis de entrada conjuntival del tripanosoma, no descartando, sin embargo, la picadura.

En el segundo caso consigna que (Romaña, 1934a, p. 20) "El tiroides se nota ligeramente aumentado en su totalidad", agregando (Romaña, 1934a, p. 23) "[e]n los antecedentes relatados por la madre de esta enfermita, es el edema de la cara y manos lo que nos orientó en el diagnóstico de la enfermedad de Chagas".

No parece que Romaña sea consciente de que en este caso no hubo edema palpebral unilateral, y que eso lo hace cualitativamente distinto desde la perspectiva del signo que posteriormente presenta como descubierto.

El artículo siguiente (Romaña, 1934b), es de interés por ser el primer estudio de dos casos de formas crónicas cardíacas publicadas por la MEPRA, y porque ya en su percepción (y en la de Mazza), la enfermedad crónica es fundamentalmente cardíaca (Romaña, 1934b, p. 25).

En outro artículo se hace constar "lo típico de la sintomatología clínica" (Mazza & Romaña, 1934c, p. 25), que se describe

> Lo primero que llama la atención en la enfermita es el anasarca. Particularmente en los párpados, manos y pies y en la región pelviana, es impresionante el edema, en el cual no deja impresión el dedo. […] Ojos: en ambos lados se notan los párpados edematosos, especialmente en el ojo izquierdo, el cual está casi completamente cerrado por el edema. Las conjuntivas palpebrales están ligeramente congestionadas. (Mazza & Romaña, 1934c, p. 27)

Aunque existe una mayor hinchazón de un ojo, no piensan que sea un signo particularmente nuevo. Hacemos notar que hablan muy claramente de edema, y no de mixedema.

Mazza contribuye decisivamente al artículo con el hallazgo de una forma de tripanosoma con dos bleforoplastos y dos flagelos aunque con un solo núcleo, señal de división sanguínea del parásito, y con los estudios histológicos de la autopsia de la paciente. El Dr. Jörg, cercano colaborador de Mazza, también contribuye en un análisis histológico. Se constata la existencia de miocarditis difusa, infiltrativa, del tipo de la fibrosis miocárdica progresiva. (El carácter colectivo de la investigación, que también se observa en el primer caso de la serie, es innegable).

El artículo siguiente de la serie (Mazza & Ruchelli, 1934) nos muestra un Mazza orgulloso de tener como discípulo y colega a Romaña, así como convencido de que sus hallazgos se corresponden con los de Chagas, a quien continúa. Si no se diagnostica la enfermedad con más frecuencia, es por ignorancia de los signos característicos (que son los descriptos por Chagas).

> Algunos de los colaboradores de la Misión (Doctor Romaña), así como uno de nosotros (Mazza), han podido predecir clínicamente el hallazgo de los esquizotripanosomas en la circulación, ante ciertos enfermos, especialmente niños, con un cuadro sintomático, que una vez conocido, es difícil confundir con el de otros procesos, comunes también en algunas de las zonas de nuestro país, en que se está apreciando actualmente, la insospechada difusión que tiene la enfermedad de Chagas. (Mazza & Ruchelli, 1934, p. 3)

Los dos casos que describen presentan edema unilateral de ambos párpados (izquierdos, en esta ocasión), uno de los signos característicos descriptos por Chagas y que ellos reencuentran en sus pacientes. Aunque quizás Mazza no supone, todavía, que es el más frecuente de los signos observables, aquel que permite presumir el diagnóstico de la enfermedad de Chagas a "simple vista". El convencimiento de que es así, lo adquiere progresivamente, hasta llegar a su artículo acerca del valor diagnóstico del "signo del ojo", en la Novena Jornada de Patología Regional Argentina, un año después (Mazza, 1935b).

Hacemos notar que Mazza atribuye a Chagas la descripción del edema de párpados, uni o bilateral, antes de la disputa con Romaña. No se trata de un recurso armado para quitar originalidad al aporte de este último, como lo sostiene Delaporte en su libro; una interpretación que lo lleva a exclamar *Mazza el impostor*.

En otro artículo (Romaña, 1934c) se presentan tres casos nuevos de enfermedad de Chagas. En el primero de ellos encuentra (Romaña, 1934c, p. 21) edema generalizado de la cara, en el segundo (Romaña, 1934c, p. 26) "párpados edematosos, conjuntiva palpebral pálida".

Ninguno de estos casos tiene el signo de Romaña, y muestran una puerta de entrada cutánea, uno en la región temporal, otro en la ingle.

El tercer caso muestra, finalmente, edema unilateral de párpados.

En el artículo anterior, Mazza refiere esta circunstancia, considerándola uno de sus aportes al conocimiento de la enfermedad de Chagas. También menciona que los pacientes presentan todos los signos descriptos por Chagas, menos el bocio.

Es notable que Romaña exprese en su artículo los mismos conceptos, casi con las mismas palabras, e introduce por primera vez la terminología que tanto impacta a Delaporte, y que hace alusión a "la enfermedad pura".

Veamos como lo dice:

> Este hecho [se refiere a la ausencia de bocio endémico y de paludismo en el Norte Santafecino que es escenario de su primera publicación] tiene mucho valor, por tratarse de una región donde fue posible estudiar la *enfermedad pura* en varios casos agudos, permitiendo ratificar ampliamente la mayoría de los síntomas descriptos por Chagas en sus enfermitos de Lassence y que él determinó con extraordinaria sagacidad, entre las múltiples enfermedades que allí se pueden observar. (Romaña, 1934c, p. 21)

Nuevamente, los signos son los descriptos por Chagas, menos aquellos que provienen del paludismo y la tiroides.

Que la sintomatología encontrada en los pacientes es la misma que describe Chagas (o al menos, que Mazza atribuye a Chagas, y enseña a sus discípulos) queda claramente expuesto por Romaña, junto con su reconocimiento a su maestro:

> Quedan así descriptos los tres últimos casos que halláramos de Enfermedad de Chagas en el Norte Santafecino, sin especial búsqueda de enfermos. Nuestra experiencia anterior nos permitió sospechar rápidamente la enfermedad en estos nuevos casos, llevados a la convicción, que nos creó el profesor Mazza, de que una vez difundido el conocimiento de la sintomatología del proceso entre los profesionales del norte, el hallazgo de los enfermos se multiplicará considerablemente. (Romaña, 1934c, p. 31)

En la siguiente publicación (No. 21) de la MEPRA se repite el esquema anterior: un artículo firmado por Mazza en colaboración con Romaña y otro autor, y un segundo artículo firmado por Romaña solo. Como veremos, aquí se introduce un nuevo factor, que va a separar el camino de los dos autores.

En un trabajo de Mazza, Romaña y Parma se describe un nuevo caso en un paciente en dos años, que presenta inicialmente

> [...] una manchita roja en la sien izquierda. Sospechada la picadura de una vinchuca, la búsqueda de este insecto produjo el hallazgo de un ejemplar repleto de sangre bajo el colchón de la cama del niño. La mancha roja aumentó de tamaño durante el día, hinchándose las regiones vecinas. En el día siguiente el edema se extendió a los párpados del ojo izquierdo y continúa aumentando el subsiguiente hasta no permitirle abrir el ojo al niño. (Mazza, Romaña & Parma, 1935, p. 5)

Evidentemente, la puerta de entrada es cutánea, y el edema se extiende desde allí al ojo.

El paciente muere. Los intentos de encontrar al autor principal del artículo fallan una vez más, y muestran una vez más una labor colectiva (en el seno de la MEPRA) en la que Bartolomé Parma, médico de Villa Guillermina al igual que Romaña, diagnostica clínicamente la enfermedad; probablemente otro de los investigadores encuentra tripanosomas en la sangre del paciente; Romaña hace la autopsia; Mazza y Jörg estudian la histología de los órganos; Jörg hace los esquemas que aclaran lo que se observa en los cortes histológicos. Es interesante –en nuestra búsqueda de investigaciones acerca de los componentes cardíacos de la enfermedad– consignar que describen una lesión característica consistente en una "cardiodistrofia progresiva, con atrofia simple de las miofibrillas subpericárdicas, proliferación del conjuntivo reticular", y alteraciones del bazo con nidos de parásitos en el bazo. Cómo no identificar la enfermedad crónica con una cardiopatía, si sus signos se presentan incluso en los casos agudos.

No es aquí donde se inicia la controversia, sino en el artículo que Romaña firma solo, y que presentaremos a continuación.

13. La aparición del signo de Romaña como tal

Es en este escrito (Romaña, 1935a, p. 19) *cuando Romaña piensa por primera vez que lo que describe no se encuentra presente en los escritos de Chagas*: "El principal síntoma por lo novedoso, constatado en ellos, la conjuntivitis tripanosómica unilateral, será objeto de una publicación especial, conjuntamente con otras observaciones complementarias". Y por cierto, muestra asimismo que Mazza no impone sobre sus colaboradores hasta la última línea de sus escritos, por lo que los anteriores reconocimientos a Chagas y a él mismo le pertenecen, sin dudas, al propio Romaña.

La descripción que hace de los pacientes es la siguiente:

Hace unos veinte días el ojo izquierdo comenzó a ponerse rojo como si se tratara del comienzo de una conjuntivitis. En los días siguientes los párpados de este mismo ojo pusiéronse edematosos, aumentando de tamaño paulatinamente hasta cerrar por completo la hendidura palpebral. Por la mañana amanecían los párpados adheridos por escasa secreción amarillenta. (Romaña, 1935a, pp. 3-4)

En cuanto al segundo caso (Romaña, 1935a, pp. 26-27) "amaneció con el ojo derecho hinchado y ligeramente doloroso", "el ojo derecho presenta los párpados deformados por un gran edema que da a la región una coloración ligeramente violácea. Este edema se extiende a las regiones vecinas de la cara, mejilla y pómulo derecho, así como a la base de la nariz".

Es en el siguiente artículo (Romaña, 1935b) cuando plantea su tesis completa: la conjuntivitis unilateral es el signo inicial más frecuente de la enfermedad de Chagas, y expresa la puerta de entrada predominante del tripanosoma, la conjuntiva. Es un signo nuevo, no presente previamente en Chagas.

Lo fundamenta en los casos que estudió, ya que

[...] nueve suman hasta la fecha los casos agudos de tripanosomiasis americana que llevamos observados, habiendo podido establecer claramente en seis de ellos que la afección comenzó por la inflamación de uno de los ojos, es decir, en el 66 % de los casos. Este hecho, deja en estas condiciones de ser una mera coincidencia para imponerse por sí solo como síntoma de gran valor para presumir la enfermedad en su comienzo. (Romaña, 1935b, p. 28)

El argumento con el que apoya la hipótesis de que la conjuntiva es la puerta de entrada principal es por lo menos bizarro (Romaña, 1935b, pp. 27-28), pues lo hace explicar, por la dificultad de que las deyecciones lleguen al interior de los ojos cerrados durante el sueño, la discordancia entre el "elevado porcentaje de vinchucas infectadas, comparado con la relativa poca cantidad de casos de la enfermedad que es posible identificar".

Comenta entonces, para descartar la vía cutánea, que ya que

[...] en ciertas zonas de Argentina el 50, 60 y aún más por ciento de los ejemplares capturados, insectos que pululan especialmente durante el verano en los ranchos de nuestros campos, chupando noche tras noche a los habitantes de los mismo, era lógico pensar que todos o la gran mayoría de ellos en algún instante de su vida debieran haber sufrido la infección tripanósica, pues al ser picado en una oportunidad o en otra, deberían exponer su piel al contacto de las deyecciones contaminantes, que el insecto elimina siempre al alimentarse. (Romaña, 1935b, p. 28)

Claramente Romaña desconoce en este momento la verdadera extensión de la enfermedad de Chagas, pensando que no es significativa la cantidad de infectados. Luego veremos que las mismas premisas son refutatorias de la conclusión acerca de la puerta de entrada de la enfermedad, si nos basamos en el conocimiento epidemiológico que funda Mazza, y que es cada día más corroborado.

Delaporte, que desconoce los hechos científicos acerca de la importancia epidemiológica de la enfermedad de Chagas, reproduce el argumento sin que le merezca ningún comentario –que también Dias (1939b) cita con señales de aprobación.

14. La justificación del signo de Romaña

Se imponen dos preguntas. La primera es si, efectivamente, las observaciones previas justifican las afirmaciones de Romaña de que la vía de entrada es conjuntival. Romaña dice que sí, que "en seis casos ha quedado evidenciada la afección por uno de los ojos (observaciones 1, 3, 6, 7, 8 y 9) y en dos más (2 y 4) adquiere papel predominante el edema palpebral como una de las manifestaciones anormales observadas por los familiares de los niños enfermos. En una sola observación este detalle no es apreciable (caso 5).

La segunda pregunta es porqué no nos informa anteriormente de que el signo que describe es novedoso.

Sólo la revisión de la casuística nos permitirá constatar la justeza de la respuesta de Romaña a la primera pregunta, ya que encontramos sorprendente que recién ahora nos informe del hallazgo.

Luego nos referiremos a la segunda pregunta, cuya consideración nos puede llevar a una interpretación de la historia que se acerca –en Romaña– a la situación que hizo exclamar a Delaporte que Mazza es un impostor. Diremos también que aunque las situaciones sean similares, ni una ni otra implican ninguna impostura.

Veamos, entonces si las descripciones de Romaña avalan que la puerta de entrada de la infección es, primordialmente, conjuntival (recordemos que en el primer artículo la afirmación no fue tan tajante, ya que allí expresa que "pudo hacerse indistintamente por picadura o por deyecciones de vinchucas".

Si sintetizamos lo expuesto en ellos, encontramos que dos de los nueve casos no presentan edema unilateral de párpados; en los restantes, dos casos se inician como probables picaduras próximas al ojo (región temporal o sien); en cuatro de los pacientes, no se consigna conjuntivitis franca, que se observa en uno sólo de ellos (recordemos que la conjuntivitis es una parte esencial del signo de Romaña, tal como lo describe este autor y lo subraya Delaporte).

Si releemos la lista, encontramos justificado decir que en su mayoría los síntomas se inician en un solo ojo, pero no que la puerta de entrada sea conjuntival; aún interpretando que tienen conjuntivitis los casos dudosos, aún así, el número de candidatos a tener el signo de Romaña *completo* es menor.

¿Qué hace que Romaña vea como novedad lo que antes describe como reafirmación de la sintomatología descripta por Chagas?

Una primera pista la tenemos en el hecho que entre los artículos anteriores, en los que duda de la vía de entrada de la enfermedad, y estos, media su estadía en el Instituto Oswaldo Cruz, durante la cual asiste a una demostración experimental de la misma. Su testimonio no deja duda al respecto:

> En efecto, durante nuestra estada en el Instituto Oswaldo Cruz de Río de Janeiro el año pasado, tuvimos oportunidad de ver algunos enfermos cancerosos en los cuales Evandro Chagas practicaba experiencias de infección experimental de tripanosomiasis americana. Entre ellos el único que adquirió una enfermedad fue el infectado por vía conjuntival [...]. En este enfermo se desarrolló una inflamación ocular en todo semejante a la por nosotros observada en los casos agudos a que nos hemos referido, y hasta la adenitis satélite completaba el cuadro. En cambio fueron negativos los intentos de infección [...] usando la vía epidérmica como puerta de entrada. (Romaña, 1935b, p. 27)

Y agrega "Este hecho estaría de acuerdo con lo ya sostenido por Brumpt [...] tesis que debe ser aceptada después de la brillante defensa de ella hecha por E. Dias".

Retengamos los nombres de E. Chagas y E. Dias, pues ellos son los protagonistas del episodio que culmina con la profunda enemistad de Mazza con Romaña.

Si leemos correctamente lo expuesto hasta el momento, Romaña, que conoce desde Brump la vía conjuntival de contagio, aunque no excluye el contagio por picadura, se convence en su experiencia brasilera de la primacía de la primera, y relee a su luz (retrospectivamente) el material anterior aunque no le brinde todo el apoyo empírico que afirma, y que necesita. Es posible asimismo que sus nuevos amigos brasileros le hayan mostrado otra lectura de la obra de Chagas, en la que se excluye el edema de un solo ojo, contrariamente a la lectura que aprendió con Mazza, en la que existe, y con la que realiza sus primeros diagnósticos. Quizás por eso Dias (1936, p. 345) expresa que "Hay una circunstancia curiosa que debe ser mencionada, y es que ese signo pasó inadvertido a los ojos de los investigadores que, en Brasil, estudiaban la enfermedad". El ciclo se ha completado, y Romaña nos informa, con toda buena fe, que desde el comienzo estos diagnósticos implican una novedad, que siempre los vio así.

Esta es la respuesta a la segunda pregunta. Romaña no nos habla en los siete primeros casos de una novedad, porque en esos momentos no piensa que lo sea. Recién a partir de agosto de 1934, cuando asiste a las experiencias de E. Chagas, y aún después, es cuando comienza a concebir que sus hallazgos son originales.

En cuanto a los investigadores brasileros, los trabajos de Romaña, y sobre todo, la reinterpretación de la sintomatología que hace de los casos que publicó hasta el momento, y que lo lleva a su tesis fuerte de la vía de contagio conjuntival, les permite añadir a sus experiencias de laboratorio los signos clínicos del edema palpebral unilateral y la adenopatía concomitante, que según ellos no se han observado en Brasil, y darle una real significación a sus hallazgos de laboratorio.

Como lo señala mordazmente años después Mazza (1940c, p. 22) en plena disputa, E. Dias reemplaza con la referencia continua a la conjuntivitis esquitripanósica de Romaña la "falta de material propio de observación de esquizotripanosis en Brasil, donde debe ser sin embargo frecuente".

¿Cómo reacciona Mazza ante estas afirmaciones?

Recordemos, una vez más, que los artículos de Romaña son divulgados por Mazza en la publicación periódica de la Misión. No sólo está –aunque sea parcialmente– de acuerdo con Romaña. Lo apoya por completo. Un curioso indicador –si lo contemplamos a la luz de las disputas posteriores– es un artículo de apenas dos meses después en el que expresa:

> [...] la sintomatología claramente descripta para los casos agudos de Enfermedad de Chagas, sobre todo la conjuntivitis esquizotripanósica unilateral, acompañada de fiebre y mal estado general, especialmente en niños, concretada últimamente por Romaña, hicieron que en presencia de un enfermo con ese cuadro clínico, uno de nosotros (Govi) efectuóse de inmediato el diagnóstico. (Mazza & Govi, 1935, p. 19)

Este artículo es del 8 junio de 1935. En octubre de 1935, en ocasión de la Novena Reunión de la Sociedad de Patología Regional que tiene lugar en Mendoza, Mazza (1935b) insiste "Sobre el valor del edema palpebral de un solo lado para el diagnóstico de la forma aguda de la enfermedad de Chagas".

En esa misma reunión sucede algo que años después Mazza ve como el inicio de sus diferencias con Romaña:

> A esta asamblea, dedicada en homenaje a la memoria de Carlos Chagas, fallecido el año anterior, concurrieron como delegados del Instituto Oswaldo Cruz, Evandro Chagas, hijo de aquél investigador, y E. Dias. No obstante la presentación de los dos casos que nos ocupan, de San Juan, de los ya conocidos en Argentina, y de los 33 más, expuestos sólo en el curso de la Reunión, que no demostraban sino excepcionalmente, existencia de "conjuntivitis esquizotripanósica", los citados médicos, con un propósito desconocido, pero evidentemente con anterioridad madurado, sin aportación casuística personal, propusieron la designación de la manifestación oftálmica, como signo de uno de los médicos que habían seguido nuestras inspiraciones e instrucciones, aplicando los conocimientos recogidos de la fundamental enseñanza de Carlos Chagas. (Mazza, 1940c)

Mazza se sorprende ante la iniciativa brasilera, pero no se distancia de Romaña, con quien sigue colaborando, y junto al cual publica un nuevo artículo al año siguiente, en el que queda "confirmada la hipótesis de la penetración cutánea del *Schizotrypamun cruzi*" (Mazza, Romaña & Parma, 1936, p. 31).

Es necesario remarcar dos cosas. La primera, que este artículo se invierte el argumento de Romaña acerca de que la dificultad del contagio conjuntival durante el sueño explica el escaso número de enfermos; en este caso, se piensa que la puerta de entrada cutánea justifica la gran extensión de la enfermedad de Chagas, debido a las picaduras constantes de las vinchucas. En este argumento reside, quizás, la pertinaz oposición de Mazza a pensar que la enfermedad entra –mayoritariamente– por vía conjuntival: en la creencia, posteriormente ampliamente confirmada, que la enfermedad es de una importancia epidemiológica central.

El segundo punto que queremos remarcar en aún más obvio. Romaña todavía piensa que la picadura es una buena alternativa frente al contagio conjuntival, como lo expresa en su primer artículo.

No es la última colaboración de Mazza y Romaña. Otro caso de puerta de entrada cutánea, casi inmediato, es detectado por Zambra, también en Villa Guillermina, y estudiado por ambos autores (Mazza, Romaña & Zamba, 1936).

15. El distanciamiento

Aproximadamente a partir de ese momento comienza la enemistad manifiesta, que coincide con la aparición de los escritos de E. Dias (1936, 1939a, 1939b), en los que además de atribuirle a Romaña el descubrimiento de un signo patognomónico, expresa que debido a esto los casos encontrados por la MEPRA (es decir, por Mazza y sus colaboradores), y en los que se basa el reavivamiento en el interés científico por la enfermedad de Chagas, fueron descubiertos gracias a que presentaban el signo de Romaña.

La labor de Mazza deja, entonces, de tener valor propio, para pasar ser subsidiaria de los hallazgos de Romaña.

Con razón dice Delaporte que se enfrenta a lo insufrible. No es él quien reactualiza a la enfermedad de Chagas. Su obra es secundaria. Lo importante es que un colaborador suyo, con el estudio de nueve casos –en los que él mismo intervino– llame la atención sobre un conjunto sintomático que piensa está ya presente en Chagas, para que se le atribuya todo el mérito.

Sin embargo, Mazza se comporta, más allá de sus exabruptos, en un contexto de discusión que es centralmente científico, además de histórico. A demostrar lo primero dedica grandes esfuerzos, quizás hasta su muerte, pues entiende que atribuir el llamado signo de Romaña a todos los pacientes agudos, oculta a la percepción del médico común los signos de las formas más graves de la enfermedad, aquellas que terminan con la muerte, y que pudieran salvarse si se utiliza a tiempo el medicamento 7602 Bayer, del que es el primero en comprobar una acción efectiva sobre la enfermedad.

No es que niegue la importancia de la identificación de un edema ocular unilateral para sospechar la enfermedad de Chagas, máxime si está acompañado por otros signos, tales como fiebre, taquicardia, decaimiento, etcétera.

Desde el punto científico, Mazza sostiene que la puerta de entrada, en un porcentaje importante de los casos, es la piel, y no la conjuntiva. En este contexto, el edema palpebral unilateral es secundario a la picadura, que habitualmente ocurre en la cara, cercana a los ojos, por ser la parte descubierta durante el sueño. Y la reacción conjuntival –si existe– es asimismo secundaria.

Desde el punto de vista histórico, afirma que no se trata de un descubrimiento, puesto el edema palpebral unilateral ya estaba descrito por Carlos Chagas.

No es nuestra intención resolver una discusión científica en base a los escritos de la época (un historiador no resuelve un problema científico; lo hace la comunidad científica); sí la de sentar las bases para comprender los puntos de vista en juego, más allá de las intenciones de sus protagonistas, que no fueron nunca vistos como irracionales, aun en medio de discusiones violentas, o de enconos personales. Posteriormente veremos los puntos de vista actuales sobre la enfermedad de Chagas, y cómo la comunidad científica resolvió –salomónicamente– la disputa entre ambos investigadores.

En cuanto a las divergencias históricas, sabemos que la cuestión de las prioridades es uno de los problemas más ríspidos y comprometidos, ya que, como decíamos, involucra cuestiones de hecho y cuestiones conceptuales, de manera que en vez de un suceso puntual, se asiste a un proceso en el cual es dificultoso asignar primacías. Probablemente la solución consista en pensar que el conocimiento científico es una construcción colectiva con aportes desiguales a objetivos compartidos por parte de un conjunto de agentes históricos, sin héroes que cargan sobre sí todo el peso.

Es quizás esta perspectiva historiográfica la que nos separa más nítidamente de Delaporte. Donde Delaporte encuentra el rol privilegiado de Romaña, nosotros vemos el encuentro de una comunidad de investigadores que se apoyan mutuamente, en cuya organización el papel de Mazza es esencial. Donde ve que Romaña sigue por sus propios medios, sin vacilar, un camino nuevo, nosotros percibimos un sendero que recorre con otros, y precisamente gracias a que hay otros; que tiene idas y vueltas que resignifican lo anterior; que muestra como nuevo lo que no lo es, y en el que esta novedad se construye como tal en medio de simplificaciones que posteriormente terminan por legitimarla.

16. El problema científico

Delaporte ve como una de las contribuciones científicas centrales de Romaña la unión de una sintomatología clínica a una vía de entrada. Si Romaña refunda a la enfermedad de Chagas, la puerta de entrada, demostrada por los científicos brasileros y por el propio Romaña, es la que caracteriza a la enfermedad.

Mazza no discute la existencia del complejo oftalmoganglionar (de la vista y los ganglios que son más próximos al ojo) como un signo de la enfermedad aguda, pero cree –también después de idas y venidas– que la conjuntivitis que lo acompaña no siempre indica la puerta de entrada, sino que es secundaria a la entrada del parásito por alguna lesión cutánea – picadura o rascado–, próxima al ojo, al igual que el edema y los ganglios.

Años más tarde Mazza (ca. 1940), sitúa el cambio de opinión alrededor de fines de 1935, ya que "en el curso de ese año y en los siguientes, y por reconsideración de las observaciones publicadas, debimos concluir en la inexistencia de "conjuntivitis" y sí únicamente de edema eritrocrómico de párpados, con mayor o menor reacción conjuntival secundaria".

Nuestra propia revisión de los casos tiende a debilitar la (posterior) afirmación de Romaña acerca de la primacía de la puerta de entrada conjuntival, incluso en sus propias observaciones, que muestran, en sus comentarios, otras puertas de entrada.

La publicación conjunta de dos casos de puerta de entrada cutánea por parte de Mazza y Romaña nos convence de que Mazza efectivamente ya había abandonado su anterior entusiasmo por la vía conjuntival de contagio, así como de la persistencia de un punto de vista mucho más matizado por parte de Romaña de lo que presenta Delaporte.

Pero esto no significa que desecha investigar el papel de la conjuntiva en la enfermedad de Chagas. En fecha tan tardía como 1937, la MEPRA publica un artículo (Olle, 1937) en el que un oculista de Santiago del Estero estudia, a instancias de Mazza –quien realiza la mayoría de los estudios sanguíneos de los pacientes–, la posibilidad de que aquellos pacientes de la consulta normal de un oculista con edema unilateral de párpados y ganglios regionales, se encuentren parasitados por el *Trypanosoma cruzi*. En las diez observaciones que relata, y que se refieren a pacientes vistos entre abril y agosto de 1936, se constata la presencia en sangre del parásito; 3 de los pacientes no exhiben ninguna señal de conjuntivitis.

En 1936 Mazza estudia las biopsias de conjuntiva en enfermos chagásicos con manifestaciones oftalmoganglionares agudas, publicando –junto con Jörg– sus hallazgos en el VI Congreso Nacional de Medicina de Córdoba, en octubre de 1938, y publicado en el tomo III de sus actas, aparecido en 1939. Se infería de los cincuenta estudios realizados que la reacción inflamatoria conjuntival era secundaria, por propagación del estado inflamatorio profundo proveniente de la cápsula de Tenon, o del tejido celular orbitario. No encontraron en ningún momento parásitos en el interior de las células epiteliales de la conjuntiva ni en los cortes histológicos, ni en frotis; sí en los histocitos de la región, ya que el parásito termina siempre en macrofagia histocitaria. Concluye que hasta el momento nadie ha demostrado epiteliotropismo (tendencia a dirigirse hacia los epitelios, piel o conjuntiva) en el *T. cruzi*. A partir de estos resultados, Mazza puede argumentar, plausiblemente, que la penetración de los parásitos a las células epiteliales de la conjuntiva, y de allí a los histiocitos y a la sangre, es relativamente difícil. Un punto que anota en apoyo de su tesis de que la inflamación conjuntival es secundaria, y no primaria.

Por su parte, Romaña (1939a, 1939b), intenta –con éxito– contagiar la enfermedad de Chagas a un mono por vía conjuntival, provocando una intensa infección que afecta a la conjuntiva, y a los tejidos perioculares, con todas las características del complejo oftalmoganglionar humano, y en la que constata invasión tripanosómica de células epiteliales.

La respuesta de Mazza (1939a, 1949) consiste en expresar que, en primer lugar, pudiera ser distinta la infección en el animal de experimentación y en el hombre; en este último, la reacción conjuntival es leve, y como sucede en la mayoría de los casos, incluso en los de Romaña, sin secreción – que para Mazza (y no sólo para él) es el indicador efectivo de la conjuntivitis–. Por otra parte, interpreta que como la sintomatología ocular de la enfermedad aparece recién a los 12 días de la inoculación conjuntival –y sólo a los 10 días hay tripanosomas en sangre–, se trata de lesiones secundarias, propagadas por vía sanguínea al ojo.

Como vemos, los argumentos son de índole científica, y plausibles (de ambos lados), lo que dificulta que un historiador pueda tomar partido decidido por alguno de los dos actores. En el caso de Mazza, se encuentra opacado por su mezcla con expresiones de enojo, pero no eso deja de estar presentes.

Quizás por este motivo, Delaporte no los percibe, y escucha solamente a Romaña y a sus aliados, los investigadores brasileros E. Chagas y E. Dias. Aunque no es posible dejar de señalar que en su toma de posición incurre, a su vez, en errores científicos inexcusables. El que queremos señalar en este momento es el que atribuye superioridad a Romaña pues su posición científica es la correcta.

En la vívida descripción que hace Delaporte de la conferencia que pronuncia Romaña ante Carlos Chagas, indica que "en el atardecer de su vida, Chagas toma ciertamente conciencia de haberle faltado lo esencial: el edema palpebral, ligado a la infección conjutival" (Delaporte, 1999, p. 159). Añade (Delaporte, 1999, p. 160): "A partir de que Romaña se forma la idea de que la enfermedad de Chagas es una parasitosis próxima a otras tripanosomiasis, el edema palpebral, unilateral, indica la vía contaminante", para concluir:

> Romaña pensaba poder disipar lo que constituía todavía en ese momento una paradoja: el contraste entre la gran difusión de los insectos infectados y el pequeño número de casos registrados hasta entonces. Dijimos cómo Chagas resolvió esta dificultad: con la frecuencia de las picaduras, que implican la inoculación del parásito, la infección es general y pasa desapercibida. A partir del momento en que el edema es el signo de la infección, ella no es más general. La sustitución de la vía inoculativa por la vía contaminativa conduce a Romaña a ligar la picadura del insecto al riesgo de infección. Todos los individuos están ciertamente expuestos al contacto con las deyecciones contaminantes que los insectos eliminan cuando se alimentan. Pero el riesgo de contraer la enfermedad es escaso, si se tiene en cuenta el modo de contaminación. El edema indica a la mucosa ocu-

lar como puerta de entrada natural. Inaccesible durante el sueño, es igualmente un factor de restricción. (Delaporte, 1999, p. 166)

El descubrimiento del complejo oftalmoganglionar, unido a la puerta de entrada conjuntival –puerta de entrada natural–, y la explicación por parte de Romaña de los pocos casos clínicos encontrados precisamente porque es difícil contagiarse de esa manera, son los grandes aportes que refundan epistemológicamente –según Delaporte– la enfermedad de Chagas.

Luego nos referiremos al tercer factor que invoca, la condición de posibilidad de estos descubrimientos causada por la separación que realiza Romaña entre la parasitosis, y una enfermedad endocrina, como la pensaba Carlos Chagas, y al descubrimiento o redescubrimiento del edema palpebral unilateral.

Por el momento, en el contexto de la discusión entre Mazza y Romaña, simplemente señalamos que la conjuntiva no es la puerta de entrada principal, y que la enfermedad tiene una enorme difusión, precisamente porque no lo es.

Como Delaporte se inhibe de consultar textos actuales sobre la enfermedad de Chagas –se atiene exclusivamente al material contemporáneo a la discusión– toma por conocimiento científico aceptado el que expresa E. Dias. Sin embargo, esto no es así, como veremos luego.

El consenso actual expresa que la conjuntiva no es la puerta de entrada privilegiada y que los puntos de vista de Mazza se encuentran ampliamente aceptados.

Como dice la Organización Mundial de la Salud:

> El triatoma se alimenta de noche y, atraído por la exhalación de dióxido de carbono, cae sobre las camas de los durmientes para alimentarse sobre la piel expuesta, a menudo en la cara cerca de la boca. Sin embargo, los parásitos no se transmiten por la picadura del insecto. Se depositan en la piel de la víctima con las heces del insecto. *Cuando la víctima se rasca la picadura del insecto, los parásitos son inadvertidamente ayudados a penetrar la piel y entrar a la corriente sanguínea.* (WHO, 1995, pp. 125-126; la traducción y las itálicas me pertenecen)

En este escrito central del sanitarismo de nuestros días, que utiliza pocos párrafos para referirse a aspectos biomédicos de la enfermedad, la piel es la puerta de entrada privilegiada, sin referencia a la puerta de entrada conjuntival.

En un conocido texto de medicina (Isselbacher, 1994, vol. 1, p. 1044b), donde se abordan en profundidad todos los aspectos de la enfermedad, se menciona que la conjuntiva en una puerta de entrada situada en un tercer lugar, después de la piel y las mucosas.

En ambos textos la única ilustración de un paciente con enfermedad aguda de Chagas es la fotografía de un niño con edema unilateral de párpados, aclarándose que se trata del signo de Romaña.

Esto es así, pues —como lo sostiene Mazza— distintas puertas de entrada se manifiestan por vía secundaria como complejo oftalmoganglionar. Constituye la más característica imagen de la enfermedad de Chagas, pese a no traducir una puerta de entrada oftálmica.

No es necesario, con todo, llegar a nuestros días para conocer lo que opina la comunidad científica acerca de estas cuestiones. Un año después de su *Réplica* a las objeciones de Mazza, Romaña (1945), ya aquietadas las pasiones, publica un folleto de divulgación de 12 páginas para explicar al gran público en qué consiste la enfermedad de Chagas. En él expresa:

> La única forma de contagio de la enfermedad de Chagas es por la suciedad o deyecciones de las vinchucas. Los parásitos penetran a través de la piel o mucosas, en las vecindades del lugar de la picadura, produciendo entre 5 y 10 días después una inflamación local, que si es en la piel de brazos o piernas, por ejemplo, se parece mucho a un "forúnculo", y si es a nivel de un ojo es igual a una "conjuntivitis", inflamación que la gente del campo llama comúnmente "mal de vista" o también "aire". (Romaña, 1945, p. 6)

Como observamos, la conjuntiva no es la puerta de entrada privilegiada de la enfermedad, produciendo, sólo cuando es cercana al ojo –generalmente, mas no siempre– el edema unilateral de los párpados.

Delaporte, que lee un artículo de Romaña del año 1944 –"Réplica"–, mas no uno del año 1945, repite casi sesenta y cinco años después que su signo es patognomónimo, y que indica la puerta de entrada por la conjuntiva. Errores científicos que comete Dias, aunque sin incurrir en el extremo de pensar que el signo era patognomónico "era tal la importancia del síntoma, que aun sin ser estrictamente patognomónico […]" (Dias, 1939, p. 967), y a los que Romaña se adhiere por poco tiempo.

Veamos ahora su afirmación de que Romaña realiza el vuelco epistemológico de separar la enfermedad de Chagas de las enfermedades endocrinas.

Efectivamente, Romaña investiga la enfermedad de Chagas en una región en la que no hay bocio endémico, algo que hace probablemente a instancias de Mazza. Pero esto no significa que la hubieran separado por completo de las alteraciones del tiroides. Cabe la posibilidad de que hayan mantenido en suspenso una definición completa, y exploraran todas las posibilidades, todas las hipótesis. Después de todo, cuando Niño (1929) sintetiza las 18 observaciones de tripanosomiasis americana encontradas en la Argentina, la gran mayoría presentan bocio.

Como vemos, la asociación confundente entre bocio y tripanosoma que pierde a Chagas, se observa asimismo en Argentina.

Esta actitud dual encuentra su máxima expresión en un artículo de Romaña (1935c), quien presenta una síntesis de la discusión sobre la asociación entre tripanosomiasis americana y bocio. Comienza diciendo que "deseo dejar establecido que no es mi objeto, al abordar este tema, llegar a conclusiones definitivas sobre tan debatido asunto" (Romaña, 1935c, p. 897), para continuar exponiendo los argumentos a favor y en contra de la teoría del origen chagásico del bocio, seis razones a favor, cinco en contra.

El artículo concluye sin que Romaña se pronuncie sobre la cuestión en un momento en el que según Delaporte había realizado una revolución epistemológica al separar ambas enfermedades con la presentación del signo que lleva su nombre.

Una vez más constatamos que la construcción del conocimiento es social —no individual—, y se realiza por caminos no exento de contradicciones y persistencias de resabios del pasado, en vez de los cortes tajantes que busca —y no encuentra— Delaporte.

17. Los roles en la historia

Recordemos una vez más sus términos. De acuerdo a Delaporte, Romaña descubre el signo que lleva su nombre, y que consiste en un complejo sintomático óculo-ganglionar, consistente en una conjuntivitis unilateral, acompañada de edema de párpados, y adenopatía regional. Para Mazza, el edema unilateral de párpados está presente en los escritos de Chagas. Por lo tanto, Romaña no lo descubre. Mazza, que sigue las enseñanzas de Chagas, es quien le muestra el signo a Romaña, con el que hace sus primeros diagnósticos.

Básicamente, hemos visto que esto es así. Cuando recorremos las páginas del artículo de 1916 de Chagas, constatamos que en varias figuras, y en algunas descripciones el paciente tiene un edema unilateral de párpados. Vemos en ellas, lo mismo que en las fotografías de los artículos de Mazza y de los textos actuales sobre la enfermedad de Chagas: el signo de Romaña.

Podemos entender que Mazza ve en las fotografías lo mismo que nosotros: edema unilateral de párpados, y lo transmite a quienes lo escucharan hablar de la enfermedad de Chagas. Pero no aislándolo de los demás signos, sino como lo presenta el propio Chagas, mezclado con la cara hinchada, los dos ojos edematizados, etcétera. No es cierto lo que dice Dias (1939b, p.

969), de que la fascies descripta por Chagas "no puede ser confundida con los edemas palpebrales más o menos localizados y acompañados por otros signos". Nosotros las confundimos. Niño, que es un fiel exponente del pensamiento de Chagas (en la lectura que hacen los investigadores argentinos formados por Mazza), expresa que "el cuadro de la forma aguda se caracteriza por una serie de síntomas que tienen el sello de lo patognomónico: degeneración mucosa del tejido subcutáneo, dando al adema un carácter especial; edema localizado de preferencia en los párpados" (Niño, 1929, p. 152).

Por eso cualquiera de ellos diagnostica correctamente la enfermedad de Chagas aguda al encontrarse con un paciente con edema unilateral de párpados, aunque no sepa que es tan frecuente ni tan significativo como se sabe luego.

Esto lo visualizó Romaña, a pesar de no ser patognomónico, no sea la conjuntiva su puerta de entrada privilegiada (en el decir de Delaporte, la única), no se acompañe de una supuración conjuntival, ni haya excluido tajantemente las lesiones tiroideas.

Este es el motivo por el cual el complejo sintomático del edema unilateral de los párpados, acompañado de una adenopatía satélite y una irritación de la conjuntiva lleva justificadamente su nombre, y es puesto al pie de las fotografías de los pacientes con enfermedad aguda de Chagas, en todas las publicaciones que tratan el tema.

Mazza, por su parte, no fue un impostor. Fue uno de los fundadores de la parasitología argentina, el que más investigó y difundió todos los aspectos de la enfermedad de Chagas, no dejando nada por fuera de su curiosidad insaciable, corroborando o refutando hasta el menor de los detalles. Muere, probablemente, de la misma enfermedad que combatió con todas sus fuerzas. Su proverbial mal carácter lo lleva a menospreciar a Romaña. Pero esto es un argumento *ad hominem*, que no puede empañar su obra científica. Su nombre se une, merecidamente, al de Carlos Chagas, cuando se menciona a la tripanosomiasis americana.

Cuando atemperados los ánimos Romaña (1958) resume la historia y las características de la enfermedad de Chagas, sitúa en perspectiva histórica los aportes de su maestro, Salvador Mazza:

> Chagas pudo probar en juicio público célebre, la verdad fundamental del cuadro clínico que había descrito, pero hasta para el propio Brasil le faltaron datos que confirmaran su concepción epidemiológica. Recién años después comenzó a reconocerse que sus ideas fundamentales eran verdaderas. La reacción comenzó en la Argentina con el Profesor Mazza a la cabeza de una falange de médicos de tierra adentro

a quienes había enseñado a descubrir la realidad del mundo patológico que los rodeaba. En 1934 me cupo la honra de llevar la aurora de esa verdad a la docta Academia de Medicina de Río de Janeiro y que, Chagas, entonces en el ocaso de su vida, la escuchara, allí donde había sido duramente combatido. (Romaña, 1958, p. 190)

La gran calidad humana de Romaña supera los antagonismos del pasado, y se refiere a Mazza como lo que es, el responsable de la reactualización de los estudios de Carlos Chagas.

El signo de Romaña se encuentra universalmente reconocido, y las divergencias nos parecen difíciles de comprender, más allá de las diferencias personales, en las que el característico mal carácter de Mazza debió ser un ingrediente importante.

Pese a Delaporte, Romaña no es el héroe que pinta. Ni Mazza un villano. La historia no la hacen héroes o villanos, sino simplemente hombres, con sus defectos y sus virtudes, que aciertan y se equivocan, pero que construyen con los otros esa estructura de pensamiento que los excede, y que es el conocimiento científico. Y no presenta siempre –al menos en las disciplinas biológicas– esos cortes nítidos que separan en otras ciencias las etapas sucesivas del conocimiento. Por lo contrario, su evolución semeja mucho más de lo pensado a la evolución biológica, en la que pequeños cambios sucesivos conducen a la transformación de lo conocido.

Habíamos cuestionado su enfoque historiográfico, pues no le permite reconocer la construcción colectiva del conocimiento científico, que se nutre de múltiples aportes, en los que un relato cuidadoso casi nunca permite aislar el momento exacto en el que aparece lo nuevo, ni el individuo que lo propone.

Pero más seria es su restricción metodológica a los escritos de la época, puesto que lo hace incurrir en errores científicos.

Por eso, el Chagas de Delaporte es brillante, informado, siempre provocativo, mas con falencias que es necesario rectificar, si intentamos comprender con la mayor precisión ese período sobresaliente de la historia de la ciencia latinoamericana, y el rol que jugaron, pese a todos los obstáculos, los hombres que construyeron el conocimiento actual de la tripanosomiasis americana.

Referencias bibliográficas

Aguirre, J.A. & C. Giménez (1938), "Consideraciones de semiología radiológica sobre 168 roentgencardiometrías en la enfermedad de Chagas", en *6° Congreso Nacional de Medicina*, T. III.

Brumpt, E. (1912), "Pénetration du Schizotrypanum cruzi a travers la muqueuse oculaire saine", *Bulletin de la Societé de pathologie exotique* 5: 22-26.

Brumpt, E. (1913), *Précis de parasitogie*, Paris: Masson.

Bennett J.C. & F. Plum (eds.) (1996), *Cecil Textbook of Medicine*, 20ª ed., Philadelphia: W.B. Saunders.

Chagas, C. (1941) "Tripanosomiasis Americana. Forma aguda de la enfermedad", *Misión de Estudios de Patología Regional Argentina (MEPRA), Publicación* 55: 3-45.

Chagas, E. (1933), "Infection expérimentale de l'homme par le Trypanosoma cruzi", *Comptes rendus de la Société de biologie* 115: 1339-1340.

Chagas, E. (1934), "Infection expérimentale de l'homme par le Trypanosoma cruzi", *Comptes rendus de la Société de biologie* 117: 390-392.

Chagas, E. (1935), "Infection expérimentale par le Trypanosoma cruzi chez l'homme", *Comptes rendus de la Société de biologie* 118: 718.

Crowel, B.C. (1923), "The Acute Form of American trypanosomiasis: Notes on Its Pathology, With Autopsy Report and Observations on Trypanosoma cruzi in Animal", *American Journal of Tropical Medicine* 3: 425-454.

Delaporte, F. (1999), *La maladie de Chagas*, Paris: Payot.

Dias, E. (1936), "O signal de Romaña e os novos progressos no estudo da doença de Chagas", *A Folha Médica* 17.

Dias, E. (1939a), "O signal de Romaña na molestia de Chagas", *Acta Médica* 3 (4): 60-62.

Dias, E. (1939b), "O signal de Romaña e sua influencia na evoluçao dos conhecimentos sobre a molestia de Chagas", *Brasil-Médico* 53 (42): 5-10.

Dias, J.C.P (1979), "Epidemiological Aspects or Chagas' Disease in the Western of Mina Gerais", en *Congresso Internacional sobre Doença de Chagas, Abstracts*, Rio de Janeiro: [s.n.], pp. 1-6.

Guerreiro Cezar, M.A. (1913), "Da reacção de Bordet e Gengou na molestia de Carlos Chagas como elemento diagnóstico", *Brazil-Médico* 27: 225-226.

Isselbacher, K., Braunwald, E., Wilson, J., Martin, J., Fauci, A. & D. Kasper (1994), *Harrison. Principios de Medicina Interna*, Buenos Aires: Interamericana-McGraw-Hill.

Krauss, R., Maggio C. & F. Rosenbush (1915), "Bocio, cretinismo y enfermedad de Chagas (1ª. Comunicación)", *La Prensa Médica Argentina* 1: 2-5.

Krauss, R. & F. Rosenbush (1916), "Bocio, cretinismo y enfermedad de Chagas (2ª Comunicación)", *La Prensa Médica Argentina* 17: 177-180.

Magarinos Torres, C. (1935), "Patogenia de la miocarditis crónica en la enfermedad de Chagas", *Novena Reunión de la Sociedad de Patología Regional, Mendoza*, Buenos Aires: Imprenta de la Universidad, pp. 902-916.

Mazza, S. (1935a), "Forma crónica cardíaca de la enfermedad de Chagas comprobada por inoculación en el Departamento El Carmen, Jujuy", *Novena Reunión de la Sociedad de Patología Regional*, Mendoza, p. 418.

Mazza, S. (1935b), "Sobre el valor del edema palpebral de un solo lado para el diagnóstico de la forma aguda de la enfermedad de Chagas", *Novena Reunión de la Sociedad Argentina de Patología Regional, Mendoza*, Buenos Aires: Imprenta de la Universidad, pp. 343-345.

Mazza, S. (1939a), "Inexistencia de un síntoma patognomónico en formas agudas de enfermedad de Chagas", *La Prensa Médica Argentina* 38: 1569-1579.

Mazza, S. (1939b), "Método de investigación de la epidemiología de la Enfermedad de Chagas. La viscerotomía cardio-hepática", *La Prensa Médica Argentina* 50: 2461-2470.

Mazza, S. (1940), "Enfermedad de Chagas en San Juan. Consideraciones generales", *Misión de Estudios de Patología Regional Argentina (MEPRA), Publicación* 43, B: 20-35.

Mazza, S. & C. Benítez (1937), "Comprobación de la naturaleza esquizotripanósica y frecuencia de la dacrioadenitis en la enfermedad de Chagas", *Misión de Estudios de Patología Regional Argentina (MEPRA), Publicación* 31: 3-31.

Mazza, S. & R. Olle (1936), "Particularidades de dos casos de enfermedad de Chagas", *Misión de Estudios de Patología Regional Argentina (MEPRA), Publicación* 28 (1): 3-12.

Mazza, S. & C. Romaña (1931a), "Nuevas observaciones sobre la infección de armadillos del país por el Tripanosoma cruzi", *La Prensa Médica Argentina*, 28 de febrero de 1931.

Mazza, S. & C. Romaña (1931b), "Infección espontánea de la comadreja del Chaco Santafecino por el Tripanosoma cruzi", Ponencia en *Séptima Reunión de la Sociedad Argentina de Patología Regional del Norte*, Tucumán 5, 6 y 7 de octubre 1931.

Mazza, S. & C. Romaña (1933), "Comprobación de Panstrongylus (Triatoma) geniculatus, vinchuca de los tatús, en el norte santafesino", Ponencia en *VIII Reunión de la Sociedad Argentina de Patología Regional del Norte*, Santiago del Estero, octubre 3 de 1933.

Mazza, S. & C. Romaña (1934) "Otro caso de forma aguda de enfermedad de Chagas observado en el norte santafesino", *Misión de Estudios de Patología Regional Argentina (MEPRA)*, *Publicación* 15 (2): 25-54.

Mazza, S. & C. Romaña (1935), "Nota complementaria para la publicación No. 15, II sobre un caso de forma aguda mortal de enfermedad de Chagas en el norte santafecino", *Misión de Estudios de Patología Regional Argentina (MEPRA)*, *Publicación* 2: 19-21.

Mazza, S. & A. Ruchelli (1934), "Comprobación de dos casos agudos de enfermedad de Chagas en Tinogasta (Catamarca), *Misión de Estudios de Patología Regional Argentina (MEPRA)*, *Publicación* 20 (1): 3-19.

Mazza, S., Romaña, C. & B. Parma (1935), "Un nuevo caso mortal de enfermedad de Chagas observado en el norte santafesino", *Misión de Estudios de Patología Regional Argentina (MEPRA)*, *Publicación* 21 (1): 3-19.

Mazza, S., Romaña, C. & B. Parma (1936), "Caso agudo de enfermedad de Chagas con lesión cutánea de inoculación", *Misión de Estudios de Patología Regional Argentina (MEPRA)*, *Publicación* 28 (4): 29-33.

Mazza, S., Romaña, C. & E.R. Zamba (1936), "Comprobación de la lesión cutánea de inoculación en un caso de enfermedad de Chagas", *Misión de Estudios de Patología Regional Argentina (MEPRA)*, *Publicación* 28 (5): 34-40.

Mazza, S., Montaña, A., Benítez, C. & E. Janzi (1936), "Transmisión del Schizotrypanum cruzi, al niño por leche de la madre con enfermedad de Chagas", *Misión de Estudios de Patología Regional Argentina (MEPRA)*, *Publicación* 28 (6): 41.

Niño, F. (1929), *Contribución al estudio de la enfermedad de Chagas o Tripanosomiasis americana en la República Argentina*, Tesis de Doctorado, Facultad de Medicina, Universidad de Buenos Aires.

Niño, F. (1936), *Contribución al estudio de la distribución geográfica de enfermedad de Chagas comparada con la de los triatomas vectores del Schizotripanosoma cruzi en la*

República Argentina, Trabajo de adscripción a la cátedra de parasitología de la Facultad de Medicina de la Universidad de Buenos Aires, typescript.

Olle, R. (1937), "Síntomas oculares de la enfermedad de Chagas. Su significación diagnóstica", *Misión de Estudios de Patología Regional Argentina (MEPRA), Publicación* 30 (3): 30-49.

Romaña, C. (1931), "Infección espontánea y la experimental del tatú del Chaco Santafecino por el Tripanosoma cruzi", Ponencia en *Séptima Reunión de la Sociedad Argentina de Patología Regional del Norte*, Tucumán, p. 969.

Romaña, C. (1934a), "Comprobación de formas agudas de tripanosomiasis americana en el Chaco austral y santafecino", *Misión de Estudios de Patología Regional Argentina (MEPRA), Publicación* 1: 3-24.

Romaña, C. (1934b), "Comprobación de formas crónicas cardíacas de tripanosomiasis americana en el norte santafecino", *Misión de Estudios de Patología Regional Argentina (MEPRA), Publicación* 2: 25.

Romaña, C. (1934c), "Nuevas comprobaciones de formas agudas puras de enfermedad de Chagas en el norte santafecino", *Misión de Estudios de Patología Regional Argentina (MEPRA), Publicación* 20 (2): 19-31.

Romaña, C. (1935a), "Dos casos agudos más de enfermedad de Chagas en el norte santafesino", *Misión de Estudios de Patología Regional Argentina (MEPRA), Publicación* 21 (2): 20-32.

Romaña, C. (1935b), "Acerca de un síntoma inicial de valor para el diagnóstico de forma aguda de la enfermedad de Chagas. La conjuntivitis esquizotrypanósica unilateral. (Hipótesis sobre puerta de entrada conjuntival de la enfermedad)", *Misión de Estudios de Patología Regional Argentina (MEPRA), Publicación* 22: 16-28.

Romaña, C. (1935c) "Tripanosomiasis americana y bocio endémico. Estado actual de la cuestión", *La Semana Médica*: 897-902.

Romaña, C. (1939a), "Reproduction chez le singe de la conjontivite schizotrypanosomienne unilatérale", *Bulletin de la Société de pathologie exotique* 32: 390-394.

Romaña, C. (1939b), "Le parasitisme des cellules épithéliales de la conjonctivite du singe", *Bulletin de la Société de pathologie exotique* 32: 810-813.

Romaña, C. (1945), *Qué es la enfermedad de Chagas*, Instituto de Medicina Regional, Universidad Nacional de Tucumán, Publicación 382.

Romaña, C. (1958), "La enfermedad de Chagas, problema social americano. Cómo resolverlo", *Anales de sanidad* 1 (3-4): 189-198.

Romaña, C. (1963), *Enfermedad de Chagas*, Buenos Aires: López Libreros.

WHO – World Health Organization (1995), "Chagas' Disease", *Tropical Disease Research. Progress 1974-94. Highlights 1993-94*, Geneva: TDR, pp. 125-133.

Uma breve leitura da iatroquímica em Rychard Bostocke: súmula filosófica da essência homem/universo

Ivoni Reis*

Desde os primórdios da humanidade, essa é assolada, periodicamente, por doenças desconhecidas que se somam às já existentes, muitas vezes, de difícil tratamento.

Os médicos são desafiados a buscar ajuda para enfrentar tais situações nos conhecimentos sobre a matéria, presentes em sua época. Filosofias e crenças religiosas se unem aos conhecimentos "científicos" nessa incessante busca.

Tais tentativas, por muitas vezes, parecem caminhar ciclicamente, como moinhos de vento. Afirmativas sobre cuidados com a saúde que recebem hoje o aval dos nutricionistas, endocrinologistas e dos mais arrojados e modernos *spas*, podem, sem nenhuma dificuldade, ser encontradas nas citações de Hipócrates,[1] no século V antes da nossa era.[2]

---

* Faculdade de Ciências e Letras de Caratinga, Caratinga, MG; Programa de Estudos Pós-Graduados em História da Ciência, Pontifícia Universidade Católica de São Paulo (PUC-SP), Brasil.

[1] Ou melhor dizendo, no *Corpus Hippocraticum* – conjunto de escritos atribuídos a Hipócrates e seus discípulos, que começaram a ser reunidos na Biblioteca de Alexandria a partir do século III a.C. "Os médicos contemporâneos da escola hipocrática já faziam pouco uso de drogas, contando com o regime e a *vis naturae medicatrix* para trazer a cura" (Jones, Introdução ao vol. 6 de Pliny, 1989).

[2] R. Bostocke cita em seu livro, que "[...] Eles [Machaon e Podalírio, filhos de Esculápio] pensavam que enquanto o homem usasse de boa dieta, exercício e boa organização de vida, eles seriam saudáveis e prolongariam suas vidas tranqüilamente" (Bostocke, 1585, sig. G.iif-r).

Uma destas tentativas, a teoria humoral da enfermidade, merece destaque nesta rápida panorâmica histórica que ora nos propomos. Essa teoria ligada àquela dos quatro elementos, imperou por quatorze séculos, deixando resíduos que ainda hoje se podem notar na medicina popular.

No século II, a medicina humoralista toma um grande impulso com Galeno de Pérgamo, que irá transformar as idéias humorais hipocráticas e as antigas teorias dos quatro elementos em uma nova teoria médica.

Ao longo dos séculos, correntes divergentes do galenismo foram ganhando corpo. Talvez, a mais importante entre elas seja a iatroquímica.

Ainda que os primórdios da iatroquímica, ou química médica, se percam no tempo, um dos nomes a emprestar-lhe reconhecimento desde o medievo foi o do médico persa Abu Bakr Muhannad ibn Zacariyya' al-Razi, mais conhecido por seu nome latino de Razes (865-923). Seu livro *Kitab al-Mansuri*[3] era uma espécie de leitura obrigatória para todos os "doutos" da Idade Média e até o final do século XVI.

Numa de suas tantas obras, *Dúvidas com relação a Galeno*, Razes comenta: "[...] A medicina é uma forma de filosofia e, portanto, não é compatível com a renúncia às críticas em relação às primeiras autoridades [...]" (Razes, *apud* Alfonso-Goldfarb, 1994, p. 37).

Na tentativa de ampliar e renovar os conhecimentos médicos de sua época, Razes trabalha com o sistema árabe do enxofre-mercúrio, e acaba por introduzir o sal (Alfonso-Goldfarb, 1994, p. 36), que vem a originar mais tarde, a tríade de Paracelso – tema sobre o qual discorreremos um pouco mais no decorrer deste trabalho.

Ao aproximar a alquimia da medicina, Razes acaba sugerindo o uso de elixires minerais como medicamentos (Razes, *apud* Alfonso-Goldfarb, 1994, p. 37).

Com a mesma preocupação de recolher dos antigos aquilo que considerava útil e verdadeiro, mas sempre afirmando que tais ensinamentos deveriam ser adaptados às exigências de sua época e às experiências de cada um (Pagel, 1982, pp. 252-253), citamos o médico valenciano Arnaldo de Vilanova (1235-1311).

Uma das idéias presentes em sua obra são os conceitos de "corporalidade" e de "espiritualidade", que lhe permitiram introduzir a noção de "quintessência" (Pagel, 1982, p. 258).

Segundo o estudioso da história da medicina e da química médica, Walter Pagel, algumas das teorias de Arnaldo de Vilanova anteciparam as de Paracelso, tais como; suas avaliações das doenças como entidades específi-

---

[3] Essa obra foi traduzida para o latim em 1170 por Gerardo de Cremona, com o nome de *Liber de Medicina ad Almansorem*.

cas, resultantes de forças cósmicas também específicas. Entretanto, ainda conforme W. Pagel, a preocupação de Arnaldo com a alquimia, de forma alguma, modificou sua aderência ao humoralismo (Pagel, 1982, p. 258), e é principalmente nesse ponto que a filosofia médica de Arnaldo de Vilanova difere de Paracelso.

Com as descobertas de "novos mundos", novas doenças e novos medicamentos invadiram a Europa, naquele momento, o natural anseio por novas pesquisas e novas formas de curar tornou-se uma necessidade imperiosa. Muitas foram as epidemias que resistiram aos métodos usados pela medicina humoralista, que continuava hegemônica nos meios acadêmicos europeus. A busca por saberes ora muito antigos, ora completamente inéditos conduz a esperança destes estudiosos aos elixires de Razes e às quintessências de Arnaldo de Vilanova, assim, novos preparados químicos e antigos elixires eram presença constante nos receituários medicinais durante todo o Século XVI.

Na Inglaterra, os primeiros escritos confiáveis sobre medicamentos, preparados por destilação, entraram pelas conceituadas mãos de Conrad Gesner e traziam em seu bojo nomes como de Hieronimus Brunschwig e Arnaldo de Vilanova (Debus, 1996, p. 52). Tal fato levou os ingleses a aceitarem melhor os remédios quimicamente preparados do que o continente europeu. Entretanto, o mesmo não se pode dizer da filosofia química, como um todo.

Muitos dos autores ingleses tomaram conhecimento da filosofia química, também chamada de filosofia paracelsiana – por ter sido Paracelso o seu compilador e mais ardoroso defensor – através de Thomas Erasto, que publicou entre 1572 e 1573 quatro partes de seu *Disputationes de medicina nova Paracelsi*[4].

Paracelso advogava uma teoria baseada num conceito de doença radicalmente diferente dos humoralistas, com conseqüências de grande alcance para a ciência médica. A causa da doença, insistia Paracelso, não era o desajustamento dos humores do corpo de uma pessoa, mas sim uma causa específica, exterior ao corpo (Boorstin, 1989, pp. 312-314).

Segundo Paracelso, quando Deus organizou o universo arranjou um remédio para cada perturbação (Paracelso, 1995, p. 117). As causas das doenças estavam principalmente relacionadas aos minerais e venenos trazidos pela atmosfera das estrelas.

---

[4] Nele, T. Erasto considerava Paracelso um perigoso inovador, que administrava poções letais como medicamentos. O uso da magia por Paracelso levou Erasto a compará-lo ao demônio.

No século XVI, os paracelsistas estavam convictos de que viviam uma época nova e violenta, um tempo em que enfermidades desconhecidas e devastadoras vinham do "Novo Mundo". A necessidade de medicamentos mais potentes que aqueles desenvolvidos pelos galenistas – e os únicos aceitos pelas escolas de medicina da época – fazia com que rejeitassem os conhecimentos apregoados pelas escolas de medicina, como ultrapassados e moribundos.

Entretanto, não eram apenas as duas formas de medicina (a medicina humoralista e a medicina química) que se debatiam nos séculos XVI e XVII; na visão de muitos historiadores da ciência, a "revolução científica" iniciada neste século se debatia entre três diferentes formas de ver o mundo, a aristotélica, a mágica (que envolvia a alquimia e a iatroquímica) e a mecanicista (Hudson, 1994, p. 35).

As substâncias eram vistas como detentoras de dois tipos de propriedades: as elementares, responsáveis por suas características mais "perceptíveis" tais como, sabor, odor, densidade, cor, etc. e as ocultas, que lhes conferiam propriedades inexplicáveis, aquelas que estavam apenas no domínio do criador, tais como as medicinais ou magnéticas.

Os escritos herméticos vieram a ser conhecidos na Europa por ocasião da queda de Constantinopla, em 1453, e formavam as bases da tradição mágica da ciência européia. Essa influência da alquimia alexandrina trouxe, ainda, um caráter mais místico ao trabalho dos neo-platonistas.

Muitos dos trabalhos alquímicos deste período eram iatroquímicos. Paracelso havia aplicado a doutrina neo-platônica do micro e macrocosmos à medicina. Até romper a primeira metade do século XVI, muitos médicos progressistas, embora galenistas, produziam textos iatroquímicos defendendo o uso dos remédios quimicamente preparados. Joseph Duchesne (1544-1609) – o Quercetanus – é um típico exemplo.

Os paracelsistas viam o mundo e a natureza como um grande laboratório alquímico. A formação da crosta terrestre poderia, aparentemente, ser repetida em frascos químicos.

As doenças, segundo os paracelsistas, eram devido a causas externas e se localizavam em órgãos particulares. Eram entidades localizadas que podiam ser definidas quimicamente e tratadas por *archei*[5] internos, que funcio-

---

[5] O *Archeus*, segundo Paracelso era uma espécie de vetor, que aplicava as forças astrais no plano inferior, um purificador, um alquimista, que situava-se em cada parte do corpo do homem, sendo talvez, o mais importante aquele que se encontra no estômago separando o puro do impuro, o alimento do excremento. Para mais esclarecimentos, leia: Alfonso-Goldfarb (1987), pp. 160-163; Pagel (1982), pp. 105-112; Reis (2000), pp. 31-42.

nariam como alquimistas localizados nos diferentes órgãos dos corpos dos homens e os médicos deveriam imitar os *archei* para combater essas sementes de doenças que eram introduzidas nos corpos.

Com tal filosofia, pode-se aquilatar a importância da purificação para a medicina química,[6] que por muitas vezes tomava um caráter religioso. Ao purificar os medicamentos, o médico químico estaria também se purificando, pois "sem o labor pio e santo, os jejuns e as meditações, o alquimista jamais alcançará a pureza e a alma dos seres" (Bostocke, 1585, sig. C.f.-ar; D.f.-r).

A *anima* (que é o meio entre o *corpus* e o *spiritum*) daria unidade e movimento aos corpos. O médico deveria trabalhar para fortificar a *anima*, para que ela pudesse reagir às mágoas e as paixões dos corpos, ela só seria nutrida pelo fluido que foi tornado etéreo pelo fogo e assim fortalecida, ela poderia "executar o seu ofício, deveres e ações, na paz e na unidade, como Deus o quer e não pela discórdia e contrariedade como fazem os pagãos" (Bostocke, 1585, sig. C.iii.-av, C.iii.-ar).

Embora tenha havido inúmeras refutações ao paracelsismo, em língua inglesa, já no século XVI, ao contrário do ocorrido no continente, os seguidores dessa idéia não promoviam disputas com os galenistas e muitas vezes nem mesmo assumiam posição, favorável ou não, em relação a Paracelso.

No continente, e posteriormente na Inglaterra, a iatroquímica foi capaz de arrebanhar ardorosos seguidores e ferrenhos inimigos. Essas paixões desencadearam um debate que acabou por colaborar com a divulgação da química médica e já em 1618, quando da publicação da farmacopéia inglesa, várias sessões foram reservadas aos medicamentos quimicamente preparados.

Se o método de cura dos galenistas baseava-se nos princípios opostos[7] à doença, os remédios quimicamente preparados observavam rigorosamente a teoria dos *simili*,[8] a preocupação com a purificação e a dosagem marca constante presença nas obras dos paracelsistas.

---

[6] "Como o ouro que não tenha passado pelo fogo é inútil, assim também é inútil e mau o medicamento que não tenha sido purificado pelo fogo. Porque todas as coisas têm de passar pelo fogo, para alcançar um novo nascimento, que seja de utilidade aos homens." (Paracelso, 1995, p. 130)

[7] Se o paciente manifestasse sintomas que levassem o médico a concluir que este possuía excesso de algum dos humores: quente, frio, seco ou úmido, ele seria tratado com o humor oposto.

[8] A tradição popular germânica – como tantas outras – sugeria que a cura deveria ser buscada por meio de princípios semelhantes. Paracelso abraça essa teoria, que passa a ser mais um traço característico em seus seguidores.

Para o médico químico, o homem foi constituído da mesma matéria com que Deus criou todo o universo,[9] o *Illiaster*, e o corpo humano – o *microcosmus* – estava também estruturado conforme o universo – o *macrocosmus* – e para cuidar devidamente da saúde do homem seria indispensável compreender o universo (Paracelso, 1995, pp. 126-133).

Com os remédios quimicamente preparados, algumas doenças como, a gota, a lepra, a sífilis, estavam, ao que parece, melhor controladas e isso era declarado até mesmo pelos mais ferrenhos oponentes de Paracelso; entretanto, sua filosofia não era aceita e nem difundida em território inglês.

Durante muito tempo Paracelso foi considerado um típico representante da tradição "mágica" e, algumas vezes, colocado em oposição radical aos "verdadeiros homens de ciência". Mas autores, como Walter Pagel e Charles Webster, provaram que isso seria um "absurdo histórico". Segundo Webster, a "Magia Natural", sob muitos aspectos, era valorizadora do trabalho em laboratório e portadora de uma filosofia "animista" encontrada de modo muito semelhante em Kepler, Gilbert e Harvey (Webster, 1988, pp. 20-29).

Não é fácil delimitar os pontos que poderiam ser considerados novos ou "descobertos" por Paracelso. Torna-se igualmente difícil ao leitor de Paracelso furtar-se à idéia de relacionar muitas de suas proposições médicas aos trabalhos executados pela ciência moderna. Carl Gustav Jung, em uma conferência realizada na cidade natal de Paracelso, por ocasião da solenidade em reverência aos quatrocentos anos de sua morte, reporta-se a esse fato da seguinte forma:

> [...] Parece-me que deveria pedir perdão aos meus leitores, pela herética idéia de que Paracelso seria hoje, sem dúvida, o advogado de todas essas artes que a medicina representada pela universidade exclui da possibilidade de serem tomadas a sério, ou seja, da osteopatia, magnetopatia, diagnóstico ocular [iridologia], diversas monomanias alimentícias [medicina antroposófica], ensalmos, etc." (Jung, "Paracelso como médico", *in* Paracelso, 1995, p. 263)

---

[9] "Como o Sol e a Lua estão separados entre si, ainda que antanho eram uma só coisa, assim também a saúde e a enfermidade eram uma só coisa, que depois se viu dividida, como a lua e o sol. E assim como esses crescem e decrescem na grande esfera do céu e aparecem, ora um, ora outra, assim também as estrelas – e deveis saber – estão entretecidas com o corpo do homem e também repartidas e o mesmo acontece com todas as manifestações de saúde e de enfermidade. Porque todas têm que estar presentes no corpo, para que o 'firmamento interior' esteja completo e se cumpra o número de suas peças." (Paracelso, 1995, p. 121)

Acrescenta ainda:

> [...] gostaria de destacar ainda um importantíssimo aspecto de sua terapia, o *psicoterapeutico*. Paracelso conhecia inclusive o antiqüíssimo método da *conversação sobre a enfermidade*, do que o *Papiro Ebers*[10] já nos dá tão acertados exemplos da época do Antigo Egito [...] (Jung, "Paracelso como médico", em Paracelso, 1995, p. 277)

Portanto, o conceito de doença em Paracelso envolve tanto o corpo quanto a alma, de tal sorte que Jung, em seu livro *Psicologia e alquimia*, vai buscar na alquimia e suas seqüências de transmutação[11] o "processo de individuação do ser".

Walter Pagel também não se furta a tais comparações, o que fica claro no seu livro *Paracelsus*, no qual ele diz que Paracelso deixou em medicina observações contundentes de doenças e condições patológicas, como os trabalhos sobre as doenças dos mineiros, a primeira tentativa de trabalho em "Medicina Ocupacional". Estudou a água potável e mineral, o tratamento do bócio e do cretinismo, bem como recomendou o uso do mercúrio como diurético e demonstrou a presença de albumina na urina. Tentou também insistentemente implantar um novo sistema de patologia, como o do tártaro,[12] e atribuiu grande importância ao agente patológico externo.

Esse sistema de patologia aponta na direção de uma onda moderna na qual as doenças podem ser distinguidas como "objetos" que podem ser classificados e isolados devido às transformações anatômicas que lhe são características, podendo então ser tratados como causas específicas.

Senão vejamos os próprios dizeres de Pagel:

---

[10] Papiro do séc. XVI a.C.

[11] Refere-se aos processos de transmutação alquímica: *nigredo, albedo, citrinas e rubedo* (Jung, 1990, pp. 240-244).

[12] Segundo Paracelso, o tártaro é o excremento das bebidas e comidas. Provocado pelo "espírito do homem", só é produzido pelo "espírito do sal" – o único dos três princípios a possuir a *materia lápidia*, a matéria da pedra – sobre o qual o calor humano atua como o calor do sol, secando todas as mucilagens e viscosidades, coagulando-o (solidificando-o). Tal coagulação do sal, o tártaro, pode alojar-se em várias partes do corpo, como o estômago, o intestino, o diafragma, o fígado, rins ou boca. [Interessante notar aqui a descrição feita por Paracelso dos males que o tártaro poderia provocar ao se alojar na boca, por exemplo, se aderido aos dentes]. Provocaria "a putrefação da gengiva, as cáries, as dores de dente e outras semelhantes, devido à acrimonia (a natureza acre) do tártaro." (Pagel, 1982, pp. 153-165).

[...] Portanto, Paracelso não só demoliu o sistema de medicina no poder em sua época como também o substituiu por uma teoria que trazia em seu bojo as células germinadoras da patologia moderna, muito além do seu tempo. [...] Quando apontava para fora do corpo, quando insistia na uniformidade das causas e na especificidade das doenças, apontava o caminho da medicina moderna. Se seus argumentos não estavam certos, os seus critérios e as suas intuições estavam [...] (Pagel, 1982, pp. 346-347)

Certamente, em vários pontos das inúmeras obras de Paracelso encontraremos teorias e citações que nos remetem à medicina contemporânea. Posição perigosa que requer redobrada atenção no enfoque e na contextualização.

Um dos primeiros livros que aceita e difunde a teoria paracelsiana na Inglaterra é o *The Difference Betwene the Auncient Phisicke, First Taught by the God by Forefathers, Consisting in Unitie Peace and Concord: And the Latter Phisicke Proceding from Idolaters, Ethinickes, and Heathen: as Galen, and Such Others Consisting in Dualite, Discorde, and Contrariate*, de Rychard Bostocke (1530-1605). Tendo sido publicado em Londres, em 1585, essa obra, é considerada por alguns historiadores da ciência como uma verdadeira apologia ao paracelsismo (Debus, 1996, p. 57) e, possivelmente, a primeira obra em inglês a divulgar essa filosofia.

Em seu livro, Rychard Bostocke, um *Esquire*, que pertencia ao grupo de estudos de John Dee (Harley, 2000, p. 1), pretende além de ressaltar as qualidades da medicina química, mostrar que essa é a mais tradicional, melhor e mais coerente com os ensinamentos de Deus (Harley, 2000, p. 2).

Bostocke ingressou como *Pensioner*[13] no St. John's College, Cambridge, na Páscoa de 1544, onde John Dee havia ingressado em 1542 e matriculou-se dois anos depois, em 1544 (Harley, 2000, p. 2).

O historiador David Harley indica que J. Venn e J. A. Venn, no *Alumni Cantabrigienses*, sugeriram que Bostocke pudesse ser o mesmo Richard Bostocke de Southwark que foi admitido para o Inner Temple, em fevereiro de 1551. Entretanto, segundo Harley, a conexão com Southwark permanece obscura (Harley, 2000, p. 2).

Descendente de uma antiga família da pequena nobreza de Cheshire, Bostocke foi instalado na corte de Tandridge, em Surrey, logo em 1554.

Serviu como membro do Parlamento de Bletchingley por quatro vezes, entre 1571 e 1585, onde ingressou possivelmente por influência do Barão

---

[13] Na Universidade de Cambridge: como um aluno que custeia seus estudos trabalhando para a própria Universidade.

Howard de Effingham, amigo de um cliente de R. Bostocke, que presumivelmente intercedeu por ele. Sua mãe, Foelice Heaton, também havia nascido em Bletchingley.[14]

Para se afirmar que Rychard Bostocke tinha um estreito relacionamento com John Dee, seriam necessárias mais pesquisas, entretanto, no catálogo de registros de empréstimos mantidos por Dee, está registrada a utilização de uma cópia do *Oviedo*, história do oeste das índias (Harley, 2000, p. 3), feita por Bostocke.

O autor da biografia de R. Bostocke, o historiador David Harley, cogita que talvez tenha sido Mr. Holton, médico e pároco de Oxted, Tandridge, adepto do calvinismo ortodoxo inglês; cliente de Bostocke, que influenciou o entusiasmo religioso explícito em toda a sua obra (Harley, 2000, p. 3).

Nos registros de viagem de John Dee, consta o fato de ele ter estado em Tandridge e jantado com o Sr. Oxted, 1582 (Harley, 2000, p. 3), o que nos permite supor um encontro entre Dee e Bostocke, quando eles poderiam ter debatido sobre o seu *The Difference...* Em setembro do ano seguinte, Dee deixa a Europa, levando com ele os seus livros alquímicos e paracelsistas.

No capítulo sete do *The Difference*, "O motivo porque o autor escreveu este Tratado", Bostocke afirma:

> Eu estava na última sessão do parlamento, antes desta que agora é presidida por um reverendo bispo desta terra, que não era ignorante em medicina; na companhia de um médico, que investiu contra a Medicina Antiga, denominando-a Medicina de Paracelso, ignorantemente atribuindo a ele [Paracelso] a invenção desta, satisfazendo a si próprio e a alguns da sua audiência, dizia que esta medicina não tinha base, nem fundamento e tampouco substância [...] (Bostocke, 1585, Sig. D.f.-r – D.f.-v)

Por esse comentário de Bostocke, pode-se pressupor que a inspiração para o livro ocorreu durante a terceira sessão do parlamento que durou de 1572 até janeiro a março de 1580/81. Seu livro foi escrito antes do parlamento congregar-se novamente a 23 de novembro de 1584, em Londres, quando presumivelmente Bostocke trouxe seu manuscrito e o registrou na *Stationers' Company* em 07 de dezembro de 1584 (Harley, 2000, p. 4).

---

[14] John Dee mantinha duas cópias de todos os seus livros sobre a magia, a cosmologia e a filosofia química, sendo que uma dessas cópias era mantida com o intuito de divulgação dessas filosofias, a medida em que eram emprestadas aos seus contemporâneos; tais empréstimos estão registrados em seu "Catálogo de Empréstimos", em Cambridge (Harley, 2000, p. 3).

Para compreender o porquê dessa obra ser tão pouco divulgada, muitas investigações ainda deverão ser feitas, entre elas, o número de exemplares publicados e como se procedeu a distribuição desses.

Na Universidade de Cambridge está o manuscrito, assinado por R. B. Esquire. Thomas Lorkin, o régio professor de medicina da Universidade de Cambridge, cuja imponente biblioteca servia a própria Universidade, possuía, em sua coleção privada, um exemplar do livro de Bostocke, entre outros trabalhos de Paracelso e de defensores ingleses e europeus do paracelsismo.

Sua densa obra, em especial quando trata da química médica, é plena de citações dos trabalhos de Paracelso, muito embora essas não se encontram destacadas como tal, ao contrário, estão mescladas com as opiniões do autor. Todo o trabalho foi desenvolvido sobre o pano de fundo da história, pretendendo dar à química médica uma autoridade cabalística.

A marcante religiosidade de Bostocke, um puritano, o leva a colocar como causa primeira de todas as doenças, a queda de Adão, que com seu "pecado" trouxe a todas as coisas do mundo a impureza, a corrupção, "não somente para o homem, mas para todas as criaturas vivas, ervas, plantas, animais e minerais" (Bostocke, 1585, sig. B.iiif-v). Se devido à quebra da obediência do homem a Deus é que a unidade foi rompida e a impureza unida à pureza, Bostocke só poderia enaltecer uma filosofia médica que trazia em seus pilares a preocupação com a purificação pelo fogo, ou extração da quintessência, a correta dosagem e que tratasse os males através do teoria dos *simili*.

Como Paracelso, Bostocke acreditava que o homem foi retirado da primeira *Matrix*, o seio da terra, da qual se originou o grande mundo, e junto com todas as outras criaturas foi modelado pelas mãos de Deus. O homem possuía, portanto, um corpo "terrenal", ou *animal*, que era constituído exatamente do mesmo material de que foi constituído todo o universo. Esse corpo seria formado pelos "elementos" Terra e Água e "habitado" por um corpo "sideral", ou *espiritual*, formado pelo Fogo e o Ar.

Essa visão paracelsista justificaria a aquiescência de Bostocke pela teoria dos *simili*, pois falava da unidade com que Deus fez o mundo. Na citação abaixo, Bostocke, ao falar dos três tipos distintos de medicina, externa também sua indignação ao tratamento por princípios contrários ao da doença, vejamos em suas palavras:

> […] Essa antiga e verdadeira medicina consiste de medicinas de dois tipos. O primeiro é *universalis* ou *unarii*. O segundo tipo é *ternarii* ou

particularis.¹⁵ Ambas estão fundamentadas sobre o centro de unidade, em harmonia e concordância, seu objetivo e finalidade é trazer a pessoa doente à unidade em si mesma, elas concordam com as regras do mundo de Deus, elas dependem da fonte da verdade. Os gentios ou pagãos, de seus próprios cérebros, conceberam um terceiro tipo de medicina, que é a *binarii* ou *vulgaris*. Essa é mais grosseira e pior, e é essa medicina que é mais comumente ensinada e mais defendida. Essa medicina está fundamentada em um centro contrário ao outro, por isso um centro falso, porque ela consiste na dualidade, discórdia e contrariedade. Ela faz a guerra e não paz no corpo dos homens [...] (Bostocke, 1585, sig. B.f.-v)

Ainda como Paracelso, Bostocke também acreditava que, pela *anatomia* da planta e a *anatomia* da parte doente no corpo do homem, o médico dedicado e experiente poderia escolher o medicamento correto. "Assim pela concordância correta dessas duas *anatomias*, da doença e do medicamento, a verdadeira cura prossegue e se desenvolve" (Bostocke, 1585, sig. C.iii-ar; Paracelso, 1995, pp. 154-155).

No que tange à iatroquímica, sem dúvida, o capítulo VIII: "Certas diferenças entre a medicina antiga e a medicina dos pagãos", do trabalho de Bostocke, possui especial importância. Composto de dezenove itens, nos quais Bostocke discorre sobre o pensamento ou comportamento do filósofo pagão e em seguida, comparativamente, o do filósofo químico. Este capítulo traz a síntese e a comparação dessas duas medicinas.

Tanto as questões teológicas e filosóficas, que são a base da discórdia dessas duas correntes, como as questões relativas à medicina química, são aí tratados uma a uma; a necessidade de purificação, o *vulcanus*, o *archeu*, a *tria prima*,¹⁶ o princípio dos *simili*, a submissão a Deus e à natureza, o repúdio à

---

¹⁵ A principal diferença entre a medicina *ternarii* e a *universalis* situava-se no fato de que a segunda era exercida por pouquíssimos homens, que foram agraciados por Deus com o "dom" da medicina, enquanto a primeira – a *ternarii* – era aquela medicina exercida por homens comuns que estudaram, dedicaram-se a pesquisa, trabalharam diligentemente na busca de analisar a natureza. Esses médicos também atuavam muito bem, pois a medicina que resultava de toda essa busca e dedicação, dava ao médico a habilidade de realizar seu ofício com o mesmo resultado da medicina *universalis* (Bostocke, 1585, sig. C.iii.-r).
¹⁶ É de lamentar que Paracelso não tenha sido muito claro ao tratar dos três princípios e suas inter-relações. Segundo A. Debus, o individualismo característico em muitos dos seus seguidores não facilita essa compreensão. Entretanto, há concordância entre os historiadores que o enxofre era a causa da combustibilidade, estrutura e substância; enquanto a solidez e a cor eram dadas pelo sal e os vapores eram

tradição escolástica, o *ocultum* e o *manifestum,* o *macro* e o *microcosmo,* as "sementes das enfermidades", o mal do tártaro, a necessidade de se adquirir o conhecimento com o trabalho pelo fogo, enfim; todos os principais temas da filosofia paracelsiana, Bostocke condensa de uma forma extremamente "didática" nesse capítulo (Bostocke, 1585, sig. D.ii.-v – F.i.-r). Vejamos uma síntese:

Como primeira e grande diferença, Bostocke coloca os fundamentos filosóficos; os médicos humoralistas estavam centrados em uma filosofia pagã, que descendia de Aristóteles, enquanto a filosofia química, professada pelos médicos químicos, baseava-se no evangelho e na natureza.

Os filósofos pagãos colocavam a natureza como causa primária e eficiente de todas as coisas e Deus como causa secundária, enquanto os filósofos químicos colocavam que toda a natureza das coisas é apenas causa instrumental e essas dependem totalmente da vontade de Deus.

Os médicos pagãos utilizavam os medicamentos em sua forma bruta, sem purificação, pois eles não conheciam essa arte, entretanto, o médico químico ensinava e retirava desses as "virtudes etéreas e celestiais" antes de ministrá-los aos doentes.

Os médicos pagãos fundamentavam-se no centro falso, o *binarii* e *dualitii,* que só originava a discórdia e a desavença no corpo do homem e eles ensinavam que as doenças deveriam ser curadas por seus contrários, enquanto que os médicos químicos fundamentavam-se no verdadeiro centro de união, o *unarii,* que só originava harmonia e concórdia. Quando essa harmonia fosse rompida e desfeita a correta proporção entre os três princípios, o sal, o enxofre e o mercúrio, tal harmonia seria restaurada utilizando a própria "substância" que estivesse em desarmonia, não seu contrário. O medicamento devia trazer o corpo doente para a unidade dominante igualmente nas três "substâncias".

Os seguidores dos médicos pagãos baseavam-se apenas nas doutrinas de Galeno, Avicena, etc. Os médicos químicos baseavam-se na palavra de Deus e no trabalho em laboratório, onde aprendiam sobre as três substâncias que constituíam todas as coisas do universo, sobre o macro e o microcosmo, além de aprender a purificar e a externar o *simples* – o *arcanum,* a *quintessência* – através do trabalho do fogo. Enfim, sabiam seu ofício por si mesmos, não por livros e descrições de terceiros.

---

dados pelo mercúrio. Os componentes, o combustível, o vapor e o sólido eram com freqüência demonstrados pela queima de um galho, em que a fumaça representava o mercúrio, a chama o enxofre, e as cinzas o sal (Debus, 1996, p. 28).

Os seguidores da medicina pagã tratavam com o "simples; as ervas, as plantas, raízes, etc. como ensinavam os seus mestres Galeno, Mesue, Dioscórides, etc." (Bostocke, 1585, sig. D.f.-av).

Por sua habilidade com a antiga medicina, a *chymia,* o médico químico sabia que no mel e no açúcar estão contidas impurezas tão venenosas como no arsênico, assim como nas rosas, violetas, bálsamos, ouro, prata. Entretanto eles também sabiam, por esta "arte", que não existia nada que estivesse liberto de todo veneno, bem como, nos piores venenos sempre encontravam o medicamento, do arsênico, por exemplo, se preparava um excelente remédio para diversas aflições (Bostocke, 1585, sig. B.if.-ar).

Segundo Bostocke, a humanidade sempre soube do perigo apresentado por alguns alimentos e solos que possuíam um grau de impurezas tão elevado, que se tornavam altamente nocivos ao homem. Devido a esse conhecimento, "nossos antepassados pesquisavam diligentemente antes de colocarem a fundação de suas casas, vilas ou cidades, pois algumas terras são infectadas e os solos contaminados, causando doenças e mutações no gado, plantas e animais domésticos" (Bostocke, 1585, sig. B.f.-av).

Bostocke cita como exemplo um local, "perto do rio Potheus, na ilha de Candie, perto da cidade de Cortina, onde a erva em que o gado se alimenta está de tal forma contaminada que o gado não tem baço" (Bostocke, 1585, sig. B.f.-ar).

O homem, ao se alimentar estaria absorvendo venenos e mesmo a própria morte, entretanto, a cada criatura Deus deu um alquimista interno – o *archeus* – capaz de separar o puro do impuro nos alimentos que ingerissem, mas se o indivíduo se encontrasse doente, o trabalho do alquimista interno estaria prejudicado e a força de sua natureza não seria suficiente para tal separação, desse modo, o médico deveria preparar e ministrar um medicamento livre de veneno, facilitando sua absorção (Bostocke, 1585, sig. B.f.-av; Paracelso, 1995, p. 171). Seria o médico químico aquele que teria habilidade para separar o puro do impuro por ação do fogo.

Bostocke, assim como pensou e agiu Paracelso, acreditava que o médico deveria viajar, buscar entender as doenças e os medicamentos utilizados em outros países e regiões, pois "no *Labiryrint* e no *Ars Signata,* de Paracelso, esse deixou clara a variação das propriedades das coisas" (Bostocke, 1585, sig. D.ii.-ar). Bostocke cita inúmeros exemplos de medicamentos utilizados ainda hoje pela medicina popular na forma de chás, macerações, ungüentos e outros – como, por exemplo, a camomila sob a forma de chá, como estomáquico; a menta, macerada com azeite de oliva e utilizada como cicatrizante; e outros.

Segundo Bostocke, os próprios médicos pagãos ao escreverem sobre o *simples,* ressaltaram a importância da natureza das coisas, externada por "causalidades", perecerem na digestão e por isso propagarem a utilização dos Herbais, "que cegam os médicos". Entretanto a medicina química julgava as coisas da natureza só depois de inutilizar todas as suas formas externas, deixando somente o seu *arcanum*.

Neste ponto, é interessante aproveitar a citação de Bostocke para analisar alguns fármacos mencionados, que deviam ser de utilização corrente:

> [...] a mortificação é o começo da dissolução e da separação do bom e do mau [...] Aron, chamado em inglês de *Ceccowpint*, tem um sabor quente na raiz e nas folhas, o Absinto tem um gosto amargo, que é logo perdido pela preparação e separação de suas virtudes e propriedades. O Gengibre é outra coisa, tem um calor estável, vívido que é encontrado em sua própria semente, virtudes ou propriedades e é imutável. O *vitrum* de Antimônio não possui nenhum sabor, entretanto é veemente purgativo. O chumbo, da mesma forma, embora não tenha sabor nem é resistente,[17] de um agradável e doce açúcar pode-se extrair bons purgantes ou remédios para o sono; nunca pelo seu sabor quente ou frio, mas pelo *occultum* e *manifestum*, e o *manifestum* é normalmente contrário ao *occultum*. No mercúrio, por exemplo o seu *manifestum* é frio e úmido mas o seu *occultum* é quente e seco... o arcanum vive no *occultum*. (Bostocke, 1585, sig. D.ii.-av – D.ii.-ar)

Sempre comparando a "Arte" e o trabalho da natureza, Bostocke diz que assim como a semente tem que sofrer a putrefação e renascer para uma segunda vida ao ser lançada ao solo; e essa segunda vida é a que é proveitosa à planta, como o estômago digere, por putrefação, todas as coisas postas nele antes de aproveitá-las, assim também o médico deverá agir; extrair o arcanum dos medicamentos, para que esse tenha utilidade para o paciente.

A próxima comparação entre as duas medicinas, que nos fornece Bostocke, trata dos humores. Ele vê como principal diferença nesse domínio, que a medicina pagã atribuía a poucos humores a compleição dos homens, enquanto que a medicina química atribuía a cada membro o seu próprio humor, de acordo com a constituição e os efeitos de cada humor e não acreditava em gradações variadas de calor, de frio, de umidade ou de secura, pois esses não podiam ser provados, como podiam os três princípios.

No item nove, a abrangência da filosofia química e a aceitação da "cosmogonia" de Paracelso, faz-se notar, quando Bostocke trabalha a necessidade de compreender o macrocosmo. Segundo ele, a medicina pagã tomava os humores e qualidades para identificar a doença dos homens,

---

[17] O chumbo, no século XVI, era considerado um metal impuro, perecível, que não podia resistir muito à ação do tempo; esse metal era "derivado" do ouro impuro.

enquanto que a medicina química sabia que, se o médico quisesse conhecer a natureza do homem, com todas as suas enfermidades, primeiramente ele deveria conhecer as enfermidades que todas as coisas da natureza sofrem no "grande mundo", a partir da redução desses corpos às três substâncias. Em determinado local do macrocosmo, o médico identificaria essa ou aquela doença de forma esparsa, enquanto que no homem seria possível vê-las todas. Entretanto, só seria possível adquirir esse conhecimento, se o médico soubesse desvendar a filosofia química, "'pois onde a filosofia termina, começa a medicina' e impossível se faz separar a *Chymia* da medicina" (Bostocke, 1585, sig. C.f.-r).

A medicina pagã e seus seguidores atribuíam a causa das enfermidades a qualidades mortas: o frio, o calor, a umidade e a secura, pois "eles não fazem diferença entre fogo e fumaça, entre as sementes e os frutos, entre as substâncias e suas propriedades, entre as próprias coisas e seus excrementos" (Bostocke, 1585, sig. C.f.-r – C.f.-v). O médico químico, entretanto:

> [...] provou que existem sementes espirituais de todos os tipos de doenças, dotadas de poder vivo, que passam adiante aquelas qualidades, e todos os outros frutos de doenças e todos os diversos tipos de dores em nossos corpos, como a terra trouxe adiante o fruto por meio de sementes nela. E que todas essas qualidades eram apenas formas, cores e *symptomata* dessas doenças. E embora cada doença seja quente ou fria, etc, ainda assim elas são nada mais que formas e condições das doenças, e não a doença em si. Mas todas as doenças estão nas três substâncias: o sal, o enxofre e o mercúrio [...] (Bostocke, 1585, sig. C.f.-r – C.f.-v)

Os médicos pagãos, que preparavam seus medicamentos de acordo com as "qualidades acidentais", de frio, quente, seco e úmido, e deveriam estar atentos a elas, utilizavam coisas quentes antes das frias, sem se preocupar com suas qualidades, por exemplo, "eles receitam pimenta antes de camomila, o que prova que eles nem mesmo sabem o que é quente ou frio" (Bostocke, 1585, sig. E.ii-r).

O médico químico, entretanto, buscava as virtudes, as essências dos medicamentos, consideravam a natureza das coisas, não seus humores ou qualidades, mas suas sementes e seus *espíritos Mechanicall*,[18] isto é, preocupavam se as substâncias eram:

> Attrativa, Anodymœ, Abstergentia, Aperitiva Constringentia contrahentes. Quale membrum principale respicientia: ou em Carne cartila-

---

[18] A forma de ação dos medicamentos.

gine ossibus sanguine Synovia, &c. operantia condensantia, conglutinantia, Corrosiva confortantia, coagulantia digestiva diuretica, dyaphoretica, dormire facientia discussiva expulsiva eracuantia, extenuantia, famen moventia gravedinem moventia, horrorem moventia, renovantia incidentia, incrassantia, inflamantia, incarnativa mundificativa mollificativa maturantia, mortificativa, morbus quosdam respicientia Martialia Narcotica Nitrosulphuræ nutritiva oppilantia purgativa penetrativa, retentiva regenerantia repellantia repercussiva resoluentia trahentia ulcerativa venenum repugnantia vomitum morentia e outras mais [...] (Bostocke, 1585, sig. E.ii.-r – E.ii.-v)

Na seqüência deste item, Bostocke nos fala do uso, pelos humoralistas, do *Colocyntes* como purgativo e que a Gota (*Dropsie*) faz expelir o *Sal resolutum*, sem respeitar ou se preocupar com as qualidades "assim em todas as purgações dos pagãos, eles próprios estão afastados das qualidades causais [...] por isso, freqüentemente após as suas consultas, nem eles sabem o que fazer, e acabam por receitar o pior, ao invés do melhor para seus pacientes" (Bostocke, 1585, sig. E.ii.-v).

Freqüentemente, a doença do corpo humano é comparada à doença dos metais. A solução proposta, tanto para tratar o ouro que se "deteriora" na mina, quanto para tratar problemas circulatórios, que poderiam levar à gangrena, é a mesma: a busca do equilíbrio dos três princípios. Seria o excesso de um desses princípios, o causador do impedimento da circulação do *bálsamo humanum*.

O médico químico, era contrário à cirurgia por cortes, pois somente a múmia[19] ou o bálsamo seriam capazes de renovar os organismos e permitir a sua cura, nunca o corte ou os tratamentos traumáticos (Bostocke, 1585, sig. C.iij.-r).

Pelo mesmo motivo, a sangria é reprovada na maioria dos casos, pois fazia com que o paciente perdesse o bálsamo natural, nesse caso, o que deveria ser utilizado para renovação do sangue seria as "*potiones vulnerariæ e consolidantia*" (Bostocke, 1585, sig. C.iij.-r).

No item doze Bostocke compara novamente estas duas medicinas, afirmando que a doutrina pagã se mantinha contemplativa e lutava contra a experiência, enquanto que a doutrina química fundamentava-se na experiência unida ao conhecimento das propriedades, virtudes e natureza de cada coisa. Assim, esta conheceria "o que é o homem e o que é o medicamento e

---

[19] Segundo W. Pagel a Múmia ou o Bálsamo, poderiam ser o *Sal,* não a substância química, mas no sentido do poder natural de cura do tecido impedindo a putrefação desse (Pagel, 1982, p. 101).

como eles concordam em correta *anatomia* [...] pois a experiência e a prática não devem proceder da especulação, mas a especulação deve ser derivada da prática" (Bostocke, 1585, sig. C.iij.-v; Paracelso, 1995, pp. 99-104, 157-158, 171).

Nessa explanação, Bostocke ressalta que os humoralistas temiam que o medicamento preparado pelo fogo mantivesse as qualidades cáusticas e corrosivas desse "elemento". Mas Bostocke lembra que o fogo consome apenas as corrupções para restaurar a unidade natural que foi consumida pelo *fogo elementar* (Bostocke, 1585, sig. C.iii.-r; Paracelso, 1995, pp. 171-174). Fala, ainda, do "injustificado" medo do uso de metais como medicamentos, visto que o médico químico trabalhava o metal antes de utilizá-lo como medicamento e portanto esses já não seriam metais ou minerais em sua essência e sim "espíritos voláteis" (Bostocke, 1585, sig. C.iii.-v; Paracelso, 1995, p. 101).

Os médicos químicos, segundo a análise feita por Bostocke no item treze e quatorze, do capítulo VIII do *The Difference...*, ao contrário dos galenistas, nomeavam as doenças de acordo com suas características e não apenas devido ao desequilíbrio de seus humores, assim, conhecendo todas as características da doença, os iatroquímicos estavam mais aptos a escolher os medicamentos que deveriam ser utilizados, que fossem mais coerentes com a *anatomia* da doença (Bostocke, 1585, sig. C.iii.-v – C.f.-av).

No item quinze, Bostocke enaltece a habilidade dos médicos químicos em ministrar os medicamentos purificados e em pequenas doses, corretamente balanceados para cada paciente. O cuidado com a dosagem – marcante característica entre os paracelsistas – é, aliás, uma constante a sua obra.

Também importante para Bostocke, era o fato de que os médicos químicos observavam os sinais das enfermidades e as classificavam e tratavam de acordo com sua origem.

Como Paracelso classifica as doenças em dois tipos: *caelestes* e *terrestres*, de modo que, as enfermidades cuja origem estivesse no mundo superior, não poderiam ser removidas com *arcana* de vegetais ou minerais, pois essas, as *caelestes*, "requerem altos graus de preparação", e prossegue:

> [...] Do mesmo modo, se a causa da doença procede de Minerais ou metais, elas devem ser curadas com *arcana* de minerais, porque eles não estarão no campo dos *arcana* de vegetais, que são ervas e raízes, etc. Mas se a doença é causada por influência dos céus, nenhum dos outros *arcana* servirão, mas serão curadas pela astronomia e suas influências. Aquelas doenças e dores que vêm de maneiras sobrenaturais, entretanto, não serão ajudadas de nenhuma maneira mencionada

anteriormente, exceto por meios sobrenaturais [...] (Bostocke, 1585, sig. E.ii.-ar – E.ii.-av)

Bostocke exalta ainda a preocupação do médico químico, devido à existência de enfermidades que são mais impetuosas, mais dolorosas e mais persistentes que outras. Tais diferenças e a capacidade de remoção dessas enfermidades, consistiria no conhecimento da sua origem, das suas raízes e conseqüentemente no uso do *Arcanum* mais indicado.

Como Paracelso critica, no item dezessete, o julgamento das enfermidades apenas pela observação da urina e diz que tal julgamento só poderia ser feito depois da devida separação da urina pelo fogo, pois:

> [Então] será vista a matéria de cada doença e seu medicamento ao tocá-la com sua mão. Dessa forma ele [o médico] será capaz de dar um perfeito julgamento, se ele for capaz de julgar, como convém a um filósofo e um médico. Dessa maneira será encontrado que a urina não é *meretrix* e nem mentirosa [...] (Bostocke, 1585, sig. C.iij.-av; Paracelso, 1995, pp. 107-108)

No último item a ser trabalhado nesse capítulo, Bostocke deixa claro que considera que a "medicina dos pagãos" não tinha sido capaz de se adaptar a novas doenças e de se modernizar, assim, continuavam utilizando as "velhas receitas de Galeno, Avicena e seus seguidores, embora os corpos dos homens já não são tão fortes como eram naquela época e as enfermidades tenham sofrido alterações" (Bostocke, 1585, sig. C.iiii.-ar – C.iiii.-av; Paracelso, 1995, pp. 113-114, 129-133).

Bostocke achava que os médicos pagãos eram injustos, por criticarem a medicina química sem conhecê-la. E diz que melhor seria que eles estudassem e compreendessem essa arte antes de criticá-la. Nessa passagem, fica ressaltada a enorme importância que Bostocke dava ao trabalho de laboratório e mostra que ele, embora leigo em medicina e alquimia, conhecia bem os métodos de extração e purificação utilizados por essa arte,[20] vejamos:

> [...] Qual deles sabia de que maneira começar a separar o sal, o enxofre e o mercúrio das ervas, plantas e todas as outras coisas como elas deveriam ser, sinteticamente, de acordo com as propriedades e várias naturezas de cada erva, raiz, etc. Porque ervas diversas requerem maneiras diferentes de separação. Plantas têm sua separação peculiar, os minerais têm as deles, *marchesits* têm as deles, etc. Qual deles

---

[20] Embora, para se afirmar que R. Bostocke tenha convivido com esses métodos, seria necessário pesquisas mais aprofundadas, ele os cita com segurança e pertinência.

conhecia as várias maneiras de calcinação, reverberação, semeação, incineração, ebulição, pastação, liquefação, absorção, sublimação, exaltação, contrição, resolução, putrefação, circulação, humidificação, destilação, ascensão, fixação, lavagem, coagulação, *asfation*, congelação, fermentação, etc. E a natureza e propriedades desses vários trabalhos e operações, através dos quais são obtidas as tinturas, *arcana*, regenerações, magistério, quintessência e os elixires. Qual deles sabe dizer o que significa a transmutação dos elementos? (Bostocke, 1585, sig. F.i.-v – F.i.-r)

Toda essa indignação leva Bostocke a criticar, novamente, aqueles que proferiam longos discursos contra a medicina química apenas por terem lido ou ouvido críticas sobre essa. Eles, que "apenas acompanham o seu príncipe e capitão Galeno [...]" (Bostocke, 1585, sig. F.ii.-r). Lamentava que esses "ignorantes" fossem defendidos e protegidos pela autoridade de príncipes, mesmo quando "destruíam" os pacientes:

> [...] eles são perdoados e isentos de suas responsabilidades pela lei denominada *Lex Aquilia* [...] nas escolas é considerado heresia e ignorância da alma falar contra qualquer parte do trabalho de Aristóteles, Galeno, Avicena ou outras doutrinas pagãs [...] Mas se a doutrina química concorda com a palavra de Deus, com a experiência e a natureza, ela é que deveria vir para dentro das escolas e cidades, em vez de Aristóteles, Galeno e outros pagãos e seus seguidores [...] (Bostocke, 1585, sig. F.iiii.-r – F.iiii.-r)

Anterior ao livro de Bostocke, havia na Inglaterra alguns trabalhos traduzidos por John Hester e G. Baker. John Hester, como Baker, também era amigo íntimo de Thomas Hill, que lhe legou seu segundo livro, o qual era uma tradução para o inglês de *Joyfull Jewell*, do médico italiano Leonardo Fioravanti (Debus, 1996, p. 65).

Hester era um homem prático, negociante, muito entendido em "minerais, ervas e flores" e ativo destilador em Londres, por volta de 1570. Depois de *Joyfull jewell*, em 1579, Hester não pára mais de traduzir. Traduz todos os trabalhos de Fioravanti, Duchesne, Hermann e vários trabalhos espúrios de Paracelso. Desinteressado pelos aspectos mais profundos do paracelsismo, prefere os trabalhos contendo pouca teoria e grande receituário.

Embora tenha feito traduções de inegável importância para a introdução dos medicamentos quimicamente preparados na Inglaterra, seu trabalho não teve a mesma importância na divulgação do pensamento paracelsiano.

Entretanto, segundo estudos feitos por A. Debus, nenhum outro boticário ou destilador foi tão franco em seus elogios à química quanto Hester.

Até os primeiros quarenta anos do século XVII, além do livro de Bostocke, esses eram os únicos trabalhos, em inglês, existentes sobre o paracelcismo, até que surge J.B. van Helmont, que trouxe novo interesse aos escritos paracelsistas.

Desde as pesquisas de W. Pagel e A. Debus, o mapa do paracelsismo tem sido vasculhado em detalhes. Encontros, teses e publicações vêm indicando uma fina trama de capilares que une a iatroquímica dos paracelsistas a concepções antigas e medievais e se estende até os limites da medicina moderna no século XIX.[21]

Todavia, através de estudos como o de Debus, hoje sabemos que não se pode setorializar essa iatroquímica composta, a um só tempo, por conhecimentos médico-químicos e teológicos. Sua força, aliás, seria justamente essa composição que, embora de difícil análise para um estudioso contemporâneo, deu-lhe um lugar privilegiado na gestação da ciência moderna.

O *The Difference Betwene the Auncient Phisicke...and the Latter Phisicke*, o denso texto escrito por Bostocke no século XVI, coloca esse autor num dos nós principais da fina trama histórica que ajudou a estabelecer a iatroquímica paracelsiana num dos locais onde a ciência moderna ganharia corpo: a Inglaterra.

Referências bibliográficas

Alfonso-Goldfarb, A.M. (1987), *Da Alquimia à Química*, São Paulo: Nova Stella/Editora da Universidade de São Paulo.

Alfonso-Goldfarb, A.M. (1991), "Atanores, Cimitarras, Minaretes: cultura árabe como tecido do saber sob o céu 'medieval'", *Revista da SBHC* 5: 33-40.

Alfonso-Goldfarb, A.M. (1994), "Questões sobre a Hermética: uma reflexão histórica sobre algumas raízes pouco conhecidas da ciência moderna",*Cultura Vozes* 4: 13-20.

---

[21] Vide, por exemplo, a coletânea de trabalhos publicados em *Reading the Book of Nature: The Other Side of the Scientific Revolution* (Debus & Walton, 1998). Em outubro de 1999, em St. Louis, toda a sessão de História da Ciência foi dedicada ao tema. No Brasil, por exemplo, além dos trabalhos em torno ao tema feitos por estudiosos do CESIMA existem aqueles específicos feitos por Paulo Porto (1995, 1998); e por Renan Ruiz (1999).

Alfonso-Goldfarb, A.M. (1999), *Livro do Tesouro de Alexandre: um estudo de hermética árabe na oficina da história da ciência*, tradução do original árabe de Safa Abou Jubran e A.M. Alfonso-Goldfarb, Petrópolis: Vozes.

Amundsen, D.W. (1968), *Medicine, Society, and Faith in the Ancient and Medieval Worlds*, Baltimore: Johns Hopkins Press.

Beltran, M.H.R. (2000), *Imagens de Magia e de Ciência: entre o simbolismo e os diagramas da razão*, São Paulo: Educ/Fapesp.

Borstin, D. (1989), *Os Descobridores: de como o homem procurou conhecer-se a si mesmo e ao mundo*, Rio de Janeiro: Civilização Brasileira.

Bostocke, R.E. (1585), *The Difference Betwene the Aunciente Phisicke, First Taught by the God by Forefathers, Consisting in Unitie Peace and Concord: And the Latter Phisicke Proceding from Idolaters, Ethinickes, and Heathen: as Galen, and Such Others Consisting in Dualite, Discorde, and Contrariate*, London: Robert Walley.

Debus, A.G. (1974), "The Chemical Philosophers: Chemical Medicine from Paracelsus to van Helmont", *History of Science* 12: 235-259.

Debus, A.G. (1992), "Alchemy and Iatrochemistry: Persistent Traditions in the 17th and 18th Centuries", *Revista Química Nova* 15 (3): 262-268.

Debus, A.G. (1996), *The English Paracelsians*, New York: Franklin Watts.

Debus, A. & M. Walton (eds.) (1998), *Reading the Book of Nature: The Other Side of the Scientific Revolution*, Kirksville: Thomas Jefferson University Press.

Galen (1994), *On the Natural Faculties*, Chicago/London: Encyclopædia Britannica (Great Books of Western World, Vol. 9).

Harley, D. (2000), "Rychard Bostok de Tandridge, Surrey (c.1530-1605), M. P., Paracelsian propagandist and friend of John Dee", *Ambix* 47: 29-36. Disponível em: <http://www.nd.edu/~dharley/medicine/bostocke-paper.html>.

Hippocrates (1994), *Hippocratic Writings*, Chicago/London: Encyclopædia Britannica (Great Books of Western World, Vol. 9).

Hudson, J. (1994), *The History of Chemistry*, Hong Kong: Macmillan.

Jung, C.D. (1990), *Psicologia e Alquimia*, Petrópolis: Vozes.

Pagel, W. (1962), *Paracelsus: An Introduction to Physical Medicine in the Era of the Renaissance*, New York: Karger.

Pagel, W. (1968), "Paracelsus: Traditionalism and Medieval Sources", em Stevenson, L. & R. Multhauf (eds.), *Medicine, Science, and Culture*, Baltimore: Johns Hopkins Press, pp. 50-75.

Pagel, W. (1984), *The Smiling Spleen: Paracelsianism in Storm and Strees*, New York: Karger.

Paracelso (1979), *Man and Works, Selected Writings*, Princeton: Princeton University Press, pp. 101-140.

Paracelso (1995), *Textos esenciales*, Madrid: Siruela.

Paracelso (1949), *Volumen Medicinae Paramirum*, Baltimore: The Johns Hopkins Press.

Pliny (1989), *Natural History, Libri XX-XXIII*, London: Harvard University Press.

Porto, P.A. (1989), "O Contexto Médico na Montagem das Teorias Sobre a Matéria de J. B. van Helmont", *Tese de Doutorado*, PUC-SP, São Paulo.

Reis, I. de F. (2000), "Recontando a História da Iatroquímica: R. Bostocke e o The Difference Betwene the Auncient Phisicke... and the Latter Phisicke", *Dissertação de Mestrado*, PUC-SP, São Paulo.

Rattansi, P.M. (1963), "Paracelsus and the Puritan Revolution", *Ambix* 2 (1): 24-32.

Ruiz, R. (1999), "A Montagem da Teoria da Dinamização dos Medicamentos Homeopáticos de Samuel Hahnemann", *Tese de Doutorado*, PUC-SP, São Paulo.

Venn, J. & J.A. Venn (1877), *Alumni Cantabrigiensis*, Students Admitted to the Inner Temple, 1547-1660.

Villanueva, A. of (1943), *The Earliest Printed Book on Wine*, New York: Schuman's.

Webster, C. (1982), *From Paracelsus to Newton: Magic and the Making of Modern Science*, Cambridge: Cambridge University Press.

Webster, C. (1993), "Paracelsus: Medicine as Popular Protest", em Grell, O.P. & A. Cunningham (eds.), *Medicine and the Reformation*, London: Routledge, pp. 57-77.

Wellish, H. (1975), "Conrad Gesner: A Bio-Bibliography", *Journal of the Society for the Bibliography of Natural History* 7 (2): 151-247.

Yates, F.A. (1993), *Ensayos reunidos, III. Ideas e ideales del Renacimiento en el Norte de Europa*, México: Fondo de Cultura Económica.

Yates, F.A. (1993), *La filosofía oculta en la Época Isabelina*, México: Fondo de Cultura Económica.

Materials for the Study of Variation, de William Bateson: um ataque ao darwinismo?

Lilian Al-Chueyr Pereira Martins*

1. Introdução

O objetivo deste artigo é discutir até que ponto o naturalista inglês William Bateson (1861-1926) estava envolvido com o Darwinismo no início de sua carreira (até o fim do século XIX). Não existe um consenso entre filósofos e historiadores da ciência a este respeito. O principal foco de nossa atenção será o livro de Bateson *Materials for the Study of Variation* (1894), um vasto catálogo de fatos que corroborava a descontinuidade da variação. Este trabalho é visto pelos historiadores e filósofos da ciência tanto como um ataque como um retorno à tradição darwiniana. O presente artigo não abordará a controvérsia desenvolvida entre Mendelianos e Biometricistas, que é objeto de outros trabalhos em andamento.

2. Opiniões sobre o posicionamento de Bateson

William Bateson é classificado tanto como Darwiniano quanto anti-Darwiniano por diferentes autores, incluindo não apenas historiadores e filósofos da ciência como também seus próprios coetâneos.

O evolucionista Vernon Kellogg (1908) descreveu as idéias de Bateson sobre a descontinuidade das variações e se referiu ao *Materials for the Study of Variation* em um capítulo intitulado "Darwinism Attacked" (Kellogg, 1907, p. 33). Kellogg considerava a doutrina da seleção natural como sendo o

---

* Departamento de Biologia, Faculdade de Filosofia, Ciências e Letras de Ribeirão Preto, Universidade de São Paulo (USP), Brasil.

verdadeiro Darwinismo. Além disso, que no caso da variação descontínua o trabalho da seleção natural estava totalmente limitado ao material fornecido pela variação (Kellogg, 1907, pp. 25, 33).

Robert Olby admite que Bateson iniciou sua carreira como um Darwiniano ortodoxo, buscando uma relação causal entre variação e meio (Olby, 1966, p. 133). De acordo com William Coleman, o *Materials for the Study of Variation* representou uma volta ao Darwinismo (Coleman, 1968, p. 338). Coleman vê o enfoque adotado por Bateson (coleta e codificação de fatos referentes à evolução orgânica, mantendo correspondência com criadores de plantas e animais, fazendo um amplo trabalho de campo, engajando-se em uma busca abrangente na literatura e tentativas modestas de realizar cruzamentos experimentais) como sendo notavelmente semelhante ao de Darwin.

Para Alfred Nordmann, tanto Bateson como os biometricistas adotaram o programa de pesquisa Darwiniano (Nordmann, 1992). Nordmann classifica Bateson como Darwiniano porque aceitou a evolução através da seleção natural e estudou as causas da variação dentro de um arcabouço Darwiniano amplo (Nordmann, 1992, p. 53).

Peter Bowler sugere que tão logo Bateson abandonou a tradição morfológica ele se voltou contra o Darwinismo (Bowler, 1990, p. 215) e que o *Materials* constituiu seu maior ataque ao Darwinismo. De acordo com este autor, o ataque de Bateson pareceu implicar que os anatomistas e embriologistas tinham assumido acriticamente que todas as mudanças eram adaptativas (Bowler, 1989, p. 284; Bowler, 1992, p. 191). Ele também acrescenta que talvez o *Materials* não tenha obtido uma boa vendagem porque fazia parte do movimento anti-Darwiniano (Bowler, 1992, p. 191).

Na maior parte desses pontos Bowler não esclarece o que entende por 'Darwinismo', nem por que ele está aplicando o rótulo de anti-Darwiniano a Bateson, ou por que ele vê o *Materials* como um ataque ao Darwinismo. Entretanto, a partir de considerações gerais dispersas nos livros de Bowler é possível ter uma idéia melhor sobre sua visão em relação a esses problemas. Ele afirma que Bateson era um forte oponente da seleção e do princípio da utilidade, e que ele era também indiferente aos esforços Darwinianos em postular uma proposta adaptativa para a divergência da forma. Além disso, Bateson pensava que a descontinuidade era a verdadeira fonte da evolução, em oposição ao gradualismo de Darwin. Além disso, Bowler declara que Bateson era um defensor da ortogênese.

Este pequeno relato revela que não existe uma concordância geral acerca da atitude de Bateson em relação ao Darwinismo. Aplicar rótulos aos cientistas, além de ser bastante perigoso, não constitui uma tarefa fácil. Para evitar análises sem sentido, caso se deseje classificar X como Y, faz-se necessário afirmar o que Y significa (ou o que se assume significar), e apresentar evidência de X realmente pertence àquele grupo.

Este trabalho discutirá inicialmente o significado de "Darwinismo" e "Darwiniano"; a seguir, descreverá o trabalho inicial de Bateson sobre evolução; e então procurará delinear uma conclusão nítida a respeito da atitude de Bateson em relação ao Darwinismo. Pensamos que o uso de categorias claras pode auxiliar na pesquisa historiográfica.

3. O que é darwinismo?

Houve um tempo em que para muitos leitores, Darwinismo era sinônimo de evolução orgânica ou teoria da descendência. De acordo com Peter Bowler isso aconteceu por volta de 1870, quando a teoria de Darwin era a única explicação disponível para a modificação dos organismos (Bowler, 1989, p. 188). Pouco tempo depois, entretanto, surgiu um amplo espectro de propostas evolucionárias. Entretanto não devemos ver o Darwinismo como sinônimo de evolução orgânica ou teoria da descendência comum, uma vez que estes aspectos também são comuns a outras teorias de evolução.

O que especificamente caracteriza o Darwinismo em relação às outras teorias de evolução? O termo 'Darwinismo' é constantemente empregado pelos historiadores e filósofos da ciência no passado ou atualmente com sentidos diferentes que geralmente não estão claros. Peter Bowler considera que a teoria da seleção natural era o coração da teoria de Darwin e que o 'verdadeiro Darwinismo' estava baseado na biogeografia e no estudo da evolução adaptativa (Bowler, 1990, pp. 14, 140-141, 150). Ernst Mayr admite que no período imediatamente posterior a 1859, "o Darwinismo se referia mais frequentemente à totalidade do pensamento de Darwin, enquanto que para o biólogo evolutivo atual ele significa estritamente seleção natural" (Mayr, 1982, p. 505). Diversos autores do final do século XIX e início do século XX também admitiam que a teoria da seleção natural era a mesma coisa que Darwinismo (Kellogg, 1907, pp. 17, 26). Os chamados 'neo-Darwinianos' daquele tempo concordariam com essa definição, mas outros autores que também gostariam de ser chamados de 'Darwinianos' (Herbert Spencer, George Romanes, etc.) não concordariam. No final do século XIX, cada evolucionista tinha uma visão diferente em relação ao significado do termo 'Darwinismo'.

Mas, afinal de contas, o que poderia ser chamado de Darwinismo?

Vamos impor inicialmente algumas condições que, a nosso ver, uma delimitação adequada de 'Darwinismo' deve obedecer:

1. Um conceito adequado de 'Darwinismo' deve considerar o trabalho de Darwin como sendo 'Darwiniano' – de outro modo, dever-se-ia escolher um outro nome em vez de 'Darwinismo'.
2. Um conceito adequado de 'Darwinismo' não deve excluir todos os outros indivíduos do 'Darwinismo' – de outro modo, o nome não caracterizaria uma tradição de pesquisa, mas a pesquisa de uma única pessoa.
3. Um conceito adequado de 'Darwinismo' não deve incluir todos os evolucionistas – o 'Darwinismo' deveria ser visto como um tipo especial de visão evolutiva.

Vamos supor que considerássemos que ser um Darwiniano significasse *aceitar todos os aspectos da teoria de Darwin*. Neste caso, seria muito difícil apontar um único Darwiniano além do próprio Darwin. Thomas Huxley pensava que para entender a evolução eram requeridas grandes variações descontínuas (Huxley, 1860, p. 224); August Weismann não poderia ser incluído nesta categoria porque, na fase madura de seu trabalho negava a herança de caracteres adquiridos (Weismann, 1904, vol. 1, cap. 23) que era aceita por Darwin; Alfred Wallace acreditava que a origem do homem era devida a influências sobrenaturais, porque as capacidades mentais humanas não podiam ser explicadas por causas naturais; e assim por diante. Um exame minucioso, mostraria ser impossível encontrar um único naturalista (ou biólogo) que seguisse todos os aspectos da teoria original de Darwin. Se levarmos em conta esses fatos, seria muito difícil imaginar que Darwin tivesse considerado todos os componentes de sua teoria evolutiva como um único todo indivisível, como foi sugerido por alguns historiadores da ciência (ver Mayr, 1982, p. 505, por exemplo). Nota-se também que isso entraria em conflito com a exigência (2) acima.

Pode-se observar claramente que, no final do século XIX, muitos pesquisadores que expressavam sua simpatia pelo trabalho de Darwin e aceitavam vários de seus aspectos o fizeram sem concordar entre si. Isso sugere fortemente que havia um amplo programa de pesquisa Darwiniano com vários ramos conflitantes. Por esta razão, consideraremos como Darwiniano todo indivíduo que aceitava a maior parte dos aspectos principais da teoria original de Darwin, como esclarecido abaixo. Além disso, os naturalistas que seguiam a metodologia de Darwin, podem de algum modo ser considerados Darwinianos.

4. A proposta original de Darwin

A contribuição de Darwin incluía várias linhas complementares de trabalho. Ele procurou oferecer evidências de que a evolução é um fato; ele tentou explicar as causas da evolução orgânica; ele estudou o papel das causas em casos particulares; ele procurou responder a objeções às suas idéias; ele indicou linhas de pesquisa promissoras; e assim por diante.

Devemos começar fazendo uma revisão da teoria de evolução original de Darwin. É bem conhecido que ele propôs uma teoria da descendência em diversos trabalhos publicados a partir de 1858, procurando explicar a origem de diferentes tipos de vida (ele não procurou explicar a origem da vida em si). Ele alegou que as espécies vivas (incluindo os seres humanos) não foram criadas como se apresentam hoje em dia, mas descendem de espécies extintas e de ancestrais comuns que foram modificados por causas naturais. Uma dessas causas naturais era a seleção natural – um processo semelhante ao da seleção artificial consciente ou inconscientemente utilizada por criadores de animais ou criadores de variações nas plantas ornamentais para produzir novas variedades e raças. Uma população natural não é homogênea, mas composta por indivíduos levemente diferentes. Darwin concebia que a seleção natural agia sobre as leves variações contínuas que ocorriam ao acaso. Essas variações eram transmitidas aos descendentes. Nem todo o indivíduo que havia nascido era capaz de sobreviver e produzir descendentes, porque havia um limite (restrições de alimento e espaço) para o aumento dos seres vivos. Havia uma luta pela existência, e aqueles indivíduos que tivessem algumas vantagens leves sobre seus companheiros teriam uma possibilidade maior de sobreviver e deixar descendentes. Como esses aspectos úteis eram hereditários, eles seriam transmitidos aos descendentes e isso levaria a uma modificação gradual da população. As espécies seriam transformadas lenta e gradualmente. Darwin também admitia a existência de variações repentinas (descontínuas) quer em animais, quer em plantas cultivadas ou mesmo no homem, mas isso não significava que esse fenômeno raro fosse relevante para o processo evolutivo. A seleção natural somente era capaz de explicar os aspectos adaptativos "úteis". Além da seleção natural, Darwin admitia outras causas naturais, como a seleção sexual (para dar conta da "beleza" e das características sexuais secundárias), a ação direta do meio, e a herança das características adquiridas obtidas pelo uso e desuso. Ele também propôs um mecanismo para a transmissão de tais características (a hipótese da pangênese). Estes, resumidamente, podem ser considerados os aspectos principais, mas não exclusivos da teoria de evolução de Darwin.

Darwin sugeriu como objetos para uma pesquisa futura o estudo de animais domesticados e plantas cultivadas, as afinidades mútuas entre os seres orgânicos, suas relações embriológicas, sua distribuição geográfica bem como a sucessão geológica (Darwin, 1972, 'Introduction', p. 2).

É muito difícil perceber quais dos aspectos mencionados acima poderiam ser considerados pelo próprio Darwin, em sua época, como as partes centrais e não passíveis de modificação em seu trabalho. Nenhum dos pesquisadores que eram usualmente rotulados de 'Darwinianos' (ou se autodenominavam assim) seguiram todos os aspectos da teoria original de Darwin. A maior parte deles aceitava diversas características da teoria darwiniana, negava outras e algumas vezes adicionava novas idéias. A nosso ver Darwin inaugurou um programa de pesquisa[1] concebido amplamente e aberto a novas contribuições. Ou, em outras palavras, como sugere Philip Kitcher, ao introduzir o esquema Darwiniano se reconhece outros fenômenos sobre os quais podem surgir subsequentemente muitas questões (Kitcher, 1985, p. 151). O 'Darwinismo' poderia encerrar as idéias ou teorias propostas após a teoria original de Darwin que tivessem a maior parte dos aspectos acima relacionados. Além disso, pensamos que o Darwinismo não pode ser caracterizado por um único aspecto da teoria de Darwin, como a seleção natural, porque o próprio Darwin ressaltou que a seleção natural era a principal, mas não a causa exclusiva da transformação das espécies (Darwin, 1972, p. 421).

Mas, por outro lado, o que significa ser anti-Darwiniano? Idéias ou teorias propostas depois de Darwin que negavam todos ou a maior parte dos aspectos da teoria original de Darwin poderiam ser consideradas anti-darwinianas. Além disso, os estudiosos que se opusessem claramente ao trabalho ou à metodologia de Darwin poderiam ser considerados como anti-Darwinianos. Um deles, por exemplo, é Thomas Hunt Morgan em seu livro *Evolution and Adaptation* (1903).

5. O programa de pesquisa de Darwin

Vamos procurar tornar explícito o que poderia ser descrito como o programa de pesquisa de Darwin. O que poderia ser especialmente chamado seu núcleo duro ('*hard core*')? Nós iremos adotar uma caracterização semelhante (mas não idêntica) àquela desenvolvida na análise apresentada por James G. Lennox (1992).

O '*hard core*' do programa de pesquisa de Darwin era:

1. A luta pela sobrevivência: Os organismos biológicos têm um número de descendentes maior do que poderia sobreviver
2. Hereditariedade: Os organismos biológicos herdam a maior parte de seus traços de seus ancestrais e os passam a seus descendentes

---

[1] Estamos aqui utilizando conceitos e terminologia que fazem parte da teoria de Imre Lakatos porque os consideramos adequados para a discussão deste caso.

3. Variação: Alguns traços herdáveis dos organismos biológicos variam, mesmo dentro da mesma espécie (ou variedade)
4. Adequação diferenciada: Alguns traços herdáveis serão mais vantajosos do que outros na luta pela sobrevivência
5. Seleção natural: Portanto, houve e continua havendo, em média, uma seleção natural daqueles organismos com traços vantajosos que levará à evolução das espécies

Vamos acrescentar aqui que a seleção natural deve ser vista como uma causa importante ou mesmo principal da transformação, mas não a causa *exclusiva* da transformação, de acordo com Darwin.

A teoria de Darwin prediz (ou pós-diz) a evolução e procura explicar sua causa. Entretanto, a teoria em si não diz quais traços são herdáveis, nem como eles variam, ou o meio pelo qual os recursos são limitados, ou como diferentes traços ajudam na sobrevivência, ou como estes fatores mudam no decorrer do tempo. Esses aspectos, que podem ser estudados em cada caso específico, constituem o cinturão protetor (*'protective belt'*) da teoria (Lennox, 1992).

De acordo com Lennox, quando é investigado um episódio particular ou um exemplo da mudança evolutiva, dentro do programa Darwiniano, será necessário adicionar detalhes específicos às suposições do '*hard core*':

a. O alcance dos traços herdáveis na(s) população/populações biológica (s).
b. O ambiente, e como ele muda no decorrer do tempo.
c. O benefício relativo que esses traços conferem aos membros das populações que os possuem nos diferentes ambientes (valores adaptativos). (Lennox, 1992)

Como a seleção natural é vista como o principal fator na evolução, deve-se sempre inicialmente procurar utilizá-la para explicar as características conhecidas dos seres vivos. Sempre que alguns casos especiais resistam a uma explicação através dela, outras explicações devem ser buscadas: uso e desuso, seleção sexual, ou outras suposições auxiliares podem ser introduzidas. Isto pode ser considerado como a 'heurística positiva' do programa de pesquisa Darwiniano.

6. O início dos estudos evolutivos de Bateson

No início de sua carreira científica, Bateson foi influenciado por Francis Maitland Balfour. Este eminente embriologista, por sua vez, sofreu uma grande influência de Darwin, introduzindo as tendências recapitulacionistas na embriologia em Cambridge. De modo análogo a Darwin ele acreditava que as homologias embriológicas ofereciam uma boa evidência para a evolução (ver Ridley, 1986, pp. 39-40). Bateson, juntamente com seus colegas Adam Sedgwick, Walter Frank Raphael Weldon and A. E. Shipley, começou sua pesquisa científica como embriologista trabalhando dentro da tradição morfológica. Através desse enfoque ele procurou reconstruir a filogenia dos vertebrados.

Darwin considerava as características embrionárias (com exceção das larvais) de grande valia tanto para o estudo genealógico das espécies como para sua classificação (Darwin, 1872, p. 368). De acordo com Darwin, o trabalho de Haeckel (*General Morphology*) poderia ser visto como um bom começo e mostrava como a classificação poderia ser tratada no futuro (Darwin, 1872, p. 381). Entretanto, Darwin advertiu que a morfologia era um estudo muito mais complexo do que podia parecer inicialmente (Darwin, 1872, p. 385).

Depois da morte de Balfour, Bateson viajou para a *Marine Station of Hampton* (em Virginia) com o intuito de estudar o desenvolvimento do *Balanoglossus*, sob a orientação de William Keith Brooks. Bateson publicou quatro artigos sobre este assunto sugerindo que os *Enteropneusta* poderiam ser os ancestrais dos Cordados. Durante este estudo Bateson percebeu a importância da segmentação e do metamerismo.

Embora o trabalho de Bateson sobre o *Balanoglossus* houvesse sido apreciado pela comunidade científica, logo ele abandonou o método embriológico por não se adequar para a busca das relações filogenéticas.

Bateson indicou algumas das dificuldades que eram encontradas quando se utilizava o método embriológico (para ele, o princípio de von Baer ou Haeckel: "a ontogenia recapitula a filogenia"). De acordo com Bateson, embora a filogenia fornecesse um magnífico corpo de fatos, a interpretação desses fatos ainda deixava muito a desejar (Bateson, 1894, p. 10). A interpretação da evidência embriológica pedia algumas hipóteses tais como o curso da variação no passado. Dependendo da hipótese que se escolhesse, poder-se-ia chegar a conclusões opostas: "O Método Embriológico falhou então, não pela necessidade de conhecimento dos fatos visíveis do desenvolvimento, mas pela ignorância dos princípios da Evolução" (Bateson, 1894, pp. 5, 9). Entretanto, como indica Alan Cock (1973, pp. 13-14), Bateson não negou que a embriologia fornecesse algum direcionamento para a descoberta das origens filogenéticas, nem que a adaptação fosse um fenômeno genuíno e consistisse em um objeto de estudo apropriado (Bateson, 1894, pp. 7-13).

Em uma carta a Adam Sedgwick, Bateson enfatizou sua visão: "Sobre embriologia [...] devemos conversar algum dia. Mas lamento se agora pareço considerar os fatos da embriologia superficialmente – minha disputa é apenas com a precisão de interpretação" (Carta de William Bateson para Adam Sedgwick, 5/2/1894. Cambridge University Library, Mss. Add. 8634, A.9.a.4).

Será que a atitude de Bateson em relação à análise embriológica poderia ser considerada como um ataque ao Darwinismo? Não pensamos assim. Darwin enfatizou a importância de se realizar uma pesquisa embriológica no futuro. Entretanto, pelo que se sabe, ele não chegou a realizar essa pesquisa. Assim, a possibilidade de precisar as relações genealógicas entre os organismos através da análise embriológica não deve ser considerada como um aspecto essencial do Darwinismo. Bateson iniciou dentro de uma linha de pesquisa darwiniana, realizou um estudo biológico específico, e enfrentou todos os problemas referentes à reconstrução das filogenias. Como ele concluiu que o método não conduzia à certeza, adotou um outro enfoque que também era compatível com o Darwinismo.

De 1886 a 1887 Bateson passou 18 meses na Estepe Siberiana estudando as influências ambientais sobre a variação da fauna dos lagos salgados. Entretanto, tais estudos também foram inconclusivos, uma vez que ele não pôde decidir se as modificações observadas eram devidas a mudanças físicas (um tipo de efeito aceito por Darwin) ou se eram produzidas pela seleção natural.

Desde sua juventude Bateson aceitava o princípio da luta pela existência. Em uma carta dirigida à sua mãe, escrita durante o período em que realizava seus estudos na estepe siberiana, ele comentou: "A vida sem matança e luta não pode prosseguir. É impossível diminuir a intensidade da luta [...]" (Carta de William Bateson para sua mãe, 19/6-11/7/1887, Cambridge University Library, Mss. Add. 8634, G1b).

7. A atitude de Bateson no *Materials for the Study of Variation*

Após retornar da Estepe, Bateson se dedicou durante sete anos a coletar fatos referentes à variação, o que culminou com a publicação de seu livro *Materials for the Study of Variation* (1894), um catálogo de fatos que corroboravam a descontinuidade da variação.

Bateson estava interessado no problema da origem das espécies (Bateson, 1894, pp. xi, 571) e pretendia realizar um "estudo sério da variação para proporcionar uma base segura para o ataque de problemas da Evolução" uma vez que ele considerava que este problema ainda "permanecia sem solução e que as questões antigas permaneciam sem resposta" (Bateson, 1894, pp. xi-xii). Ele afirmou: "Coletar e codificar fatos é o primeiro dever do naturalista" (Bateson, 1894, p. vi). Percebe-se nesta afirmação uma influência de Darwin. Em seu trabalho *The Variation of Animals and Plants*

Under Domestication, Darwin já havia coletado em abundância fatos relevantes para o estudo da evolução em animais domesticados. Bateson procurou fazer algo parecido com as espécies selvagens.

Na 'Introdução' de seu livro, Bateson escreveu sobre o papel de Darwin e sua importância para o estudo da evolução de maneira respeitosa:

> Faz mais de trinta anos que o *Origin of Species* foi escrito, mas para muitos de nós muitas dessas perguntas não foram respondidas ainda. Independentemente disso, não devemos honrar menos a memória de Darwin; pois qualquer que seja o papel que possa finalmente ser atribuído à Seleção natural, será sempre lembrado que foi através do trabalho de Darwin que os homens viram que se pode ter uma esperança razoável de resolver o problema. Se o próprio Darwin não resolveu o problema, ele nos deu uma esperança de solução, talvez a maior coisa. O quão grande foi esta façanha nós, que ouvimos falar disso desde a infância pouco podemos saber. (Bateson, 1894, p. 1)

Bateson era sem dúvida um evolucionista: ele aceitava a doutrina da descendência com modificação. "Naquilo que se segue será assumido que esta Doutrina da Descendência é verdadeira". Ele a adotou como um postulado considerando-a uma concepção fundamental em evolução (Bateson, 1894, pp. 4, 14).

A seguir Bateson discutiu as duas principais *explicações* da evolução: as teorias de Lamarck e Darwin. Bateson descreveu os principais pontos da teoria de Darwin deste modo:

> Darwin, sem sugerir as causas da Variação, indicou que (1) uma vez que a Variação ocorre – o que nós sabemos que acontece – e uma vez que (2) algumas variações ocorrem em direção à adaptação e outras não – o que é uma necessidade – resultará das condições da Luta pela Existência que aquelas mais adaptadas irão *geralmente* persistir e as menos adaptadas serão geralmente perdidas. No resultado, entretanto, haverá uma diversidade de formas, *mais ou menos* adaptadas a todos os estados em que são colocadas, e essa é a condição das coisas vivas que se observa. (Bateson, 1894, p. 5)

Note-se que Bateson enfatizou que ele concordava fortemente com (1) e (2) e com suas conseqüências.

Bateson aceitava que a seleção natural era uma explicação correta? Sim, ele admitia que as idéias de Darwin ofereciam uma explicação verdadeira (*vera causa*) para a transformação dos seres vivos:

> Pode-se notar, entretanto, que os casos observados de adaptação que ocorrem do modo requerido pela teoria de Lamarck são muito poucos, e à medida que o tempo passa essa deficiência de fatos começa a ser significativa. A Seleção Natural por outro lado é obviamente no mínimo uma 'verdadeira causa'. (Bateson, 1894, p. 5)

Embora Bateson não considerasse o Lamarckismo uma alternativa viável, ele enviou uma cópia de seu livro para o evolucionista neo-Lamarckista francês Alfred Giard. Após receber o *Materials for the Study of Variation*, Giard escreveu:

> Vós não acreditarieis se eu vos dissesse que nós estamos de acordo <u>em todos os pontos</u>. Por menos que vós tenhais feito de teoria, fizestes bastante (e vos felicito por isso) para que tenhamos o direito de lutar um pouco, e embora vós não sejais à maneira de Weismann, <u>mais Darwinista que Darwin,</u> eu também não vos considero sempre suficientemente Lamarckiano. Isso não impede que vós tenhais feito uma obra excelente e de utilidade incontestável. (Carta de Alfred Giard para William Bateson, 15/2/1894, Cambridge University Library Mss. Add. 8634, A.9.a.3; sublinhados do original.)

Giard percebeu claramente que Bateson não era nem um Lamarckiano nem um seguidor da chamada escola neo-Darwiniana. Embora Bateson aceitasse a teoria da seleção natural como fora proposta por Darwin na *Origin*, ele não concordava com algumas de suas representações posteriores:

> Na visão dos fenômenos da Variação aqui esquematizados *não há nada que possa de qualquer modo se opor* à teoria da origem das Espécies "através da Seleção Natural ou da preservação das raças favorecidas na luta pela vida". Mas através de *uma crença completa e absoluta na doutrina como foi expressa inicialmente*, não devemos de modo algum nos comprometer com as representações daquela doutrina feitas por aqueles que vieram depois. (Bateson, 1894, p. 80 – nossa ênfase)

Note-se como Bateson afirmou aqui claramente sua crença na seleção natural. Se Bateson não estava mentindo quando disse aceitar a teoria de Darwin (e certamente ele não estava), o que estava tentando fazer? Parece que ele estava tentando melhorar a teoria e dar conta de algumas dificuldades que não haviam sido resolvidas.

8. A crítica de Bateson aos métodos anteriores

De acordo com Bateson, uma das principais dificuldades da teoria de Darwin (e também da de Lamarck) era explicar por que as espécies exibiam uma série descontínua, enquanto o ambiente físico apresentava uma gradação contínua de temperatura, altitude, profundidade da água, salinidade, etc. (Bateson, 1894, p. 5). Darwin estava ciente dessa dificuldade e procurou fornecer uma resposta, mas Bateson não pôde aceitá-la. Ele considerava este problema como uma objeção fatal à suposição de que toda variação era contínua e que a descontinuidade das espécies era resultado da ação da seleção natural (Bateson, 1894, p. 69). Portanto, ele procurou encontrar em outro lugar a fonte da descontinuidade das espécies – a saber, no processo da variação.

Antes de entrar no problema da variação, entretanto, Bateson procurou mostrar que outros enfoques para o estudo da evolução, principalmente o método embriológico e o estudo da adaptação, haviam falhado: "É com o exame desses métodos e com a observação do ponto exato em que eles falharam, que a necessidade do Estudo da Variação tornar-se-á mais evidente" (Bateson, 1894, p. 5). Nessas críticas alguns autores encontraram evidências de que Bateson estava atacando o Darwinismo.

Os comentários de Bateson sobre o método embriológico já foram apresentados acima. Vamos agora apresentar sua crítica ao estudo da adaptação.

De acordo com a teoria de Darwin, a seleção natural pode explicar as características úteis dos seres vivos. Entretanto, muitas estruturas complexas, cuja utilidade era desconhecida, foram encontradas em várias classes de animais (Bateson, 1894, p. 10). Além disso, muitas características encontradas em espécies próximas pareciam ser triviais e não ter utilidade para elas. Ele fez também objeções ao estudo da adaptação como meio de descobrir os processos da evolução porque embora fosse possível sugerir algum modo pelo qual, em circunstâncias conhecidas ou hipotéticas, uma dada estrutura poderia ter algum uso para algum animal, por outro lado, não seria possível provar que tais estruturas não fossem prejudiciais de algum modo (Bateson, 1894, p. 12).

Resumindo, tanto no caso do método embriológico como no caso do estudo da adaptação, Bateson pensava que era possível *sugerir* mas era impossível *estabelecer* como os organismos tinham evoluído em casos específicos.

Poderia esta crítica ser considerada como um ataque ao Darwinismo? Não. A dificuldade ou mesmo impossibilidade de tomar conhecimento de como os seres vivos evoluíram em casos específicos não significa negar que eles evoluíram de acordo com a teoria de Darwin. Bateson não estava propondo uma *alternativa* para a teoria de Darwin. Certamente, o método que ele apoiava não pretendia tomar conhecimento da genealogia das espécies ou da origem de características específicas. O objetivo principal de Bateson ao estudar a variação era o seguinte:

> A primeira pergunta que se espera que o Estudo da Variação responda se refere à origem daquela Descontinuidade da qual as Espécies são a expressão objetiva. Tal Descontinuidade não está no ambiente; não poderia estar na própria coisa viva? (Bateson, 1894, p. 17).

Nem as investigações embriológicas, nem o estudo das adaptações tinham este objetivo em vista. Além disso, os métodos anteriores não eram incompatíveis com o estudo da variação. Parece que a crítica de Bateson a outras linhas de pesquisa apenas pretendia mostrar que elas não eram tão valiosas quanto se supunha, e que outros tipos de investigação mereciam atenção.

É também relevante chamar a atenção para a presença tanto da primeira edição (1859) como a sexta edição do *Origin* na biblioteca particular de Bateson.[2] O fato de que ele fez algumas marcas em certos parágrafos de ambas as edições sugere que ele, de algum modo, os julgou relevantes. Na edição de 1859, por exemplo, Bateson marcou um parágrafo no capítulo IV onde Darwin mencionou algumas particularidades que se observava surgirem e estarem relacionadas ao sexo masculino em animais domésticos e que pareciam não ter utilidade nenhuma para a luta entre os machos, nem serem atrativas para as fêmeas. Darwin também se referiu a casos análogos que podiam ser encontrados na natureza (Darwin, 1859, p. 90). Isso sugere fortemente que este ponto atraiu a atenção de Bateson e que as dificuldades que ele notou no estudo da adaptação podem ter surgido a partir do estudo dos trabalhos de Darwin.

9. As variações descontínuas

Bateson pensava que o estudo da variação – isto é, o estudo das diferenças entre os organismos[3] – poderia trazer algum esclarecimento acerca do problema da evolução. Tal estudo deveria começar pela determinação da natureza das séries dentro das quais as formas evoluíram. Como a diferenciação teria sido introduzida nestas séries? Saber se essas séries eram contínuas (se a transição de um termo para outro era imperceptível) ou descontínuas (quando as lacunas não eram preenchidas por formas intermediárias) e decidir qual das duas possibilidades estava mais de acordo com os fenô-

---

[2] Os livros de Bateson pertencem agora ao *John Innes Centre*, Norwich, Inglaterra.
[3] Os organismos que devem ser comparadados são o progenitor e seu descendente. Se o verdadeiro progenitor não for conhecido, deve-se conhecer a forma normal da espécie (Bateson, 1894, p. 17).

menos de variação observados era uma questão vital referente ao estudo da evolução. Conforme Bateson, essa questão não havia sido ainda decidida. Entretanto, acreditava-se comumente que o processo era contínuo (Bateson, 1894, pp. 14-15).

Bateson admitia que, em muitos casos, a variação poderia ser contínua:[4]

> Que a Variação Contínua existe é igualmente um fato mas o mais importante é que se deve reconhecer a distinção entre as duas classes de fenômenos, pois há uma razão para se pensar que elas são essencialmente distintas, e embora possam ocorrer simultaneamente ou em conjunção, elas sejam manifestações de processos distintos. A tentativa de distinguir estes dois tipos de Variação constitui uma das principais partes do estudo. (Bateson, 1894, p. 18)

É importante enfatizar que Bateson nunca negou a existência da variação contínua. Seu posicionamento a respeito desta questão era bastante claro. Três anos depois da publicação do *Materials* ele escreveu:

> Encontrar continuidade ou descontinuidade vai depender das espécies estudadas e do caráter selecionado para investigação. Existe variação contínua, mas existe também variação descontínua. Descobrir através da pesquisa estatística o grau de continuidade ou descontinuidade através do qual a variação de uma determinada característica se manifesta em cada espécie é o primeiro dever do estudante de evolução. (Bateson, 1897, pp. 346-347)

No *Materials* Bateson acumulou um grande número de casos (886) que substanciavam a existência de variações descontínuas. Ele lidou principalmente com as variações que ocorriam nas séries merísticas[5] (radiais ou lineares). Tal tipo de variação afetava o número de partes dos organismos.

É bastante provável que, ao fazer esta escolha, Bateson tivesse sido inspirado por Darwin. No exemplar do livro de Darwin, *The Variation of Animals and Plants Under Domestication*, que fazia parte da biblioteca particular de Bateson, este colocou um ponto de interrogação [?] ao lado do seguinte

---

[4] Ele mencionou, por exemplo, alguns casos estudados por Francis Galton e Raphael Weldon (ver Bateson & Bateson, 1891, p. 158).

[5] Bateson descreveu o merismo como sendo um fenômeno de repetição de partes que podia afetar a simetria ou o padrão (Bateson, 1894, p. 20). Este autor admitia também um outro tipo de variação que chamou de variação 'substantiva'. Este fenômeno compreendia variações nas partes em si (Bateson, 1894, p. 23). Embora houvesse percebido que algumas variações substantivas se comportavam descontinuamente, Bateson não as discutiu no *Materials*.

texto: "Eu me refiro a órgãos que se multiplicam ou são transportados de forma anormal. Assim, os peixes dourados freqüentemente apresentam nadadeiras extra-numerárias dispostas em várias partes de seus corpos" (Darwin, 1998, p. 398). Certamente essa afirmação não apenas intrigou Bateson mas também o deixou curioso. Isto poderia representar um problema para a crença de Darwin de que o acúmulo gradual de pequenas variações através da seleção natural era o mecanismo da evolução e que tipos aberrantes não tinham importância para o processo evolutivo.

Embora Bateson não negasse a seleção natural, notou que a teoria apresentava diversos problemas que eram difíceis de serem respondidos se fosse assumido que as variações eram sempre muito pequenas (contínuas). Ele escreveu sobre o que ele considerava ser a mais séria objeção sobre a formação de novos órgãos em seus estágios iniciais e imperfeitos, o modo de transformação destes órgãos e, geralmente, a seleção, perpetuação e utilidade das variações mínimas:

> [...] Ao assumir que as variações são mínimas, deparamo-nos com esta dificuldade que nos é familiar.[6] Sabemos que certos dispositivos e mecanismos são úteis para aqueles que os possuem; mas com o conhecimento que temos da História Natural somos levados a pensar que sua utilidade é conseqüência do grau de perfeição de que eles são dotados, e que se eles fossem totalmente imperfeitos não seriam úteis. Ora, está claro que em qualquer processo contínuo de Evolução tais estágios de imperfeição devem ocorrer, e a objeção colocada é que a Seleção Natural não pode proteger esses mecanismos imperfeitos nem levá-los à perfeição. Das objeções colocadas à Seleção Natural, esta é certamente a mais séria. (Bateson, 1894, pp. 15-16)

No caso da variação descontínua, a objeção perde sua força, certamente. Note-se que, neste caso, a idéia da variação descontínua pretende *auxiliar* a teoria da seleção natural e não substitui-la.

No que se refere à utilidade e perpetuação das variações mínimas, Bateson deu o exemplo de muitas borboletas sul-africanas do gênero *Euchloe*. Algumas delas possuem as pontas das asas anteriores vermelho-alaranjado (*Euchloe danae*), enquanto em outras elas eram púrpura (*Euchloe ione*). Ele afirmou que se fosse assumido que a transição de vermelho-alaranjado para púrpura e vice-versa fosse afetada continuamente pela seleção de variações

---

[6] Tal objeção já havia sido levantada no tempo de Darwin por St. George Mivart: "A seleção natural é incompetente para justificar os estágios incipientes das estruturas úteis". Darwin discutiu isso no capítulo 7 do *Origin of Species* (Darwin, 1872, p. 177). Ver também Kellogg, *Darwinism To-Day*, p. 49.

mínimas, surgiriam algumas dificuldades. "Por que púrpura é uma boa cor para esta criatura? Se púrpura é uma boa cor e vermelho é uma boa cor, por que ocorre que de tempos em tempos todas as formas intermediárias também são suficientemente boas para serem selecionadas? E assim por diante" (Bateson, 1894, p. 72). Bateson apresentou outra possibilidade: "Eu proponho que é muito mais fácil supor que a mudança de vermelho para púrpura foi desde o início completa, e que a escolha oferecida à seleção foi entre vermelho e púrpura; e que as cores púrpura e vermelho foram determinadas por propriedades químicas do corpo ao qual a cor era devida" (Bateson, 1894, p. 73). Este problema já havia sido discutido em um trabalho anterior de Bateson feito conjuntamente com sua irmã Anna (Bateson & Bateson, 1891, p. 128).

Em muitos casos em que se observava uma variação no número das partes de um órgão específico dentro de uma população, Bateson notou que as partes extra-numerárias eram perfeitas, e que o órgão cujo número de partes era anômalo conservava sua simetria. Esses eram exemplos de variações descontínuas que forneciam uma simetria perfeita aos órgãos. Bateson sustentava que era impossível supor que a perfeição de uma variedade,[7] que ocorria de modo descontínuo e repentino, fosse produzida pela seleção. Ele esclareceu através de um exemplo referente à variação no número de pétalas em uma variedade de tulipas:

> Não há dúvidas de que é concebível que uma raça de Tulipas que apresenta suas partes em múltiplos de quatro possa ter surgido através da Seleção, a partir de um espécime que tivesse esta característica; mas não é possível que a perfeição de uma variedade nascente possa ter sido gradualmente construída pela Seleção, pois ela é, desde o início, perfeita e simétrica. E se podemos ver assim claramente que a perfeição e a Simetria de uma variedade não são trabalho da Seleção, este fato suscita sérias dúvidas de que talvez a perfeição e a Simetria do tipo também são originadas a partir da Seleção. É claro que esta consideração toca apenas a participação que a Seleção pode ter tido no início da construção do tipo, mas não afeta a idéia de que a perpetuação do tipo inicialmente constituído possa ter sido conquistada pela Seleção. (Bateson, 1894, p. 69)

---

[7] Bateson admitia que a perfeição e definição do tipo poderiam ser devidas às condições físicas sob as quais a variação ocorria. Nesse sentido, ele não havia formulado uma teoria mas sim uma hipótese de trabalho de que a descontinuidade da variação merística (encontrada na *Tulipa*, *Aurelia* ou no tarso da barata) poderia ter sido determinada mecanicamente (Bateson, 1894, pp. 69-70).

Resumindo, Bateson não rejeitou a seleção natural. Ele pensava que a seleção natural não podia criar novas partes mas, uma vez que essas partes surgiam (principalmente através da variação descontínua), ela agiria na perpetuação do tipo.[8] Alguns anos mais tarde ele afirmou em uma conferência dirigida à *British Association for the Advancement of Science*: "A seleção é um fenômeno verdadeiro, mas sua função é *selecionar*, não criar" (Bateson, 1904, p. 238).

Ora, Darwin assumiu que a seleção natural agia em diminutas variações contínuas. Poderia o trabalho de Bateson ser considerado anti-Darwiniano por esta razão?

Antes de responder esta pergunta, é importante salientar que Darwin nunca tomou conhecimento dos fatos trazidos à luz pelo trabalho de Bateson. Ao discutir a variação, Darwin concentrou sua atenção nas variedades domésticas, acreditando que a variação seria muito menor nas plantas e animais selvagens: "Quando comparamos os indivíduos da mesma variedade ou sub-variedade com nossas plantas cultivadas e animais mais antigos, o primeiro ponto que impressiona é que eles *geralmente* diferem mais um do outro do que os indivíduos de uma espécie ou variedade no estado natural" (Darwin, 1872, p. 9 – nossa ênfase).

Bateson, entretanto, encontrou evidências de que os animais selvagens podiam variar tanto quanto os animais domésticos. Após examinar a variação das vértebras nos bichos-preguiça, nos dentes dos macacos antropóides bem como na cor de um tipo de molusco marinho (*Purpura lapillus*) ele percebeu que sua freqüência e amplitude podiam ser igualadas somente àquela encontrada nos animais domésticos mais variáveis (Bateson, 1894, p. 572). Além disso, Bateson foi capaz de mostrar que aquilo que ele considerava como sendo variação descontínua era muito comum, um fato que não havia sido percebido por Darwin.

Parece que a hipótese da variação contínua foi utilizada por Darwin apenas porque ele pensava que ela constituía uma boa descrição dos fatos observados. A possibilidade oposta da variação descontínua é compatível com todos os outros aspectos da teoria de Darwin e, além disso, apresenta diversas vantagens em relação à hipótese da variação contínua. Se Darwin tivesse tomado conhecimento de que as variações descontínuas eram co-

---

[8] A mesma idéia pode ser encontrada num artigo anterior tratando da variação na simetria floral de algumas plantas que apresentavam corolas irregulares, escrito por Bateson e sua irmã Anna. Os autores afirmaram que "a evolução das formas das corolas irregulares tinha ocorrido juntamente com a adaptação para a fertilização cruzada, e sua perfeição e existência haviam sido conquistadas pela ação da Seleção Natural" (Bateson & Bateson, 1891, p. 126).

muns entre as plantas e animais selvagens, por que ele se recusaria a utilizar este fato para responder às conhecidas dificuldades da teoria?

A ênfase na variação descontínua e seu papel na evolução era um novo passo. Ela ia contra uma das suposições secundárias de Darwin. Entretanto, este passo não pode ser considerado como um ataque ao Darwinismo. Foi uma tentativa de melhorar a teoria de Darwin.

10. Conclusão

Bateson aceitava como um postulado que a evolução tinha ocorrido, portanto ele era um evolucionista. Está claro também que ele não apoiava as teorias Lamarckianas. Afinal, ele era um Darwiniano?

Se nós considerarmos que Darwinismo e seleção natural são sinônimos e que a seleção natural é o único e exclusivo modo de modificação, apenas autores como August Weismann (em seu trabalho maduro) poderiam ser classificados como Darwinianos: "Parece difícil recusar admitir [...] *que toda parte essencial de uma espécie não é meramente regulada pela seleção natural, mas é produzida originalmente por ela*" (Weismann, 1904, vol. 2, p. 312). Se usarmos este critério, Bateson não pode ser considerado um Darwiniano. Mas se nós assumirmos a visão de Weismann, nem mesmo Darwin poderia ser considerado Darwiniano, pois na 6ª edição do *Origin of Species* ele repetiu algo que já que vinha afirmando desde 1859: "Eu estou convencido de que a seleção natural é o principal, mas não exclusivo meio de modificação" (Darwin, 1872, p. 421).

Bateson não apenas admirava como também considerava o trabalho de Darwin muito importante para o estudo da evolução. Ele escreveu de modo respeitoso sobre Darwin e aceitava a teoria da descendência natural. Ele também foi influenciado pela metodologia de Darwin.

Se compararmos o trabalho evolutivo inicial de Bateson e o *hard core* da teoria de Darwin acima descrito (seção 5), perceberemos que não há conflitos. Bateson aceitava a luta pela sobrevivência, hereditariedade, variação, adequação diferenciada e seleção natural. Embora tenha indicado algumas dificuldades da teoria, ele não a negou.

Com relação ao cinturão protetor indicado por Lennox, uma vez que a teoria de Darwin não afirma quais traços são herdáveis, nem como eles variam, ou de que modo os recursos são limitados, ou como os diferentes traços ajudam na sobrevivência, ou como estes fatores mudam no decorrer do tempo, as contribuições e sugestões de Bateson são plenamente compatíveis com a teoria.

Se levarmos em conta os outros critérios adotados pelos autores para rotularem Bateson como anti-Darwiniano perceberemos que eles são inadequados. Foi mostrado, por exemplo, que Bateson não era anti-seleccionista, como foi alegado por alguns autores. Embora enfatizasse a relevância da variação descontínua, ele não negou a existência da variação contínua. No entanto, ele acumulou uma grande massa de fatos (dentro do espírito Darwiniano) que sugeria que a variação descontínua não era tão rara quanto se pensava e delineou algumas conclusões em relação à evolução.

Como sugeriu Nordmann, Bateson trabalhava dentro do aracabouço amplo Darwiniano de problemas e questões (Nordmann, 1992, p. 53). Ele, como a maior parte de seus colegas, foi profundamente influenciado e inspirado pelo trabalho de Darwin. O enfoque adotado por Bateson no *Materials* era notadamente semelhante àquele adotado por Darwin, como foi indicado por Coleman (Coleman, 1968, p. 338). Bateson não apenas era um seguidor como também se referia respeitosamente ao empreendimento de Darwin.

Alguns autores que classificam Bateson como sendo anti-Darwiniano consideram Wallace como sendo Darwiniano porque ele teria se convertido ao evolucionismo baseado na evidência trazida pela biogeografia. Eles também o descrevem como sendo um forte proponente da seleção natural (Bowler, 1990, pp. 140-141). Entretanto, deve-se salientar que Wallace não aceitava a seleção sexual e alegava que os homens não eram semelhantes aos outros animais, por serem dotados de uma razão que não havia sido desenvolvida nem pela seleção natural nem através de qualquer outra causa natural. *Isto* conflita fortemente com o *hard core* do Darwinismo.

Enquanto Darwin não considerava as variações grandes e repentinas como sendo relevantes para os processos evolutivos e apresentava fatos que apoiavam a continuidade da variação, Bateson acumulou uma gigantesca massa de fatos referentes à descontinuidade da variação. Entretanto, ele não negou nem a existência nem a importância da variação contínua.

Bateson acrescentou novos fatos à coleção de fatos que era conhecida por Darwin. O fato de que muitas formas surgem repentinamente e são perfeitas, representava um problema no que se refere à ação da seleção natural. Como ela poderia agir na produção de novas formas se elas são perfeitas desde o início? Apesar desta e outras restrições à seleção natural, Bateson aceitava que ela agia na perpetuação do tipo.

Este estudo leva à conclusão de que o *Materials* de Bateson não pode ser considerado como um ataque ao Darwinismo, mas sim como uma contribuição ao programa de pesquisa Darwiniano. Esta obra contribuiu para a teoria darwiniana adicionando novos fatos, sugerindo novos aspectos da evolução e proporcionando uma solução original para algumas das dificuldades da teoria. O trabalho desenvolvido por Bateson no início de sua carreira profissional pode ser considerado como fazendo parte de um amplo programa de pesquisa Darwiniano que apresentava diversos ramos conflitantes.

Agradecimentos

Agradeço à FAPESP (Fundação de Amparo à Pesquisa do Estado de São Paulo) e ao CNPq (Conselho Nacional de Desenvolvimento Científico e Tecnológico) que apoiaram esta pesquisa. Gostaria também de agradecer à Sra. Rosemary R. D. Harvey, então arquivista do *John Innes Institute*, bem como ao Sr. Geoffrey Waller do *Manuscripts Department of the Cambridge University Library* pela sua ajuda. Sou também grata ao Dr. Roberto A. Martins, à Dra. Anna Carolina K. P. Regner e ao Dr. Tim Shanahan por sua leitura crítica que contribuiu para a presente versão revista deste artigo.

Referências bibliográficas

Bateson, B. (1928), *William Bateson, F.R.S., Naturalist. His Essays & Adresses together with a short account of his life*, Cambridge: Cambridge University Press.

Bateson, W. (1894), *Materials for the Study of Variation*, Baltimore: Johns Hopkins, 1992.

Bateson, W. (1894), "Progress in the Study of Variation, I", *Science Progress* 1, 1897, reproduzido em Punnett (1928), pp. 344-56.

Bateson, W. (1904), "Presidential Address to the Zoological Section, British Association, Cambridge Meeting, 1904", reproduzido em Bateson (1928), p. 233-259.

Bateson, W. & A. Bateson (1891), "On the Variations in Floral Symmetry of Certain Plants Having Irregular Corollas", *Journal of the Linnean Society* (Bot.) 28, reproduzido em Punnett (1928), pp. 126-161.

Bowler, P. (1989), *Evolution: The History of An Idea*, 2ª ed., Berkeley: University of California Press.

Bowler, P. (1989), "Development and Adaptation: Evolutionary Concepts in British Morphology, 1870-1914", *British Journal for the History of Science* 22: 283-97.

Bowler, P. (1990), *Charles Darwin. The Man and His Influence*, Cambridge: Cambridge University Press.

Bowler, P. (1992a), *The Eclipse of Darwinism: Anti-Darwinian Evolution Theories in the Decades Around 1900*, 2ª ed., Baltimore: Johns Hopkins University.

Bowler, P. (1992b), "Foreword", em Bateson (1894[1992]), pp. xvii-xxvii.

Cock, A. (1973), "William Bateson, Mendelism and Biometry", *Journal of the History of Biology* 6: 1-36.

Coleman, W. (1968), "On Bateson Motives for Studying Variation", em *Actes du XIème Congrès International d'Histoire des Sciences*, Varsovie–Cracovie, 24-31 Août, 1965, 6 vols., Ossolineum: Académie Polonaise des Sciences, vol. 5, pp. 335-339.

Darwin, C. (1859), *On the Origin of Species by Means of Natural Selection or The Preservation of Favoured Races in the Struggle of Life*, London: John Murray.

Darwin, C. (1872), *On the Origin of Species by Means of Natural Selection or The Preservation of Favoured Races in the Struggle of Life*, 6ª ed., London: John Murray.

Darwin, C. (1888), *On the Origin of Species by Means of Natural Selection or The Preservation of Favoured Races in the Struggle of Life*, 6ª ed., with additions and corrections, London: John Murray.

Darwin, C. (1868), *The Variation of Animals and Plants Under Domestication*, 2 vols., London: John Murray.

Darwin, C. (1998), *The Variation of Animals and Plants Under Domestication*, 2 vols., Baltimore and London: Johns Hopkins University.

Kellogg, V.L. (1907), *Darwinism To-Day*, New York: Henry Holt.

Kitcher, P. (1985), "Darwin's Achievement", em Rescher, N. (ed.), *Reason and Rationality in Natural Science*, Lanham, MD: University Press of America, pp. 123-185.

Lakatos, I. (1970), "Falsification and the Methodology of Scientific Research Programmes", em Lakatos, I. & A. Musgrave (eds.), *Criticism and the Growth of Knowledge, Proceedings of the International Colloquium in the Philosophy of Science*, London, 1965, vol. 4, Cambridge: Cambridge University Press, pp. 91-195.

Lennox, J.G. (1992), "Philosophy of Biology", em Salmon, M.H. (ed.), *Introduction to the Philosophy of Science*, chapter 7, Englewood Cliffs, N.J.: Prentice Hall, pp. 269-309.

Mayr, E. (1982), *The Growth of Biological Thought. Diversity, Evolution and Inheritance*, Cambridge, MA: Harvard University Press.

Morgan, T.H. (1903), *Evolution and Adaptation*, New York: MacMillan.

Nordmann, A. (1992), "Darwinians at War. Bateson's Place in Histories of Darwinism", *Synthese* 91: 53-72.

Olby, R. (1966), *Origins of Mendelism*, London: Constable.

Punnett, R.C. (ed.) (1928), *Scientific Papers of William Bateson*, Cambridge: Cambridge University Press.

Ridley, M. (1986), "Embryology and Classical Zoology in Great Britain", in Horder, T.J., Witkowski, J.A. & C.C. Wylie (eds.), *The Eight Symposium of the British Society for Developmental Biology. A History of Embryology*, Cambridge: Cambridge University, pp. 35-67.

Weismann, A. (1904), *The Evolution Theory*, 2 vols., London: Edward Arnold, 1983.

A natureza das gêmulas na hipótese da pangênese de Darwin e o conceito de vida

Luzia Aurelia Castañeda*

Falar sobre Darwin sempre nos remete à sua teoria mais conhecida, da evolução das espécies, publicada em 1859 no livro *On the Origin of Species By Means of Natural Selection*. Darwin passou mais de duas décadas trabalhando na idéia de evolução, e há vários trabalhos discordantes a respeito de quando a teoria foi elaborada por completo (Mayr, 1992; Bowler, 1996; Ospovat, 1991). Porém, todos concordam que a publicação da *Origem das espécies* foi o resumo do trabalho de Darwin. Ele foi "convidado" a publicar a teoria por pressão de seus editores: Darwin recebeu uma carta de Wallace de 20 páginas que lembrava muito uma síntese da seleção natural. A carta discutia como as variações se expandiam mais e mais adiante a partir das espécies originais na luta pela vida. Apesar de Wallace não mencionar a publicação, Darwin propôs que a teoria fosse apresentada à Sociedade Linneana, onde ambos assinaram a autoria (Desmond & Moore, 2000, pp. 488-501). Depois disso, havia a pressa em escrever e publicar um livro ainda original. Na resposta à carta de Wallace, Darwin refere-se ao resumo que está preparando:

> Indiretamente, devo muito a vós e a eles, pois chego quase a pensar que Lyell teria provado estar com a razão e que eu jamais concluiria meu livro mais extenso, e, com a saúde precária, tive bastante dificuldade com o resumo, mas agora, graças a Deus, estou no penúltimo capítulo. Meu resumo comporá um pequeno volume de 400 ou

---

* Programa de Estudos Pós Graduados em História da Ciência, Pontifícia Universidade Católica de São Paulo (PUC-SP), Brasil.

500 páginas. Quando ele for publicado, é claro que vos remeterei um exemplar, e então vereis o que pretendo dizer a respeito do papel que creio ter sido desempenhado pela seleção nas produções domésticas. Trata-se de um papel muito diferente, como presumistes, do desempenhado pela "seleção natural" [...] (Burkhardt, 2000, p. 285)

Para dar continuidade e vazão a todo o material já trabalhado, Darwin propõe expandir cada capítulo da *Origem* e transformá-los em outras obras. Um dos resultados disso foi a publicação, em 1868, de *The Variation of Animals and Plants Under Domestication*.[1] Nessa obra, Darwin expõe a hipótese da pangênese, em que assume que todas as partes do corpo produzem gêmulas com "informação" dessas partes. Esses grânulos reúnem-se nos elementos sexuais e são transmitidos às gerações seguintes – algumas podem ficar dormentes e outras podem apresentar certa predominância.

Apesar de a *Origem das espécies* ser a obra de maior impacto, reduzir o pensamento de Darwin à teoria da evolução é restringir nosso entendimento de toda a complexa trama que Darwin tece para articular a natureza do ser vivo com as influências do meio ambiente e da herança. Nosso desafio, neste trabalho, é captar a noção de vida que transita entre a teoria da evolução e a hipótese da pangênese. Darwin nunca fala explicitamente sobre o conceito de vida. Acreditamos que ao analisar a natureza das gêmulas possamos nos aproximar daquilo que sustenta a diferença entre a matéria viva e a não viva dentro da concepção teórica de nosso autor.

1. A hipótese da pangênese

Com a publicação da *Origem das espécies*, Darwin poderia sentir-se satisfeito por ter encontrado na seleção natural o mecanismo para explicar como as variações favoráveis são preservadas na luta pela existência. Apesar disso, muitas questões ainda permaneciam sem esclarecimento: como os caracteres adquiridos são herdados, como se dá o desenvolvimento embrionário, qual o efeito do uso e desuso, o hibridismo, a reprodução, a reversão e o surgimento inicial de uma variação – todos fenômenos relacionados com a hereditariedade que clamavam por um mecanismo explanatório consistente.

Darwin captou a necessidade de articular esses fenômenos sob a regência de uma teoria; e em 27 de maio de 1865 enviou a Thomas H. Huxley um manuscrito de 30 páginas em que apresentava sua hipótese da pangênese. Darwin propunha uma teoria que relacionava a herança com o desen-

---

[1] Outra obra desse projeto foi *The Descent of Man, and Selection in Relation to Sex*, publicada em 1871.

volvimento e a produção de variações e estava ansioso para saber a opinião de seu amigo Huxley:

> Estou escrevendo para pedir um favor, um grande favor a um trabalhador dedicado como você. Ler as 30 páginas de meu manuscrito [...] sua opinião me autorizará a publicá-lo ou não. (Darwin, 1905, vol. 2, cap. IV, carta de Darwin a T.H. Huxley, 27 de maio [1865?])

Aparentemente, a primeira carta em que Huxley reportava sua opinião sobre a pangênese não sobreviveu, mas parece ter sido desfavorável o bastante para fazer com que Darwin pensasse que seu amigo o estava desencorajando a publicá-la. Pois em 12 de julho de 1865 Darwin escreve uma resposta:

> Não duvido que seu julgamento seja perfeitamente justo e tentarei persuadir-me a não publicar. O tema como um todo é muito especulativo, mas acredito que tal visão terá de ser adotada quando penso em fatos como a herança do uso e desuso etc. Mas tentarei ser mais cauteloso... (Darwin, 1905, vol. 2, cap. IV, carta de Darwin a T.H. Huxley, 12 de julho [1865?])

A análise da correspondência subseqüente mostra que Huxley não queria desencorajar o amigo, mas sim sugerir que suas idéias fossem publicadas como desenvolvimentos hipotéticos. E foi nesse espírito que Darwin eventualmente as publicou. "A hipótese provisória da pangênese" tornou-se o capítulo 27 do livro *The Variation of Animals and Plants Under Domestication*, cuja primeira edição é datada de 1868 (Geison, 1969, pp. 375-411).

Darwin elaborou sua hipótese da pangênese para ser uma teoria unificadora que daria uma ordem aos fatos que ele tinha assiduamente coletado sobre herança, regeneração e reversão, mesmo nos exemplos em que os caracteres adquiridos haviam sido considerados herdados. A teoria também contemplava a influência de cruzamentos prévios, em termos de uma ação direta do macho no corpo da fêmea. Numerosos fatos reportados até então eram agora correlacionados por meio de uma simples explicação (Robinson, 1979, p. 5).

A versão da pangênese de Darwin, que considera a existência de pequenos grânulos materiais responsáveis pela herança, não era uma idéia nova. Os antecedentes históricos vêm desde a Antigüidade, com Hipócrates, até contemporâneos de Darwin, como Herbert Spencer. As propostas desses autores foram detalhadamente analisadas por Darwin, que as comparou com sua própria idéia e pontuou as diferenças (Castañeda, 1992; Zirkle, 1935, 1936, 1946).

Em uma carta ao botânico Joseph D. Hooker, Darwin demonstra preocupação com a originalidade de sua idéia:

> Temo que a pangênese tenha nascido morta. Bates diz que a leu duas vezes e não tem certeza se a entendeu. H. Spencer afirma que se trata de uma idéia bem diferente da dele (e isso é muito bom para mim, pois temo ser acusado de plagiador) [...] (Darwin, 1905, vol. 2, cap. IV, carta de Darwin a Hooker, 23 de fevereiro [1868])

Os conceitos de potencialidade ou de difusão de influências pareciam ser muito vagos para Darwin. Ele se sentia mais confortável com a proposta de partículas sólidas. A teoria celular é incorporada à sua hipótese à medida que ele articulava a herança com a produção de gêmulas que eram expelidas por todas as células (Robinson, 1979, p. 6). Uma carta de Darwin a Hooker ilustra essa passagem:

> Quando você ou Huxley dizem que uma simples célula de planta ou de um toco ou de um membro amputado tem a "potencialidade" de reproduzir o todo, "difundir uma influência", essas palavras não me passam uma idéia positiva; mas quando é dito que as células de uma planta, ou toco, incluem átomos derivados de cada uma das células do organismo como um todo e que são capazes de desenvolvimento, eu percebo uma idéia distinta [...] e parece-me que posso aplicá-la a todas as formas de reprodução: herança, metamorfose, transposição de órgãos, ação direta do elemento masculino na planta mãe etc. [...] Essa hipótese serve como uma conexão útil entre várias classes de fatos fisiológicos que estavam, até o presente, absolutamente isolados. (Darwin, 1905, vol. 2, cap. V, carta de Darwin a Hooker, 28 de fevereiro [1868])

A pangênese serviu a Darwin como um conceito útil, pois as gêmulas tanto transmitem características novas distintas como apresentam o poder de reversão. Para Darwin, um organismo produz ambas as gêmulas: as puras e as hibridizadas. As premissas básicas dessa hipótese são:

1) Todas as unidades do corpo têm o poder de crescimento por auto-divisão:

    > É universalmente admitido que as células ou unidades do corpo aumentam por auto-divisão ou proliferação, retendo a mesma natureza, e essas unidades posteriormente se convertem em vários tecidos e substâncias do corpo. (Darwin, 1875, vol. 2, p. 321).

2) Todas as unidades do corpo expelem grânulos:

Eu assumo que as unidades expelem grânulos que são dispersos através do sistema quando suplementados com nutriente próprio, multiplicam-se por auto-divisão e são posteriormente desenvolvidos dentro de unidades como aquela de que originalmente se derivaram. Esses grânulos podem ser chamados de gêmulas. (Darwin, 1875, vol. 2, p. 321).

3) As gêmulas crescem, multiplicam-se e agregam-se.
4) As gêmulas de todas as partes do sistema reúnem-se e constituem os elementos sexuais, cujo desenvolvimento formará depois um novo ser.
5) Nem todas as gêmulas presentes nos elementos sexuais que formam um novo ser irão manifestar-se no mesmo; elas podem não se desenvolver, ficando em estado dormente e passando a outras gerações, nas quais poderão eventualmente se desenvolver.
6) Para se desenvolver, as gêmulas devem unir-se a células não desenvolvidas ou parcialmente desenvolvidas que as precedem.
7) Cada unidade expele gêmulas não só no estado adulto, mas também nos outros estágios de desenvolvimento do organismo, porém não continuamente.
8) As gêmulas em estado dormente possuem afinidades mútuas e agregam-se aos brotos ou aos elementos sexuais.

Como podemos notar, a produção de gêmulas por todas as unidades do corpo é, portanto, a premissa básica da hipótese da pangênese. Sobre a natureza das gêmulas, Darwin estabeleceu alguns pontos: são corpúsculos materiais, infinitamente pequenos, têm o poder de auto-divisão e agregam-se por afinidade. Além disso, para se desenvolver elas precisam unir-se às células diferenciadas ou parcialmente desenvolvidas que as precedem. Acerca de suas funções, as gêmulas são elementos responsáveis tanto pela formação e diferenciação dos tecidos e órgãos como pela transmissão das características dos progenitores à prole.

Tanto a natureza das gêmulas como sua atuação no processo de herança são objetos de investigação que necessitam de maior detalhamento.

No presente trabalho, investigaremos as qualidades da matéria que forma as gêmulas e que confere às mesmas o poder de transmitir as características dos ancestrais às gerações seguintes. Essas qualidades, resumidamente, são: capacidade de reter a natureza do local em que foi formada; capacidade de assimilar nutrientes para o crescimento e desenvolvimento; capacidade de multiplicar-se por auto-divisão; capacidade de agregação por afinidade; por fim, capacidade de permanecer em estado de dormência por muitas gerações. Acreditamos que as quatro primeiras qualidades apóiam a teoria de desenvolvimento que Darwin articula com a teoria de herança. Já a atribuição do estado de dormência às partículas hereditárias permitiu a Darwin explicar a reversão de características que compareciam nos ancestrais.[2] Contudo, é bom explicitar que se trata de uma única teoria que tece vários conceitos pertinentes ao ser vivo, a saber: desenvolvimento, produção de variação e herança. Assim, num primeiro momento, trataremos os itens listados como "qualidades" de uma forma articulada para manter a complexidade inerente à própria proposta de Darwin. Na seqüência, analisaremos tanto a relação entre as gêmulas e o desenvolvimento do organismo quanto sua interação (do organismo) com o ambiente e a produção de variação, assim como a relação das gêmulas com a manutenção do tipo e a herança da variedade.

2. As gêmulas

Darwin assume que um protozoário formado apenas por uma massa homogênea e gelatinosa produzirá somente um tipo de gêmulas, as quais, uma vez expelidas dessa massa e bem nutridas, reproduziriam o indivíduo. Porém, se no lugar dessa massa homogênea houver partes com textura diferente, cada parte teria de expelir gêmulas próprias. Em animais superiores, ocorreria algo semelhante: cada parte do animal que contenha tecidos diferentes precisará transmitir "informações"[3] específicas sobre esses tecidos e sobre a estrutura de cada órgão para reproduzir o tipo. Como o animal (ou planta) passa por diversas fases, nas quais os tecidos e os órgãos são diferentes, essas informações sobre as fases também precisam ser transmitidas aos descendentes e, segundo Darwin, todas elas são reorganizadas e geradas novamente por cada indivíduo, por meio das gêmulas que são de muitos milhares de tipos em cada animal superior (Darwin, 1875, p. 371).

A maioria dos naturalistas da época admitia que os elementos sexuais e os brotos incluíam matéria formativa de algum tipo:

> É amplamente aceito que os elementos sexuais e os brotos incluem matéria formativa de algum tipo, capaz de desenvolvimento, e nós agora sabemos, a partir da produção de enxertos híbridos, que uma matéria similar é dispersa através dos tecidos das plantas [...] (Darwin, 1875, vol. 2, p. 363)

---

[2] Darwin utiliza o conceito de dormência para explicar tanto a reversão (Darwin, 1868, vol. 2, pp. 400-402) como a regeneração (Darwin, 1868, vol. 2, pp. 390-398) e os estágios de desenvolvimento (Darwin, 1868, vol. 2, pp. 388-390).
[3] Darwin não utiliza esse termo.

Essa suposição é necessária para explicar o surgimento de um novo ser a partir dos seres já existentes. Segundo a hipótese da pangênese, essa matéria formativa constitui-se de gêmulas:

> A matéria formativa, que é assim dispersa através dos tecidos das plantas e que é capaz de se desenvolver em cada unidade ou parte, precisa ser gerada pelo mesmo modo; e minha principal afirmação é que essa matéria consiste de minutas partículas ou gêmulas que foram expelidas de cada unidade ou célula. (Darwin, 1875, vol. 2, p. 371)

Uma vez que as gêmulas se constituem de matéria formativa, o desenvolvimento de cada ser depende da presença de gêmulas que foram expelidas em cada período da vida e que se encontram nos elementos sexuais. A união desses elementos normalmente faz com que uma gêmula inicie seu próprio desenvolvimento, "mas o que determina o desenvolvimento de uma gêmula em uma célula primordial do óvulo não impregnado está ainda sob conjetura" (Darwin, 1875, vol. 2, pp. 373-374). Dentro dessa "equação embriológica" proposta por Darwin, temos de assumir que as gêmulas crescem e se multiplicam em todo o corpo, mas agregam-se aos brotos e aos elementos sexuais e não em outras partes do organismo. Além disso, Darwin afirma que o desenvolvimento das gêmulas depende de sua união com outras células nascentes ou com outras unidades (Darwin, 1875, vol. 2, p. 398). Essa qualidade de desenvolvimento somente em união com outras unidades reforça a idéia proposta de que as gêmulas só se agregam aos elementos sexuais ou aos brotos em que todas as unidades estão presentes e, mais do que isso, requer outra qualidade, a afinidade mútua:

> A afinidade eletiva de cada gêmula por uma célula particular que a precede na devida ordem de desenvolvimento está fundamentada em muitas analogias. (Darwin, 1875, vol. 2, p. 374)

Darwin é categórico ao afirmar que essa capacidade eletiva é uma das qualidades mais maravilhosas e precisou ser adquirida por muitas espécies que se diversificaram a partir de um progenitor comum.

Até aqui podemos entender como um embrião se desenvolve a partir da união dos elementos sexuais femininos e masculinos. Mas não o que ocorre nos casos de regeneração de partes amputadas ou, ainda, durante o crescimento normal de um indivíduo que necessita sempre de reposição de células e formação de outras novas e diferentes daquelas já existentes. Mais uma vez precisamos recorrer à imagem de uma teia que é tecida com diferentes fios. E então acrescentamos o fio da dormência, uma das principais qualidades das gêmulas.

Darwin indica que a dormência é um estado: "[as gêmulas] são geralmente transmitidas em um estado dormente durante muitas gerações para então se desenvolverem" (Darwin, 1868, vol. 2, p. 374; Darwin, 1875, vol. 2, p. 370). Ele ainda considera a dormência em diversos níveis:

1) De modo geral, uma gêmula permanece dormente até o momento adequado de manifestar sua característica, pois os tecidos e os órgãos são formados gradualmente (crescimento comum dos organismos).
2) De modo específico, as gêmulas dos caracteres sexuais secundários ficam dormentes até a puberdade, assim como as gêmulas de doenças que se manifestam somente em determinada idade (aparecimento de características específicas).
3) As gêmulas de ancestrais remotos permanecem dormentes por várias gerações (reversão).

Mas o que explicaria a retenção de gêmulas livres e não desenvolvidas no mesmo corpo desde a juventude até a velhice, pois, como já foi colocado, o desenvolvimento das gêmulas depende de sua união com outras células parcialmente desenvolvidas ou com células nascentes que as precedem no curso regular de crescimento? Por que manter um estoque de gêmulas não desenvolvidas? Quando elas saberiam o momento de se unir com as outras para iniciar o desenvolvimento ou, ainda, como uma gêmula dormente é ativada? Seria uma "sabedoria" inerente à matéria formativa ou ela receberia um "aviso" do meio para a união? Essas são questões que transcendem muito os trabalhos de Darwin e encontram-se no âmago de toda e qualquer discussão sobre a matéria viva.[4] Contudo, veremos ao longo desta análise como Darwin encaminha o problema.

Segundo interpretação de Campbell, na teoria de Darwin as gêmulas não se transformam ao longo do desenvolvimento do organismo (Campbell, 1983, p. 419), pois representam as unidades ou células das quais vieram, mas seu estado pode mudar (ativa ou dormente): as gêmulas podem desenvolver-se para produzir as características do tipo ou permanecem dormentes; além disso, o número de gêmulas presente também determina a força de expressão de uma característica.

> A partir desses vários fatos, precisamos admitir que certas características, capacidades e instintos podem permanecer latentes em um indivíduo, e mesmo em uma sucessão de indivíduos, sem que sejamos capazes de detectar o menor sinal de sua presença. (Darwin, 1875, vol. 2, p. 29)

---

[4] Para maiores detalhes, ver Jacyna (1993), pp. 311-329.

Esse seria o caso dos caracteres secundários, os masculinos estão de forma latente nas fêmeas e vice-versa.

Em casos mais gerais, quando uma característica latente se manifesta, Darwin a chama de reversão:

> Quando uma característica perdida há centenas de gerações repentinamente aparece, e não há dúvida de que tal combinação possa ocorrer, o que observamos é a reversão das gerações precedentes [...] (Darwin, 1875, vol. 2, p. 31)

Para Darwin, o princípio da reversão é um dos mais maravilhosos atributos da herança.

> A reversão não é um evento raro, dependendo de algumas combinações não usuais ou favoráveis da circunstância [...] o que nós sabemos é que mudanças nas condições de vida têm o poder de evocar características há muito perdidas. É o caso de animais que se tornam ferozes quando voltam à vida selvagem. (Darwin, 1875, vol. 2, p. 68)

Temos, então, o que seria um primeiro contorno da relação entre gêmulas e meio ambiente, pois parece estar claro para Darwin que as condições de vida imprimem uma nova ordem à distribuição das gêmulas.

3. Gêmulas, desenvolvimento e herança

Os caracteres latentes, decorrentes do estado dormente das gêmulas, podem aparecer tanto num indivíduo como em gerações posteriores. Portanto, as gêmulas estão envolvidas tanto no desenvolvimento de um indivíduo (ontogênese) como na continuidade das gerações (filogênese).[5]

> O desenvolvimento de cada ser [...] depende da presença de gêmulas que foram expelidas em cada período da vida e de seu desenvolvimento em união com células precedentes em períodos correspondentes. (Darwin, 1868, vol. 2, p. 404; Darwin, 1875, vol. 2, p. 346).

Darwin se preocupava tanto com o período (tempo) quanto com a localização do efeito ambiental durante o desenvolvimento, pois para ele estava claro que muitas variações se manifestam num período que não é o mesmo em que foram causadas. Entender a herança seria entender a causa da variação (meio ambiente), sua transmissão para as próximas gerações

---

[5] É nesse contexto que Campbell estabelece a relação entre gêmulas dormente e caracteres. Ver Campbell (1983), p. 420.

(mecanismo de passagem) e a manifestação dessas variações (desenvolvimento), e essa foi a proposta da hipótese da pangênese:

1) O poder que produz uma característica no desenvolvimento do organismo tem de esperar pelo tempo e pelo local certos: na pangênese, as gêmulas são os veículos materiais que carregam esse poder (transmissão e desenvolvimento). Elas são produzidas pelas partes relevantes do corpo, por auto-divisão ou por outras gêmulas.
2) O desenvolvimento de um organismo depende da união das gêmulas herdadas, a partir de vários estágios dos pais, com as células desenvolvidas ou com outras gêmulas do corpo (Darwin, 1875, vol. 2, p. 451).
3) Essa união pressupõe uma afinidade eletiva entre as gêmulas e as células preexistentes: por exemplo, a afinidade entre os elementos sexuais masculinos e femininos de cada espécie (um pólen de uma espécie não entra no estigma de outra espécie) que configura uma afinidade específica. Já aquela que se estabelece entre uma gêmula e a célula que a precede na linhagem de desenvolvimento pode ser considerada uma afinidade embriológica.
4) As gêmulas são ativadas ou permanecem dormentes dependendo das condições próprias, que incluem fatores internos como o cruzamento e fatores externos como o retorno à vida selvagem (Darwin, 1875, vol. 2, p. 59). As gêmulas dormentes identificam outras gêmulas dormentes e a elas se unem:

> [...] Assumo que as gêmulas em seus estados dormentes têm uma mútua afinidade umas pelas outra, o que leva a sua agregação aos brotos ou aos elementos sexuais. (Darwin, 1875, vol. 2, p. 369).

Como veremos mais adiante, a manifestação de uma gêmula dormente, que provoca a reversão, não é considerada por Darwin como uma nova variação, mas um rearranjo de variações já ocorridas. Na mesma categoria se inclui a reprodução sexual. Uma variação nova só ocorre quando há uma causa externa, condicionada por uma mudança no meio, que provoque a modificação. Assim, temos, por um lado, que uma gêmula, uma vez formada, não muda sua identidade, mas pode mudar seu estado (dormente para ativa) – rearranjo de variação. E, por outro, que as causas externas provocam mudanças no organismo que produzem gêmulas modificadas (variação nova).

Diante desse quadro de interação entre natureza das gêmulas e influências do meio ambiente podemos situar a questão da transcendência ou imanência da força que qualifica a matéria viva: as gêmulas eram inertes e agiam sob a ação de forças vitais externas ou elas possuíam suas próprias forças e poderes intrínsecos.

Segundo Sloan, a discussão pode ser colocada entre dois grupos: aqueles que defendiam a vitalidade como resultado de um fenômeno que age externamente à matéria, entre os quais podemos situar estudiosos como Augustin-Pyramus de Candolle, Adolphe Brongniart e John Stevens Henslow; e a tradição alemã de Blumenbach, que assume a vitalidade como um poder inerente da matéria, intimamente associado à organização (Sloan, 1986, pp. 369-445). Sloan traça a influência do primeiro grupo sobre Darwin, uma vez que Henslow foi seu professor de botânica durante seu período em Cambridge.

Darwin participou do curso de Henslow em Cambridge em três ocasiões: 1828, 1830 e 1831. Nesse curso, tanto a sistemática e a taxonomia como a fisiologia vegetal compunham o estudo de botânica.[6] Essa dinâmica estava baseada nos trabalhos de botânica descritiva, taxonomia e fisiologia de Candolle, que publicou *Théorie élémentaire de botanique* em 1813 e *Organographie végétale* em 1832. Ambas as obras foram adotadas por Henslow como textos principais dos cursos desde 1828.[7] Esses trabalhos forneciam uma base teórica para interconectar idéias de vitalidade, reprodução e duração das espécies com investigação empírica. Candolle defendia a existência de leis que governavam as forças vitais, e seriam essas leis, externas à matéria, as controladoras das ações dos organismos (ver Stevens, 1984, pp. 42-82).

Adicionamos a essa divergência entre imanência e transcendência os estudos microscópicos sobre a reprodução vegetal. As pesquisas feitas nessa área, entre as décadas de 1820 e 1830, apontavam uma relação entre a vitalização e o material granular contidos nos grãos de pólen. E essa qualidade estaria atuante na transferência do poder reprodutivo. Além disso, discutia-se a analogia entre grãos de pólen e espermatozóides (Stevens, 1984, p. 384). Por exemplo, em seus estudos Brongniart explora em detalhes a natureza dos grânulos microscópicos e conclui que eles não possuíam movimento espontâneo, mas se moviam devido à temperatura.[8] Por outro lado, Robert Brown, trabalhando com o processo de fertilização de orquídeas, observou que os grãos de pólen se mantinham ativos mesmo depois da morte da planta ou quando colocados no álcool.[9]

---

[6] Segundo Sloan (1986, p. 374) a combinação de componentes descritivos e funcionais foi uma inovação no ensino de botânica da Inglaterra.

[7] A obra de Candolle, *Physiologie végétale*, de 1832, aparece nos cursos de Henslow somente em 1833.

[8] Para conferir os trabalhos originais, ver Brongniart (1827) e Brongniart (1828).

[9] Para conferir os trabalhos originais, ver Brown (1828) e Brown (1830).

Foi imerso nesse contexto que Henslow concluiu que as partículas granulares seriam a fonte de vitalidade dos óvulos e dos brotos. E seria a vitalidade dos brotos que manteria a vitalidade da planta. Numa carta enviada a Lyell, Henslow demonstra preocupação com a questão da individualidade da planta e a função das partículas granulares, ou seja, a natureza da reprodução nos vegetais e a possível analogia entre plantas e animais através da reprodução. Essas teses teriam contribuído para a formação teórica de Darwin segundo mostram as anotações do diário de zoologia de mesmo autor (Sloan, 1996, pp. 386-387).

Esse quadro teórico pode também nos indicar por que Darwin se preocupou com grânulos, brotos, reprodução assexuada e individualidade da planta. Essas questões foram primeiramente exploradas pela via das colônias de invertebrados, como mostra o diário de zoologia de 1831, depois foram se sofisticando a partir de 1844 e constituem apenas o início de repetidas referências à matéria granular, ou gêmulas, que culminaram com *The Variation of Animals and Plants Under Domestication*:

> Essas primeiras observações microscópicas sobre partículas granulares, no início da carreira de Darwin, fundamentam um importante contexto no qual são lidos os postulados da pangênese em 1868. No lugar de simplesmente inventar as gêmulas ou levantar hipóteses, nos anos 1860, Darwin já tinha passado por décadas de estudos microscópicos que focavam as unidades envolvidas na reprodução. Sua análise das gêmulas em *The Variation* está consistente com as discussões feitas no contexto do Beagle e representa uma generalização da tese para entender os metazoários superiores. (Sloan, 1996, p. 392)

Nesse sentido, para Darwin as gêmulas não são meramente grânulos presentes no processo reprodutivo, mas as únicas responsáveis pela formação do novo ser: "Não é o órgão reprodutivo ou broto que gera um novo organismo, mas as unidades das quais ele é composto" (Darwin, 1875, vol. 2, p. 370).

Retomando as gêmulas dormentes e colocando-as no centro dessa articulação conceitual, como podemos responder à questão da ativação ou da manutenção da dormência? Se Darwin foi influenciado por Henslow, as gêmulas dormentes despertariam para a vida mediante influências de forças externas – cruzamento e retorno à vida selvagem, por exemplo (Darwin, 1875, vol. 2, p. 59). Mas, por outro lado, as gêmulas dormentes, por afinidade, identificam outras gêmulas dormentes e se unem para iniciar o desenvolvimento (Darwin, 1875, vol. 2, p. 369). Desse modo, a afinidade mútua é uma condição inerente à própria gêmula, portanto uma força vital interna.

Segundo a conclusão de Sloan, ao mesmo tempo que Darwin aceita a idéia defendida por Henslow de vitalidade externa para os grânulos, ele tem de romper com o mestre para poder propor um novo nível de conceituação de matéria granular que permitisse à vida possibilidades mais criativas (Sloan, 1996, p. 395). E, segundo nossa tese, é a qualidade de dormência e de afinidade da matéria formativa que confere às gêmulas um *status* de matéria viva que pode tanto responder às modificações do meio como manter o tipo original.

Diante disso, desafia-nos o entendimento da seguinte questão: é o meio que modifica a afinidade de uma gêmula que já existia, ou o meio provoca uma modificação no corpo de tal modo que esta parte modificada produza gêmulas com afinidades modificadas? E aqui tecemos mais um fio em nossa trama: a relação entre gêmulas, produção de variação e herança.

4. Gêmulas, variação e herança

Para Darwin, é o estudo do desenvolvimento que define quando, onde, qual qualidade, por qual modo as gêmulas seriam produzidas e transmitidas. Segundo Winther, o estudo do desenvolvimento mostraria como as gêmulas interagem com as células e com as condições externas de vida para produzir mais células, tecidos e órgãos (Winther, 2000, pp. 425-455). Contudo, Darwin já fazia a distinção entre transmissão e desenvolvimento:

> O princípio da reversão [...] é um dos mais maravilhosos atributos da herança. A reversão nos prova que a transmissão de uma característica e seu desenvolvimento, que sempre estão juntos e por isso nos escapa sua discriminação, são poderes distintos e em alguns casos antagônicos [...] (Darwin, 1875, vol. 2, p. 368)

Por exemplo, a transmissão é um estágio específico do ciclo de vida (ou desenvolvimento), e não o próprio desenvolvimento. O material gemular, que transmite essa característica, não necessariamente se expressa na próxima geração, portanto não pode compartilhar do desenvolvimento naquele momento. As gêmulas desenvolvidas dependem das circunstâncias ambientais e da presença de outras gêmulas. O processo de transmissão está condicionado ao desenvolvimento do organismo.

A pangênese fornece uma explicação material e mecânica de como o ambiente induz a variação e como essa variação é herdada, integrando as causas externas da variação com o desenvolvimento da variação e sua herança.

Para Darwin, uma variação nova ocorre tanto quando há cruzamento entre indivíduos como quando o ambiente produz uma mudança no processo de desenvolvimento e esse fornece gêmulas novas. Essa segunda condição de produção de variação enfatiza um ponto novo na discussão da época, pois a variação estava necessariamente condicionada à reprodução ou exclusivamente dependente do cruzamento. Para Prosper Lucas, por exemplo, a variabilidade dependia da reprodução; já para Pallas ela estava condicionada exclusivamente ao cruzamento de formas distintas. Outros defendiam que a variabilidade dependia do excesso de comida, de exercícios físicos ou do clima.

> Precisamos ter uma visão mais ampla e concluir que seres orgânicos, quando submetidos, durante algumas gerações, a mudanças em suas condições de vida, tendem a variar. O tipo de variação depende, na maioria das vezes, mais da natureza do ser ou de sua constituição do que da natureza das mudanças de vida. (Darwin, 1875, vol. 2, p. 237)

Desse modo, as diferenças entre irmãos da mesma família ou as diferenças das sementes de uma mesma cápsula podem ser explicadas em parte pela desigual mistura de caracteres (herança de mistura), em parte por reversão. E até aqui temos rearranjo de variações já existentes. Mas quando apareceram pela primeira vez essas diferenças?

> Daí a crença na existência de que uma tendência inata a variar, independentemente das diferenças externas, pareça ser o primeiro sinal provável. (Darwin, 1875, vol. 2, p. 239)

Por fim, vemos que na hipótese da pangênese a variabilidade depende, no mínimo, de dois grupos distintos de causas. Primeiro, a deficiência, a superabundância e a transposição de gêmulas, além do desenvolvimento tanto daquelas que estão dormentes como das que não sofreram nenhuma modificação: tais mudanças ampliariam a variabilidade (rearranjo de variações já existentes). Segundo, a ação direta das condições do meio e o uso ou desuso de partes, que nesse caso resultariam em tecidos modificados que, por sua vez, produziriam gêmulas modificadas e, quando suficientemente multiplicadas, suplementariam as velhas gêmulas e se desenvolveriam em novas estruturas – ou novas variações (Darwin, 1875, vol. 2, p. 390).

Embora o tipo de variação dependa mais da natureza do organismo que das condições de vida, mudanças nessas condições acionam a variação. Darwin introduz a distinção entre a natureza do organismo e a natureza do meio na primeira edição de *The Variation* (1868) e na quinta edição da *Origem* (1869), em parte devido a suas próprias conclusões, em parte por causa do trabalho de Weismann (Winther, 2000, pp. 432-433).

Estamos direcionados a concluir que na maioria dos casos as condições de vida participam de maneira subordinada na causa de uma mudança particular; como uma faísca na queima de uma massa de combustível, a natureza da chama, depende da matéria do combustível e não da faísca. (Darwin, 1875, vol. 2, p. 282)

Apesar de cada variação ser direta ou indiretamente causada por alguma mudança nas condições de vida, Darwin nos adverte que nunca podemos esquecer que a natureza da organização que sofre a ação é o fator mais importante no resultado. Vemos isso em diferentes organismos que, quando colocados sob condições similares, variam de maneiras distintas; por outro lado, organismos intimamente associados variam do mesmo modo (Darwin, 1875, vol. 2, p. 415).

Ou ainda:

Se fosse possível colocar todos os indivíduos de uma espécie, durante muitas gerações, sob as mesmas condições uniformes de vida, não haveria variabilidade. (Darwin, 1875, vol. 2, p. 242)

Portanto, para Darwin as mudanças nas condições de vida são necessárias para induzir as variações, o que não implica que, dadas as mudanças nas condições de vida, a variação precise ocorrer. Manifestações não uniformes nas condições de vida não levam necessariamente à variação – o que pode suceder são variações por reversão ou reprodução –, mas nenhuma variação nova é introduzida. Por outro lado, se ocorreu variação, então houve mudança nas condições de vida.

Darwin faz distinção entre uma nova variedade, que é sempre causada pela mudança nas condições de vida,[10] e outras formas de variabilidade, como a reversão e a herança por mistura, que é um rearranjo de uma variação que já existia (Darwin, 1875, vol. 2, p. 239).

Além disso, uma variação pode ser tanto definitiva, que ocorre quando todos ou quase todos da prole são expostos a certas condições de vida durante algumas gerações e são modificados da mesma forma, como não-definitiva, que ocorre quando a modificação numa condição de vida provoca variação de uma forma em um indivíduo e de outra forma em outro (Darwin, 1875, vol. 2, p. 260).

Em resumo: a variação nova ocorre, na maioria dos casos, devido a uma causa externa dada em função de uma mudança no meio, mas o tipo

---

[10] Apesar de Darwin ser vago sobre este ponto, podemos indicar que condições de vida são aquelas condições de flutuações: por exemplo, a nutrição das sementes em uma mesma cápsula flutua de um ponto para outro na cápsula (Winther, 2000, p. 436).

de variação depende da natureza do organismo. Apesar de fazer essa distinção, Darwin não relaciona a causa da variação (gatilho) com a natureza da variação, ou seja, ele não é interacionista (organismo não interage com o ambiente para produzir uma variação). Além disso, Darwin assume que o único caso de mecanismo interno de variação é a hibridização (cruzamento entre organismos de variedades diferentes); mesmo assim, ele admite que espécies cultivadas, quando hibridizadas, tendem a apresentar mais variação que aquelas que não foram cultivadas (Darwin, 1875, vol. 2, p. 252).

Embora a pangênese tenha sido proposta somente como uma solução provisória de uma teoria que unisse vários fatos, sua publicação recebeu várias críticas e alguma admiração. Por exemplo, Richard Owen criticou a proposta de que as gêmulas derivam de todas as células do corpo e não somente da célula germinal, como ele próprio sustentava. Por sua vez, George Henry Lewes fez suas críticas baseado em fundamentos hipotéticos, acusando Darwin de ter deslocado o problema da reprodução do organismo para a reprodução de cada célula separada. As gêmulas não esclareciam o mistério da formação de semelhantes. Uma proposta mais elaborada foi apresentada por Delpino, que negava a equivalência da partenogênese e do brotamento na reprodução sexuada. Além disso, ele achava necessária a influência de uma força vital para explicar a regeneração, um dos problemas mais obscuros da hipótese de Darwin (Robinson, 1979, pp. 17-20). Entre os admiradores da pangênese, o que mais se destacou foi Francis Galton, que testou os fundamentos hipotéticos da proposta de Darwin.

5. Francis Galton e os experimentos com a pangênese

Francis Galton, apesar do parentesco próximo, estabeleceu, ao longo de sua vida, pouco intercâmbio intelectual com o famoso primo Charles Darwin. Essa relação distante começou a mudar depois de 1869, após a reação positiva de Galton ao livro *The Variation of Animals and Plants Under Domestication* de Darwin. A publicação dessa obra coincidiu com a inquietação de Galton referente às questões de herança. Ele fez várias anotações no livro, principalmente nos capítulos sobre herança e nos últimos dois sobre a pangênese. Essas notas indicam que, por volta de 1868, Galton já tinha formado algumas idéias concretas sobre a hereditariedade, entre elas a descrença na herança de caracteres adquiridos. Além disso, suas anotações nas margens de *The Variation* também indicam uma reação favorável à hipótese da pangênese. Apesar de suas reservas sobre a herança de caracteres adquiridos, Galton gostou da pangênese porque era potencialmente quantificável. Enquanto lia o capítulo sobre a pangênese, freqüentemente traduzia a prosa de Darwin em equações matemáticas (Cowan, 1977, pp. 167-169).

Em seu livro *Hereditary Genius*, Galton propõe alguns pontos em que a hipótese de Darwin poderia ser quantificável:

> A doutrina da pangênese fornece excelente material para uma formulação matemática. [...] Suponhamos um simples exemplo numérico, que uma criança apresente um dente com uma variação específica individual e que herde de seus pais os nove demais dentes. Isso significa que seus dois pais teriam transmitido somente um nono dos nove dentes, ou 81/100 de seus avôs, 729/100 de seus tataravôs e assim por diante; o numerador da fração aumenta em cada passo sucessivo menos rápido que o denominador, até chegarmos a um valor desprezível da fração. (Galton, 1925, pp. 356-357)

A partir desse exemplo, Galton elabora uma fórmula para calcular o número de gêmulas não modificadas provindas dos pais e o número de gêmulas modificadas pela variação individual.

Esse e outros exemplos, bem como a própria biografia de Galton, nos reforçam a opinião de que ele gostou da pangênese, uma vez que ela era quantificável e porque poderia fazer uso de cálculos estatísticos para analisá-la. O único ponto de conflito com a hipótese da pangênese era com respeito à herança de caracteres adquiridos. Tanto que nos anos subseqüentes à publicação de *The variation* elaborou sua própria teoria de herança,[11] baseada na hipótese de Darwin, porém com uma forte e decisiva modificação: a exclusão de qualquer possibilidade de herança de características adquiridas.[12]

Partindo desse interesse inicial pela pangênese, Galton formulou uma maneira de testar essa hipótese que constituiu, basicamente, na transfusão de sangue em coelhos e posterior acasalamento para verificação da prole. O raciocínio desenvolvido por Galton assumia que gêmulas circulavam livremente pelo corpo, portanto seriam facilmente encontradas no sangue. Transportar o sangue de um animal para outro seria uma forma de verificar como as gêmulas se comportariam e, portanto, comprovar a hipótese. As dificuldades eram muitas. Primeiro, encontrar um animal que fosse relativamente estável em termos de hibridização e que cruzasse com alguma freqüência. Segundo, determinar a quantidade de sangue certa para cada experimento; por último, e talvez a mais incomensurável de todas as difi-

---

[11] A teoria de hereditariedade de Galton foi publicada no *Journal of the Royal Antropological Institute* em 1876.
[12] Para maiores detalhes sobre o argumento de Galton contra a herança de caracteres adquiridos, ver Castañeda (1996).

culdades, o fato de que depois da transfusão os coelhos se mostravam muito fracos para copular com sucesso.

Esses experimentos feitos com coelhos foram publicados no *Proceedings of the Royal Society of London* em 1871. Galton começa seu artigo afirmando que a teoria da pangênese é a única que procura explicar, por meio de uma lei simples, fenômenos como reversão, crescimento e regeneração. No entanto, segundo ele, baseia-se em postulados hipotéticos, o que justifica a importância de serem testados (Galton, 1876, p. 394).

A seguir, Galton apresenta uma breve recapitulação das idéias da pangênese e coloca sua interpretação do fenômeno:

> Cada célula, antes e durante seu desenvolvimento, emite gêmulas que são lançadas à circulação, onde vivem e se reproduzem, fiéis aos seus tipos. Por um processo de auto-divisão, as gêmulas enxameiam o sangue com um grande número e uma grande variedade de corpúsculos que circulam com ele. (Galton, 1876, p. 394)

Em decorrência dessa interpretação, Galton conclui que a diferença entre animais com a mesma aparência residiria somente no conteúdo de gêmulas que circulariam em seu sangue. Os animais considerados puros teriam apenas gêmulas de uma única variedade. Outros que fossem híbridos teriam, por sua vez, gêmulas híbridas em seu sangue. Desse modo, se a diferença básica entre um híbrido e um indivíduo de linhagem pura residia no sangue, os animais que recebessem sangue estrangeiro deveriam apresentar descendentes diferenciados. Foi tentando comprovar essa hipótese que Galton elaborou seus experimentos:

> Então me propus a injetar sangue estrangeiro na circulação de animais de variedades puras (é claro que sob o efeito de anestésicos) e cruzá-los, e daí observar se suas proles mostravam ou não algum sinal de hibridismo. [...] Fiz experimentos de transfusão e circulação cruzada em um grande número de coelhos e cheguei a resultados definitivos [...] (Galton, 1876, p. 395)

Galton informa que começou a fazer esses experimentos no fim de 1869 e agradece a várias autoridades e auxiliares que o ajudaram na execução dos testes. No final do artigo ele apresenta um apêndice em que descreve detalhadamente o método utilizado nas operações (Galton, 1871b).[13]

Os animais escolhidos foram coelhos da raça silvergrey, que apresentam pêlo cinza quando adultos raramente são manchados e nunca têm orelhas caídas. Esses animais nascem pretos e tornam-se cinzas em poucas sema-

---

[13] Para maiores detalhes sobre o experimento, ver Castañeda (2002).

nas. A variação que pode ocorrer na raça é dada em função da coloração branca no focinho e nos pés, além de uma lista branca na testa. Contudo, há uma variação, mais acentuada e peculiar, que é conhecida como "himalaia" – coelhos brancos com extremidades pretas. Galton considerou ideal a utilização de animais da raça *silvergrey*, pois quando cruzados com outros coelhos permitiam um fácil reconhecimento do híbrido. Após várias tentativas, Galton não conseguiu uma prole híbrida e concluiu:

> Não se pode evitar a conclusão dessa grande série de experimentos de que a doutrina da pangênese, pura e simples, como a interpretei, é incorreta. (Galton, 1871b, p. 404)

Esses testes sobre a pangênese foram publicados nos *Proceedings of the Royal Society of London* em março de 1871. Em resposta, Darwin escreveu uma nota para a revista *Nature*, publicada no dia 27 de abril do mesmo ano.

A crítica de Galton recai sobre o uso da palavra "circulação" como sinônimo de "dispersão", uma vez que eram concepções diferentes.

> Provavelmente Darwin usou a palavra com alguma alusão ao fato de a dispersão ser efetuada por algum processo de redemoinho e não necessariamente por circulação corrente. (Galton, 1871a, p. 5)

Quanto à palavra "livremente", Galton também indica uma outra contradição no discurso de Darwin, no qual fica estabelecido que as gêmulas passam através das paredes sólidas das células e dos tecidos. Para Galton, isso seria incompatível com a expressão "circular livremente", pois livremente significa sem retardamento.

Para Galton, as gêmulas só poderiam circular livremente se fluíssem pelo sangue, e foi assim que ele interpretou as idéias da pangênese.

A mesma ambigüidade com relação à interpretação ocorreu com o termo "difundido", que também se aplicava a movimentos fluidos e não se mostrava apropriado, uma vez que as gêmulas passavam através de tecidos sólidos:

> Se o senhor Darwin tivesse adicionado em seu trabalho um ou dois parágrafos à descrição do paradeiro das gêmulas, que é um ponto importante de sua teoria, dificilmente eu teria cometido tal incompreensão [...] (Galton, 1871a, p. 5)

Darwin defendeu-se dizendo que nunca havia feito referência ao sangue, mas à dispersão das gêmulas pelo organismo por meio dos fluidos ou até mesmo através das paredes das células (Darwin, 1871). Esse foi um argumento fraco usado por Darwin, porque mesmo que as gêmulas se propagassem de outra forma deveriam, de algum modo, ser encontradas no sangue, que constitui um décimo do peso de um animal adulto. Esse ponto foi enfatizado com as colocações de Galton, e as respostas de Darwin, como vimos, foram muito vagas.[14]

6. Conclusão

Esta análise permite-nos dizer que, de uma forma oculta, o conceito de matéria viva comparece no trabalho de Darwin na trama que articula desenvolvimento e herança sintetizados na hipótese da pangênese. Assim, para explicar como uma característica possuída por um ancestral remoto pode reaparecer na prole, ele assume que nem todas as gêmulas presentes nos elementos sexuais, que formarão um novo ser, irão manifestar-se no mesmo; podem não se desenvolver, ficando em estado dormente e assim passando às outras gerações, nas quais poderão, eventualmente, manifestar-se. Ainda sobre a natureza das gêmulas dormentes, Darwin propõe que elas se reúnam por afinidade mútua nos elementos sexuais ou brotos. A atribuição das qualidades da matéria formativa das gêmulas[15] permitiu a Darwin estabelecer uma tensão entre a manutenção do tipo e a propensão para mudar. Essa plasticidade, bem pertinente à complexidade do ser vivo, também possibilita uma interação entre forças externas e internas provocadoras da produção de uma nova variação.

Assim, a natureza da matéria formativa proposta por Darwin caracteriza-se de tal modo que permite à gêmula:

a) ser flexível a ponto de ser sensível ao meio (a faísca é capaz de incendiar essa matéria, mas não de modificá-la). Nesse caso, permite a produção de uma nova variação que, de algum modo, já estava contida na massa de combustível, o meio só serviu de gatilho;[16]

b) ser imutável, no sentido de manter sua identidade, pois uma gêmula não modifica sua natureza, mas seu estado. A gêmula dormente submete-se ao meio quando este a chama à atividade, provocando um rearranjo de variações que já existia.

Apesar de o meio ambiente ser propulsor de variedades, é a natureza da organização que define o tipo de variedade a ser formada.[17] Essa matéria

---

[14] Em decorrência dessas discussões, outras pessoas escreveram ao editor da *Nature*; ver Beale (1871).
[15] Informação do local de origem, desenvolvimento, auto-divisão, afinidade e dormência.
[16] Isso faz sentido com a teoria da evolução por seleção natural.
[17] É importante ressaltar a permanência dessa idéia em reflexões contemporâneas num contexto da teoria sintética da evolução. Maturana e Varela definem o ser vivo como uma fonte de perturbações e não de instruções: "Uma perturbação no meio

viva possui tanto a necessidade de manutenção do tipo como a tendência inata de mudar. E o mais interessante dessa nossa teia, agora composta de todos os seus fios, é perceber que ela é resistente e elástica ao mesmo tempo: é na permanência do tipo que há a mudança, é na identidade que há a diversidade.

Referências bibliográficas

Beale, L.S. (1871), "Pangenesis", *Nature* 4: 25-26.
Bowler, P.J. (1996), *Charles Darwin. The Man and His Influence*, New York: Cambridge University Press.
Brongniart, M.A. (1827), "Mémoire sur la génération et le développement de l'embryon dans les végétaux phanérogames", *Annales des Sciences Naturelles* 12: 14-53.
Brongniart, M.A. (1828), "Nouvelles recherches sur le pollen et les granules spermatiques des végétaux", *Annales des Sciences Naturelles* 15: 380-401.
Brown, R. (1828), "A brief account of microscopical observations made in the months of June, July and August, 1827, on the particles contained in the pollen of plants; and on the general existence of active molecules in organic and inorganic bodies", *The Edinburgh New Philosophical Journal* 5: 358-371.
Brown, R. (1828), "Additional remarks on active molecules", *The Edinburgh New Philosophical Journal* 8: 41-46.
Burkhardt, F. (ed.) (1996), *Charles Darwin's Letters, A Selection*, Cambridge: Cambridge University Press. (Versão portuguesa: *As cartas de Charles Darwin: uma seleta, 1825-1859*, São Paulo: Editora Unesp, 2000.)
Castañeda, L.A. (1992), *As idéias de herança pré-mendelianas e sua influência na teoria de evolução de Darwin*, Tese de doutorado, Campinas: Unicamp.
Castañeda, L.A. (1996), "Francis Galton y el origen socio-político de su argumento contra la herencia de caracteres adquiridos", em Pastrana Aceves, P. (ed.), *Estudios de historia social de las ciencias químicas y biológicas*, vol. 3, México: Universidad Autónoma Metropolitana, Unidad Xochimilco, pp. 319-329.

---

não contém em si uma especificação de seus efeitos sobre o ser vivo. Este, por meio de sua estrutura, é que determina quais as mudanças que ocorrerão em resposta. Essa interação não é instrutiva, porque não determina quais serão seus efeitos. Por isso usamos a expressão *desencadear* um efeito, e com ela queremos dizer que as mudanças que resultam da interação entre o ser vivo e o meio são desencadeadas pelo agente perturbador e *determinadas pela estrutura do sistema perturbado*" (Maturana & Varela, 2002, p. 108).

Castañeda, L.A. (2002), "Testando uma teoria de herança: Francis Galton e os experimentos com a pangênese", em Alfonso-Goldfarb, A.M. & M.H.R. Beltran (eds.), *O laboratório, a oficina e o ateliê: a arte de fazer o artificial*, São Paulo: Educ/Fapesp, pp. 201-226.

Campbell, M. (1983), "The Concepts of Dormancy, Latency, and Dominance in Nineteenth-Century Biology", *Journal of the History of Biology* 16 (3): 409-431.

Cowan, R.S. (1977), "Nature and Nurture: The Interplay of Biology and Politics in the Work of Francis Galton", *Studies in History of Biology* 2:133-208.

Darwin, C. (1859), *On the Origin of Species*, London: John Murray. Reimpressão facsimilar: London: Harvard University Press, 1995.

Darwin, C. (1868), *The Variation of Animals and Plants Under Domestication*, 2 vols., London: John Murray.

Darwin, C. (1871), "Pangenesis", *Nature* 3: 502-503.

Darwin, C. (1875), *The Variation of Animals and Plants Under Domestication*, 2 vols., 2ª ed., London: John Murray. Reimpresso nos vols. 19-20, em Barret, P.H. & R.B. Freeman (eds.), *The Works of Charles Darwin*, 9 vols., London: William Pickering, 1988.

Darwin, F. (ed.) (1905), *The Life and Letters of Charles Darwin*, 2 vols., New York: D. Appleton & Co. Disponível em: <http://pages.britishlibrary.net/charles.Darwin/texts/letters>; acessado no dia 2/12/2003.

Desmond, A. & J. Moore (2000), *Darwin, a vida de um evolucionista atormentado*, São Paulo: Geração Editorial.

Galton, F. (1871a), "Pangenesis", *Nature* 4: 5-6.

Galton, F. (1871b), "Experiments in Pangenesis, By Breeding from Rabbits of A Pure Variety, Into Whose Circulation Blood Taken from Other Varieties Had Previously Been Largely Transfused", *Proceedings of the Royal Society of London* 19 (127): 393-410.

Galton, F. (1876), "A Theory of Heredity", *Journal of Royal Anthropological Institute* 5: 324-348.

Galton, F. (1925), *Hereditary Genius: An Inquiry into Its Laws and Consequences*, London: MacMillan.

Geison, L.G. (1969), "Darwin and Heredity: The Evolution of His Hypothesis of Pangenesis", *Journal of the History of Medicine and Allied Sciences* 24 (9): 375-411.

Jacyna, L.S. (1983), "Immanence or transcendence: theories of life and organization in Britain, 1790-1835", *Isis* 74: 311-329.

Maturana, H.R. & F.J. Varela (1984), *El árbol del conocimiento*, Santiago de Chile: Editorial Universitaria/Lumen. (Versão brasileira: *A árvore do co-*

nhecimento: as bases biológicas da compreensão humana, São Paulo: Palas Athena, 2000.)

Mayr, E. (1991), *One Long Argument. Charles Darwin and The Genesis of Modern Evolutionary Thought*, Cambridge, MA: Harvard University Press. (Versão espanhola: *Una larga controversia: Darwin y el Darwinismo*, Barcelona: Crítica, 1992.)

Ospovat, D. (1991), *The Development of Darwin's Theory: Natural History, Natural Theology, and Natural Selection, 1838-1859*, New York: Cambridge University Press.

Robinson, G. (1979), *A Prelude to Genetics: Theories of Material Substance of Heredity: Darwin to Weismann*, Lawrence: Coronado Press.

Sloan, P.R. (1986), "Darwin, Vital Matter, and the Transformism of Species", *Journal of the History of Biology* 19 (3): 369-445.

Stevens, P.F. (1984), "Haüy and A.-P. Candolle: Crystallography, Botanical Systematics and Comparative Morphology, 1780-1840", *Journal of the History of Biology* 17 (1): 49-82.

Winther, R.G. (2000), "Darwin on Variation and Heredity", *Journal of the History of Biology* 33: 425-455.

Zirkle, C. (1935), "The Inheritance of Acquired Characters and the Provisional Hypothesis of Pangenesis", *American Naturalist* 69: 417-445.

Zirkle, C. (1936), "Further Notes on Pangenesis and the Inheritance of Acquired Characters", *American Naturalist* 70: 529-546.

Zirkle, C. (1946), "The Early History of the Idea of Inheritance of Acquired Characters and Pangenesis", *Transactions of the American Philosophical Society* 35 (2): 91-151.

Newton Freire-Maia e a genética humana no Brasil

Nadir Ferrari*

1. Introdução

Esta é uma história sobre Newton Freire-Maia, considerado pioneiro na formação da comunidade de geneticistas humanos no Brasil por ter sido o primeiro a publicar na área.

Minha convivência com Professor Newton (título que ele sempre preferiu ao de doutor) na condição de aluna, depois orientada, amiga, colega e admiradora, influirão certamente na maneira de contar sua vida.

Além de documentos escritos, farei uso aqui da memória de fatos que presenciei e de testemunhos do personagem principal, de familiares, de colegas e amigos, o que reforça o caráter pessoal da abordagem.

Para entender a trajetória de Freire-Maia como um cientista de seu tempo, tenho estudado as instituições que possam auxiliar no desenho da moldura de seu retrato. Estes estudos resultaram, até o momento, em dois trabalhos já publicados: um deles sobre a história da Fundação Rockefeller e seu papel no desenvolvimento da genética no Brasil (Ferrari, 1977); outro sobre a história da Universidade Federal do Paraná (Ferrari, 2000). Focalizo principalmente o personagem Freire-Maia, mas os pesquisadores F. M. Salzano, H. P. Saldanha, O. Frota-Pessoa e Cora de Moura Pedreira formam com ele a primeira geração de geneticistas humanos brasileiros.

Meu primeiro contato com Freire-Maia se deu através de uma notícia de jornal, em 1972. A reportagem contava que ele estava estudando, com seu grupo de pesquisadores, a população da minúscula Ilha dos Lençóis.

---

* Núcleo de Estudos em Genética Humana (NUEG), Universidade Federal de Santa Catarina (UFSC), Brasil.

Próxima ao litoral do estado do Maranhão, esta ilha era considerada um isolado genético e apresentava uma alta freqüência de casos de albinismo.

O universo da pesquisa científica representava então algo muito distante, quase irreal, para uma universitária em início de curso, e teria sido natural que a lembrança daquele personagem desbotasse com o tempo. Entretanto, minha memória foi acrescentando importância a este primeiro encontro, ao longo do tempo, porque a genética acabou se tornando meu principal interesse logo depois e porque eu me tornaria uma das muitas pessoas a serem fortemente influenciadas por Freire-Maia. Por esta razão, a história não começará no começo, nem no final, mas com a história dessa pesquisa sobre albinismo.

2. A pesquisa sobre deriva genética

Newton interessou-se pela comunidade da Ilha dos Lençóis ao ler uma reportagem na então popular revista "O Cruzeiro" e organizou uma excursão científica que recebeu apoio financeiro da Organização Mundial da Saúde e da Fundação Rockefeller. Faziam parte da expedição: um citogeneticista, um oftalmologista, um dermatologista e um clínico geral, pois o artigo da revista parecia sugerir que na ilha havia muitos doentes, além dos casos de albinismo. Além de outros erros e imprecisões, o nome citado era o de outra ilha, vizinha ao arquipélago de Maiaú. Assim, ao chegar a São Luís, a primeira tarefa foi descobrir o nome do local e como chegar lá. Depois de perguntar aqui e ali, Newton descobriu que havia uma pessoa que podia ajudá-los, um proprietário de salinas que vivia em São Luís, com sua família, mas possuía uma casa em uma ilha próxima à dos Lençóis. Os pesquisadores tinham que viajar de São Luís até a cidade de Cururupu e depois, em um avião cedido pelo governo, até essa ilha, onde havia um aeroporto que só permitia o pouso de aviões muito pequenos. Lá se hospedavam na casa do dono das salinas e, diariamente, tomavam um barco para alcançar a Ilha dos Lençóis O governador do Estado, à época, era um ex-colega de Lysandro Santos Lima no curso de medicina da Universidade Federal do Rio de Janeiro. Lysandro era amigo de Freire-Maia e foi, indiretamente, a razão do apoio dado pelo governo do Maranhão ao grupo de Curitiba. O dono das salinas tornou-se amigo de Newton e, como tinha negócios e conhecia a todos em Lençóis, ia com eles e os apresentava às pessoas, o que facilitou o trabalho de investigação. Um repórter da revista "Veja" e outro da "Cruzeiro" fizeram a mesma viagem e deram cobertura jornalística à pesquisa.

Em uma de suas aulas no curso de pós-graduação em genética, professor Newton nos descreveria, alguns anos depois, a fascinante estrutura familiar da pequena comunidade estudada, para nos ajudar a compreender o conceito de deriva genética. Embora seu discurso fosse sempre no sentido de valorizar a pesquisa científica em detrimento do ensino, suas aulas eram motivadoras. Falava de descobertas que ele mesmo fazia ou presenciava, apresentava os grandes nomes que víamos nos livros de genética como seus amigos e trazia a ciência para o nosso cotidiano. Naquela ilha, também chamada Ilha Encantada, as mulheres começavam a ter filhos entre 15 e 16 anos de idade e casavam e descasavam (casamentos por consenso) sem dificuldades, com homens bem mais velhos ou bem mais jovens. Alguns filhos ficavam com a mãe, outros com o pai, de sorte que, durante as entrevistas para levantamento de genealogias, surgiam frases como as seguintes. "Ah! Eu vou contar primeiro de quando eu era casada com Zéquinha. Nós tivemos estes dois filhos que o senhor está vendo, mais um outro que a Maria está criando, porque ela casou depois de mim com o Zéquinha. Já o meu filho Pedro é do meu casamento com o João e agora tenho esta caçula que é minha com o Luís, com quem estou casada agora". Outra peculiaridade desta população é que, diferentemente de outras comunidades pequenas e isoladas, apresentava um índice relativamente baixo de uniões consangüíneas.

Em genética, um gene é considerado deletério quando, em homozigose (se for recessivo) ou mesmo em heterozigose (se for dominante), afeta negativamente a viabilidade e a fertilidade dos indivíduos que o contêm. Em outros termos: aumenta a mortalidade precoce e diminui a fertilidade. Conseqüentemente, indivíduos portadores de genes deletérios possuem um valor adaptativo menor, isto é, deixam menos descendentes e seus genes possuem uma probabilidade menor de serem transmitidos às gerações futuras. A viabilidade e a fertilidade estão entre as características que definem o valor adaptativo (aptidão darwiniana) de um indivíduo. Entretanto, na Ilha dos Lençóis, verificou-se que os albinos não diferiam dos normais quanto à mortalidade precoce e nem quanto à fertilidade. Isto significa que a seleção natural não parecia estar agindo contra o gene que causa o albinismo, apesar da maior predisposição a câncer de pele, doença que albinos freqüentemente apresentam em conseqüência da exposição à radiação ultra-violeta da luz solar.

A conclusão de Freire-Maia foi a de que o aumento na freqüência de albinos na ilha não se deveu a um processo de seleção natural, que é um evento direcional, determinístico, mas sim a deriva genética, que é um evento não direcional, estocástico.

É importante ressaltar que nas pesquisas sobre evolução da época, tanto em populações humanas como não humanas, as pressões sistemáticas eram muito mais investigadas do que os eventos ao acaso (Freire-Maia *et al.*, 1978), o que explica a importância das pesquisas de Freire-Maia sobre deriva genética.

3. Breve cronologia

O primeiro trabalho científico de Freire-Maia foi publicado em 1947 e, em 1950, seu primeiro artigo sobre genética humana foi o décimo de uma lista que hoje compreende cerca de 500 publicações, incluindo-se notas, trabalhos completos, livros e capítulos de livros publicados no Brasil, e em outros 14 países, principalmente sobre os seguintes temas: polimorfismo cromossômico no gênero *Drosophila*, polimorfismo de pigmentação no gênero *Drosophila*, casamentos consangüíneos, malformações congênitas dos membros e síndromes dismórficas, displasias ectodérmicas, morbilidade e mortalidade precoce entre os filhos de médicos radiologistas, migração, características normais, genética psiquiátrica, deriva genética, genética matemática, evolução e, mais recentemente, filosofia da ciência e ciência e religião. Seu livro sobre displasias ectodérmicas, em colaboração com Marta Pinheiro, editado em Nova Iorque, apresenta 22 novas entidades descritas por ele e colaboradores e foi o primeiro livro publicado sobre o assunto no mundo.

4. Cientista *en herbe*

A iniciação de Freire-Maia na vida científica se deu muito antes de 1947, mas seria difícil precisar quando exatamente ela ocorreu, pois isto dependeria também de nosso conceito de atividade científica. A primeira demonstração de gosto pela ciência aconteceu quando Newton cursava o terceiro ano ginasial (hoje sétima série). Ao visitar um amigo, que sofrera uma crise de apendicite, Newton ouviu as explicações do médico sobre o funcionamento do aparelho digestivo e ficou muito curioso em saber mais. Passou a estudar o assunto em todos os livros que conseguia, depois começou a estudar todos os outros seres vivos. Dos livros de história natural passou para os de biologia, que continham vários conteúdos de genética, e a idéia de ser cientista começou a se formar.

O avô de Newton, Domiciano Juvêncio Maia, que gostava de ser chamado de Sô Sano, era o que se poderia chamar de um cientista amador. Farmacêutico na pequena cidade mineira de Boa Esperança, possuía nos fundos de sua botica um amplo laboratório, que consistia de duas salas cheias de instrumentos científicos e vidrarias, onde realizava exames parasitológicos e sorológicos. Quando o pai de Newton, único filho de Sô Sano, formou-se em farmácia, este lhe disse: "agora vou fazer o que gosto, vou estudar". E passou a vida toda estudando. Newton o conheceu assim, estudando o dia todo, sempre com um livro na mão, ou fazendo experimentos em seu laboratório, ou observando através de seu microscópio. Ele gostava de ensinar e submetia Newton e mais algum outro garoto que estivesse disponível a aulas de laboratório, nas quais eles faziam experimentos simples de química e respondiam perguntas. Newton conta que Sô Sano nunca se importou com dinheiro, passou a vida doando remédios aos pobres, não costumava cobrar dos que compravam a crédito em sua farmácia e suas grandes preocupações eram a ciência e a música. Muitas vezes, quando os devedores o procuravam para pagar as contas ele os repelia dizendo: "Estou muito ocupado agora. Volte outra hora... não tem pressa...".

Newton não dava muita atenção às aulas do avô, mas a atmosfera do laboratório e a figura desse avô diferente imprimiram nele uma marca importante na maneira de ver a vida e a ciência, que só ficou evidente mais tarde e que ele reconhece nas dedicatórias de seus livros e em suas memórias. Quando ele viu a radiografia que o médico usou para explicar a apendicite de seu amigo, começou a perceber uma aplicação da ciência e entendeu algumas coisas que o avô já havia explicado. As idéias socialistas que predominaram nas atitudes, mais do que no discurso de Freire-Maia e que lhe renderam dissabores durante a ditadura militar, talvez tenham sido, pelo menos em parte, herança cultural do avô.

Talvez também sob a influência do avô, Newton foi desde cedo possuidor de uma mente autônoma e inquisidora, mas avessa à educação formal. Durante os primeiros anos escolares escreveu três romances, discursos e poesia. Entretido na máquina de escrever do pai, esquecia-se, às vezes, de ir à aula. Daquele avô diferente, que tocava órgão, violino e clarinete, ganhou um projetor e, colando pedaços de filmes, improvisava uma sala de cinema em casa e cobrava ingressos da garotada.

Depois do episódio da apendicite do amigo, passou a ler todos os livros de biologia a que tinha acesso. Quando seu último irmão nasceu, já apaixonado pela genética, queria que ele fosse chamado de Mendel, mas ele acabou recebendo o nome de José Domiciano.

Durante o curso complementar em Belo Horizonte (hoje Ensino Médio) Newton contestava o professor de biologia, que não aceitava as leis de Mendel, e recebeu o apelido de "palpiteiro". Em suas memórias conta: "Eu vivia em outros mundos, preocupado com jornalismo, com rádio, com literatura, com ciência... Os professores eram de primeira categoria, os colegas também, mas o que aqueles queriam me ensinar era exatamente o que eu não queria aprender." Newton só queria estudar genética e filosofia. Escrevia ensaios de cunho político – a II Guerra Mundial começava e ele se posicionava firmemente como anti-fascista. Escreveu um livro chamado "Hereditariedade e vida", cuja edição o pai concordou em patrocinar. Tinha um capítulo sobre vida, um sobre hereditariedade, outro sobre o germe – na concepção de Weismann – um sobre a imortalidade do indivíduo unicelular e um sobre herança dos caracteres adquiridos. Nas palavras do próprio Prof. Newton: "Cheio de erros, uma coisa horrorosa". Ainda assim, o livro recebeu comentários elogiosos de jornais e revistas da época. Um artigo no Jornal do Brasil de 26/06/1939, por exemplo, termina assim: "[...] pelo que já realizou não constitui otimismo augurar para este jovem estudioso uma projeção maior num futuro próximo".

Depois de três anos em Belo Horizonte sem passar da primeira série, convicto de que o que queria mesmo era ser cientista, Newton foi procurar emprego de cientista em algum laboratório no Rio de Janeiro. Aproveitou o carnaval, arranjou uma namorada e viveu dois anos com a mesada enviada pelo pai. Chegou a prestar um concurso para trabalhar em um laboratório filiado ao Ministério da Agricultura, mas não conseguiu responder as perguntas, todas referentes à zoologia e à botânica, nenhuma sobre genética! Conseguiu emprego em uma companhia de seguros, mas só agüentou este tipo de trabalho durante três meses e então voltou a Boa Esperança.

Seu pai o convenceu de que, para ser cientista, ele precisava antes ter um curso superior, não importando qual, e ele concordou em ir para a cidade de Alfenas, onde poderia terminar o curso complementar, entrar na faculdade de odontologia e ao mesmo tempo lecionar no colégio, pois ambos eram dirigidos por um amigo da família.

Quando morou em Alfenas, Newton ia com certa freqüência ao Rio de Janeiro, para participar de reuniões da UNE – União Nacional dos Estudantes – e tentou conseguir um posto na antiga Faculdade Nacional de Filosofia, na cadeira de Biologia Geral dirigida por A. G. Lagden Cavalcanti e onde atuava O. Frota-Pessoa. Não foi bem sucedido, mas ganhou a sólida amizade de Frota-Pessoa e conheceu André Dreyfus, que dirigia o Departamento de Biologia da USP e ia com freqüência ao Rio.

5. Ritual de iniciação

Em 1943, Theodosius Dobzhansky veio passar três meses no Brasil. Este pesquisador russo, naturalizado americano, foi um dos principais formuladores da Teoria Sintética da Evolução, resultante da abordagem populacional da teoria da seleção natural e dos princípios mendelianos da hereditariedade, com o aporte de várias disciplinas. A primeira edição do livro de Dobzhansky *Genetics and The Origin of Species*, de 1937 contribuiu para que outros fatores, além das mutações gênicas, passassem a ser considerados na teoria da evolução. Ele formulou suas idéias principalmente a partir de seus estudos com drosófila (mosca da fruta). Com as drosófilas, ele demonstrou as possibilidades de modificação da composição genética das populações por alteração na posição relativa dos genes nos cromossomos, por deficiência ou duplicação de genes, por duplicação do número dos cromossomos, ou por simples mudanças nas freqüências de genes em conseqüência do isolamento em colônias com pequeno número de indivíduos. A obra de Dobzhansky valorizou as idéias de Darwin sobre a seleção natural como fator decisivo de evolução. Antes de vir ao Brasil, ele havia estudado espécies de regiões temperadas, com alterações climáticas acentuadas, que requerem uma adaptação dos organismos a diferentes ambientes. A oportunidade de vir ao Brasil lhe permitiria estudar o que acontece, em termos de micro evolução, em um lugar tropical. Assim, ele estava interessado em passar algum tempo no laboratório de Dreyfus, em São Paulo, e em coletar espécies de drosófilas no Amazonas. Sua vinda foi resultado do financiamento concedido ao seu grupo da Universidade de Colúmbia, pela Fundação Rockefeller.

Freire-Maia, durante parte de suas férias e com o apoio financeiro do pai, ficou uma semana estagiando no laboratório de Dreyfus, sob a orientação de Dobzhansky e tendo Crodowaldo Pavan e Brito da Cunha como colegas já graduados. Situado na pacata Alameda Glete, o laboratório era nessa época um local de efervescência científica.

Terminado o curto estágio em São Paulo, Newton retornou a Minas Gerais com dois livros de genética e muitos vidrinhos cheios de drosófilas. Passou primeiro por Boa Esperança, onde passou o resto das férias. Quando mostrou os vidros ao pai dizendo: "Papai, são raças puras de moscas!" este respondeu sorrindo: "Preferiria que você tivesse trazido algumas raças puras de gado...". Ele estava sem dúvida brincando e se lembrando de seu próprio pai, ao ver que seu filho seguia um caminho semelhante ao do avô.

Em Alfenas, Newton teve à sua disposição uma sala com um microscópio e com uma lupa improvisada. Cultivava as moscas, preparava lâminas e mostrava aos alunos dizendo: "venha ver os cromossomos politênicos de drosófila, é a primeira vez que se faz isto em Minas Gerais!".

Em 1945, Newton voltou a estagiar em São Paulo por um mês. Desta vez, o próprio Dreyfus patrocinou sua ida e convidou-o a trabalhar lá no ano seguinte, quando terminaria o curso de odontologia. Newton foi contratado para "prestação de serviços técnicos", mas começou logo a exercer atividades de pesquisa e a cursar as cadeiras de biologia do Curso de História Natural. Em 1948 ele se casou com Flávia, filha de compadres e vizinhos de seus pais. Para sobreviver, dava aulas em um cursinho pré-vestibular, além de fazer seu trabalho na USP. Fiel à música erudita, embalava sua primeira filha, Regina Flávia, em 1950, agregando palavras ao terceiro movimento da sétima sinfonia de Beethoven.

Dobzhansky retornou a São Paulo várias outras vezes: em 1948 e em 1955 para permanecer durante um ano; em 1952 para organizar uma excursão de coleta em Belém e em 1953 para participar da banca examinadora que concedeu o título de professor titular a Crodowaldo Pavan.

A independência e a originalidade de Newton Freire-Maia se manifestariam durante esta segunda visita de Dobzhansky e seriam inclusive motivo de algumas desavenças entre eles. No laboratório de Dreyfus, todos estavam empenhados em pesquisas sobre drosófila, inclusive Newton, mas este pretendia estudar espécies domésticas sob as críticas de Dobzhansky, que só via sentido no estudo de espécies selvagens. Além disso, Newton decidiu ampliar sua linha de pesquisa e começou a estudar casamentos consangüíneos.

Newton levantou os registros de uniões consangüíneas nos arquivos da Cúria Metropolitana de São Paulo, que conservava os livros das diferentes paróquias do arcebispado desde o final do século XVIII. Ele queria estudar a evolução da freqüência dos casamentos consangüíneos e obteve amostras que incluíam todas as camadas sociais, desde os muito ricos até os escravos.

Em seu primeiro artigo sobre genética humana, publicado em 1950 na revista *Cultus*, Newton Freire-Maia se posiciona criticamente em relação à eugenia e demonstra, através das formulações matemáticas da genética de populações, que as medidas eugênicas possíveis são ineficazes na redução da freqüência de genes deletérios. Esta publicação marca o início da genética humana como área de atividade de uma comunidade de pesquisadores brasileiros.

6. Instalação na UFPR

Enquanto isso, em Curitiba, na recém fundada Faculdade de Filosofia da Universidade Federal do Paraná (UFPR), o Padre Jesus Moure, um dos raros religiosos que defendia a teoria da evolução, especialista em abelhas e professor de zoologia, achava que alguém do grupo de Dreyfus deveria ser contratado com o objetivo de criar um centro de genética. Padre Moure, que ia com freqüência a São Paulo e sempre visitava o laboratório da Alameda Glete, convenceu o chefe da cátedra de biologia geral, no Paraná, de que Newton era essa pessoa.

Em 1951, Newton foi contratado pela UFPR – Universidade Federal do Paraná, onde criou o laboratório de genética que veio a ser o Departamento de Genética, hoje com cursos de mestrado e doutorado. Depois que se mudou para Curitiba, continuou associando as duas linhas de pesquisa. Viajou por muitos estados coletando, ao mesmo tempo, moscas e informações sobre casamentos consangüíneos.

Sua inserção internacional se iniciou em 1952, com a publicação de um artigo sobre casamentos consangüíneos no *American Journal of Human Genetics*. Uma nota sobre este artigo havia sido publicada um ano antes na revista *Ciência e Cultura*.

Newton foi pioneiro na genética humana, na genética médica e na atividade de aconselhamento genético no Brasil.

A Fundação Rockefeller concedeu auxílios financeiros generosos ao laboratório de Freire-Maia e também aos laboratórios de São Paulo e de Porto Alegre. Propiciou bolsas de estudo aos vários geneticistas brasileiros que se voltaram para a genética humana, financiou a impressão do Boletim da Sociedade Brasileira de Genética e também reuniões científicas.

Segundo testemunho de Padre Moure, era comum aos professores da UFPR, à época, trabalhar cerca de quatro horas por dia, mas Newton desde o início trabalhou em tempo integral, incluindo sábados e feriados, mesmo quando o salário não correspondia a isso, e exigia igual dedicação de todos que vieram a trabalhar com ele. Ele impunha com mão de ferro uma disciplina severa e um grande cuidado com o uso de verbas públicas.

Em fins da década de 1950, Freire-Maia matriculou-se no curso de doutoramento em Ciências Naturais, na antiga Faculdade de Filosofia da Universidade do Rio de Janeiro e, mesmo enfrentando dificuldades financeiras, viajou várias vezes ao Rio de Janeiro, para os exames e a defesa de tese. Em dezembro de 1960 recebeu o diploma de doutor, depois de defender a tese "Casamentos consangüíneos no Brasil", onde expunha parte de suas investigações realizadas no sul de Minas Gerais.

7. Conversão

Quando comecei a trabalhar com ele, durante o curso de mestrado, percebi que havia, por parte de alunos e colegas, um misto de admiração e medo, embora ninguém contestasse sua liderança ou que a condição de renome do departamento se devia a ele. Costumava, por exemplo, pegar alguém desprevenido no corredor e perguntar, à queima-roupa, algum conceito de genética. Se a vítima não respondia corretamente, exclamava algo do gênero: "Você não sabe genética! Não pode estudar neste departamento!" Ele era assim, ríspido e franco, mas se alguém o contestava, discutia de igual para igual, sem autoritarismo, e se era convencido de que errara, pedia desculpas sinceramente. Era de uma vaidade cândida, destituída de prepotência e de arrogância. Ao longo do tempo ele foi se tornando cada vez suave e, como estas mudanças se tornaram mais perceptíveis com sua viuvez e com o segundo casamento, com a geneticista Eleidi Chautard, os amigos passaram a dizer que ela "amansou a fera". A evidência de sua personalidade austera mas paternal e democrática é que os membros de seu grupo de pesquisas passaram cedo a criar linhas independentes de pesquisa com o apoio e sem ingerência do grande chefe. Com o tempo, os sentimentos dos antigos membros do departamento também amadureceram para se tornarem prioritariamente de afeição pelo velho mestre.

Quando conheci professor Newton, na década de 1970, ele se considerava ateu. O fato de estar freqüentemente envolvido em debates sobre religião e ciência e de chamar desde católicos até rabinos para dar palestras no departamento se configurava, para mim, como mais uma demonstração de seu caráter democrático e não autoritário. Ouvi-o dizer, uma vez, algo assim: "cada um tem o direito de pensar a bobagem que quiser..." Entretanto, o assunto não é tão simples, pois ele mesmo, mais tarde, diria que neste período era "um ateu à procura de Deus". Lembro-me dele dizendo, em uma de nossas conversas diárias durante o cafezinho no departamento, a um estudante de mestrado que se declarava ateu: "Não tem importância que você não acredita em Deus, porque Ele acredita em você".

Sua conversão ao catolicismo, no início dos anos oitenta, provocou reações e interpretações diversas por parte de seus amigos mas, na história contada por ele mesmo, em entrevistas e em publicações, somos levados a pensar que se tornou religioso ao encontrar uma forma de compatibilizar suas idéias científicas com uma crença religiosa. Em alguns trechos de seu livro *Criação e evolução – Deus, o acaso e a necessidade*, fica evidente que sua fé teve lugar na possibilidade de convivência entre ciência e religião (grifos meus):

> Passei muito mais da metade de minha vida sob o signo do ateísmo ou do agnosticismo, que eu considerava como *frutos inevitáveis da minha posição de cientista*. Com 20 anos, eu já me considerava ateu – um ateu militante, interessadíssimo em tirar a fé dos outros. [...] Para mim, só mesmo uma obtusa estultice ou uma profunda ignorância poderiam coexistir com a fé. Os homens cultos que tinham fé – e eu sabia que seu número era crescente – só podiam ser assim por algum distúrbio de visão do mundo.

> Em 1954, li um livro que me tocou profundamente – A montanha dos sete patamares, de Thomas Merton. Passei então alguns meses orando para que Deus (em quem eu não acreditava mas que, na época, queria ardentemente que existisse) me desse a fé. Debalde: a fé não veio.

> [...] Minha conversão durou, pois, 26 longos anos. Esse processo acelerou-se nos três anos que antecederam 1980. Li muito, pensei

muito, ouvi muito. E, afinal, no dia 25 de março de 1980, confessei-me com o Frei Benjamin Berticelli e comunguei pela primeira vez em 45 anos.

Persiste entre os cientistas uma crença mais ou menos generalizada, segundo a qual a ciência é incompatível com a fé... Com o tempo, no entanto, chegou-se à conclusão de que *o conflito era aparente* e, desta forma, *solucionaram-se as dúvidas e acertaram-se os pontos de atrito* (Freire-Maia, 1986, p. 96).

Em entrevista concedida à revista *Ciência Hoje*, em 1988, Freire-Maia explica de que modo acomodou sua religião e suas visões de ciência:

A religião acumulou uma série de superstições ao longo dos séculos e vem daí o conflito entre as duas. Um conflito espúrio. Não é papel da religião dar explicações sobre como surgiram o universo, os seres vivos, a humanidade. Esse é um problema científico [...] *Essa minha virada não alterou meus projetos de pesquisa*. As teorias científicas que aceitava são as mesmas em que acredito hoje... O Vaticano não pode emitir opiniões sobre a origem do cosmo [...] É preciso ter coragem de afirmar que a tradição religiosa está errada nesses pontos! Ela está impregnada de superstições e deve ser analisada do ponto de vista da mitologia.

8. Vertente política

De 1940 até 1945, Newton simpatizou com as idéias comunistas mas depois se aproximou do socialismo democrático e chegou a ser candidato, não eleito, a deputado federal pelo Partido Socialista Brasileiro. Quando aconteceu o golpe de Estado em 1964, que depôs João Goulart, Newton fazia uma conferência sobre Universidade na Casa do Estudante Universitário. Com o golpe e o regime militar, iniciaram-se os interrogatórios, as cassações, as demissões, as torturas e os assassinatos. Muitos intelectuais foram perseguidos, dentre eles vários geneticistas. Como outras universidades, a UFPR estabeleceu uma comissão central para averiguar "atividades subversivas" supostamente exercidas por professores, estudantes e funcionários. Uma manhã, Newton foi surpreendido por uma curta notícia de jornal anunciando que a comissão central havia decidido despedi-lo. Chamado para depor, declarou à comissão: "Se ser socialista é crime, eu sou criminoso!" E foi para casa assustado com a própria coragem e certo de que perderia o emprego. A demissão não ocorreu, mas a apreensão acompanhou a família durante algum tempo. "E continuamos a viver a vida de sempre, com pouco dinheiro, muito medo e um fio de esperança". Naquele ano,

Newton recebeu um convite para falar sobre métodos para estimativa da carga genética revelada pelos casamentos consangüíneos no simpósio do *Cold Spring Harbor*, mas não obteve permissão do reitor para deixar o país. As manifestações de amigos e conhecidos que procuraram o reitor não conseguiram demovê-lo da recusa. Newton devolveu as passagens vindas dos Estados Unidos e enviou, para publicação nos anais do encontro, o longo trabalho que havia escrito. Em suas próprias palavras: "Era o começo da vergonha nacional a nível internacional...".

Em 1968, Freire-Maia daria outra mostra de coragem. Depois do famoso congresso em Ibiúna, a UNE – União Nacional dos Estudantes – estava extinta por decreto, mas os estudantes se reuniam em congressos clandestinos nos estados. Em Curitiba, o presidente da União Paranaense de Estudantes foi preso, juntamente com outros estudantes, em conseqüência dessas atividades. Um grupo de alunos foi até a casa do Professor Newton para pedir que, como alguém de renome, intercedesse junto à polícia pela liberação dos estudantes. Ele aceitou, apesar do receio de ser preso ao defender alguém considerado subversivo. Os estudantes, também preocupados com ele, acabaram conseguindo outras pessoas e dispensaram sua intervenção, mas permaneceram muito agradecidos por saberem que ele teria ido se fosse necessário.

Em 1980, seu nome seria utilizado como bandeira na luta pela democratização da UFPR. Quando se aposentou, continuou trabalhando intensamente e depois de cinco meses foi recontratado como professor visitante. Ele era um símbolo no curso de pós-graduação e o departamento queria manter seu nome na lista dos professores. Quando este contrato terminou, seus colegas tentaram renová-lo, o que foi negado. Todos sabiam que a negativa estava amparada na lei, mas sabiam também que havia precedentes e que a decisão era política, já que os membros do Departamento de Genética eram considerados de esquerda e de oposição à administração da universidade. Freire-Maia dizia: "Mas eu não preciso disto, tenho bolsa do CNPq", ao que seus colegas replicavam: "Nós é que precisamos de uma bandeira, de um motivo para lutar". A mobilização dos professores de genética recebeu a adesão de outros professores da universidade e o apoio de cientistas de vários lugares do Brasil, de inúmeras entidades científicas, culturais e comunitárias, do prefeito, dos estudantes, de políticos e de jornalistas. Durante os meses em que se travou esta batalha entre a oposição e a direção da universidade, nove caricaturas e mais de 120 reportagens sobre o "caso Freire-Maia" foram publicados em jornais e revistas do país.

Paralelamente, a direção da associação de professores da universidade, alinhada à administração central, começou a ser questionada, o que culminou com a eleição de uma chapa de oposição. Newton não foi recontratado, mas o grupo conservador que dirigia a universidade nos vários escalões desgastou-se e perdeu o apoio antes hegemônico. A UFPR, até então conservadora, começa assim uma nova fase. O reitor passou a ser eleito pela comunidade universitária, assim como os diretores de setores. A associação de professores, hoje sindicato, está entre as mais combativas do movimento docente nacional.

Este período de mudanças foi tenso e desgastante para todos. Acusações eram feitas, aos "insubordinados" e suas famílias, e a tranqüilidade que Newton demonstrou durante todo o processo é interpretada, por alguns de seus amigos, como resultante da religiosidade recém adquirida.

Newton Freire-Maia costumava dizer: "Nasci em 1918, um grande ano, um século depois de Karl Marx e meio século antes do AI-5" e faleceu em 2003, partindo quase ao mesmo tempo que Stephen Jay Gould e Ilya Prigogine. Aos 84 anos, continuava lúcido, influenciando pessoas e escrevendo um livro sobre a verdade da ciência e as outras verdades.

No intuito de melhor situar Newton Freire-Maia na história da ciência brasileira, farei agora um breve relato sobre os pesquisadores que, juntamente com ele, formam a primeira geração de geneticistas humanos brasileiros. Este relato será precedido de algumas notas sobre as pesquisas relacionadas com genética humana feitas no Brasil, por pesquisadores isolados, que não constituíram uma comunidade de geneticistas por não terem a genética como principal interesse.

9. Genética humana brasileira anterior a Freire-Maia

As primeiras atividades de ensino e pesquisa em genética, no Brasil, aconteceram no período de 1920 a 1950, quando o assunto era tratado nas escolas de agronomia, dentro de disciplinas como fitotecnia, e nas escolas de medicina, dentro de disciplinas como patologia.

Na década de 20, pesquisas relacionadas com hereditariedade humana eram realizadas pelos eugenistas. Renato Kell, médico e farmacêutico, foi um dos principais participantes do movimento eugênico no Brasil que, diferentemente da tradição anglo-germânica, tinha pressupostos lamarckistas e considerava a influência do meio ambiente no aprimoramento da raça (Castañeda, 1998). Esta forte influência do lamarckismo entre os intelectuais brasileiros, e a posição da igreja contra o controle da natalidade, foram alguns dos fatores que levaram o eugenismo brasileiro a ter características próprias (Salzano, 1992). Enquanto na Europa se dava ênfase à proibição de casamentos interraciais e na esterilização de deficientes, aqui a preocupação maior era com medidas sanitárias de controle de doenças consideradas hereditárias, tais como o alcoolismo e a sífilis. Entretanto, alguns artigos de caráter nazista foram publicados, na década de trinta, no *Boletim de Eugenia* editado pela Comissão Brasileira de Eugenia (Beiguelman, 1990).

O auge do movimento eugênico brasileiro aconteceu em 1929, com o Primeiro Congresso Brasileiro de Eugenia, no Rio de Janeiro. A reunião, presidida por Roquete-Pinto, envolveu cerca de 200 pessoas, entre médicos generalistas, médicos legistas, psiquiatras, jornalistas e deputados federais, além de delegados da Argentina, Peru, Chile e Paraguai (Stepan, 1990).

Os resultados nefastos das medidas nazistas durante a II Guerra Mundial tiveram como conseqüência o descrédito dos movimentos eugênicos e estudos sobre a hereditariedade humana só viriam a se institucionalizar novamente na década de cinqüenta, agora sob o paradigma mendeliano e darwinista.

Ainda no período 1920-1950, vários pesquisadores estudaram a hereditariedade de doenças humanas e a distribuição dos grupos sanguíneos na população (Beiguelman, 1979; Azevêdo, 1988). Vários desses pesquisadores eram baianos. Octávio Torres foi o primeiro a publicar um trabalho sobre os grupos sanguíneos no Brasil, no início da década de trinta, na *Gazeta Médica da Bahia*, revista que circulou de 1866 a 1976. Jessé Accioly descreveu, em 1947, o mecanismo de transmissão hereditária da anemia falciforme, em trabalho publicado em um periódico da Universidade da Bahia chamado *Tertúlias Acadêmicas*. Ele foi o primeiro a atribuir herança mendeliana a essa enfermidade, mas James Neel, que publicou a mesma conclusão nos Estados Unidos, ficou mais conhecido pelo feito (Beiguelman, 1981). Foi a partir de um artigo de Eliane Azevêdo, no *American Journal of Human Genetics*, em 1973, que Jessé Accioly passou a ser reconhecido internacionalmente como pioneiro. A produção científica desses pesquisadores foi importante, mas suas publicações em genética foram esporádicas e feitas em revistas de divulgação restrita. Assim, eles não caracterizam uma comunidade de geneticistas. Os poucos centros de ensino de genética e de pesquisas em genética existentes na época, no Brasil, eram voltados ao melhoramento de vegetais.

10. Geração I da genética humana brasileira

Os primeiros acordos entre a Fundação Rockefeller e a Faculdade de Medicina de São Paulo, realizados em 1918 (Marinho, 2001) criaram as condições de infra estrutura e de profissionais em dedicação exclusiva para o surgimento, na década de quarenta, de um grupo forte de pesquisas sobre genética de populações de drosófila, que irradiou para outras regiões do país e outras áreas de pesquisa, dentre elas a genética humana. Esses acordos previam, por parte da Fundação, a construção de novos edifícios para a faculdade de medicina – que integraria depois a Universidade de São Paulo – a concessão de bolsas e o auxílio para instalação e manutenção de laboratórios. Em contrapartida, o Brasil se comprometia a contratar docentes em regime de tempo integral, a limitar o número de estudantes de acordo com as condições de laboratório e de clínicas e a concentrar todos os setores da escola em um único local.

As fortes relações da Fundação Rockefeller com os geneticistas brasileiros deveram-se, entre outros fatores, ao interesse de Harry Muller Jr., um de seus diretores. Ele intermediou as várias vindas de Theodosius Dobzhansky ao Brasil, no período de 1943 a 1953 e também os recursos que viabilizaram a consolidação dos laboratórios de genética humana. A aposentadoria de Muller em 1961 coincidiu com o declínio do apoio da Fundação aos laboratórios de genética humana (Salzano, 1992). Ao final da década, quando cessou o financiamento da fundação, o Conselho Nacional de Pesquisa – CNPq, criado em 1951, estava consolidado e surgiam o Fundo Nacional de Desenvolvimento Científico e Tecnológico – FNDCT (1971) e a Financiadora de Estudos e Projetos – FINEP.

André Dreyfus, que chefiava a cátedra de biologia geral da USP, foi uma figura importante nesses acontecimentos, pois foi em seu laboratório que Dobzhansky trabalhou e formou discípulos. Como professor da Faculdade de Medicina, em 1927 já incluía, em suas aulas de histologia e embriologia e em suas conferências, tópicos de genética mendeliana e de evolução darwiniana.

Os discípulos de Dreyfus e Dobzhansky todos iniciaram suas carreiras estudando drosófila, mas vários migraram depois para outras áreas. Dentre os primeiros a se voltarem para a genética humana estava Newton Freire-Maia, logo seguido de Oswaldo Frota-Pessoa e Francisco Mauro Salzano. Pedro Henrique Saldanha e Cora de Moura Pedreira, que também fazem parte da primeira geração de geneticistas humanos brasileiros, constituem exceção, pois não foram discípulos de Dobzhansky.

Oswaldo Frota-Pessoa conta que começou a trabalhar com genética humana sob influência de Freire-Maia, logo que este tomou contato com os artigos de Gunnar Dahlberg, sobre pesquisas em isolados genéticos, e entusiasmou-se com eles de forma contagiosa. Aos 21 anos (em 1938) ele já havia publicado, em uma revista popular, um artigo chamado "Porque os filhos se parecem com os pais" (Frota-Pessoa, s/d) que anunciava sua grande habilidade em escrever sobre ciência para o público em geral. Ele se tornou autor de centenas de artigos em jornais e revistas populares, e muitos livros textos. Foi Professor em escolas públicas no Rio de Janeiro, depois na Universidade do Brasil e, finalmente, na USP. Frota-Pessoa contribuiu, com seus inúmeros livros sobre ciências, sobre biologia e sobre educação científica, e também com sua participação em comitês e conferências, para melhorias no ensino em toda a América Latina. Ele criou o Laboratório de Genética Humana no Departamento de Biologia da USP, coordenou projetos de pesquisa em diferentes áreas da genética humana, orientou muitas teses e dissertações e, pouco antes de aposentar-se, passou a interessar-se por genética psiquiátrica, área em que atua até hoje.

Pedro Henrique Saldanha começou a interessar-se por genética humana quando ainda era estudante de História Natural e aluno de Frota-Pessoa. Correspondia-se com Gunnar Dahlberg e, mais tarde, faria sua tese de doutoramento sobre assunto sugerido pelo geneticista sueco. Fez sua primeira publicação em genética humana quando era professor de ensino médio no interior de São Paulo, em 1954. Foi ele quem introduziu o primeiro curso regular de genética humana da América Latina, na Faculdade de Medicina de São Paulo, onde fundou o Laboratório de Genética Médica. Posteriormente, estimulou a organização de vários cursos, laboratórios, disciplinas e departamentos de genética humana em várias faculdades de ciências e escolas médicas do país. Não trabalhou com Dobzhansky, mas recebeu auxílios da Fundação Rockefeller de 1957 a 1967, além de uma bolsa para doutoramento na USP (l957-1959) e depois para estágio de professor visitante na escola de medicina de Michigan (1960-61).

Francisco Mauro Salzano conheceu Newton Freire-Maia em 1951, quando, recém graduado, foi a São Paulo, vindo de Porto Alegre, para realizar seu doutorado. Freire-Maia estava se mudando para a UFPR e Salzano passou a ocupar sua mesa no laboratório. Os dois se encontraram algumas vezes, durante as visitas de Newton a São Paulo, mas passaram a conviver mais quando Salzano foi para Ann Arbor, Michigan, com bolsa da Rockefeller, e Newton já estava lá, também como bolsista. Os dois se tornaram amigos e iniciaram uma colaboração profissional que dura até hoje, com artigos e livros publicados em conjunto. Embora tenha realizado pesquisas e orientado em áreas muito diversas da genética, e continue fazendo isso, Salzano destaca-se sobretudo nos estudos de genética humana, principalmente de populações indígenas. Da mesma forma que Freire-Maia, na UFPR e Frota-Pessoa, na USP, Salzano tornou-se um líder carismático na Universidade Federal do Rio Grande do Sul (UFRGS), tendo exercido uma forte influência na formação de geneticistas humanos hoje espalhados em muitos centros de pesquisa no Brasil e por vários países do mundo. Também como eles, tem recebido homenagens importantes no Brasil e no exterior e é freqüentemente citado como exemplo de dedicação incondicional à pesquisa científica.

A primeira geração de geneticistas humanos brasileiros inclui a pesquisadora baiana Cora de Moura Pedreira que, juntamente com Eliane Elisa

Azevêdo e Lucy Isabel Peixoto (Ferrari, 1988) implantou a genética humana e médica na Bahia, paralela e independentemente do grupo ligado a Dobzhansky que originou os grupos de São Paulo, Paraná e Rio Grande do Sul.

Cora formou-se em Medicina em 1938 e, em 1954, defendeu sua tese de doutoramento com um trabalho de genética humana que envolvia a determinação do grupo sangüíneo Rh na população de Salvador. Investigou comunidades indígenas brasileiras em vários estados do norte e nordeste do país e desenvolveu a citogenética (estudo dos cromossomos normais e suas alterações) humana e animal. Ela implantou o Laboratório de Citogenética do Instituto de Biologia da Universidade Federal da Bahia. Deu início a intensas pesquisas em citogenética de primatas do novo mundo. Seu laboratório presta até hoje relevantes serviços de atendimento genético à população da Bahia e, graças ao seu estímulo, outros laboratórios foram criados, como o de citogenética vegetal.

Suas atividades em ensino foram também intensas e diversificadas. Em 1967, coordenou um curso de atualização em genética patrocinado pela CAPES e pela Fundação Ford e foi responsável pela primeira disciplina de Clínica Médica da Faculdade de Medicina, introduzida em 1968.

Cora desenvolveu um trabalho pioneiro em muitos aspectos e exerceu forte influência em várias gerações de estudantes, docentes e pesquisadores da Universidade Federal da Bahia e também em docentes e estudantes de diferentes universidades brasileiras e do exterior.

Ao contrário dos grupos que se desenvolveram em São Paulo, Curitiba e Porto Alegre, o grupo da Bahia não se originou de drosofilistas e não consta das narrativas já publicadas sobre a história da genética humana brasileira. Entretanto, Cora conhecia Dreyfus, esteve em seu laboratório durante uma das estadas de Dobzhansky, utilizava drosófilas em suas aulas de genética e participou da fundação da Sociedade Brasileira de Genética, em 1955.

A comunidade de geneticistas humanos do país, que hoje compreende cerca de 300 pesquisadores, em um total de cerca de 2000 geneticistas das mais diversas áreas, teve sua origem neste grupo de cinco pessoas.

11. Considerações finais

Este trabalho focaliza um personagem importante na área da genética humana brasileira, ciência que pouco tempo depois de seu início atingiu uma posição de destaque na América Latina e que, ao longo dos anos, vem mantendo uma identidade de produção científica com repercussão nacional e internacional.

O apoio da Fundação Rockefeller, seguido do apoio do Conselho Nacional de Pesquisa (hoje Conselho Nacional para o Desenvolvimento Científico e Tecnológico) da Sociedade Brasileira para o Progresso da Ciência e da Sociedade Brasileira de Genética foram essenciais para o desenvolvimento da genética humana brasileira. Mas foram igualmente importantes a paixão dos pesquisadores por seu trabalho e a sua negativa de se limitarem a fazer uma ciência periférica.

Grande parte dos cientistas brasileiros de meados do século XX eram imbuídos da crença de que a ciência podia contribuir para a melhoria das condições de vida da população. Newton Freire-Maia era um deles. A discussão sobre a complexidade das relações entre desenvolvimento científico e desenvolvimento econômico e social, extremamente importante, não estava tão presente em seu discurso. Entretanto, a maneira como conduziu sua vida profissional e pessoal evidencia uma grande preocupação ética e social, que as pessoas que conviveram com ele puderam perceber no cotidiano.

A importância de Newton Freire-Maia extrapola a genética, de tal modo que uma pesquisa realizada pela FAPESP, em 2000, o coloca entre os 150 brasileiros que ajudaram a construir a ciência e a tecnologia no país.[1]

Pesquisas como esta, sobre períodos muito recentes, têm como limitação a falta do distanciamento temporal e emocional necessários para a análise epistemológica que deve substanciar um texto de história da ciência. Apesar disso são relevantes por serem básicas para trabalhos posteriores. Através delas, podem ser obtidos ou recuperados documentos importantes que, por ainda serem vistos mais como velhos papéis do que como parte da história, podem se perder nos arquivos pessoais e institucionais. Além disso, pode-se através deste tipo de pesquisa, que focaliza um período próximo ao presente e pessoas ainda vivas, obter depoimentos orais, ferramenta valiosa por preservar os pontos de vista das pessoas que estão no processo de fazer história.

Referências bibliográficas

Azevêdo, E.S. (1973), "Historical Note on Inheritance of Sickle Cell Anemia", *American Journal of Human Genetics* 25: 457-458.

Azevêdo, E.S. (1988), "Genética Humana no Brasil: Passado e Presente", *Ciência e Cultura* 41 (5): 439-466.

---

[1] *Revista da FAPESP* (Fundação de Amparo à Pesquisa do Estado de São Paulo), nº 52, abril de 2000.

Beiguelman, B. (1981), "A Genética Humana no Brasil", em Ferri M.G.E & S. Motoyama (eds.), *História das Ciências no Brasil*, São Paulo: EDUSP, pp. 273-306.

Beiguelman, B. (1990), "Genética e ética", *Ciência e Cultura* 42: 61-69.

Castañeda, L.A. (1998), "Apontamentos historiográficos sobre a fundamentação teórica da eugenia", *Episteme* 3 (5): 23-48.

Ferrari, I. (1988), *Homenagem às pioneiras da genética na Bahia*, Feira de Santana: Editora da UFFS.

Ferrari, N. (1997), "Breve História da Fundação Rockefeller e de seu Papel no Desenvolvimento da Genética Humana Brasileira", em *Anais do VI Seminário Nacional de História da Ciência e da Tecnologia*, Rio de Janeiro: SBHC, pp. 479-484.

Ferrari, N. (2000), "O Departamento de Genética da Universidade Federal do Paraná na Origem da Genética Brasileira", em *Anais do VII Seminário Nacional de História da Ciência e da Tecnologia*, São Paulo: SBHC/EDUSP, pp. 169-173.

Freire-Maia, N. (1950), "Eugenia e genética de Populações", *Cultus* I: 1-9.

Freire-Maia, N. (1951), "Casamentos consangüíneos em populações brasileiras", *Ciência e Cultura* 3 (4): 283-284.

Freire-Maia, N. (1952), "Frequencies of consanguineous Marriages in Brazilian Populations", *American Journal of Human Genetics* 4 (3): 194-203.

Freire-Maia, N. & I.J. Cavalli (1978), "Genetic Investigations in a Northern Brazilian Island. I- Population Structure", *Human Heredity* 28: 386-396.

Freire-Maia, N., Andrade, F.L., Athayde-Neto, A., Cavalli, I.J, Oliveira, J.C., Marçallo, F.A. & A. Coelho (1978), "Genetic Investigations in a Northern Brazilian Island. II- Genetic Drift", *Human Heredity* 28: 386-396.

Freire-Maia, N. (1986), *Criação e Evolução - Deus, o acaso e a necessidade*, Petrópolis: Vozes.

Freire-Maia, N. (1995), *O que Passou e Permanece*, Curitiba: Editora da UFPR.

Frota-Pessoa, O. (s.d.), *A Rambling Rationalist* (autobriografia manuscrita).

Frota-Pessoa, O. *et al.* (1988), "O Acaso na vida do pesquisador", *Ciência Hoje* 9 (49): 16-22.

Glick, T.F. (1944), "The Rockefeller Foundation and the Emergency of Genetics in Brazil", em Cueto, M. (ed.), *Missionaries of Science-The Rockefeller Foundation and Latin America*, Bloomington: Indiana University Press, pp. 149-164.

Revista da FAPESP - Fundação de Amparo à Pesquisa do Estado de São Paulo, n° 52, abril de 2000.

Marinho, M.G.S.M.C. (2001), *Norte-Americanos no Brasil. Uma história da Fundação Rockefeller na Universidade de São Paulo*, São Paulo: Editora FAPESP.

Saldanha, P.H. (1954), "Taste Tresholds for Phenilthyoureia among Students in Rio de Janeiro", *Revista Brasileira de Biologia* 14 (3): 285-290.

Salzano, F.M. & N. Freire-Maia (1967), *Populações Brasileiras, aspectos demográficos, genéticos e antropológicos*, São Paulo: EDUSP.

Salzano, F.M. (1992), "The History and Development of Human Genetics in Brazil", em Doonamraju K.R. (ed.), *The History and Development of Human Genetics-Progress in Different Countries*, Singapore: World Scientific, pp. 228-255.

Stepan, N.L. (1990), "Eugenics in Brazil 1917-1940", em Adams, M.B. (ed.), *The Wellborn Science. Eugenics in Germany, France, Brazil and Russia*, Oxford: Oxford University Press, pp. 110-152.

Entrevistas com: Antonio Brito da Cunha, Crodowaldo Pavan, Eliane Elisa de Souza Azevêdo, Newton Freire-Maia, Eleidi C. Freire-Maia, Euclides Fontoura Jr., Iglenir J. Cavalli, Remy Lessnau e Riad Salamuni.

O *archeus* na medicina química helmontiana

Paulo Alves Porto*

1. Introdução

O médico belga Jan Baptista van Helmont (1579-1644) foi um dos mais destacados representantes da corrente que foi chamada de "filosofia química" do século XVII. O grande objetivo de van Helmont era uma reforma radical da medicina, que incluía mesmo uma reforma no próprio processo de obtenção de conhecimentos. Estava pois seguindo a senda aberta por Paracelso, concebendo também van Helmont a química como a chave para a compreensão da Natureza. Seu principal alvo de críticas era a medicina então ensinada nas Universidades, que seguia a tradição do chamado "galenismo". Antes de apresentar seu novo sistema médico, van Helmont se propôs a demolir o edifício antigo, começando por seus fundamentos. Ora, a medicina humoral construíra estreitas relações com as teorias para a matéria sistematizadas por Aristóteles, incluindo idéias como as interações entre os quatro elementos (terra, água, ar e fogo) e as quatro qualidades primárias (quente, frio, seco e úmido). Van Helmont procurou, em primeiro lugar, provar que essas teorias para a matéria estavam erradas, ao mesmo tempo em que apresentava sua nova concepção para a constituição da matéria – isto é, quais seriam os verdadeiros elementos, e como eles se transformariam. Em seguida, dedicou-se a provar que o poder explicativo de sua teoria era superior ao da antiga. Por isso, van Helmont discorreu sobre a cosmologia, sobre fenômenos meteorológicos – enfim, sobre assuntos que aparentemente, aos olhos modernos, nada têm a ver com a medicina – mas que

---

* Instituto de Química, Universidade de São Paulo (USP), Brasil.

servem de fundamento para seu objetivo principal. As seguintes passagens ilustram o caminho trilhado por van Helmont:

> Tendo já contemplado bastante a integridade da Natureza, em seguida desci, paulatinamente, a seus defeitos e diversidades, enquanto me ocupava de assuntos médicos. Sem dúvida, mostrei que não existem quatro elementos na Natureza [...] Por conseguinte, sendo despedaçado e desfeito o quarteto de elementos e compleições, também o é a forçada adaptação dos quatro humores. Assim [...] as causas e a essência das doenças não foram tocadas pelas Escolas [...] (van Helmont, 1648a, p. 164)[1]

Observa-se, à medida que van Helmont vai expondo suas novas teorias, a proposição de uma variedade de novos conceitos – alguns com nomes bastante curiosos: *gás, blás, fermento, semente, archeus, vida média, odor, alkahest, perolede, magnall,* [...][2] Alguns deles surgem em teorias cosmológicas ou para explicar a estrutura da matéria, mas são retomados mais adiante na interpretação de fenômenos fisiológicos e patológicos. O estudo dessas intrincadas relações internas na obra de van Helmont podem levar a novas visões do conjunto.

O presente trabalho pretende contribuir para a análise da inter-relação entre a teoria da matéria e a medicina helmontianas. Para isso, enfocamos um conceito central tanto para uma como para outra teoria: o conceito de *archeus*. O percurso que inclui a origem do conceito, e como van Helmont o desenvolveu dentro de sua obra, nos mostrará como as dimensões química e médica encontravam-se indissoluvelmente associadas no trabalho do médico belga.

2. O conceito de *archeus* em Paracelso e outros filósofos químicos

A origem do conceito de *archeus* é atribuída a Paracelso, em cuja obra esse conceito aparece como parte de sua filosofia do Universo (Pagel, 1958,

---

[1] Para a elaboração deste trabalho, utilizamos também a tradução inglesa (van Helmont, 1662, p. 161).
[2] Alguns desses termos serão discutidos mais adiante no presente trabalho, no corpo do texto ou em nota. Dentre os demais, apresentaremos aqui uma breve explicação. *Peroledes* designaria as várias camadas em que o ar atmosférico estaria estratificado (ver Porto, 1995, p. 85); *magnall* seria uma entidade não material que preencheria as porosidades existentes no ar (Porto, 1995, vol. 2, pp. 90-94); *alkahest* designaria um líquido capaz de reduzir quaisquer corpos em seus respectivos *prima entia* – um estado em que o corpo exibiria suas propriedades em sua máxima potencialidade, especialmente suas propriedades medicinais (ver Porto, 2002).

p. 105). De acordo com ele, todo processo de transformação da matéria seria considerado alquímico. Paracelso deu o nome de *Vulcanus* a toda entidade que promovesse qualquer transformação da matéria, ou seja, que operasse alquimicamente. *Vulcanus* poderia ser tanto um ser humano quanto uma espécie de "espírito alquímico" existente na Natureza (Sherlock, 1948, p. 41). Por exemplo, a terra teria um *Vulcanus* que produziria a grama e outras plantas (Pagel, 1958, p. 105). O ferreiro que transforma o minério em metal seria um *Vulcanus*, assim como o agricultor que colhe o trigo e o transforma em pão. Imaginemos, agora, que uma pessoa coma esse pão. Novas operações alquímicas ocorreriam dentro do corpo humano, até que o pão fosse finalmente transformado em carne e sangue. Isto significaria, segundo o que Paracelso escreveu em *Labirinthus médicorum errantium*, a existência de um *Vulcanus* interno ao microcosmo;[3] este "alquimista interior" foi chamado *archeus*. Sua função, como a de qualquer outro *Vulcanus* seria a de transformar a matéria através de processos alquímicos. Nas palavras de Paracelso:

> A alquimia é uma arte, e o vulcanus é o seu operador [...] Todas as coisas são criadas como matéria prima. O vulcanus então atua sobre esta e, através da arte alquímica, a transforma em matéria última. O archeus, ou vulcanus interno, procede do mesmo modo, pois ele sabe como circular e preparar de acordo com as diferenças e as naturezas de cada coisa – assim como a própria arte faz por sublimação, destilação, reverberação, etc. (Paracelso, *Labyrinthus médicorum errantium*, livro 5, em Paracelso, 1967, vol. 2, pp. 166-167)[4]

Nesse mesmo livro, Paracelso caracterizou os processos alquímicos como processos de separação: "[A alquimia], através da preparação por meio do fogo, separa o que é impuro, e extrai o que é puro [...] [A alquimia] separa o inútil do útil, e reduz este a sua última matéria ou natureza" (Paracelso, 1967, vol. 2, p. 167). Dessa maneira, tanto *Vulcanus* como *archeus* seriam agentes de separação (Sherlock, 1948, p. 42). Em outros escritos, Paracelso caracterizou o *archeus* humano como um "princípio" localizado no estômago, encarregado de separar a parte boa dos alimentos, dos resíduos a serem eliminados. Normalmente, essa separação garantiria saúde; entretanto, em certas circunstâncias, poderia significar problemas. O arsêni-

---

[3] Isto é, o ser humano – visto como uma réplica em miniatura do macrocosmo, o Universo como um todo. Sobre a analogia macrocosmo-microcosmo, ver Pagel (1958, pp. 65-72, 214-215).
[4] Para nossa tradução para o português, levamos em consideração também o fragmento traduzido por Sherlock (1948, p. 41).

co, por exemplo, se pudesse atravessar o organismo em forma de um composto, não provocaria qualquer dano. Todavia, ao sofrer a ação separadora do *archeus* estomacal, o arsênico seria liberado, atuando então como veneno (Pagel, 1958, p. 107).

Archeus é um dos conceitos que Paracelso foi elaborando ao longo de sua obra. Assim, em outros livros, *archeus* aparece como algo mais abrangente, como uma "força" da Natureza – um conceito dificilmente diferenciável do *Vulcanus*, conforme apontou o historiador W. Pagel (1958, p. 106). Paracelso utilizou o termo "*archeus*" ao tratar da origem dos minerais. Em seu *De mineralibus* (ca. 1526), Paracelso afirmou que a água é a "matriz" na qual os "três princípios" – "enxofre", "mercúrio" e "sal" – se combinam para gerar os minerais (Paracelso, *A Book About Minerals*, em Paracelso, 1967, vol. 1, pp. 238-239). Da mesma forma que o homem trabalharia os minerais para obter metais, ou forjaria um pedaço de metal para produzir uma espada ou uma ferramenta, também na Natureza existiria alguma coisa que "manipularia" os "três princípios" em sua matriz, transformando-os em metais. Esse "alquimista" seria o *archeus*:

> O Archeus é aquele que dispõe e arranja todas as coisas na Natureza, de modo que tudo possa ser reduzido a sua última matéria. O homem retira essas coisas da Natureza e as reduz a sua última matéria; isto é, onde a Natureza termina o homem começa. (Paracelso, 1967, vol. 1, p. 240)

De acordo com Paracelso, existiriam diferentes tipos de "enxofre", "mercúrio" e "sal"; para que um determinado mineral se formasse, seria preciso combinar adequadamente as "matérias-primas" corretas:

> [...] Deus designou que o Archeus deveria pôr em ordem o que há para ser combinado, assim como um padeiro, para assar um pão, mistura o que deve ser misturado [...] Tudo é designado para sua própria finalidade, e todas as coisas encontram o que é necessário para sua própria finalidade especial. (Paracelso, 1967, vol. 1, p. 247)

Em outro tratado,[5] o mestre suíço descreveu de maneira análoga o processo de geração de minerais – caracterizando o *archeus* como um "ministro da Natureza", responsável pela administração dos minerais. Para fazer isso, o *archeus* teria, subordinado a si, três outros "ministros": o "enxofre", que contribuiria com a materialidade para a geração do mineral; o "mercúrio", que daria à matéria as propriedades e virtudes minerais; e o "sal", que garantiria a união de todas as partes. O *archeus* operaria então alquimicamente

---

[5] *The Economy of Minerals* (Paracelso, 1967, vol. 1, pp. 89-113).

sobre a mistura dos "três princípios", até que o produto final estivesse formado (Paracelso, 1967, vol. 1, p. 97; Oldroyd, 1974, pp. 134-136; Pagel, 1958, pp. 107-108). Ao discutir, em outro tratado, os sinais que os mineiros deveriam seguir para tentar descobrir metais, Paracelso afirmou:

> Deve-se notar que, às vezes, o Archeus da Terra expele, ou vomita das entranhas da Terra, através de passagens ocultas, algum metal. E isso é um bom sinal que os mineiros devem seguir, porque há esperança segura de um metal nobre escondido ali. (Paracelso, *De natura rerum, Lib. IX*, citado por Webster, 1671, p. 97)

O historiador A. E. Waite, que traduziu para o inglês algumas obras de Paracelso, reuniu em nota ainda outras passagens em que o mestre suíço atribui ao *archeus* papel semelhante. Em *Annotationes in libros duos de tartaro*: "O *archeus* é a Natureza, e o administrador das coisas". Em *De elemento aquae*, Tratado II, capítulo I: "O *archeus* é o separador dos elementos e de tudo o que existe neles, separando cada coisa do restante, e juntando-as em seu lugar apropriado"(Paracelso, 1967, vol. 1, p. 97, nota do tradutor).

O tema do *archeus* foi assimilado e desenvolvido por muitos filósofos químicos que sucederam a Paracelso, e as interpretações dadas foram variadas. Alguns adotaram a idéia do princípio formador de minerais existente no interior da Terra; outros desenvolveram o conceito de um alquimista interno ao corpo humano. A criação de novos conceitos e novas palavras para nomeá-los — algumas delas reconhecidamente curiosas e de etimologia incerta — é marca característica de Paracelso. Mesmo seus contemporâneos e seguidores encontravam dificuldades em acompanhar seu raciocínio em meio ao cipoal de novos termos criados pelo mestre. Assim, desde logo surgiram glossários destinados a orientar o leitor através dos textos paracelsistas. Através deles, poderemos adicionar mais alguns elementos a nosso esboço das idéias sobre o *archeus* que circularam nos séculos XVI e XVII.

Um desses glossários foi escrito por Adam de Bodenstein (1528-1577), que esteve entre os primeiros médicos a aderir ao paracelsismo. Em seu *Onomasticon Theophrasti Paracelsi*, Bodenstein definiu o *archeus*: "Disposição [ordem] da Natureza. Natureza assim disposta [ordenada] e conservadora das coisas" (Bodenstein, 1575, p. 5). Transmite assim a idéia de uma entidade cósmica, universal, que intervém na formação dos corpos.

Gerhard Dorn (fl. 1566-1584) foi aluno de Bodenstein e um dos primeiros a traduzir obras de Paracelso para o latim. Produziu também o *Dictionarium Theophrasti Paracelsi*, no qual o conceito de *archeus* merece mais atenção do que por parte de Bodenstein:

> Archeus é o mais elevado espírito, exaltado e invisível; o qual é separado dos corpos, é exaltado e ascende, virtude oculta geral da natureza de todas as coisas, artífice e médico. Também o Archiatos[6] é o médico supremo da Natureza, o qual distribui seu Archeus peculiar a cada coisa e a cada membro, ocultamente, por meio do Ares. O Archeus é o primeiro na Natureza, é a força mais oculta, produzindo todas as coisas a partir do Iliastes, mantida certamente apenas pela virtude divina. (Dorneus, 1584, p. 18)

Uma primeira impressão é que o *archeus* residiria em cada corpo, e dele poderia ser separado; mas o restante da definição sugere uma "força" cósmica que produziria "todas as coisas". Uma melhor compreensão desse ponto requer, portanto, que se esclareça o que são *ares* e *iliastes*, mencionados na definição. O verbete *ares* segue imediatamente após o *archeus*:

> Ares é o administrador da Natureza oculto nos três princípios, de onde são compostas todas as coisas. Ele dispõe a forma, espécie e substância de todas as coisas, cada qual de acordo com sua peculiaridade, para que tomem sua própria natureza específica, e não a alheia [...] Iliastes é a substância do mais alto gênero, consistindo na matéria-prima universal de todas as coisas, a qual primeiro se distribui em três gêneros, a saber, em enxofre, mercúrio e sal. O Archeus, primeiro administrador da Natureza, então produz todas as coisas em seus gêneros seguintes. Por fim sobrevém o Ares, outro administrador da Natureza, e produz formas e espécies nos indivíduos a partir dos gêneros. (Dorneus, 1584, pp. 18-19)

Observa-se, pois, uma hierarquização das "forças" da Natureza: o *iliastes*, matéria-prima universal, conteria os três princípios; a partir dele, o *archeus* produziria diferentes gêneros ou tipos de matéria; sobre estes três gêneros atuaria o *ares*, gerando indivíduos específicos.

Outro dicionário de termos paracelsistas veio a lume em 1612, por Martin Ruland (1569-1611), que foi médico do sacro imperador romano-germânico Rodolfo II. Ruland repetiu a definição de *archeus* dada por Dorn, citada acima, mas fez dois pequenos acréscimos:

> Archeos é uma espécie invisível e errante, que se separa dos corpos; força médica e virtude da Natureza.

---

[6] Possivelmente um erro de impressão para "Archiatros".

Archeus verdadeiramente é o homem que produz as coisas a partir do Iliastes, o administrador e ordenador de todas as coisas. (Ruland, 1612, pp. 52-53)

3. Sendivogius, Valentinus e Crollius

Todas essas definições são amplas e subjetivas o bastante para dar margem a uma variedade de interpretações; e, de fato, foi o que sucedeu. Consideremos a obra do alquimista polonês Michael Sendivogius (1566-1636)[7] – bastante influente no início do século XVII – e vejamos como ele entendia a formação e a estrutura da matéria, e a participação do *archeus* nesse processo.

De acordo com Sendivogius, no início existiria o Caos – do qual Deus teria criado e separado os quatro elementos, dispondo-os em esferas concêntricas de terra, água, ar e fogo. A partir de então, a Natureza, agindo sobre esses quatro elementos, produziu e produz todas as coisas (Sendivogius, 1674, p. 146). Sendivogius diz que os quatro elementos gerariam uma semente "através da vontade de Deus, e da imaginação da Natureza", e esta semente seria então lançada no vazio existente no centro da Terra (Sendivogius, 1674, pp. 6-7). Neste local, entretanto, residiria o "fogo central" ou "sol central" – cujo movimento geraria grande calor (Sendivogius, 1674, pp. 34 e 85-86) e impediria a permanência ali de qualquer coisa. Dessa forma, a semente seria lançada em direção ao subsolo, rumo à superfície da Terra (Sendivogius, 1674, pp. 6-7). Sendivogius descreveu a semente, essa matéria primordial, como "vapor úmido" (Sendivogius, 1674, pp. 11, 17-18, 20). Em seu movimento centrífugo, a semente atravessaria diversos lugares – e conforme o local onde se alojasse, geraria uma substância (mineral ou metal) diferente. Sendivogius fez uma analogia para explicar melhor essa influência do local na transformação da semente:

> Seja colocado um vaso com água sobre o centro de uma mesa plana e lisa; e ao seu redor coloque várias coisas, vários corantes, e também sal – tudo separado uns dos outros. Então, derrame a água no centro [da mesa]; e você verá aquela água escorrer para todos os lados. Quando um pouco d'água alcança o corante vermelho, este a torna vermelha. Se [a água alcança] o sal, adquire dele o sabor de sal; e assim por diante. Pois a água não muda o local, mas a diversidade do local muda a água. Do mesmo modo a semente – sendo lançada pelos quatro elementos do centro para a circunferência – passa através

---

[7] Sobre a alquimia de Sendivogius, ver Porto (2001a).

de diversos lugares; e gera coisas de acordo com a natureza do local. (Sendivogius, 1674, pp. 7-8).

Assim, dizia Sendivogius, todos os metais teriam origem num mesmo tipo de "matéria-prima". Se essa matéria se alojasse num local onde a terra fosse "sutil, pura e úmida", seria formado o ouro. Se o local fosse impuro e frio, daria origem ao chumbo. Se a terra no lugar fosse fria, pura e misturada com "enxofre", o produto seria cobre; e assim por diante (Sendivogius, 1674, pp. 11-13). Eventualmente, o "vapor úmido" vindo do centro da Terra poderia alcançar a superfície – onde, pela ação combinada do Sol, da Lua e das estrelas, daria origem à grama ou às flores (Sendivogius, 1674, p. 14). Explicações análogas dariam conta da formação de argila, e todo tipo de pedras – inclusive preciosas. O diamante, por exemplo, resultaria da interação entre "vapor úmido" e pura água com "sal", desde que em locais frios e livres da "gordura" do "enxofre" (Sendivogius, 1674, pp. 15-17).

O movimento centrífugo das sementes, ou *vapor úmido*, seria dirigido por uma entidade, uma espécie de "força" residente no centro da Terra. Sendivogius chamou *archeus* a essa entidade cósmica, e o qualificou como um "servo da Natureza" (Sendivogius, 1674, p. 9). O *archeus* seria responsável por receber as *virtudes* dos quatro elementos e misturá-las, como que sintetizando as sementes. Em seguida, devido ao calor gerado por seu incessante movimento, o *archeus* faria a destilação da semente formada, provocando a subida desta para o subsolo – de maneira análoga à elevação de um vapor numa destilação feita em laboratório (Sendivogius, 1674, p. 11). Embora alguns trechos pouco claros do texto de Sendivogius possam levar o leitor a acreditar que o *archeus* seria a mesma coisa que o "fogo central", a leitura atenta desfaz essa confusão. Observemos o seguinte fragmento:

> [...] o Archeus da Natureza toma [o "vapor úmido"] e o sublima através dos poros [da Terra]; e de acordo com o seu arbítrio o distribui para todo lugar [...] Assim, da variedade dos lugares procede a variedade das coisas. (Sendivogius, 1674, p. 12)

O *archeus* seria, portanto, uma entidade particular, autônoma, e dotada de uma espécie de "arbítrio". Diferiria, assim, do fogo ou calor – o qual teria um caráter geral, não individualizado, que poderia se irradiar por todo o Universo. Em outra passagem, Sendivogius esclarece a relação entre as duas entidades: o *archeus* "governaria" o "fogo central" (Sendivogius, 1674, p. 90) – ou seja, o "fogo central" seria um instrumento usado pelo *archeus* no exercício de sua ação cósmica.

Observamos que Sendivogius está trabalhando com temas bastante comuns em sua época. A idéia de um "fogo central", relacionada à gênese de metais e minerais, remonta à Antigüidade[8], e estava muito difundida nos séculos XVI e XVII. Numerosos exemplos de autores do período que usam esse tema são referidos por F.D. Adams em seu livro sobre o desenvolvimento das ciências geológicas (Adams, 1954, pp. 279-286; ver Debus, 1977, vol. 1, pp. 88-93). Apenas como exemplos, podemos citar os nomes de Gabriel Frascatus (século XVI), Aurélio Augurelli (1454?-1537?), Athanasius Kircher (1602?-1680), Johann R. Glauber (1604-1670), Johann J. Becher (1635-1682), como apoiadores dessa teoria. As explicações para a origem e a manutenção desse "fogo central", no entanto, podiam variar: desde a focalização de "raios" vindos do Sol e das estrelas, até a queima de "betúmens" ou outros combustíveis subterrâneos.

Por outro lado, ao referir-se à semente como "vapor úmido", Sendivogius também relaciona sua teoria às idéias de Aristóteles. Em sua *Meteorologica*, Aristóteles mencionou os mecanismos que julgava responsáveis pela formação de minerais e metais no subsolo. Segundo ele, o calor proveniente do Sol produziria dois tipos de exalações no interior da Terra: uma exalação seca, que daria origem a pedras, realgar, ocre, almagre, enxofre, cinábrio e outros minerais infusíveis; e uma exalação úmida, da qual se originariam os metais, que são todos fusíveis e dúcteis. As exalações também explicariam uma série de outros fenômenos "meteorológicos" (Aristotle, 1987, 378^{a}13-378^{b}6; Adams, 1954, pp. 80-82).

Encontramos em Basilius Valentinus, outro filósofo químico que publicou no início do XVII, um conceito de *archeus* semelhante àquele de seu contemporâneo Sendivogius. "Frei Basilius Valentinus" foi o pseudônimo usado por um alquimista, provavelmente o editor germânico Johann Thölde (que viveu na virada do século XVI para o XVII). Embora as referências ao *archeus* na obra de Valentinus sejam escassas e obscuras,[9] as poucas indicações que recolhemos nos permitem especular acerca do significado desse termo para o autor. Segundo nossa interpretação de Valentinus, o *archeus* seria como um "espírito" ou "força" residente no interior da terra que governaria a geração das substâncias, através da manipulação de entidades tais como os "quatro elementos", o "espírito do mercúrio" e as "emanações das estrelas". A seguinte passagem serve como exemplo:

> Agora [...] passaremos ao nascimento e à geração; e como o Archeus manifesta seu poder, emanando-o e revelando-o diariamente. Por

---

[8] Os pitagóricos já usavam essa idéia (ver Adams, 1954, p. 11; Cornford, 1956, pp. 126-130).
[9] Localizamos três ocorrências dessa palavra nos livros desse autor (Valentinus, 1670, pp. 38-39 e 51-52; Valentinus, 1990, pp. 48-49).

meio dele todas as formas metálicas e minerais são expostas à vista, e se tornam formais, tangíveis e corporais por [interação com] espíritos minerais, intangíveis, flutuantes e ígneos. (Valentinus, 1670, pp. 38-39)

As referências de Valentinus ao *archeus* aparecem associadas à geração de metais e minerais em particular; como, porém, outras passagens de sua obra sugerem esquemas análogos para a gênese das sementes dos vegetais e animais, provavelmente a abrangência de seu *archeus* não deveria estar restrita ao reino mineral.

Podemos observar que tanto Valentinus como Sendivogius estão preocupados principalmente com questões relativas à composição da matéria e suas transformações, especialmente envolvendo minerais e metais. Embora Valentinus descreva muitas receitas para a preparação de remédios minerais, ele não dedica muito espaço ao detalhamento de teorias médicas. Não queremos dizer que estas estejam ausentes de seus escritos; apenas que há predomínio dos aspectos práticos de manipulação de minerais para a obtenção de medicamentos. Quanto a Sendivogius, suas especulações teóricas a respeito da estrutura da matéria visavam precipuamente justificar a possibilidade prática de preparação da tão sonhada "Pedra Filosofal" – a substância capaz de transmutar a matéria em ouro. Ao contrário de Paracelso e seus seguidores "iatroquímicos",[10] Sendivogius não abraçou os objetivos de reformar a medicina e preparar novos remédios usando os fundamentos da alquimia. Ainda assim, Sendivogius admitiu a importância de se conhecer os medicamentos usando operações alquímicas, para que alguém se tornasse um excelente médico:

A menos que um médico seja tal que conheça porque esta ou aquela erva é quente, seca ou úmida em determinado grau – não por ler os livros de Galeno ou Avicena, mas [por haver aprendido a partir] das origens da Natureza, de onde também eles aprenderam tais coisas – ele não poderá ser um médico bem preparado. Tudo isso eles [*i.e.*, *Galeno e Avicena*] consideraram diligentemente, e legaram seus escritos aos sucessores para que os homens pudessem ser incitados a estudos de uma natureza mais elevada; e para que aprendessem como libertar o Enxofre, e como romper seus grilhões [...] (Sendivogius, 1674, p. 135)

---

[10] Isto é, aqueles que procuraram usar doutrinas e técnicas alquímicas com objetivos médicos – dando ênfase ao uso de remédios minerais, ou remédios preparados alquimicamente.

O próprio Sendivogius, entretanto, nada desenvolveu nesse sentido. Essa passagem, aliás, ilustra também a posição "conservadora" de Sendivogius em relação à medicina: ele cita Galeno e Avicena como autoridades a serem respeitadas, algo inaceitável para os paracelsistas mais radicais.

Considerando, portanto, que autores como Sendivogius e Valentinus escreveram mais sobre a composição da matéria do que sobre a reformulação das teorias médicas, não chega a ser surpreendente que, ao incorporarem o tema do *archeus*, tenham-no interpretado como uma "força cósmica" responsável pela geração dos diferentes corpos em escala universal; pois esta abordagem se adaptava melhor a seus interesses. Já a concepção de *archeus* como um *Vulcanus* interno, ou "espírito" residente no organismo – outra das possíveis interpretações do conceito paracelsista – parece ter sido a preferida daqueles filósofos químicos que colocaram a medicina no principal foco de sua atenção. Vejamos como isso pode ser observado na obra de dois médicos: Crollius e van Helmont, que representam diferentes vertentes da filosofia química.

De acordo com o estudioso A.G. Debus, o germânico Oswald Croll, ou Crollius (~1560-1609) é um dos autores mais representativos da visão "paracelsista" acerca da Natureza e da medicina do final do século XVI. Crollius, em seus últimos anos, também trabalhou como médico na Corte de Rodolfo II em Praga. Seu único livro, *Basilica chymica* (1609), foi bastante influente ao longo do século XVII (Debus, 1977, vol. 1, pp. 117-121). No prefácio a essa obra, Crollius expõe suas teorias sobre a Natureza e a medicina, fundamentadas numa abordagem química e em analogias entre o macrocosmo e o microcosmo. Apresenta em seguida uma seção devotada à preparação de medicamentos, contendo descrições de operações de laboratório e falando da obtenção de diversos compostos minerais, com suas propriedades farmacêuticas.

Em Crollius, o conceito de *archeus* aparece associado à idéia de "doença tartárica" – ou seja, doenças provocadas pelo acúmulo no organismo de "impurezas" provenientes de alimentos, devido a falhas no processo digestivo:

> O primeiro Ser em direção à vida – de onde o corpo retira sua nutrição e comida – provém da matéria última do alimento, por meio do Archeus, ou *digestão* do Estômago, sua separação, e fonte de separação. [O alimento] é reduzido a Enxofre, Mercúrio e Sal [...] O que quer que comamos e bebamos contém um Tártaro muscilaginoso, barrento e arenoso, daninho a nossa saúde. A Natureza nada toma senão o que é puro; o Estômago, que é o instrumento do Archeus humano – ou químico interno, inato, que Deus implantou no ho-

mem – tão logo toma qualquer coisa para si, separa aquilo que é impuro, residual e Tartárico, do nutriente puro [...] Se o Archeus do nosso estômago, fígado ou rins, o qual separa o puro do impuro, for infectado, ou se o poder separador deles for obstaculizado por quaisquer acidentes externos, então os excrementos permanecerão no Quilo, e causarão [diversas] doenças [...] (Crollius, 1657, pp. 142-143, 146)

Fica explícita a concepção do *archeus* como um "químico interno" no corpo humano, responsável pela digestão. Esta seria uma separação alquímica, análoga à feita pelos químicos em laboratório – onde os corpos também seriam separados em "enxofre", "mercúrio" e "sal". Em outra passagem, Crollius afirmou que o *archeus* poderia agir também como um "médico" interno; pois o *archeus* sozinho curaria mais doenças que os remédios dos médicos (Crollius, 1657, p. 118). Esta interpretação parece refletir a ênfase dada por Crollius aos aspectos médicos da filosofia química.[11]

Vejamos, com maior detalhe, como van Helmont reelaborou esse conceito – fazendo com que o *archeus* ocupasse simultaneamente o centro de suas explicações sobre a transformação da matéria e de suas teorias sobre doença e cura.

4. O *archeus* helmontiano: críticas a Paracelso

Van Helmont ampliou o conceito de *archeus* e a ele dedicou, provavelmente, importância maior que qualquer outro autor.[12] Existem passagens na obra helmontiana que revelam que o médico belga está de fato reinterpretando um conceito encontrado em Paracelso.[13] Por exemplo, quando van Helmont usa o conceito paracelsista de *Vulcanus* para explicar o *archeus*: "Estando agora prestes a falar sobre a origem das formas, repetirei que a massa da semente recebe em si um ar corporal, Vulcanus, o qual eu chamo

---

[11] Sobre alguns aspectos da teoria médica de Crollius, ver também Porto (1997).

[12] Para o conceito de *archeus* em van Helmont, ver van Helmont (1648a, pp. 40-41, 112-113, 548-555), van Helmont (1662, pp. 35-36, 112-113, 547-551), Pagel (1982, pp. 96-102), Porto (1995, pp. 73-78).

[13] Van Helmont também conhecia as idéias de Sendivogius, pois há referências a esse autor em suas obras completas. Por exemplo: ao tratar das "sementes" presentes nos corpos, Sendivogius afirmou: "[...] há em todos os corpos um centro, e um local da semente ou sêmen, e é sempre a 8.200ª parte [do corpo]" (Sendivogius, 1674, p. 10). Em seu *Ortus medicinae*, van Helmont escreveu: "E toda semente é (de acordo com o Químico Cosmopolita) apenas a 8.200ª parte de seu corpo" (van Helmont, 1648a, p. 105). "Cosmopolita" foi um pseudônimo pelo qual Sendivogius ficou conhecido.

Archeus" (van Helmont, 1648a, p. 143; van Helmont, 1662, p. 142). Esta menção é particularmente curiosa porque van Helmont usou o termo *Vulcanus*, um conceito que ele próprio não adotou. Isto sugere que está se dirigindo a um público habituado à terminologia paracelsista, capaz de imediatamente compreender o significado proposto por ele para o *archeus*. Em outra passagem, van Helmont criticou Paracelso por este acreditar que o *archeus* seria imperecível; pois, na opinião de van Helmont, a corrupção do *archeus* é que explicaria as doenças. A seguinte citação ilustra em que termos van Helmont diferencia seu próprio conceito de *archeus* daquilo que acreditava ser o conceito de Paracelso:

> Paracelso, que acreditava que as essências das coisas [...] nunca pereceriam, concebeu a dissolução da vida a partir da desordem dos três princípios. Com dificuldade acreditou que o Archeus se esgotaria [...] Ao contrário, diz ele, 'O Archeus nunca é dissolvido em razão dos enfraquecimentos da velhice mas é sufocado apenas pelas corrupções amadurecidas nas mãos da Natureza.' E assim, ele também não concebe que o Archeus então pereça; mas sendo envolvido por coisas estranhas, seja obscurecido e forçosamente parta, como que suspenso do ofício de agir, e retorne a seu primeiro ser sacramental [...] Paracelso, com seus seguidores, incluiu Tártaros entre as mais internas causas eficientes de toda doença [...] (van Helmont, 1648a, p. 548; van Helmont, 1662, p. 548)

van Helmont criticava Paracelso por não atribuir ao *archeus* a importância que ele próprio acreditava ter essa entidade. Visto pelos olhos de van Helmont, o *archeus* de Paracelso teria uma espécie de existência "independente" da matéria. As doenças, a velhice e a morte não seriam devidas à perturbação ou esgotamento do *archeus* (uma entidade imperecível); mas a problemas na parte "material" do ser (desordem dos "três princípios", acúmulo de "tártaros" no organismo). Na particular interpretação que faz de Paracelso, van Helmont considera isso uma indevida separação entre "corpo" e "espírito". Para van Helmont, o *archeus* seria como um "espírito" imanente à matéria, que determinaria as principais características desta. Sendo assim, doenças, velhice e outros tipos de transformações da matéria teriam de ser explicadas em termos de transformações também dos *archei*. Delineamos aqui uma explicação simplificada para uma questão muito complexa – que ficará mais clara à medida que explicarmos adiante a teoria helmontiana para a matéria. Focalizaremos nela o conceito de *archeus*, e daí veremos como o médico belga se voltou para as concepções de doença e cura.

5. A água elementar

Segundo van Helmont, existiriam apenas dois elementos materiais: ar e água. O ar seria um elemento à parte, e não participaria da composição de nenhuma outra substância. Toda a diversidade dos demais tipos de matéria proviria, pois, de transformações da água. Como em diversas outras passagens de sua obra, essa posição era apoiada tanto em argumentos de base religiosa, isto é, uma particular interpretação do texto bíblico (em especial o livro do *Genesis*) como em argumentos "experimentais" – observação de fatos cotidianos e experimentos de laboratório.[14] Água e ar seriam "elementos" por serem matérias gerais, ou seja, não específicas, comuns a toda a Natureza e, além disso, por serem indecomponíveis. Não seria possível transformar água ou ar em nada mais simples do que eles próprios (van Helmont, 1648a, p. 68; van Helmont, 1662, p. 65).

Ao propor sua teoria baseada em dois elementos, van Helmont estava se opondo simultaneamente às "Escolas" (isto é, aos defensores da tradição aristotélica, o que incluía a clássica doutrina dos quatro elementos: terra, água, ar e fogo) e a Paracelso, com seus princípios "enxofre", "mercúrio" e "sal". Para van Helmont, no ato da Criação do mundo, Deus teria criado apenas água e ar como elementos; a partir da água, criou a areia *quellem* – base de sustentação para as criaturas, e que poderia ser encontrada no subsolo. Terra e minerais seriam produzidos da água (van Helmont, 1648a, pp. 53-54; van Helmont, 1662, pp. 49-50). O fogo também não poderia ser um elemento, pois sequer seria uma substância. De acordo com o médico belga, o fogo seria uma entidade intermediária entre uma "substância" e um "acidente" (com esta palavra van Helmont designava propriedade, poder ou

---

[14] Um dos argumentos práticos a favor da elementaridade da água era uma experiência, envolvendo o crescimento de uma muda de salgueiro, que se tornou célebre – por seu caráter quantitativo e sua elegante engenhosidade. Assim van Helmont descreveu essa experiência: "[...] eu aprendi, por operação, que todos os vegetais imediata e materialmente procedem apenas do elemento da água. Pois peguei um vaso de barro, no qual coloquei 200 libras de terra que foram secas num forno. Umedeci a terra com água de chuva, e nela plantei o tronco de um salgueiro, pesando cinco libras. Finalmente, ao cabo de cinco anos, a árvore ali cresceu, e pesou 169 libras e cerca de três onças. Mas eu umedeci o vaso com água de chuva, ou água destilada (sempre que foi necessário), e [a árvore] ficou grande, e fixa na terra. Como a poeira que é levada pelo ar poderia se misturar com a terra, cobri a boca do vaso com uma chapa de ferro estanhado, vazada com vários furos. Não computei o peso das folhas que caíram nos quatro outonos. Finalmente, sequei novamente a terra do vaso, e ali se encontravam as mesmas 200 libras, exceto por cerca de duas onças. Portanto 164 libras de madeira, cascas, e raízes, originaram-se de água somente." (van Helmont, 1648a, pp. 108-109; van Helmont, 1662, p. 109).

qualidade) – enfim, uma "criatura singular" (van Helmont, 1648a, pp. 134-140; van Helmont, 1662, pp. 134-139). Tampouco os "três princípios" paracelsistas teriam caráter elementar. De acordo com Paracelso e seus sucessores, através do fogo se poderia separar estas três substâncias de todos os corpos. Van Helmont, entretanto, dizia que "enxofre", "mercúrio" e "sal" seriam produzidos no momento da queima ou destilação, não existindo previamente nos corpos (van Helmont, 1648a, pp. 105, 405-406; van Helmont, 1662, pp. 106, 408-409).

Estabelecido o caráter elementar da água, tornava-se necessário explicar como se dá sua transformação nos demais tipos de substâncias. Seria preciso que alguma outra entidade operasse sobre a água (ou melhor, *na* água, como veremos adiante) para transformá-la. Para o médico belga, um outro princípio, de natureza não substancial, estaria envolvido na diversidade dos corpos: os fermentos – implantados na água elementar por Deus, no ato da Criação.

6. Fermentos, sementes, *archei*

Agindo sobre a água, ou sobre algum outro corpo material (ou seja, água previamente transformada), um "fermento" daria início à sua transformação. O primeiro passo seria a formação de uma *semente* – uma entidade já parcialmente material. A "semente" seria uma substância capaz de prosseguir com a transformação da matéria, pois conteria dentro de si os requisitos necessários para isso. Esses requisitos seriam: uma *imagem* do corpo a ser gerado; e o *archeus* – uma espécie de "força" ou "espírito" capaz de modelar a matéria de acordo com essa imagem, e governar todo o desenvolvimento e existência do corpo até a sua extinção. Assim van Helmont descreveu a ação do *archeus* no desenvolvimento das criaturas em geral e do ser humano em particular:

> [O Archeus] contém a fecundidade das gerações e sementes, como se fosse a causa eficiente interna. Quero dizer, este artífice tem a imagem da coisa gerada [...] Em coisas animadas, [o Archeus] percorre todos os abrigos e recônditos de sua semente, e começa a transformar a matéria, conforme a essência de sua própria imagem. Então aqui ele coloca o coração, aí designa o cérebro, e em toda a parte determina um diretor fixo, saído de sua monarquia universal, de acordo com os limites da exigência das partes e destinações. (van Helmont, 1648a, p. 40; van Helmont, 1662, p. 35)

Na última frase, van Helmont revela que, nos animais, o *archeus* principal geraria ainda outros *archei* a ele subordinados, fixos em determinadas partes do corpo. Veremos mais detalhes sobre isso adiante. Por ora, observemos que o *archeus* parece ser uma continuação do "fermento", mas já fortemente ligado à matéria e à imagem do corpo específico.

Corpos já inteiramente formados, fossem vegetais, animais ou minerais, poderiam gerar sementes e assim dar origem a outros corpos semelhantes a si mesmos. Por outro lado, "fermentos de putrefação", agindo sobre a matéria, poderiam também dar origem a animais ou vegetais – mesmo na ausência de "genitores" semelhantes. Van Helmont citou alguns exemplos desse tipo de geração espontânea. Uma camisa fétida, colocada num vaso contendo trigo, geraria ratos. Neste caso, o "fermento" da camisa interagiria com o odor dos grãos – e a putrefação resultante formaria os ratos. Já o apodrecimento da erva manjericão, prensada entre dois tijolos, faria com que o odor dessa planta gerasse escorpiões (van Helmont, 1648a, p. 113; van Helmont, 1662, p. 113). As putrefações, em geral, gerariam plantas ou vermes.

Van Helmont acreditava estar fundando uma teoria completamente nova sobre os "fermentos", como ele próprio afirma na seguinte passagem: "O nome 'fermento' é até agora desconhecido, a não ser na panificação. Todavia, em nenhuma coisa há mudança ou transmutação por meio do sonhado apetite da matéria; mas somente por obra do fermento" (van Helmont, 1648a, p. 111; van Helmont, 1662, p. 111). Apesar desta autoproclamada originalidade, há numerosos exemplos de autores clássicos, medievais e contemporâneos de van Helmont que fizeram analogias entre o processo de fermentação e transformações variadas da matéria[15]. Entre os alquimistas, era bastante comum a identificação da "fermentação" com uma das etapas do processo alquímico. A Pedra Filosofal tinha em comum com a levedura ou fermento o fato de que uma pequena quantidade dessa substância seria capaz de provocar a transformação de uma grande massa de metal ou outra matéria. Essas idéias comparecem em algumas das principais coletâneas de textos sobre alquimia. Podemos encontrar referências desse tipo, por exemplo, no texto alquímico de Morienus, do século XII: "A fermentação do ouro é como a fermentação do pão" (Stavenhagen, 1974, p. 35). Na *Turba philosophorum*, há menção ao "fermento do ouro", como parte do processo de transmutação (Waite, 1970, pp. 148, 165, 201). Na *Pretiosa margarita novella*, Bonus de Ferrara dedicou um capítulo ao "fermento", como uma das etapas da "Grande Obra" (Lacinius, 1894, pp. 333 e segs.). Também no *Compound of alchemie*, George Ripley caracterizou a "fermentação" como o "nono portão do Castelo Alquímico", e explicitamente comparou esse "fermento" com o fermento ou lêvedo do pão (Ripley, *Compound*

---

[15] Numerosos exemplos são citados por Pagel (1982, pp. 79-87).

of alchemie, em Ashmole, 1652, pp. 173-175). Esta rápida enumeração não pretende de maneira alguma ser exaustiva; apenas ilustra o uso do tema da fermentação em alguns dos mais influentes tratados alquímicos, e que certamente estavam em circulação na época de van Helmont.

Há, porém, algo de original no "fermento" helmontiano: é o casamento que o médico belga promove entre esse antigo tema e o *archeus* paracelsista. Os "fermentos" seriam "princípios de geração" que, atuando sobre a água (matéria primordial), se uniriam intimamente a ela, gerando um corpo de características específicas. Um dos produtos dessa geração é o *archeus*, "espírito" ou força residente no corpo, que irá governar todo seu comportamento e será o responsável por suas propriedades; enfim, será um "selo" de sua especificidade. Van Helmont nos fornece um exemplo que é esclarecedor desse último ponto:

> Próximo às montanhas de Zoma, quando o mar baixa, um porco se alimenta com esquilas[16], mariscos, etc. Sua carne tem o sabor da gordura de peixe, ainda que seja carne de porco [...] Uma mesma carne de animal recebe sabores estranhos diante da variedade de alimentos [...] [No *archeus*] certamente existe a força perfeitamente transmutativa da matéria, que dispõe em formas, odores, cores, e toda propriedade acidental [...] Porque embora a matéria não permaneça, conserva-se todavia a vida média [...] no *Archeus* transmutado. (van Helmont, 1648a, pp. 150-151; van Helmont, 1662, pp. 149-150)

Um outro exemplo reforça a idéia:

> [...] Freqüentemente, na urina de uma criança lactente, subsistem os odores das coisas que a nutriz tomou – por exemplo, óleo de aniz, noz-moscada, etc. Aquilo que a nutriz tomou exala um cheiro na urina da criança [...] (van Helmont, 1648a, p. 158; van Helmont, 1662, p. 157)

O odor dos alimentos, que permanece na carne ou na urina, é a evidência de que o *archeus* dos alimentos sobreviveria ao processo de digestão, pois algo de essencialmente característico dos corpos ingeridos permaneceria e poderia ser percebido.

7. O fogo e o *gás*

Um corpo específico somente poderia ser transformado caso fosse "subjugado" por um outro *archeus* (van Helmont, 1648a, p. 153; van Hel-

---

[16] Uma espécie de crustáceo.

mont, 1662, p. 152). Haveria ainda outro agente de transformação, porém isento de "fermentos": o fogo. Este agiria por dois mecanismos: dividindo a matéria em partículas mais sutis e finas; e assim, posteriormente poderia extingüir a semente desse corpo.

A ação do fogo sobre um corpo poderia livrá-lo de sua "casca" material mais externa, fazendo-o passar para uma forma volátil, semelhante ao ar. Para designar esta forma – que não poderia ser ar, pois uma substância gerada a partir do elemento água jamais poderia ser transformada no elemento ar – van Helmont cunhou o novo termo *gás*. O *gás* de um corpo estaria a meio caminho de retornar à condição de água elementar, mas ainda guardaria dentro de si (ao menos em parte) o "fermento" ou "semente" de sua especificidade. A exceção seria o *gás* da água, formado pelo resfriamento excessivo do vapor da água nas grandes altitudes, ou por resfriamento da água líquida em movimento. O *gás* da água seria formado apenas do elemento água – isento, pois, de "fermentos" ou "sementes". Mas não só o fogo poderia transformar substâncias fixas em *gás*: Van Helmont citou ainda outros processos, como a mistura, a "fermentação" e o aquecimento. Vejamos alguns exemplos.

Van Helmont afirmou que, aquecendo-se carvão num recipiente fechado, ele é queimado. Podemos observar os produtos dessa queima, pois estão impedidos de escapar do frasco. O recipiente conteria um "espírito", que tenderia a escapar caso se abrisse o frasco, além de um pouco de cinzas que se depositam no fundo.

> Suponha que, de 62 libras de carvão de carvalho, se forme uma libra de cinzas. Portanto, as 61 libras que restam são o espírito selvagem, que – sendo também queimado – não pode se separar, estando o vaso fechado. Este espírito, desconhecido até agora, eu chamo pelo novo nome Gás; o qual não pode ser contido em vasos, nem reduzido em um corpo visível, sem que primeiro seja extinta a semente. (van Helmont, 1648a, p. 106; van Helmont, 1662, p. 106)

Nesta passagem, van Helmont estabelece uma diferença entre os *gases* e os vapores: aqueles não poderiam ser condensados, ou reduzidos a um "corpo visível". A menos que se extingüísse sua semente, ou seja, destruindo-se sua especificidade: então o *gás* poderia retornar à condição de água elementar. Logo em seguida, van Helmont esclareceu também que o *gás* não está preso dentro dos corpos fixos; pois, como ele é "incoercível", tenderia a fazer todo o corpo voar. Ou seja, num corpo fixo, o *gás* estaria como que "coagulado" – até que alguma coisa o libertasse de sua "casca" mais grosseira.

A "fermentação" seria outro processo capaz de liberar o *gás* de um corpo. Uvas inteiras, por exemplo, se forem deixadas secar, na ausência de "fermentos", transformam-se em passas – e nenhum *gás* é liberado. Se, entretanto, a casca das uvas for rompida, elas fermentarão, haverá um aquecimento e também borbulhamento – este, devido à liberação do *gás dos vinhos*, ou *gás das uvas*. Van Helmont alertou que este *gás* não deveria ser confundido com o "espírito do vinho", pois se tratavam de entidades diferentes (van Helmont, 1648a, p. 106-107; van Helmont, 1662, p. 106-107).

Algumas substâncias, por sua vez, se transformariam em *gás* quando misturadas a outras. Consideremos o exemplo da pólvora negra, que é formada por salitre, enxofre e carvão. Disse van Helmont que se pode aquecer carvão, sozinho, num frasco fechado – como vimos, ele se transformaria em *gás*, mas o recipiente não explode. Também o enxofre pode ser aquecido isoladamente em frasco fechado: ele apenas sublima, sem mudar sua natureza. O aquecimento do salitre, segundo van Helmont, produziria duas substâncias: um líquido ácido e um álcali fixo. Misturando-se os três, entretanto, o resultado é bem diferente:

> [...] juntos, se forem inflamados, não há vaso na Natureza que, estando fechado, não rebente por causa do Gás [...] Reunidos, eles se convertem mutuamente em Gás, através da destruição [...] Quando se tocam mutuamente pelas [partes] mínimas, ou se transformam em Gás, ou explodem. (van Helmont, 1648a, p. 107; van Helmont, 1662, p. 107)

Outro caso semelhante seria o do sal amoníaco e da água-forte. Separadamente, podem ser destilados; se, entretanto, forem misturados e então aquecidos "[...] são transformados imediatamente num Gás selvagem, ou flato incoercível. De modo que se o vaso estiver muito bem fechado, ainda que seja muito grande e reforçado, explodirá, mesmo no frio" (van Helmont, 1648a, p. 423; van Helmont, 1662, p. 426).

Van Helmont sugere que estes efeitos ocorreriam devido à interação mútua entre os "fermentos" das substâncias, gerando coisas novas, e faz uma analogia: seria como no caso da mula, no qual os "princípios seminais" do asno e da égua se unem para formar uma criatura diferente (van Helmont, 1648a, p. 423; van Helmont, 1662, p. 426). Também o simples aquecimento poderia provocar a liberação do *gás* de um corpo. Uma fruta ácida, sendo torrada dentro de um vaso hermeticamente fechado, emitiria um *gás* que estouraria o frasco (van Helmont, 1648a, p. 424; van Helmont, 1662, p. 427).

O ponto mais importante a ser destacado aqui é que o *gás*, como entidade de sutil materialidade e característico do corpo que lhe deu origem, seria também portador do *archeus* desse corpo. Por esta razão, *gases* irão aparecer em várias explicações e teorias, num amplo espectro de assuntos. Van Helmont desenvolveu o conceito de *gás* tanto em suas teorias meteorológicas quanto em teorias químicas e médicas.

Na meteorologia, o *gás d'água* explicaria fenômenos atmosféricos (chuva, neve, granizo), como vimos há pouco, e também como a matéria transformada por um fermento poderia naturalmente retornar à condição de água elementar. *Gases* produzidos de corpos quaisquer tenderiam a se elevar através do ar atmosférico, até superar a altura das nuvens. Nestas regiões mais altas e mais frias da atmosfera, o *gás* (que já seria formado por corpúsculos mínimos) seria dividido em partículas ainda menores – que van Helmont chama de "átomos" – devido à interpenetração das minúsculas partículas de ar. Como conseqüência, o "fermento" – portador do *archeus* que daria especificidade a esse *gás* – seria extinto devido ao frio e "sutileza" (pequenez) dos átomos (van Helmont, 1648a, p. 72; van Helmont, 1662, p. 68). Extintos seus "fermentos", a matéria se veria reduzida a água elementar ou, mais precisamente, a *gás da água* – que poderia retornar para a superfície da Terra desde que impulsionado pelo *blás*[17] das estrelas. Para van Helmont, a divisão dos *gases* em partículas minúsculas, o que conduziria à extinção da especificidade de um corpo, seria uma necessidade para o prosseguimento da vida:

> Esta tortura pelo exame do frio, é necessária; para que toda a força do fermento seja completamente retirada das nuvens. De outro modo, muita corrupção e muitos fedores das nuvens, rapidamente exterminariam os mortais. (van Helmont, 1648a, p. 77; van Helmont, 1662, p. 74)

Ou seja, se os *gases* permanecessem indefinidamente na atmosfera com seus "fermentos" e *archei*, seu natural apodrecimento contaminaria de tal modo o ar que a vida de outras criaturas se tornaria impossível.

Em relação àquilo que hoje, numa acepção mais restrita, reconheceríamos como fenômenos químicos, o *gás* explicaria como os corpos, materialmente originados da água, poderiam se transformar numa substância aeriforme – mas necessariamente diferente do ar, pois não se poderia converter água em ar. Finalmente, essas concepções se reúnem na medicina para explicar vários processos fisiológicos e mórbidos. O *gás* é um conceito com grande poder explicativo, pois enfeixa simultaneamente a materialidade das

---

[17] *Blás*, um dos termos inventados por van Helmont, designava uma espécie de "poder motor", uma entidade não material capaz de provocar o movimento. Ver Porto (1995, pp. 85-87).

substâncias e suas "forças" de transformação específicas ("fermento", *archeus*).

Assim, alimentos que não fossem convenientemente digeridos pelo "fermento" existente no estômago poderiam se transformar em *gases* mórbidos dentro do organismo, originando os flatos e as eructações. Para van Helmont, as chamadas "ventosidades" do corpo não poderiam ser movimentos do ar no organismo; pois o ar não entraria na composição de outras substâncias. O único movimento de ar no corpo humano seria aquele envolvido na respiração. Desta maneira, van Helmont se opunha a Paracelso que – com base analogia entre o macrocosmo e o microcosmo – defendia que os flatos seriam os análogos humanos dos ventos que varrem a superfície da Terra. A explicação oferecida pelo médico belga, então, é que "todo flato em nós é um Gás silvestre, expelido entre as digestões, a partir de alimentos, bebidas e excrementos" (van Helmont, 1648a, p. 418; van Helmont, 1662, p. 421).

Existiriam diferentes tipos de flatos, dependendo do local onde fossem produzidos (se no estômago, no intestino grosso ou no delgado) e dos alimentos a partir dos quais eles se formassem. Neste ponto, van Helmont deixou bastante claro que diferentes *gases* teriam propriedades diferentes – como inflamabilidade, sabor e odor. As eructações, ou *gases* produzidos no estômago, extinguiriam a chama de uma vela, e teriam o sabor do alimento de onde proviessem (como nos casos do alho e do rabanete, conforme o próprio van Helmont enumerou). O flato estorcal, produzido no intestino grosso, seria inflamável: ao atravessar a chama de uma vela, se queimaria com uma chama colorida. O flato produzido no intestino delgado, por sua vez, muitas vezes não teria cheiro – a não ser que, ao ser expelido, estivesse misturado com o tipo anterior. Van Helmont, portanto, reconheceu o caráter específico dos flatos, identificando-os com os *gases*:

> Os flatos diferem em nós, em sua matéria, forma, lugar, fermento, propriedades, e assim em toda sua espécie. Não existem menos variedades genéricas e específicas de flatos, do que corpos dos quais eles são provenientes. Pois os flatos não são ar de modo algum. Realmente, os flatos não são somente distingüidos pela matéria da qual eles procedem, mas também pelo fermento e semente dos flatos. Até agora isto diz respeito ao que ensinei acerca da origem do Gás, ou espírito selvagem; o qual sem dúvida permaneceria em seu antigo [corpo] concreto se – sendo adicionado um fermento do local, e retirada uma semente de acidez – ele não fosse transformado em um flato ou Gás. (van Helmont, 1648a, p. 421; van Helmont, 1662, p. 424)

Está claro que a formação dos flatos não depende apenas do tipo de alimento ingerido, mas também dos "fermentos" responsáveis pela digestão. Uma digestão fraca no estômago ou no intestino não transformaria os alimentos convenientemente, mas os mudaria em *gases*. Uma digestão "mais forte" não produziria essas ventosidades indesejáveis (van Helmont, 1648a, pp. 413-426; van Helmont, 1662, pp. 416-428).

Os alimentos corretamente digeridos passariam por seis digestões sucessivas em diferentes órgãos, sendo que a última ocorreria em cada tecido do organismo. Nesta sexta digestão os tecidos assimilariam seus nutrientes, e os resíduos desse processo seriam eliminados imperceptivelmente através da pele, também na forma de um *gás*. Aqui, van Helmont criticava tanto a teoria da "digestão tripla", como o papel atribuído à respiração pelas "Escolas". O médico belga se propôs a combater a falsa opinião (segundo ele) de que a respiração serviria para alimentar o espírito vital, refrigerar o coração e expelir "vapores" ou "fumaças" formadas na digestão. Segundo ele, se o sangue venoso fosse apenas aquecido dentro do corpo, jamais poderia se volatilizar completamente. Isso poderia ser observado em laboratório, onde a destilação do sangue – bem como de outros fluidos – sempre deixa um resíduo ("que os peritos chamam de *caput mortuum*"). Ou seja, se no organismo apenas o calor atuasse sobre o sangue, sua parte aquosa iria evaporando e o restante iria ficando cada vez mais espesso, até coagular – impossibilitando a vida.

Van Helmont afirmou que, para volatilizar o sangue venoso, seriam necessários um "fermento" apropriado e o ar. A ação simultânea de ambos transformaria o sangue venoso em *gás*: o "fermento" como promotor da transformação, e o ar cumprindo seu papel de "separador das águas", isto é, dividindo a matéria em corpúsculos mínimos.

> O ar não é atraído para a nutrição dos espíritos, nem para a expulsão de fuligens; mas [...] para aumentar o estímulo ao fermento da última digestão, de modo que, após o cumprimento de seu dever, [o fermento] possa expelir todo o líquido nutritivo sem que alguma coisa permaneça [...] Quanto mais frio é o ar, mais volatiliza o sangue em Gás. (van Helmont, 1648a, p. 191; van Helmont, 1662, p. 187)

Outra evidência apontada por van Helmont refere-se aos peixes: como seu corpo é praticamente desprovido de calor, não existe o perigo de o sangue dos peixes ir ficando "coagulado" por evaporação. Assim, nos peixes o "fermento" é suficiente para volatilizar o sangue; por isso essas criaturas não precisam respirar (van Helmont, 1648a, pp. 185-192, 205, 262; van Helmont, 1662, pp. 181-187; 201, 257). Em todas essas discussões se observa a coerência com duas idéias fundamentais desenvolvidas anteriormente: o ar como um meio que separa os corpos originados da água em partículas, e também como um elemento inassimilável pelos compostos da água.

8. *Gases* mórbidos e a natureza das doenças

O próprio "espírito vital", ou "ar vital" – produzido pela "fermentação" do sangue arterial no coração – que manteria a vida e preservaria o corpo da corrupção, teria a consistência de um *gás*. Segundo van Helmont, por este motivo ele poderia interagir rapidamente com outros *gases* que penetrassem no organismo. Por isso é que ocorreriam tantos envenenamentos por *gases*, como aqueles que se acumulam em minas subterrâneas e adegas: eles provocariam a "sufocação" do "espírito vital", podendo causar a morte (van Helmont, 1648a, p. 110; van Helmont, 1662, p. 110). O *gás* invasor, portador de um *archeus*, poderia entrar em conflito com o *archeus* humano. Por exemplo, van Helmont usou essa teoria para explicar a origem e as manifestações da asma. Neste caso, *gases* inspirados interagiriam de maneira destrutiva com as vias respiratória, por ocasião da sexta digestão local:

> Mineiros, metalurgistas, separadores, moedeiros, químicos, e também artífices de água-régia, alvaiade, mínio, verdigris, cinábrio, douradores, etc., são todos logo assaltados pela asma – porque o Gás, inspirado com o ar, corrompe os canais da laringe na sexta digestão. Daí, em vez da assimilação do nutriente, todos se degeneram em excremento, de acordo com a condição do fermento que transmuta. Os mencionados canais, sendo detidos e resistindo, são fechados [...] Todo Gás prejudicial, por meio de sua inspiração, corrompe a digestão nos pulmões [...] Portanto, absorvido o veneno de um Gás endêmico, o pulmão sucumbe e logo gera a asma. (van Helmont, 1648a, p. 370; van Helmont, 1662, p. 363)

Essa idéia de *gás* como agente mórbido foi seguida posteriormente por alguns médicos helmontianos.

Um exemplo pode ser encontrado na obra do médico inglês George Thomson (~1620-1679). Durante uma grande epidemia de peste bubônica em Londres, em 1665, Thomson e outros médicos helmontianos fizeram a dissecação do corpo de uma das vítimas da peste. Suas observações e teorias a respeito da doença foram publicadas no ano seguinte como Λοιμοτομια, *or The Pest Anatomized*. De acordo com Thomson, um *gás* seria a verdadeira causa material da peste, conforme ilustra a seguinte citação:

> No que tange à causa material [da peste], ela é um Gás venenoso, ou espírito selvagem, produzido internamente a partir de alguma matéria

degenerada no interior do corpo, ou recebido exteriormente a partir de algumas exalações putrefatas nocivas contidas nos poros do ar [...] Suponho que eu possa muito bem comparar este odor mortífero ao Gás ou fumo de enxofre [...] (Thomson, 1666, pp. 8-9)

Observa-se que Thomson usa como sinônimo de *gás* a expressão "espírito selvagem" ("wild spirit", no original inglês), tradução literal do *spiritus silvester* usado pelo próprio van Helmont ao propor o conceito de *gás* (van Helmont, 1648a, p. 106).[18]

Neste conflito entre o *gás* invasor e o ser humano encontramos um fundamental ponto de contato entre as teorias químicas e médicas de van Helmont. Pois o próprio corpo humano seria governado por um *archeus* principal (*archeus influus*), "comandante-em-chefe" de vários outros *archei* subordinados, responsáveis pelos diversos órgãos e partes do corpo humano (os chamados *archei insiti*). Para van Helmont, as doenças seriam entidades existentes no *archeus* humano.[19] Um corpo morto não poderia adquirir uma doença, ou ter febre, por exemplo: seu *archeus influus* já o teria abandonado (van Helmont, *Febrium doctrina inaudita*, pp. 7-8, em van Helmont, 1648b;[20] van Helmont, 1662, p. 938). O processo de formação de uma doença teria início com a invasão do corpo humano por alguma substância estranha, que van Helmont chamava a "causa ocasional" da doença. Não haveria ataque direto dessa substância ao organismo: qualquer transformação necessariamente passaria pelos *archei* envolvidos. Ou seja, o *archeus* do invasor interagiria com o *archeus* humano, fazendo-o gerar uma "idéia mórbida", isto é, uma imagem da doença a ser desenvolvida. Instalada a idéia, o *archeus* humano formaria uma "semente" da qual se desenvolveria a doença. Desse modo, a doença seria uma entidade com real existência, gerada no *archeus* humano – e não deveria ser confundida com seus sintomas. Consideremos como exemplo os cálculos urinários. As pedras nos rins ou na bexiga não seriam a doença em si; a verdadeira doença seria "a própria idéia radicalmente implantada nos poderes do Archeus dos rins ou bexiga" (van Helmont, 1648a, p. 542; van Helmont, 1662, p. 544).

Haveria ainda uma outra possibilidade de origem para as doenças: a própria mente humana poderia criar uma imagem mórbida que ficaria então impressa no *archeus influus* – o qual se encarregaria de "materializá-la". Este seria o caso da peste: uma pessoa com medo desse mal acabaria por produ-

---

[18] Em van Helmont (1662, p. 106), o tradutor John Chandler também usou "wild spirit". Sobre o conceito de *gás* na obra de Thomson, ver Porto (2001b).
[19] Sobre o conceito helmontiano de doença, ver Pagel (1972), Pagel (1982, pp. 141-154), Niebyl (1971a, 1971b).
[20] Este volume reúne quatro tratados, com numerações de páginas independentes.

zí-lo dentro de si mesma: "pois assim o medo da peste cria a peste" (van Helmont, 1648a, p. 554; van Helmont, 1662, p. 553).

Assim como interações entre *archei* levariam a transformações químicas, a interação de *archei* estranhos com o *archeus* humano levaria a "transformações" no comportamento normal deste. A doença sobreviria, pois, quando o *archeus* humano fosse "subjugado" pelo *archeus* invasor, deixando de desempenhar suas funções normais no processo vital. A explicação radicalmente vitalista abrange tanto as transformações da matéria como a vida de animais e vegetais, e finalmente também as doenças. As seguintes citações mostram como o mecanismo do "jugo" de um *archeus* sobre outro estaria presente em toda parte: "Com efeito, o Archeus não é por si mesmo retirado, dispersado, transformado ou alterado, senão por um outro Archeus que o ataque sob outro fermento" (van Helmont, 1648a, p. 153; van Helmont, 1662, p. 152). Em outra passagem:

> O alimento não é inteiramente transformado, senão quando seu próprio Archeus, sendo subjugado, o nosso Archeus vital seja introduzido, com uma completa vassalagem do anterior. Pois assim o vinho é inteiramente transformado em vinagre, o mercúrio completamente em ouro, um ovo completamente em frango, e o sangue completamente no alimento último. (van Helmont, 1648a, p. 219; van Helmont, 1662, p. 215)

Ou ainda, resumindo: "O Archeus transforma toda massa a ele submetida, a menos que, sendo superado por uma vida média mais poderosa, ele deva ficar inativo" (van Helmont, 1648a, p. 257; van Helmont, 1662, p. 252). Quando van Helmont fala de "vida média", ele está se referindo à situação do *archeus* residente num corpo já inteiramente formado (van Helmont, 1648a, p. 155; van Helmont, 1662, p. 153).

Como van Helmont foi levado a tal concepção dos processos mórbidos? Seus escritos sugerem que a discordância em relação às teorias clássicas se desenvolveu a partir de observações médicas. Van Helmont destacou um episódio que considerou ter sido decisivo na mudança de rumo que imprimiu a sua filosofia da Natureza e da medicina.

> Declararei o início de meu arrependimento e conhecimento dos remédios. Mal havia saído da adolescência, quando vesti a luva de uma senhora infectada com uma sarna seca; daí, contrai sarna, primeiro naquela mão, depois na outra – com pus e pústulas infames. (van

Helmont, *Febrium doctrina inaudita*, p. 27, em van Helmont, 1648b; van Helmont, 1662, p. 958)[21]

Van Helmont buscou a ajuda dos melhores médicos da cidade. As principais formas de tratamento consistiam basicamente na eliminação dos "humores" em excesso, através de sangrias, purgativos, eméticos, clisteres e diaforéticos. Isto era justificado por um panorama conceitual calcado em oposições, em conflitos entre opostos, que incluía a "cura pelos contrários" e também a transformação de elementos pela anulação de "qualidades primárias" opostas. No caso de van Helmont, foi diagnosticado um "destempero" no fígado, para o qual foram recomendadas sangrias e purgativos. Após alguns dias desse tratamento, o resultado foi devastador:

> Pois eu – que antes estava saudável, bem disposto, com toda força, ligeiro no salto e na corrida – estava agora reduzido à magreza, meus joelhos tremiam, as faces estavam desfalecidas e a voz rouca [...] Entrementes, a sarna me atacava do mesmo modo que antes. (van Helmont, *Febrium doctrina inaudita*, p. 27, em van Helmont, 1648b; van Helmont, 1662, p. 958)

Van Helmont discordou dos métodos terapêuticos, ao observar a impossibilidade da existência de tanta matéria "impura" ou "putrefata" dentro de um organismo – dadas as grandes quantidades que lhe haviam sido purgadas. Ou seja, ele duvidou que as doenças pudessem ser apenas uma questão de acúmulo de material impuro, ou de um desequilíbrio de substâncias a ser corrigido. Duvidou, também, que toda a variedade de doenças então conhecidas pudesse ser explicada apenas por esse "mecanismo" de "desequilíbrio" – em última análise, o mesmo "mecanismo" de conflito de qualidades opostas que explicaria também a diversidade da matéria: "Tendo outrora seriamente ponderado comigo estas coisas, afastei-me de Galeno que, estando tão completamente envolvido acerca de tais humores, afirma que todas as doenças consistem deles" (van Helmont, *Febrium doctrina inaudita*, p. 27, em van Helmont, 1648b; van Helmont, 1662, p. 959). A cura somente viria após três meses – e não através da medicina tradicional, mas quando van Helmont aplicou um ungüento de "enxofre" – possivelmente, um dos "remédios químicos" paracelsistas. Esta dramática experiência pessoal parece ter sido decisiva na aproximação entre van Helmont e a obra de Paracelso – que o médico belga haveria de estudar intensivamente durante sete anos (entre 1609 e 1616), no período em que ficou recolhido na cidade

---

[21] O mesmo episódio é também narrado em van Helmont (1648a, pp. 321-323); van Helmont (1662), pp. 317-318.

de Vilvorde, próximo a Bruxelas. Desses estudos, experiências em laboratório e observações médicas variadas, emergiu sua nova concepção.

9. Considerações finais

Cada doença, na opinião de van Helmont, teria algo de específico – um agente causador próprio, e não causas gerais como o frio e o calor, comuns a toda a Natureza. Reconhecida a "especificidade" do agente causador das doenças, seria necessário explicar a origem dessa especificidade. A solução encontrada por van Helmont foi estendê-la para toda a Natureza, consubstanciada numa teoria que casava o *archeus* de origem paracelsista com os "fermentos" da tradição alquímica. Van Helmont formulou assim uma teoria abrangendo a origem e as transformações da matéria em geral. Tudo isso justificado por observações de laboratório, interpretações da Bíblia, e incorporando temas comuns a Paracelso e a filósofos de inspiração neoplatônica,[22] constituindo um cenário no qual o *archeus* desempenha um papel central.

Referências bibliográficas

Adams, F.D. (1954), *The Birth and Development of the Geological Sciences*, New York: Dover.

Aristotle (1987), *Meteorologica*, Cambridge, MA: Harvard University Press.

Ashmole, E. (ed.) (1652), *Theatrum chemicum Britannicum*, London: J. Grismond for Nath. Brooke. (Reedição facsimilar: New York: Johnson Reprint Corporation, 1967.)

Bodenstein, A. v. (1575), *Onomasticon Theophrasti Paracelsi*, Basel: Peter Perna. (Reedição facsimilar: Hildesheim: Georg Olms Verlag, 1981.)

Cornford, F.M. (1956), *Plato's Cosmology*, London: Routledge and Kegan Paul.

Crollius, O. (1657), *Discovering the Great and Deep Mysteries of Nature*, em *Philosophy Reformed and Improved*, London: M.S. for Lodowick Loyd.

Debus, A.G. (1977), *The Chemical Philosophy*, 2 vols., New York: Science History Publications.

Dorneus, G. (1584), *Dictionarium Theophrasti Paracelsi*, Francoforti: [s.n.]. (Reedição facsimilar: Hildesheim: Georg Olms Verlag, 1981.)

---

[22] Sobre essa influência, ver Pagel (1982), pp. 19-34.

Lacinius, J. (ed.) (1894), *The New Pearl of Great Price*, London: James Elliott.

Niebyl, P. (1971a), "Sennert, Van Helmont and medical ontology", *Bulletin of the History of Medicine* 45: 115-135.

Niebyl, P. (1971b), "The Helmontian Thorn", *Bulletin of the History of Medicine* 45: 5-17.

Oldroyd, D.R. (1974), "Some Neo-Platonic and Stoic Influences on Mineralogy in the Sixteenth and Seventeenth Centuries", *Ambix* 21: 128-156.

Pagel, W. (1958), *Paracelsus, An Introduction to Philosophical Medicine in the Era of the Renaissance*, Basel: S. Karger.

Pagel, W. (1972), "Van Helmont's concept of disease", *Bulletin of the History of Medicine* 46: 419-454.

Pagel, W. (1982), *Joan Baptista van Helmont – Reformer of Science and Medicine*, Cambridge: Cambridge University Press.

Paracelso (1967), *The Hermetic and Alchemical Writings of [...] Paracelsus the Great*, trad. e ed. por Arthur E. Waite, 2 vols, New York: University Books.

Porto, P.A. (1995), *Van Helmont e o conceito de gás – química e medicina no século XVII*, São Paulo: EDUC-Edusp.

Porto, P.A. (1997), "Os três princípios e as doenças: a visão de dois filósofos químicos", *Química Nova* 20: 569-572.

Porto, P.A. (2001a), "Michael Sendivogius on Nitre and the Preparation of the Philosophers' Stone", *Ambix* 48: 1-16.

Porto, P.A. (2001b), "O médico George Thomson e os primeiros desenvolvimentos do conceito de *gás*", *Química Nova* 24: 286-292.

Porto, P.A. (2002), "*Sumus atque felicissimus salium*: The medical relevance of the liquor alkahest", *Bulletin of the History of Medicine* 76: 1-29.

Ruland, M. (1612), *Lexicon alchemiae*, Frankfurt: Zachariae Palthenii. (Reedição facsimilar: Hildesheim: Georg Olms Verlag, 1964.)

Sendivogius, M. (1674), *A New Light of Alchymy*, London: A. Clark for Tho. Williams.

Sherlock, T.P. (1948), "The Chemical Work of Paracelsus", *Ambix* 3: 33-63.

Stavenhagen, L. (ed. e trad.) (1974), *A Testament of Alchemy, Being the Revelations of Morienus [...]*, Hanover (EUA): The Brandeis University Press.

Thomson, G. (1666), Λοιμοτομια, or *The Pest Anatomized*, London: Nath. Crouch.

Valentinus, B. (1670), *Of Natural & Supernatural Things*, London: Moses Pitt.

Valentinus, B. (1990), *His Triumphant Chariot of Antimony*, ed. por Louis G. Kelly, New York: Garland Publishing. (Reimpressão da tradução anotada por Theodore Kirkringius, 1678.)

Van Helmont, J.B. (1648a), *Ortus medicinae. Id est, initia physicae inaudita* [...], Amsterdam: Ludovicum Elzevirium. (Reedição facsimilar: Bruxelas: Culture et Civilisation, 1966.)

Van Helmont, J.B. (1648b), *Opuscula medica inaudita*, Amsterdam: Ludovicum Elzevirium. (Reedição facsimilar: Bruxelles: Culture et Civilisation, 1966.)

Van Helmont, J.B. (1662), *Oriatrike or, physick refined* [...], London: Lodowick Loyd.

Waite, A.E. (trad. e ed.) (1970), *Turba philosophorum or Assembly of the sages*, New York: Samuel Weiser.

Webster, J. (1671), *Metallographia, or An History of Metals*, London: A.C. for Walter Kettilby.

A emergência da medicina tropical no Brasil e na Argentina

Sandra Caponi*

Pretendemos analisar de que modo se integram as pesquisas bacteriológicas com o surgimento dessa nova medicina que aparecerá em 1890 preocupada com o papel dos vetores na transmissão das doenças tropicais. Fala-se então de um tipo específico de doença cujo modelo é o paludismo ou malária e se iniciam estudos de novas vias de transmissão: os agentes intermediários vivos, fundamentalmente os artrópodes (invertebrados articulados) que podem intervir de diversos modos na propagação das doenças. Não existe uma relação clara, de derivação necessária, entre as descobertas da bacteriologia e a aparição dos artrópodes como vetores. De igual modo, não existe uma continuidade absoluta entre as medidas profiláticas imaginadas e propostas pelos higienistas posteriores a Pasteur (saneamento, desinfecção, vacina) e a profilaxia específica que se requer para combater cada tipo de artrópode reconhecido como vetor.

Como afirma Canguilhem: "Atualmente nos parece muito simples distinguir, numa doença epidêmica, entre foco, agente específico, forma de transmissão e difusão [...]. Porém, os conceitos de germe, veículo e hospedeiro intermediário exigiram uma laboriosa pesquisa por observações, analogias, experimentações e refutações" (Canguilhem, 1989, p. 14). Entre as doenças transmitidas por vetores se encontram, por exemplo, as doenças virais provocadas por "arbovírus" (*artropod-born virus*) como é o caso da febre amarela; doenças bacterianas, como a peste; doenças como o palu-

---

* Departamento de Saúde Pública da Universidade Federal de Santa Catarina (UFSC)/Conselho Nacional de Desenvolvimento Científico e Tecnológico (CNPq), Brasil.

dismo e as *trypanosomiasis* onde intervêm protozoários parasitas (no primeiro caso o *Plasmodium*, no segundo o *Trypanosoma cruzi*) e por fim, as doenças como a filariose, onde intervêm helmintos parasitários.

Pretendo analisar aqui as condições conceituais e institucionais para a emergência da medicina tropical Latino-Americana. Esboçarei uma análise histórica epistemológica, não só do modo como foram construídos novos conceitos e teorias, mas também dos diferentes momentos históricos em que duas tradições de pesquisa se confrontaram. Um olhar retrospectivo, ao mesmo tempo interno e externo, da história das ciências pode possibilitar uma melhor compreensão das razões e dos argumentos que, os defensores de cada uma dessas teorias, construíram para sustentá-las.

Em relação a essa historia, existem dois relatos possíveis: o primeiro e mais clássico dos relatos fala de uma continuidade e de um aperfeiçoamento dos programas de pesquisa e dos estudos realizados por bacteriólogos e microbiólogos. No final do século XIX e início do século XX, os institutos bacteriológicos mais influentes, os institutos de Koch e Pasteur, enviaram estudiosos às colônias africanas e asiáticas para transferir o tipo de estudo realizado nos laboratórios metropolitanos para as regiões tropicais[1]. Então, perante a ameaça de novas doenças que atingiam à população branca com pretensões de habitar os trópicos, se dirá que esses protocolos foram aperfeiçoados para poder responder a esses novos desafios (Stepan, 1976; Michel, 1991; Löwy, 1991; Darmon, 1999).

O outro relato fala de um novo universo de estudo, cujo modelo eram as pesquisas sobre a malária. Aqui, se fala da emergência de um novo campo teórico e uma nova disciplina científica: a medicina tropical que surgiria com a fundação, por Patrik Manson, da *The London School of Tropical Medicine* no ano 1898. Neste último caso, se dirá, existia uma confluência entre os novos estudos microbianos, os estudos clássicos realizados sobre as doenças dos climas cálidos, e os estudos de entomologia e parasitologia. Os protocolos de pesquisa dos quais se valia a teoria metropolitana dos gérmens demonstraram-se insuficientes e deveram ser modificados (Arnold, 1996; Peard, 1996; Power, 1998).

---

[1] Em 1894 é criado o primeiro Instituto Pasteur de ultramar na Argélia. Entre 1905 e 1912 o Instituto Pasteur organiza "várias missões de estudo sobre a doença do sono na África Ocidental e na África Equatorial francesa" (Dozon, 1991, p. 272); em 1894 Roux envia Yersin a Hong Kong para estudar a peste; em 1897 é criado o Instituto Pasteur de Saigon; em 1892 Felix Le Dantec é enviado a São Paulo para fundar um instituto de bacteriologia; nesse período se sucederam, enfim, diversos institutos de ultramar que foram criados na China, Indochina e África (Lowy, 1991, p. 282).

Interessa-nos problematizar o modo como essas questões teóricas e práticas influíram o desenvolvimento da medicina Latino-Americana do início do século XX e final do século XIX. Especificamente, nos interessa analisar o modo como os pesquisadores argentinos e brasileiros construíram seus programas de pesquisa. Que doenças priorizavam? Como entenderam e como receberam os estudos dedicados as doenças tropicais que então dizimavam as populações da Argentina e do Brasil? De que modo pretenderam enfrentar as recorrentes epidemias de febre amarela e malária que tanto preocupavam os pesquisadores de Europa? Que protocolos de pesquisa foram privilegiados?

Uma análise pontual de alguns dos argumentos utilizados pelos higienistas, sanitaristas e pesquisadores brasileiros e argentinos entre os anos de 1890 e 1916, em torno aos modelos explicativos e as estratégias de profilaxia que deviam ser adotadas perante doenças tais como febre amarela, malária e *tripanosomiasis* americana, conhecida a partir de 1909 como "doença de Chagas", possibilitará observar a coexistência de dois modelos de pesquisa que num mesmo momento histórico convivem e rivalizam.

A análise desse momento no qual duas estratégias de explicação se confrontam, nos permitirá compreender em que sentido é possível falar de dois modelos de inteligibilidade das doenças, ou de dois "espaços de visibilidade" diferenciados: por uma parte, o estudo da medicina tropical e das doenças transmitidas por vetores, por outro, a extensão do modo clássico de compreender as doenças e as estratégias clássicas de prevenção defendidas pelos higienistas associadas as novas conquistas da microbiologia.

No Brasil, os dois modelos explicativos foram adotados pelos pesquisadores brasileiros como sendo estratégias complementares como o evidenciam os trabalhos de Oswaldo Cruz (1898, 1901, 1906) ou de Carlos Chagas (1981). Na Argentina, por sua parte, privilegiou-se durante todo o período, ainda para as doenças tropicais (malária, febre amarela e *tripanosomiasis*), o programa de pesquisa iniciado por Pasteur e Koch.

Essa diferença teórica e epistemológica produziu debates e controvérsias científicas entre os dois países no momento de definir medidas internacionais de prevenção, tal como fica evidenciado nos Anais dos primeiros Congressos Latino-Americanos de Medicina (1904; 1907; 1913).

Durante a década de 1890, a Argentina desenvolverá seu plano de reorganização urbana, de controle das moradias e doenças populares como a sífilis e a tuberculose. Nos anos seguintes, as preocupações dos pesquisadores argentinos estarão centradas na construção de laboratórios e de um Instituto de Bacteriologia. Estes estudos bacteriológicos permitiram garantir a legitimidade científica dos trabalhos realizados pelos higienistas clássicos, Guillermo Rawson (1891) e Eduardo Wilde (1885). Os novos higienistas das primeiras décadas do século XX, entre os quais figuram principalmente os nomes de Emilio Coni (1918) e José Penna (1904), aperfeiçoaram os estudos estatísticos e centraram toda sua confiança nas descobertas da microbiologia. Os estudos estatísticos aliaram-se perfeitamente com as pesquisas microbiológicas. A consigna era isolar e descobrir novos micróbios, criar vacinas e soros específicos, bem como dar continuidade ás medidas clássicas de desinfecção, saneamento e reorganização urbana. Buenos Aires figurava então como um modelo de cidade higiênica que devia ser seguido pelas outras capitais latino-americanas.

A preocupação destes higienistas estava centrada nas doenças derivadas dos aglomerados urbanos e do modo de vida das classes populares: tuberculose, sífilis, alcoolismo. Porém, a Argentina não se reduzia a uma Buenos Aires saneada, existiam então, como existem hoje, cidades do interior extremadamente pobres permanentemente ameaçadas pelas doenças próprias de climas cálidos.

No entanto, e ainda com a mediação de duas dramáticas epidemias ocorridas na Argentina nos anos de 1871 e 1890, as doenças transmitidas por vetores continuaram sendo estudadas com as mesmas estratégias que qualquer outra doença infecciosa de transmissão direta: saneamento, desinfecção e produção de vacinas e soros.

A partir de 1903, o Brasil, passou a ter o maior centro de estudos bacteriológicos existente na América Latina, o atual "Instituto Oswaldo Cruz". Este centro devia, além de produzir soros e vacinas, criar programas de pesquisa e de profilaxia das grandes epidemias que então preocupavam a sociedade brasileira: febre amarela, malária, peste e varíola. Três dentre elas são transmitidas por vetores e exigem protocolos de pesquisa diferenciados: estudos de entomologia médica e de zoologia. Exigem também estratégias profiláticas específicas de combate e controle dos vetores: ratas, pulgas e mosquitos. Outra epidemia, desta vez não urbana, mas rural, se agregará a esta lista a partir de 1909, é a *tripanosomiasis* americana ou doença de Chagas, também incluída entre as doenças transmitidas por vetores, neste caso pelo "barbeiro" ou *vinchuca*.

Resulta então que, ainda quando as epidemias que ameaçavam as populações argentinas e brasileiras eram mais ou menos idênticas – não só a varíola e a tuberculose como também febre amarela, peste, paludismo, chagas – as estratégias de pesquisa e de controle edificadas por cada um desses países tornaram-se completamente diferentes.

No caso argentino, se privilegiava a produção de vacinas e sua aliança com as medidas de limpeza e saneamento; no caso do Brasil, essas medidas precisavam ser complementadas com outros estudos que já não eram exclusivamente de laboratório. O reconhecimento dos possíveis vetores exigia estudos de história natural e de entomologia que possibilitaram a classificação, sistematização e localização dos artrópodes.

Para poder compreender as diferenças existentes entre estas duas abordagens teóricas, em países com características semelhantes, pode resultar ilustrativo compreender de que modo foi construída e modificada a idéia de "trópico". E, fundamentalmente, de que modo o Instituto Pasteur organizou suas pesquisas em ultramar, ou, quais eram os protocolos de pesquisa com os quais começou a trabalhar nas colônias francesas de África e Ásia.

Tudo parece indicar que a noção de "trópico" parece possuir significado simbólico mais que físico. Define algo que para os europeus aparece como seu "outro", algo que era cultural, topográfica e politicamente diferente da Europa. E perante essa alteridade ameaçadora as regiões temperadas reconheceram sua positividade. Para a construção desta noção contribuíram determinadas certezas teóricas fortalecidas neste período. Em primeiro lugar, os estudos estatísticos que demostravam a partir de dados quantitativos a extrema vulnerabilidade da população branca em relação às populações locais, refletida nas taxas diferenciadas de mortalidade. Em segundo lugar, o desenvolvimento dos trabalhos de geografia e topografia médica, que legitimaram a idéia da existência de causas locais, vinculadas com uma topografia, uma vegetação, insetos e animais específicos que produziriam ou transmitiriam determinadas doenças.

Esta hipótese possibilitou e exigiu o estudo e a classificação de uma imensa variedade de fauna, flora, solo e topografia com extrema precisão científica, possibilitando uma correlação intuitiva com as patologias locais. Por fim, não pode ser deixado de salientar nesse esquema, a persistência das teorias miasmáticas e a recuperação dos escritos Hipocráticos que falavam da particular periculosidade do ar quente.

Neste momento, por influência de pensadores como Montesquieu, a relação entre clima e geografia parecia ter um vínculo direto com as características das diferentes sociedades humanas. O clima definia o tipo de homem e de sociedade, sua moralidade e sua capacidade política. Entre o clima, a moralidade e a patologia existia absoluta continuidade. Em conseqüência, os médicos e os higienistas do XVIII e da primeira metade do XIX entendiam que para poder imaginar uma transformação médica e moral resultava indispensável estabelecer um vínculo claro entre as condutas e o meio físico. Para compreender esta continuidade é necessário falar de um "solo epistêmico" geral no qual não é possível ainda falar de um espaço social e de um espaço natural diferenciados, pouco a pouco no transcurso do XIX eles começaram a ser pensados como espaços autônomos, exigindo que cada um defina suas próprias regras e seus próprios objetos.

No caso específico do Brasil, sempre que as explicações médicas climáticas foram aceitas, o país foi levado a uma sorte de pessimismo histórico: "o clima tropical foi responsabilizado pelas doenças endêmicas e epidêmicas do país. Presumiu-se também que a população do Brasil, racialmente miscigenada, era sensual e passiva, suscetível às doenças e incapaz de controle e da racionalidade individual ou coletiva para ou progresso e a civilização" (Stepan, 1976, p. 63). Estas idéias de que os trópicos condenavam o Brasil à doença e ao atraso se multiplicavam entre os médicos e higienistas do século XIX, como se evidencia neste texto de 1850:

> Os habitantes de países pantanosos são fracos, tem a pele sem cor ou amarelada, as carnes moles e sem "elastério", infiltradas de sorosidade. Apresentam uma inchação repulsiva; os olhos sem expressividade [...] sua estatura é pequena e com vícios de conformação. [...] a influenza dos "eflúvios paludosos" sobre a moral faz do homem um libertino. Nas mulheres observa-se um maior índice de abortos e infanticídios. (Ferreira França, 1850, p. 1, *apud* Machado, 1978).

A imagem dos primeiros viajantes que ressaltavam a exuberância e beleza dos trópicos foi alterada em fins do século XVIII. "Um tipo de representação negativa, em último termo exótica, dos trópicos tornou-se algo comum na literatura médica, especialmente em relação à África Ocidental e às Índias Ocidentais" (Arnold, 1996, p. 7). A malevolência dos trópicos transformou-se em um tema médico, das tormentas assustadoras e dos animais vorazes, passou-se, por extensão ou por analogia, à gravidade extrema das doenças ali concentradas. No caso concreto do Brasil, "por volta de fins do século XIX a visão do país como um paraíso tropical tinha desaparecido há muito tempo, e o clima tinha sido estabelecido na mente da maioria das pessoas como a causa principal das doenças, bem como seu principal empecilho à emergência da civilização no país" (Stepan, 1976, p. 54).

É verdade que durante grande parte do século XIX, a higiene brasileira parecia reproduzir o discurso das metrópoles. Aceitava-se como verdade inquestionável que o clima quente impunha limites ao desenvolvimento da ciência e da cultura. Isto que Nancy Stepan chamou de pessimismo racial parecia "confirmar a crença de muitos antropólogos europeus de que as populações racialmente misturadas do Brasil e ou clima tropical os condenavam à doença e ao atraso" (Stepan, 1976, p. 26). Esta tese permaneceu na mente de médicos e intelectuais locais por grande parte do século XIX.

Então, um médico positivista, Pereira Barreto (1890), começou a defender a idéia da necessidade de desenvolver estudos científicos no Brasil, particularmente aqueles estudos referidos ao controle e combate de epidemias como a febre amarela. Para esta transformação contribuíram duas coisas:

a) em primeiro lugar, a instalação dos Institutos de Bacteriologia de São Paulo e Rio de Janeiro dirigidos por Adolfo Lutz e por Oswaldo Cruz. Os trabalhos realizados permitiram demonstrar que muitas doenças atribuídas ao clima tórrido tinham agentes causais específicos e que elas podiam ser enquadradas na classificação internacional de doenças já conhecidas: cólera, tuberculose e febre tifóide.

b) em segundo lugar, foram realizados estudos entomológicos de classificação e reconhecimento dos artrópodes locais, inicialmente por Oswaldo Cruz, e logo por Adolfo Lutz e Carlos Chagas entre outros. Então, já não se tratava de mostrar que no Brasil ocorriam as mesmas doenças que ocorriam na Europa; nem de dizer que existiam os mesmos agentes bacteriológicos, mas sim de observar a peculiaridade de certas doenças que requeriam da intermediação de vetores de características bem específicas, pois só habitavam (ou habitavam principalmente) nos trópicos. Essas espécies desconhecidas requeriam uma minuciosa observação de seus caracteres anatomo-fisiológicos, dos espaços nos quais habitavam, de seus hábitos, etc.

Parece que o relato clássico que fala de transposição de programas de pesquisa da microbiologia européia ao Brasil encontra certas dificuldades. Esta história clássica da ciência sustenta que esta rede de relações entre clima, particularidades geográficas e físicas locais e patologias próprias dos climas quentes, desaparece no final do século XIX. Então, dirão esses historiadores, as explicações climáticas deixam de ter importância e passam a ser substituídas por modernas explicações fundadas na microbiologia. Assim, Nancy Stephan sustenta que, a partir de Oswaldo Cruz, se passará das explicações miasmáticas e climáticas à procura de agentes causais específicos: gérmens e bactérias.

Pelo contrário, os documentos analisados parecem mostrar que ainda quando as novas idéias do início do século que falavam do Brasil como futura potência mundial, tenham coincidido com o interesse pela microbiologia, parece falso imaginar que existe um único fato que possibilitou o controle das doenças de "climas cálidos" no Brasil: a introdução dos estudos de bacteriologia no Brasil por Oswaldo Cruz (ou por seus antecessores (Benchimol, 1999). Lembremos que, no caso da febre amarela, o agente microbiológico específico manteve-se como um mistério até 1930.

Sem o reconhecimento das particularidades entomológicas do *Aedes a-egypti* (então chamado *Culex*), os estudos microbiológicos dificilmente poderiam ter contribuído ao controle ou à diminuição dessa doença.

A idéia de uma simples transposição dos programas de pesquisa dos países centrais parece insuficiente. De fato se pensarmos na importância dos estudos dos naturalistas para poder determinar que o vetor da febre amarela faz parte de uma determinada espécie de mosquito e não de outra, ou que a doença de Chagas é transmitida por um inseto sugador de sangue de hábitos domiciliários ou para- domiciliários, deveremos concluir que mais do que falar de transferência ou imposição deveríamos falar da construção de um saber que foi resultado de "relações sinérgicas entre o centro e a periferia" (Stepan, 1976).

Para poder compreender até que ponto podemos falar de construção autônoma de conhecimento, pode ser ilustrativo analisar de que modo os pesquisadores argentinos pensaram as doenças tropicais, como se vincularam com os programas de pesquisa europeus, particularmente, com o Instituto Pasteur, e como se articularam os estudos dos helmintologistas, parasitólogos e zoólogos (preocupados com a especificidade local de insetos e animais) com doenças tais como febre amarela, malária ou Chagas.

Por outra parte, a variedade de climas existente na Argentina e o fato de que a capital se localizava no clima moderado dissipou as teses de "pessimismo climático". Os temores dos trópicos tinham então uma localização privilegiada, o vizinho Brasil, e o único problema que as doenças tropicais pareciam apresentar era a proximidade geográfica que facilitava o contágio pestilencial. Este relato dos médicos argentinos parecia esquecer que grande parte do país situa-se na região de clima subtropical e que parte do norte (as atuais províncias de Salta, Formosa e Jujuy) possui clima tropical. Assim sendo, a nova higiene argentina (herdeira da microbiologia) não precisava romper com mitos climáticos, nem superar as ideologias de pessimismo sanitário a eles associadas. A microbiologia vinha auxiliar e não negar as intervenções dos higienistas clássicos. Entre Guillermo Rawson, defensor da estatística, o saneamento e os miasmas, e Emilio Coni, defensor das estatísticas, o saneamento e os micróbios, a continuidade era completa. Pouco a pouco serão integradas, no discurso ainda miasmático dos anos 80, "as descobertas eminentes de Pasteur" (Rawson, 1891, p. 203). Argentina será "pasteurizada" sem conflitos e isso lhe permitirá apresentar sua capital como modelo de saneamento, higiene e modernidade.

Porém, da epidemia de 1871 e de 1890 até início do século XX, a doença mais temida e que mais vidas argentinas tinha levado era a febre amarela. Esta doença sempre foi associada a deficiências de saneamento e à proximidade com Brasil: "O ou os doentes que iniciaram a ronda infernal provinham do Brasil" (Bellora, 1972, p. 32) Argumentava-se que a primeira epidemia do ano 71 tinha encontrado uma Buenos Aires pouco saneada e que as novas medidas dos higienistas contribuíram a diminuir o rigor de posteriores epidemias. Este argumento será sustentado em 1884 por Rawson e de 1904 a 1916 será repetido por José Penna. No início existia desconhecimento, logo a seguir, absoluta oposição às teses da transmissão por vetor. Em nenhum momento se considera a necessidade da existência das três condições necessárias para a propagação da doença: o doente; o agente específico, o vírus e o vetor, o *Aedes aegypti*.

Para poder compreender as razões pelas quais a Argentina não avalia essa possibilidade resulta necessário considerar as resistências que os próprios pesquisadores pasteurianos tiveram com a aceitação da novidade que implicava o estudo das doenças tropicais. A Argentina reproduz fielmente os programas pasteurianos e respeita seus protocolos de pesquisa. Os pesquisadores argentinos pareciam acreditar que seus problemas sanitários nada tinham a ver com os trópicos pestilentos, e que eram idênticos aos problemas europeus, basicamente redutíveis a doenças como tuberculose, varíola, sífilis. Acreditavam que seus problemas sanitários deveriam ser resolvidos pelos mesmos meios utilizados nos principais centros de pesquisa europeus: reconhecimento dos micróbios específicos, atenuação para produção de vacinas, saneamento e desinfecção.

Para compreender a relação entre microbiologia e medicina tropical devemos analisar o rol do Instituto Pasteur de Ultramar e assinalar as diferenças com os trabalhos de Manson (1898) (que, pela primeira vez enuncia as peculiaridades dessa disciplina). No caso do Instituto Pasteur o fato de que as doenças tropicais impediram o estabelecimento de europeus brancos nas colônias impulsou a criação, a partir do ano 1894 (Argélia), de uma série de Institutos de Ultramar.

A missão desses institutos era clara: "exportar" o conhecimento dos laboratórios metropolitanos, fundar laboratórios de bacteriologia e "formar a uma nova geração de bacteriólogos autóctones" (Bellora, 1972, p. 283). A primeira evidência que deixará esse encontro entre a bacteriologia e os trópicos, mediado por médicos militares, pode resumir-se nesta afirmação de Dozon: "enquanto essa conjunção tornava-se mais precisa [...] numerosas doenças, particularmente a doença do sono, não se deixavam reduzir aos protocolos experimentais nem as idéias pasteurianas" (Dozon, 1991, p. 271). Muitas destas doenças ofereceram resistências tanto à especificação do agente causal quanto à produção de vacinas e soros, resistências que se mantém ainda hoje para a doença de chagas ou a doença do sonho, se considerarmos a falta de vacinas.

Como afirma Michel Morange: "A primeira dificuldade para os pasteurianos de ultramar era de ordem cultural: tratava-se de compreender que os métodos aplicados na França não eram adequados para ser aplicados em outros países" (Morange, 1991, p. 240). Parece que os trópicos só tinham que aprender (técnicas, procedimentos, protocolos) e pouco ou nada para ensinar.

Esta dificuldade pode ser explicada pela profunda "alteridade" associada aos trópicos, e pela idéia de que esta alteridade devia ser modelada a imagem da metrópole. Esta mesma dificuldade aparece na Argentina. Então optou-se por situar a ameaça dos trópicos, não em ultramar mas na margem oposta do rio, na "selva palúdica" representada pelo vizinho Brasil. Optou-se por reduzir a variedade de climas existentes na Argentina ao clima moderado de Buenos Aires, e por identificar os problemas sanitários deste país com uma Europa ameaçada por doenças não tropicais.[2]

Neste contexto, o temor ao paludismo e à febre amarela ocupavam o mesmo espaço que os medos europeus às pestes da África e da Asia: a ameaça do diferente. Mas, o clima do norte argentino, sua vegetação e sua fauna eram muito semelhantes ou idênticos ao sul do Brasil. É verdade que em 1895, pouco se sabia do papel dos vetores na transmissão de doenças. Porém, a obstinada negação do papel do mosquito na febre amarela será mantida intacta na mente do Presidente do Departamento Nacional de Higiene, José Penna até depois de 1916. Nesse ano, será publicado seu livro *El paludismo y su profilaxis en Argentina* (junto a Antonio Barbieri, chefe da seção de profilaxia do paludismo). Poderíamos dizer que este texto tardio inaugura a preocupação dos pesquisadores argentinos pelas doenças ditas tropicais, encontram-se referências a Ross, a Grassi e a Manson.

Este estudo de Penna e Barbieri apresenta diferentes níveis de discursos. Um rápido estudo epidemiológico põe em evidência a gravidade do problema: as províncias de Tucumán, Salta, Jujuy foram diversas vezes atingidas pelo paludismo, assim como Catamarca (1878) e Santiago del Estero, onde em 1902 quase 70% da população foi de algum modo afetada pela malária.

Uma rápida análise sociológica evidencia a reiteração da antiga associação entre condições físicas e morais:

---

[2] Desta identificação pode dar testemunho um debate ocorrido em 1895 e publicado nos *Anales del Departamiento Nacional de Higiene* de Buenos Aires onde se reproduzem as palavras do higienista francês Rochard centradas no "pessimismo climático": "Rio está situado na zona cálida e embora a temperatura não seja muito elevada, freqüentemente os dias são sufocantes e tem que sofrer de todas as condições nocivas do solo às quais estão ligados o paludismo e demais enfermidades semelhantes", isto é, as enfermidades tropicais ou exóticas. Em oposição a este quadro "Buenos Aires, situado na zona temperada, na imensa planura dos pampas, tem segundo os autores franceses citados um clima saudável. Dizem: As margens do Prata são extremamente salubres" (*Anales*, 1895, p. 477).

O paludismo tem constituído por longos anos uma barreira para as correntes imigratórias, desanimando o estrangeiro a internar-se nessas regiões que a fama pintou de cores sinistras. Por muitas gerações a malária impôs nos rostos dos habitantes dessas regiões a marca característica de sua forma crônica, aplanando as atividades físicas, deprimindo a inteligência, debilitando o organismo e fazendo o homem indiferente e apático na luta pela vida. (Penna, 1916, p. 35).

As estratégias profiláticas propostas estavam sustentadas no uso preventivo de quinino (para menores de oito anos dois chocolates por dia, para maiores dois comprimidos doces, contendo três e cinco gramas de quinina cada um) e, em segundo lugar, no combate aos mosquitos e larvas.

Pela primeira vez, se argumentará sobre a necessidade de realizar "estudos e descrição de insetos locais", e considerando as deficiências existentes na Argentina enumeram-se os médicos entomologistas do Brasil: Lutz, Oswaldo Cruz, Chagas, Fajardo. O Departamento de Higiene tinha contratado o entomologista Arthur Neiva, da fundação Oswaldo Cruz para trabalhar no Instituto Nacional de Bacteriologia Argentino. Em 1915 Neiva publica seu "Estudo de alguns anofelinos argentinos e sua relação com a malária" (Penna, 1916, p. 42). Fica inaugurada assim, na Argentina, essa nova área de estudos por um pesquisador brasileiro.

Porém, em relação à febre amarela, Penna reiterará ainda em 1916 a mesma posição que defendera no Segundo Congresso Latinoamericano de Medicina de 1904 e em suas observações clínicas de 1912: "As opiniões sobre etiologia e patogenia da febre amarela não estão demonstradas, persisto na crença de que esses fatos precisam de uma demonstração" (Penna, 1916, p. 224).

Digamos para finalizar: ainda que as higienes brasileira e argentina fossem herdeiras diretas dos programas e princípios pasteurianos, a Argentina desconsidera os problemas apresentados pelas doenças tropicais e insiste em reduzir todos seus problemas sanitários àqueles que podiam ser pensados nos parâmetros dos protocolos pasteurianos de pesquisa. O Brasil, por sua parte, defronta-se com seus problemas sanitários, que não achavam uma resposta nessa agenda pasteuriana, com novas perguntas e com um novo programa de pesquisa que integra e sintetiza estudos diversos: a bacteriologia, a parasitologia, a entomologia médica.

Assim, e independentemente da verificação documental de vínculo histórico entre os pesquisadores brasileiros e a tradição da medicina tropical mansoniana, parece ser que ambos os grupos compartilham um mesmo programa de pesquisa onde os estudos microbiólogicos, parasitológicos e de entomologia médica podiam ser complementares e solidários. Resulta inegável que, para Manson (1898, p. xiv), os estudos de entomologia, de zoologia, enfim, os estudos que ele denomina "dos naturalistas" não são um elemento acessório ou secundário, não são um simples complemento que vem auxiliar os estudos bacteriológicos realizados no laboratório, mas sim, um espaço disciplinar constitutivo, como a microbiologia, da medicina tropical. "Resulta evidente que o estudante de medicina (especialmente de medicina tropical) deve ser um naturalista antes que possa converter-se em um epidemiólogo, um patólogo, ou um médico capaz de exercer sua prática" (Manson, 1898, p. xvi). O reconhecimento e a identificação da infinita variedade de flora e fauna tropical poderiam contribuir para desvendar os mistérios dessas doenças cujas causas permaneciam desconhecidas. Isso exigia um minucioso conhecimento das espécies locais brasileiras, assim como uma grande variedade de estudos de microbiologia para verificar a relação entre essas espécies locais, as doenças infecciosas conhecidas e outras doenças específicas da região como é o caso da doença de Chagas.

Esses estudos não deixaram só como resultado, um conhecimento da variedade y riqueza natural dos trópicos, também possibilitaram que ficara em evidencia o abandono, a pobreza e a miséria do interior do Brasil. Esses pesquisadores que organizaram as expedições médicas ao interior do país sabiam que para combater essa realidade era necessário conhecer as particularidades e a diversidade de circunstâncias, naturais e sociais que conjugadas produziam as epidemias.

Como afirma Anne Marie Moulin:

> A medicina tropical em tempos de Pasteur estava dedicada a dois importantes contextos científicos. Por uma parte, o modelo do laboratório de microbiologia (atenuação de vírus, estudos experimentais em animais), por outro os estudos de campo da parasitologia, dominada pelo estudo dos vetores transmissores de doenças e pela noção de ciclos naturais, que sugeria a necessidade de dissecar as complexas interações ambientais (ecológicas). A agenda pasteuriana e seu espírito triunfal favorecem a microbiologia sobre a parasitologia, a ação sobre os germes e o reservatório humano, sobre uma perspectiva global. (Moulin, 1996, p. 174).

Referências bibliográficas

Arnold, D. (1996), *Warm Climates and Western Medicine: The emergence of Tropical Medicine*, Atlanta: Rodopi.

Bellora, A. (1972), *La salud pública*, Buenos Aires: Centro Editor de América Latina.

Benchimol, J. (1999), *Dos Micróbios aos Mosquitos*, Rio de Janeiro: Editora Fiocruz/UFRJ.

Canguilhem, G. (1989), "Prefácio", em Delaporte, F., *História de la fiebre amarilla*, México: CEMCA-UNAM.

Chagas, C. (1981), *Coletánea de Trabalhos Científicos*, Brasília: Universidade de Brasilia.

Coni, E. (1918), *Memorias de un médico higienista*, Buenos Aires: Biblioteca Médica Argentina.

Cruz, O. (1894), "Contribuição ao estudo da microbiologia tropical", *Brazil-Médico* 8 (37): 292-293.

Cruz, O. (1901), "Entomología, Contribuição para o estudo dos culicidios de Rio de Janeiro", *Brazil-Médico* 15 (43): 423-426.

Cruz, O. (1906), "Entomología: un nuevo género da sub-familia Anofelina", *Brazil-Médico* 15 (43): 423-426.

Cruz, O. (1910), "Prophylaxis of malaria in Central and Sauthern Brazil", em Ross, R. (ed.), *The Prevention of Malaria*, London: John Murray, pp. 390-398.

Darmon, P. (1999), *L'Homme et les microbes*, Paris: Fayard.

Dozon, J.-P. (1991), "Pasteurisme, médecine militar et colonisation de Afrique noire", em Morange, M. (ed.), *L'Institut Pasteur: contributions à son histoire*, Paris: La Découverte, pp. 269-278.

Löwy, I. (1991), "La mission del Institut Pasteur à Rio de Janeiro: 1901-1905", em Morange, M. (ed.), *L'Institut Pasteur: contributions à son histoire*, Paris: La Découverte, pp. 279- 295.

Machado, R. *et al.* (1978), *Danação da Norma*, Rio de Janeiro: Graal.

Manson, P. (1898), *Tropical Diseases*, London: Cassell and Company.

Moulin, A.M. (1996), "Tropical without the Tropics: The turning-point of Pastorian Medicine in North Africa", em Arnold, D. (ed.), *Warm Climates and Western Medicine: the Emergence of Tropical Medicine*, Atlanta: Rodopi, pp. 160-180.

Michel, M. & J.P. Bado (1991), "Sur les traces du docteur Émile Marchoux: pionner de l'Institut Pasteur en Afrique noire", em Morange, M. (ed.), *L'Institut Pasteur: contributions à son histoire*, Paris: La Découverte, pp. 296-311.

Peard, J. (1996), "Tropical Medicine in Nineteenth-Century Brazil: The Case of the 'Escola Tropicalista Bahiana', 1860-1890", em David, A. (ed.), *Warm Climates and Western Medicine: The emergence of Tropical Medicine*, Atlanta: Rodopi, pp. 108-130.

Power, H. & L. Wilkinson (1998), "The London and Liverpool Schools of tropical Medecine 1898-1998", em Warrell, D. (ed.), *Tropical Medicine: Achievements and Prospects*, London: The Royal Society of Medicine Press, pp. 281-292

Rawson, G. (1891), *Escritos y discursos* (coleccionados por A. Martínez), 2 vols., Buenos Aires: Ceylan.

Penna, J. (1904), "El microbio y el mosquito en la patogenia y transmisión de la Fiebre Amarilla", em *Anales del II Congreso Médico Latino-Americano*, Buenos Aires, pp. 277-327.

Penna, J. & A. Barbieri (1916), *El Paludismo y su profilaxis en Argentina*, Buenos Aires: Editora del Departamento Nacional de Higiene.

Stepan, N. (1976), *Gênese e Evolução da ciência Brasileira*, Rio de Janeiro: Artenova.

Wilde, E. (1885), *Curso de higiene pública*, Buenos Aires: Biblioteca Médica Argentina.

Fontes primárias

Anales del Departamento Nacional de Higiene (1895). Buenos Aires.
Anales del II Congreso Médico Latino Americano (1904). Buenos Aires. Sesiones del día 8 y 9 de abril.
Anales del III Congreso Médico Latino-Americano (1907). Montevideo.
Anales del V Congreso Médico Latino-Americano (1913). Lima.